動物の発育と進化

時間がつくる生命の形

Shapes of Time—The Evolution of Growth and Development

ケネス・J・マクナマラ＝著
田隅本生＝訳

工作舎

スージー、ジェイミー、ケイティー、およびティムへ

空白の帳面は幼児の魂のごとく、
いかなるものをも書きこみ得て、
あらゆる事をなしうるも未だ何物をも収めず。
余はこれを満たさんと思ふ、
益をもたらす驚異の事どもにて……

見慣れざるも普遍なる事ども、
きわめて高遠なるも、平凡なる事ども、
限りなく有益なるも、尊重されざる事どもにて。
人みな愛しつつも識りはせぬ真実にて。

トマス・トラハーン
（ジェラルド・フィンジ改作『瞑想の幾世紀』、1・2・3）

目次

訳書の凡例

1　原書の本文では、無数に登場する引用文献の著者名がふつう「P……にあるQ……大学のR……は」のように記されている。しかし訳書では煩わしいと思われるので、研究者名の直後に〔　〕で囲んで所属先を小さく注記しておく。

2　原書の本文には生物学用語など特殊な言葉が無数に現れ、なかには著者注の付いたものも少数ある。この訳書では訳者注を後注として付けることはせず、その代わり、必要と思われる箇所では当の言葉の直後に〔　〕で囲み、簡単な補注を入れておく。

3　原書には、動物形態の発育と進化に関係した特殊な意味をもつ用語が数多く現れ、それらにはわが国ですでに訳語ができているものも少なくない。なかには無数に繰り返して使われる重要な言葉がいくつかある。本訳書では各用語について、(A)原語をただカタカナ化した場合、(B)文脈に合うように従来とは異なる訳語を用いた場合、および(C)新訳語を作った場合がある。おもな用語には次のようなものがある。

	原語	従来の訳語〔意味〕	本書での用語
(A)	heterochrony	異時性	ヘテロクロニー
	hypermorphosis	過形成	ハイパモルフォーシス
	hypermorphic	過形成的	ハイパモルフ型〔的〕
	neoteny	幼形成熟	ネオテニー
	paedomorphosis	幼形進化	ペドモルフォーシス
	paedomorphic	幼形進化的	ペドモルフ型〔的〕
	paedomorphocline	――〔幼形進化勾配〕	ペドモルフォクライン
	peramorphosis	――〔過成進化〕	ペラモルフォーシス
	peramorphic	――〔過成進化的〕	ペラモルフ型〔的〕
	peramorphocline	――〔過成進化勾配〕	ペラモルフォクライン
	progenesis	――〔幼形早熟〕	プロジェネシス
	size	大きさ	サイズ
(B)	acceleration	促進	加速
	retardation	遅滞	減速
	selection	淘汰、選択	淘汰選択
(C)	postdisplacement	――	後転位
	predisplacement	――	前転位

訳文中で従来と異なる訳語を使うときには初出の際、その直後に〔　〕で囲んで従来の訳語を付記しておく。“型”と“的”は各場合によって適宜に使い分ける。なお、“selection”に“淘汰選択”という語を当てる理由などについては、巻末「訳者の後記」の付記を参照していただきたい。

謝辞

私がこの本で意図しているのは、発育の速度とタイミングの変化が、片や遺伝現象と片や自然淘汰の間にきわめて重要な関係をどのように引き起こすか、という話をすることである。動物の形はどのように進化するか、サイズはどのように進化するか、寿命や幼体期間の長さなどの生活史戦略はどのように進化するか、といった諸問題をめぐる話である。それはまた、もろもろの行動の進化のしかたにも関わりをもっている。これらはわれわれ動物が成長するとともに変わるものだが、程度はいろいろであれ、進化とともに種から種へと変わっていくものでもある。

この本を書くにあたって私は多数の人たち、参考文献を提供してくださった方、原稿の一部または全部を査読してくださった方、私が一介の侵入者にすぎない分野について討論にのってくださった各領域の専門家などから、援助をいただいた。こうした方々へ私は衷心からの謝意をささげたい。カルメロ・アマルフィ、アレックス・ベインズ、アレックス・ベヴァン、ジョージ・チャプリン、サイモン・コンウェイ・モリス、ロバート・クレイグ、ブライアン・ホール、ニーナ・ヤブロンスキ、ロン・ジョンストン、マイク・リー、マンス・ロフグレン、ジョン・ロング、マイク・マッキニー、ダン・マクシア、ナンシー・マイニュー＝パーヴィス、スー・パーカー、およびモイア・スミス、以上の皆さん。とりわけ、この本のために素晴らしい挿図（他の作者名を示した図は別）を描いてくださったダニエル・ヘンドリックス氏へ深謝の辞を申し上げたい。ジョンズ・ホプキンズ大学出版社のロバート・ヘアリントン氏は私をたえず励ましてくださり、キャロル・エーアリックとセレスティア・ウォードの両氏には、この見事な編集作業をしてくださったことにお礼を申し上げる。終わりに、といっても決して最少にではないのだが、わが妻スーと、子供らのジェイミー、ケイティー、それにティムへ、長らく我慢してくれたことについて感謝したい。

そんなわけで、もし読者が進化における遺伝現象に関する本を望まれるのなら、この本は期待はずれになる。もし読者が自然淘汰の功績を称賛する本を期待されるのなら、この本は少しはご期待に応えられるかもしれない。だが、もし読者が、生物進化はコウモリの翼、ヒキガエルの眼、両生類の足、ティランノサウルス・レックス〔暴君竜〕の惨めなほど貧弱な腕、さらには読者がこれらの文字を読める能力などをも、どのように造りだしたのかを知りたいと希望されるのなら、本書はまさにご希望どおりであろう。結局のところ、何かを見つけだす道は一つしかないのだ……。

プロローグ

雨が降っていた。ヘブリディーズ諸島のほうからまたも吹きつける、雨といっしょの強風《スクォール》。私たちはそれまで三時間ほど、ヘザーのくさむらに覆われた斜面を上ったり下ったり、沼沢の多い谷を横切ったりして歩いてきた。ずぶぬれになったアバディーン大学の地質学の学生グループで、スコットランド西部にあるモイン衝上《しょうじょう》断層を横切って巡検の旅をしてきたのだ。その地方では何億年も前、凍った湖の上をすべる巨大な岩塊のように、膨大な地盤が何十キロにもわたって高まった。そのころ北アメリカとつながっていた岩盤は後代になって地変で切り離され、ヨーロッパ北部につながったのである。

私たちはそのあたりにいた。皆のわずか一〇〇メートル下に人を誘惑するかのように停まっている、湿っぽくて暖かいバスに戻ろうとしていた。遠方に浮かぶのはカニスプの山の暗い輪郭。もっと近いところにはロッホ・オーという小さい湖。それを過ぎて、南方のウラプールから北の憩いの場、インクナダンプ・ホテル――あかあかと燃える炉火と涙のこぼれるようなモルトウィスキーのコレクションのある所――にいたる道路が蛇行している。雨が小降りになり日が差しはじめたので、私たちは脚をヘザーに引っかけながら長い斜面を跳ぶようにして下っていった。わずか数分間で数百万年という時間を駆け抜け、五億年あまり前に堆積してモイン衝上断層の下に横たわる、カンブリア紀後期の岩石に達した。

やっと道路にたどりつく。私たちが出てきたところには小さい採石場があったが、丘の頂上からは誰もそれに気づいていなかった。採石場といえば大変な場所のように聞こえるが、この田園地方の尺度では、それはじつは山の中の小さな擦り傷のようなものだった。そこの岩石は何だったか？「ヒバマタ層だな」と誰かが言った。「おい、この岩石には三葉虫の化石があることになってるよ」。ヨーロッパ産の結晶性岩石から勉強を始めていたスコットランドの地質学の学生たちには、化石を探すようなことは柔弱なサセナッハ〔イングランド人〕のすることだと思われていた。よし。私はそのサセナッハだから理由があった。「さあ、それじゃ五分だけやってみよう」。よし。泥だらけのハンマーで岩石に割れ目をいれる。泥岩《でいがん》が割れた。何もない。さらに叩く。やはり何もない。他の連中はバスのほうへ移動しはじめた。最後の一撃を加える。そして、それがあった。五億四〇〇〇万年も岩石のなかに閉じ込められた後、いま外界を見つめているもの――一匹の三葉虫が。

私は九歳のころから化石採集をしてはいたが、初めて三葉虫を見つけたその時のような経験は一度もなかった。それは眼に関すること、眼が生きていたとき五億年以上前の世界――現在のスコットランドの荒涼とした景観とはまったく違った世界――を見ていた一匹の動物の眼を誰でも覗《のぞ》き込むことができる、という事実をめぐる事柄なのに違いない。魅惑を強めたのは、この化石は三葉虫類オレネルス科の一種――節足動物におけるこの絶滅群の最初期のメンバーの一つ――だとわかったことだった。

化石狩りは続いた。もっと石が割られ、すぐちょっとしたコレクションができた。私は何度も、ふつうは北国の日が長くなる年なかばの頃にその採石場へ立ち戻った。エネルギーがありさえすれば、誰でも真夜中まで採集ができるほどの明るさがあった。その採石場から出る化石はすべて脱皮をへた頭部で、大きいのもあり小さいのもあった。さまざまな標本を眺めるのは家族写真のアルバムを通覧するようなものである。サイズの違う頭部は三葉虫の生活史における異なる段階――齢の違う幼体や成体――を表しており、個々の化石は太古のスナップ写真のようなものだ。むろん努力目標は、まったく知らなかった家族の長期間にわたる写真のどんな集積にもありそうなことで、祖先と子孫を判別し、誰と誰がどんな関係にあるのかを明らかにすることだった。

ある化石グループの進化史を解きほぐそうとする古生物学者として、私はやむなく、他の分野の科学者がしばしば非科学的だとみるようなやり方で仕事をせざるをえない。彼らの主張では、あなたの仮説を反証するかもしれない実験を、あなたはどのようにして行えるのか?という。が、なんの問題もない。進化と自然淘汰〔自然選択〕が大昔に——この場合は五億年以上も前に——その実験をしていたのだ。その結果を説明するのが私の務めだったのである。

　このコレクションには四つの種が含まれているようだった。そのうち三種は他の場所で発見されて十九世紀中に命名されたもの、一種は新種だった。これらのほかに、あまり遠くない場所の同じ岩石から発見されたオレネロイデス（*Olenelloides*）という非常に変わった小形の仲間があり、合わせると五種になる。

　ある日これらを眺めていたとき、私は突然、小さくて棘《とげ》だらけの奇妙なオレネロイデス（かつては、原始的、異常型、退化的、そしてここに手がかりがあったのだが、幼生型、未成熟、などといろいろに形容された）から〝正常〟型のオレネルス（*Olenellus*）までを順次に並べてみると、成熟体三葉虫のこの変異範囲は〝正常〟型オネレルスの成長シリーズとよく似ていることに気づいたので

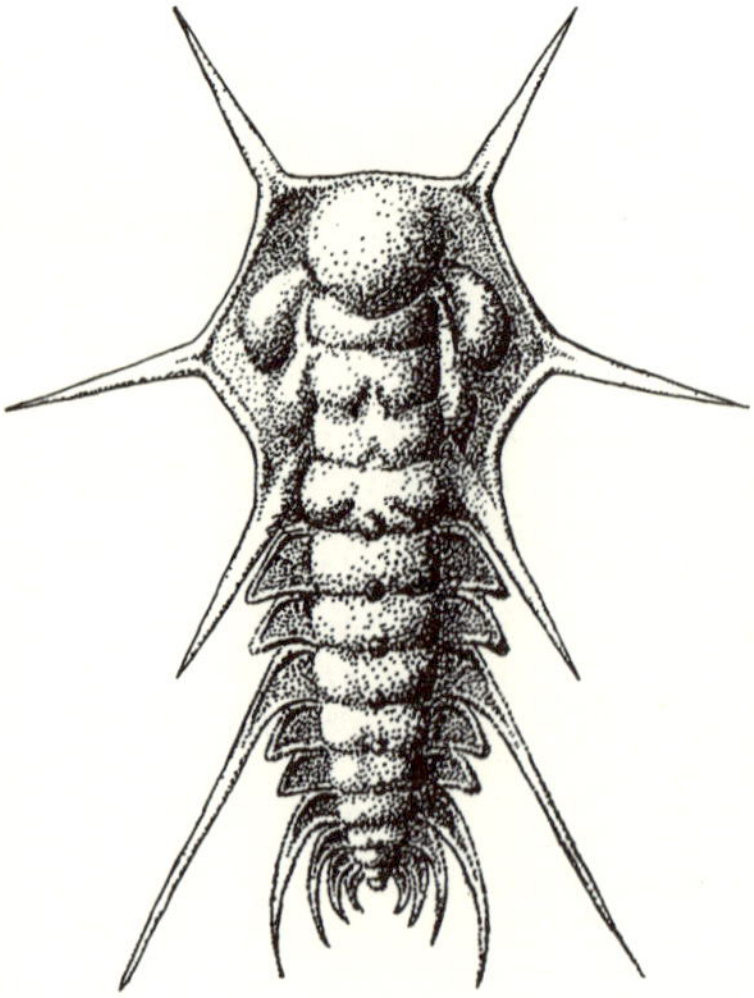

オレネロイデス・アルマトゥス（*Olenelloides armatus*）、スコットランド北西部から出るカンブリア紀前期のペドモルフォーシス型三葉虫の一種。

ある。言い換えれば、これらの成体には、発育のいろいろな段階にある〝正常〟型の幼体に似ているものがあったのだ。それらはあのピーター・パンのように、時間的な意味で凍結固定されていたかのようだった。オレネロイデスのようにごく若い幼体に似ているものや、亜成体に似ているものもあった。それなのに、どの種類も相対応する成長段階でのサイズよりずっと大きかった。

その時から私は取りつかれてしまった。そして二五年のあいだ私を魅了してきたのは、動物の進化史と発育史（受精から胚発生、出生、幼体—成体の発育にいたる過程）との関係である。やがて私は、これは、遺伝学や自然淘汰論と引きかえに、進化学のなかでひどく軽視されている領域だということを認識するようになった。十九世紀には、この分野はとりわけドイツの動物学者エルンスト・ヘッケル——「個体発生は系統発生を繰り返す」といういわゆる〝生物発生原則〟を公言した人——の事績を通じて広く知られていたが、二十世紀になってからは彼の説を信奉する進化生物学者はほとんどいなくなった。

発生発育の問題を進化学のごみ捨て場へゆだねたのは、ダーウィン流の自然淘汰説とそれに続いて一九三〇年代に興隆した遺伝学だった。二十世紀のほとんどの生物学者にとっては、遺伝と自然淘汰は進化の二つの基本的要素である。しかし私は、何百万年にもわたってはたらいた進化の諸過程の最終結果を見た古生物学者として、遺伝子が何に影響を与えていたのかを知る必要があった。自然淘汰がはたらく対象の素材を、何が供給していたのか？　進化の解析の大半は、ほとんどもっぱら成熟体の特徴に焦点を合わせてきた。ところが、進化的圧力はある一個体の動物に、受精の瞬間から死ぬ時までずっと作用しつづけるのである。

1 進化する胚

自然淘汰が遺伝子に作用するというのは
おそらく話の全てではあるまい。
それは単純すぎる。ほかの諸々の力もはたらいているのだ。

マイクル・クライトン『ロストワールド』

生命はこの地球上に三五億年以上も存在してきた。最初の単細胞の細菌からおびただしい種類の細菌、植物、真菌、原生生物《プロチスト》、および動物が進化し、三葉虫からカブラ〔カブ〕へ、アンモナイトからツツジへ、複雑さをしだいに増しつつ段階をなして発展してきた。生物の数えきれぬ種が進化するとともに、無数の生態的ニッチ〔地位〕への棲みつきが起こった。しかし、これらのニッチの多くは変わりやすい砂地に築かれ、そのサイズと多次元の形は果てしなく変化するものだった。どんな種にとっても、ニッチは当の動物の性質とそれが相互作用をする環境のその部分とで形づくられる。環境の特性が何万年もの間に変遷したのと同じように、そこに棲む動植物のサイズと形も変化した。また、かれらの形態が変化したのと同様、かれらの行動や他の種との相互作用も変化してきた。

最も重要な因子の一つは、動物、植物、細菌、および真菌類のたえず変化する群集の構成の決定における調停者たる、時間であった。そして、新しい種にその祖先より複雑な構造物が発達したかどうか、あるいはかれらに極度に単純化した構造が進化したかどうかにかかわらず、生物の多様性が増したのは地質学的時間の膨大な広がりによってである。時おり、とほうもない大絶滅が、生物界の無限のようにみえる時間的な道のりに区切りをつけたこともあった。しかし生物界は、時間のジェットコースターにそって突進しつつ、進化的熱気の次の爆発にむけて加速してきたのである。

それでも時間は、生物群集（多くは大昔に絶滅）の全体を築き上げるのとならんで、ずっと小さい規模での進化、つまり個々の動物体の発育というレベルでそれぞれの種の本質的特性を彫りだすという面での進化においても、同じように強力な力であった。どんな種でも、ある個体の生活はいろいろな意味で種全体の生活の小宇宙だからだ。個体も種も、各自の形態的特徴の多くを祖先から受けついでいる。それぞれが子孫を生み出すこともする。そして、いずれもが最後には不可避の宿命たる死滅をむかえる。受精から死にいたる個体の生活史がどれほどまで、種の生活史と解きほぐしようもなく絡み合っているか、それがこの本の中心課題になる。なぜならそれは、古くから認識されていながらも、十九世紀と二十世紀半ばまでの間、進化論のよどみへ押しやられがちだった生物進化の一面だからである。

個体発生——受精から死まで

化石というものに限りない魅惑を感ずる人々にとって、経験しうる最大の喜びの一つはおそらく、ハンマーで岩石をたたいて割り、運がよければ三葉虫の化石を露出させられることだろう。三葉虫が多くの人たちに特別の魅惑をもっているのは、地球上の動物界の黎明《れいめい》期にさかのぼるという古代性のためでもあるが、それよりも、多くの種類は眼をもっているからではなかろうか。デイヴィッド・アテンボロの『地球上の生命』に掲載されている最古かつ最大の三葉虫の一種、パラドクシデス・ダヴィディイ（*Paradoxides davidii*）の見事な写真に付けられた説明文では、こうした動物は盲目だったとされているけれども、実はそうではなかった。およそ五億五〇〇〇万年前の岩石から出る最初期の三葉虫でさえ、頭楯《とうじゅん》の両側に隆起した台座によく発達した眼をそなえていた。頭部の後ろには多体節性の胴と楯《たて》状の尾が続いていた。そうした三葉虫がもっていた眼は、他の節足動物（昆虫、カニ、エビなどの仲間）と同じように複眼だった。対《つい》をなす眼のそれぞれが多数の個々の水晶体《レンズ》でできていた。そして、三葉虫が岩石中の墓から取り出されてほこりが払われると、何億年も前の石からこの多面体の眼がじっと見つめているのだ。要するにこれが、三葉虫などの動物グループ全体の出現や消滅といった、大きな進化的変化が起こる時間の尺度なのである。

一見したところ、カブラと三葉虫とに共通するものはほとんど無いように思える。畑からカブラを一つ引き抜いてみよう。確かにそのカブラは、化石三葉虫のような硬質で結晶性の凝視をもって人を眺めはしないし、三葉虫のような太古の系統を持ってもいない。けれども時間は、三葉虫（とその固有の魅力）について果たすのとまさに同じくらい決定的な役割を、カブラの出現についても果たすのだ。カブラはそれぞれみな、その硬い刺激性の根肉《こんにく》に進化史の遺伝的刻印を秘めているうえ、これまで地球上に存在した他のどんな生物とも同じく、短い発育史にも表れる時間的刻印をも内蔵している。引き抜いたばかりのカブラに見られるのは、〝個体発生〟の頂点――あの特定のカブラの、元はただ一個の細胞からなんともいえず味のよい成熟した生物にいたる成長発育の最終結果――である。他のすべての種と同様に、三葉虫もカブラもその遺伝子にそれぞれの進化史を秘めており、どちらもともに、個体（一つは大昔に死に絶え、もう一つは人がその気になればすぐ食べられてしまうもの）としては、各個の生活史を秘めている。このように時間が、個体の生活史とその生物種の進化史とを結びつけるのである。

時間は、生物の進化においては本当に最も重要なものだ。このことは自明のように思えるかもしれないが、いろいろな意味で（とくに個体の生活史からみると）進化における時間の役割はこれまであきれるほど軽視されてきた。進化の生物学的な意味で、形態であれ生理であれ行動であれ、われわれは動物の本質の時間にそった諸変化のことを問題にしたいのだが、現代の研究の多くは種から種への、あるいはもっと上の階級から階級への時間的変化に照準を合わせている。たとえば、二五〇万—一五〇万年前に生存していた巻貝のxという種が進化して巻貝y種になり、これは一〇〇万年前まで生きていた、といった事実が語られることがある。進化の研究でしばしば見すごされるのは、種から種への形とサイズの変化の根底に実際に存在するもののこと、また受精から幼体期と成体期をへて死にいたる個体の発育のタイミングと速度《レート》の変化が演ずる役割のこと、そして、こうした諸変化は進化過程の意味深い一部なのだということ、である。

進化と自然淘汰

宇宙の実体への現代的理解という視点から言って、三葉虫やカブラを実例とするような生命界が、宇宙で回転している無数の銀河系のうちのただ一個の向こう側にある、この小さな岩石性の前進基地の表面にそもそも定着するに至ったという事実ほど、驚異的なことが実際あるだろうか？　宇宙のはるかな彼方からくるエコーを聴き取ろうという、現代の精緻な科学技術と膨大な努力を投入していても、我々がこの果てしない空間の中でただ独りではないことを示すものは、まだ得られていない。

デモクリトスは紀元前四二〇年ごろにこう書いていた。

一見したところ、色彩があり、一見したところ甘味があり、一見したところ苦味がある。実際にあるのは原子と虚空のみである。

こうした考え方は、われわれの背筋へ共通の寒気《さむけ》を与え、はなはだ楽しくない宇宙的目まいの症状を引き起こすことがよくある。多分ここに、数多くの科学者が、大昔の星からの光の発出を見ることにより時代をすかして遠く離れた恐竜の進化史を見つめるよりも、地球上の生命の進化を通じてもっと内省的に時間を検証するほうに満足を覚える理由があるのだろう。回転しつつ宇宙を突進する岩石と水と気体の塊の上に坐ってしているこうした内省の究極の成り行きは、我々はここで何をしているのかという昔からの問題だけでなく、この本に直接関係のあることだが、我々はどこから来たのかを熟考することなのだ。このような疑問をいだくことが、次の食事には何を食べようかとか、他の何者かの次の餌になるのをどのようにして避けようかとかいったこと以上のものを、人間が一つの種《しゅ》として考えるようになって以来このかた、我々みなに共通の意識を持てなくしてしまったようである。

ところで、生物進化の観念が人々の意識のなかにある現代では、人の心に現れるのは、取るに足りない細胞の小さい集団がちょっと違った別の集団へ変化するといった考え方ではなく、額がはげ上がり、あごひげを伸ばしたやや厳しい顔つきの紳士――チャールズ・ダーウィンという人――の形をとった、はるかに複雑な細胞集団であることが多いのではなかろうか。大多数の人にとって、ダーウィンは進化論の縮図である。ほとんどの人は、ダーウィン以前の時代は筋の通った進化の見方がほとんど存在しない〝進化論暗黒時代〟だったと思っている。一般に、ダーウィン以前の生物学者の大半は創造論者だったか、もしくは生物界の細かい事柄に気を取られ、そもそもある種が別の種から発展したなどと考えもしなかった、と推定されている。あるいは、どうやらそうらしい。

しかし、十九世紀前期のすぐれた一部の解剖学者、発生学者、博物学者などの書いたものを詳しく調べてみると、種と種の関係をめぐる問題は、ダーウィンやその同時代人にとってと同じくらい彼らにとっても魅力的なものだったことが明らかになる。しかも、生物進化の観念はダーウィンの時代より前から確かに存在していたのだ。

困った問題は、ダーウィン以前の生物学者たちがいろいろな面で何十年ものあいだ堂々めぐりをし、彼らそれぞれの学説の限界に捕らわれていたことにあったのだが、それについては次の章で論ずることにする。

しかしその後、十九世紀の中葉にチャールズ・ダーウィンが斬新なアプローチを引っさげてひょっこり現れた。その結果、自由な考え方をもつ生物学者の大半が、一切れの生肉を見つけた子猫のように熱烈にダーウィンの新しい着想にとびつき、種と種の相互関係を説明するそれまでの試みの多くは進化論のごみためへ投げ捨てられたのである。

ダーウィンが論じたことは、気楽な後知恵《あとぢえ》の恩恵を受けながら言えば、いろいろな意味でしごく明白なことのように思える。つまり、自然淘汰による個体の環境への適応からみた個体間の競争と〝最適者の生きのび〟が、進化のコースを方向づける圧倒的に有力な要因であった、ということである。これはさまざまな面で、十九世紀初期に他の生物学者たちが主張していたこと――類縁関係（それゆえに生物進化も）を解明する鍵は、動物の種類間の形態的差異はどのようにして起こった

『パンチ』誌に出た戯画、1881年。〔図の下には「人はムシにすぎぬ」とある〕

のか、そして特に、各動物種の発育成長の速度〔率〕とタイミングの変化は種と種の相互関係をどのように物語るのかにあるとする論議――を反駁するものだった。

ある意味で、ここに進化論の分岐点があった。一つは、動物体内に〝内在的〟に生ずるもの――形態的および生理的なコースの変化を方向づける内的な力。もう一つは、〝外在的〟な要因――自然淘汰のもとになる競争や捕食といった外界からくる力。ダーウィンが後に現れてくる各世代の個体を形づくるものだと考えたのは、後者の力だった。ダーウィンからみれば、自然淘汰は「生活の諸条件のもとで生じ、当の生物に利益をもたらすような諸変異が保存されることのみ」（『種の起原』第六版、六三頁）を意味していた。遺伝子の存在と重要性が発見されるより前の時代には、こうした変異の根源となる内的諸要因のことをダーウィンはほとんど考えていなかった。そして、次の章で指摘することだが、進化において個体発生がはたす役割には彼の本の約二パーセントが費やされたにすぎなかった。

面白いことに、いまチャールズ・ダーウィンは〝進化〟（evolution）という言葉と同等視されているけれども、彼はこの言葉をめったに使わなかった。一八五九年に発刊された『種の起原』初版で彼は、ある一つの種が別の種へ変化することを表現するのに、進化《エヴォルーション》ではなく「変形《モディフィケーション》を伴う系統降下《ディセント》」と書いていた。実際、驚くべきことに、進化する（evolve）という語は彼の本の巻末最後の単語として現れるだけなのである――「いくつもの力が初めは造物主《クリエイター》によって少数または一つの種類へ吹き込まれ、そして、この地球が重力の不動の法則に従って周転してきた間に、しごく単純な発端から無上に美しく無上に見事な限りない種類が進化（evolve）してき、またしつつあるという、生命界へのこの見方には荘厳なものがある」。

ところが一八七二年の第六版〔最終版〕では、彼は〝進化〟（evolution）という単語を二回使っている。これは、やがてこの本で論ずることだが、十九世紀後半にダーウィンの「変形を伴う系統降下」を書き表すのに、この単語がだんだん頻繁に使われるようになったことを反映している。

この単語が生物学用語になる前のもとの意味は、巻いたものを解くとか、折り畳んだものを広げるといった行為（ラテン語の evolutio〔展開〕から由来）を指すのだが、この言葉の生物学での使用は二つの別個の概念――変化と時間――と組み合わさるようになった。スティーヴン・J・グールド〔ハーヴァード大学〕が著書『個体発生と系統発生』で指摘しているところによると、この単語は生物学的な意味では、スイスの植物学者、生理学者、詩人、また法律家でもあったアルブレヒト・フォン・ハラー（一七〇八―一七七七）が一七四四年に使ったのが最初であるという[★01]。ハラーはその著『ヘルマン・ブールハーフェの学問的講義』〔ラテン語〕のなかで次のように書いていた。

> しかし、スワンメルダムやマルピーギが提唱した evolution の説はほとんど至るところに流布している……。これらの人々の大半は、卵の中には本当に一つの胚種すなわち完全な小さい人間機械が納まっている、と教えている……。そして、彼らのうちの少なからぬ人たちは、人体はすべてエバの卵巣の中で十分に出来上がって折り畳まれた形で創造され、そしてこれらの体は、動物の形と大きさになるまで栄養体液によって徐々に拡大される、と言っている。

ハラーが〝evolution〟という語を選んだのは、しごく適切にも、巻き物を解くとか折り畳みを広げるという意味のラテン語の単語に由来するものだった。グールドが『個体発生と系統発生』で触れているとおり、この言葉がハラーの創始した元の生物学的な意味から変質したことは、それ自体おもしろい物語である。なぜなら、ハラーや、シャルル・ボネ、ジョゼフ・T・ニーダムなど同時代の人々にとっては、ハラーの引用文が示しているように、この語はただ〝発生学的〟発育（現代では〝個体発生〟と呼ばれるもの）を記述するのに使われていたからだ。これは、個体群から個体群へ、または種から種への変化を表現するのに今日認められている使い方とはまったく別の意味である。

こうした始めの発生学的な文脈では、この言葉は一七九一年、チャールズ・ダーウィンの祖父イラズマス・ダーウィンが「若い動物の、もしくは植物の種子からの緩徐な evolution」を述べたときにも使われた。ところが、一八二〇年代から一八三〇年代にかけて、発生学的な意味でのこの言葉の使い方をめぐって混乱が生じた。そのころの発生学者たちは、ハラーは実は、人の胚は成人形態の完全なミニチャーだと信じていたのではなく、発生発育の間になんらかの構造的変化が起こると考えていたのだと主張した。そうすると、ハラーのこの言葉の使い方は、サイズだけではなく形のある程度の変化を意味していたことになる。しかし、その変化はある個体の発育中のことであり、ある種が別の種へ変質するときのことではない。

この言葉の使い方が変わったことに責任があると一般に考えられている人物は、十九世紀中葉のハーバート・スペンサー（一八二〇—一九〇三）である。スペンサーは技術者になる訓練をうけたのだが、きわめて影響力の大きい著作家、社会学者、哲学者、またジャーナリストでもあった。★02 彼は一八五二年のエッセイ「発育の仮説」のなかで〝evolution〟という言葉を現今の生物学的な意味で使っており、他の学者たちが主張した〝変移 transmutation〟という純粋に体内的な考え方はとらず、複雑さや、体外的諸要因との相互作用の増大を強調した。スペンサーは一九〇四年に出版した自叙伝で、十九世紀前期の発生学者カール・エルンスト・フォン・ベーア（第二章を参照）から、「動物個体の昇りゆく諸段階を支配する法則は、あらゆる種類の動物の昇りゆく諸等級を支配する法則でもある」ことを教えられたと書き残している。

そういうわけでスペンサーは〝evolution〟という語の使用を、それまではある個体が発育する間におこる諸変化を説明するのに限られていた言葉から、ある種が別の種へ変質する間におこる諸変化へ広げたことになる。逆説のようだが、これは本質的に、ダーウィン以前に幾人もの生物学者が力説していたような、ある動物体の発育と、種から種にわたっておこる〝変質〟とは解きほぐしようもなく結びついているという認識であった。しかしそれでも、ダーウィンがただ一度だけ使った言葉は、彼の自然淘汰の概念——もとの内在的な意味ではなく進化の外在的な要素——とほとんど同義のように見なされるようになったのである。

スペンサーは、彼がもっと後に書いたものでも同じだが「発育の仮説」で進化について述べたとき、「限定のない、一貫性のない同質性」から「限定のある、一貫性のある異質性」への変化の概念を強調した。つまり、彼は進化という言葉を「前進」する変化に結びつけるようになったわけで、これは今でもほとんどの非専門家に広く信奉されている見方である。いろいろな意味でスペンサーの〝前進〟的な進化観は、十九世紀前期に使われた進化という言葉の発生学的文脈を外挿したときの当然の結果であった。発生発育の重要性が薄れるとともに、〝evolution〟という言葉の意味も前進的なものから適応的なものへ変化した。それほどスペンサーの影響力が大きかったため、その後は、ライエルからウォレスやハクスリー、それにダーウィンその人もふくむ多くの著作者たちは〝evolution〟の語を〝transmutation〟〔変移〕と同じように扱った。二十世紀に入ってメンデル流遺伝学が興隆すると、この言葉の使用はさらに広がり、ある個体群のなかに起こる遺伝的変化をも包み込むようになった。[★03]

上に、〝evolution〟という単語の由来とその後の使い方の変化についていくらか脱線したが、これは、他の人にとって興味のない語義上の問題を私の好みで解明しようとするだけのことではない。そこには、十九世紀前期から現今にいたる生物進化の研究に起こった途方もない重点の変化——発育と種間関係の関わりについて内的要素を注視する態度から自然淘汰の外的役割を重視する風潮への変化——が含まれているのである。

内部からの進化

生物進化に関する他の書物の大半、それに同じ主題のいわゆるポピュラー本のほとんど全てが、この純粋に外在的要因の視点から、あるいは遺伝の役割と組み合わせた視点から進化を眺めている。しかし、本書は進化を内面から調べること、つまり動植物のサイズと形の変化が実はどのようにして起こるのか、自然淘汰以外のどんな要因がはたらいているのか、どんな要因がこれらの変化に影響を及ぼすのかを注視することによって、このバランスをいくらか是正することを目的にしている。が、誤解しないでいただきたい。これは遺伝を論ずる本ではないのである。ヒトのゲノムの本質が、どのようにヒトが成長発育するのかに影響する究極の要因なのだろうが、他方、その結果大人になると何に似てみえるようになるか（第三章でそれを論ずる）は、これもまた、進化的な方程式の一部にすぎないのだ。遺伝学が一九三〇年代に優位をしめて以来、それと自然淘汰との相互作用が進化論を支配してきた。生物は実際どのように形とサイズを変えるのかという、中間の領域はほとんどないがしろにされてきたのである。

　いわゆるネオダーウィニズム、あるいは〝現代の総合学説〟は、進化の最も重要な側面は〝突然変異〟（ゲノムの変化による、新しい遺伝的変異体の自然発生的な起源）、〝自然淘汰〟、〝遺伝子流動〟、および〝遺伝的浮動〟であるとみる。あとの二つの概念は、ある個体群に新しい遺伝子が導入されることと、ある個体群の遺伝的構成がランダムに変わることに関係したものだ。私がこの本で議論するのは、この〝現代の総合学説〟では方程式における重大な要素が無視されているということで、これは進化研究における欠けた鎖環《ミッシング・リンク》であり、ある生物の発育パタンの変化が進化のなかで演ずる役割のことである。言い換えれば、種の遺伝的構成の変異がどのように動植物の発育に影響して形とサイズに変化を起こさせ、自然淘汰を受けるようにならせるのか？　この欠落環は、自然淘汰が作用する変異を生みだす発育のタイミングと速度〔率〕の遺伝的変化であり、進化の三者組みのなかの第三の、そして中心的な要素なのである。

　ここで、料理に関係したアナロジーを考えてみよう。進化の三つの基本的要素――遺伝子、動物体の発育パタンの変化の産物、および自然淘汰――を考えよう。それから遺伝子はレストランの料理人だと仮定しよう。発育の変化の産物は料理人が作った料理に似ている。そして、レストランの食事客は自然淘汰の役を演ずる。

こうした美食家たちは彼らの味覚によって投票し、特定の料理を再び作らせるかどうかを決める――ちょうど、ある生物が生き残ってその遺伝子を次の世代へ伝えられるほど〝適応〟しているかどうかを、自然淘汰が決定するのとまったく同じように。もし客たちがその料理を好むなら、同じように料理人は再びそれを作るだろう。客たちがそれを好まないなら、その調理法は消滅の運命をたどるだろう。それと同じように、もし自然淘汰がある特定の形態型《モルフォタイプ》を〝好まない〟ならば、それは優遇的に淘汰選択されることはなく、進化的なごみ捨て場へ捨てられるだろう。これはあたかも、料理評論家が料理人の性格や客の嗜好だけに関心をもち、料理そのものやそれが作られた方法にほとんど注意しなかったようなものだ。が、料理が無ければ料理人も客も無いだろう。三者はみな完全に機能する生産的存在としてはたらくべく、互いに他を必要としているのだ。生物進化もこれと同じなのである。

ところで、生物はどのように進化してきたのかを認識する問題になると、普通の人たちは何を考えるだろうか？　私は、大多数の人たちはたぶん、類人猿から進化した人類の図像――だいたいは広告代理店の進化観に基づいたもの――を想起するだろうと思う。アウストラロピテクス属からホモ属の初期の種へ、ついでホモ・サピエンス〔ヒト〕へ、最後にはドランブイ〔ウィスキーリキュールの銘柄〕の瓶などを前にして座っている現生人類にいたる、荘重な前進を説明するのに使われてきた図解のことを、ちょっと思い浮かべてみるとよい。こうしたイラストではかならず成熟体（まず例外なく雄）が描かれている。これが、進化に関する多数の教科書や学術論文で採られている一つの見方――ある動物種の成熟雄の形態が他の動物種の成熟雄へ進化するという見方――を補強しているのだ。胚の段階や、それに続く幼若な成熟前の段階は、当の生物体がより高い存在状態（つまり成熟期）に達するために通過しなければならない、不適当な、かなり都合のわるい状態だと思われているらしい。誰でもおそらく、成熟した雄――幼体や雌ではなく――だけが進化するのだと考えるように期待されているのだろう。

人々が生物進化を考えるときたぶん念頭に浮かべるもう一つの要素は、遺伝ということだろう。要するに、あらゆる形態的変化は遺伝子に制御されている——我々の細胞の中にあって、目で見ることは望めないが、我々の外見に、またある程度まで我々のはたらきにともかくも影響をおよぼす、少々神秘的な微小体たる遺伝子に。それで我々はふつう、成熟した雄の類人猿が成熟した男のヒト（*Homo sapiens*）に進化したのは、これらの遺伝子の幾つかにおける変化——遺伝的な突然変異——によって起こった、と考える。遺伝子、または遺伝子のはたらき方の変化はなんらかの仕方で起こり、そしてこれが違った形とおそらく違ったサイズの生物を造りだす。もしこの新しい種類がその先行種や他の共存する種類よりよく環境に適応していて、しかもその遺伝的変化が将来の世代へ伝えられうるのなら、そこに新しい種が進化する。これが〝現代の総合学説《モダン・シンセシス》〟——遺伝＋自然淘汰＝進化——と呼ばれているものだ。

それは立派なものなのだが、この一すじの論理にはちょっとした欠陥がある。我々はどのようにして遺伝的変化から形態的変化にいたるのか？　形とサイズにおけるこうした壮大な変貌はいかにして達成されるのか——私はいかにして、アウストラロピテクスより大きい体サイズとより大きい脳を造りおおせたのか？　机に向かって坐り、ブルッフのモテットなどを聴きながらキーボードをたたいているこの私を最終結果にした、遺伝的変化と自然淘汰の間の仕組みはどんなものだったのか？　ある動物種の遺伝的構成の変化はいかにして子孫動物の成熟体の変化を引きおこし、ついには新しい種の出現をもたらすのか？　また、受精の時から、成熟が達成されて形態的発育がほとんど終わる時まで、私の体の各部分の成長のタイミングと速度に作用する時間は、このドラマでどんな役割を果たすのか？

我々が知っているところでは、ダーウィンからみると進化の裏にある駆動力は自然淘汰——生物がその中で生活し、それと相互作用をし、ある個体が他の個体よりうまくいくかどうかを決定する環境の特性——である。

そして、自然淘汰は正当にも進化理論の礎石の一つでありつづけている。しかし、ある個体に他の個体を超えるわずかな強みを与えるかすかな変化を個体間に引き起こすのは、何か？　このいわゆる種内変異はどのようにして生ずるのか？　遺伝的な突然変異はある役割を果たすかもしれないが、こうした突然変異の本質は何なのか、またそれらはいかにして動植物の外観の変化へ変換されるのか？

いま一般に認められている生物学的観念では、進化は変化を意味する。我々はそれを、ある種が他の種から、もしくは多数の個体からなる個体群が他の個体群から進化することだと考えている。このような進化は、例えばある一種のハエが、羽のサイズと形や、外表面のサイズと形のかすかな変化によって他の種から進化してくる、といった結果を生ずることがある。かすかな変化であっても、その種の生態的分離やさまざまな行動パタンを造りだすのにおそらく十分な変化なのである。

だが、ある動物の個体——もしお望みなら読者自身——に焦点をしぼるなら、それぞれの動物体が受精の瞬間から死ぬ時までに驚くばかりの変化を経験するのだ。

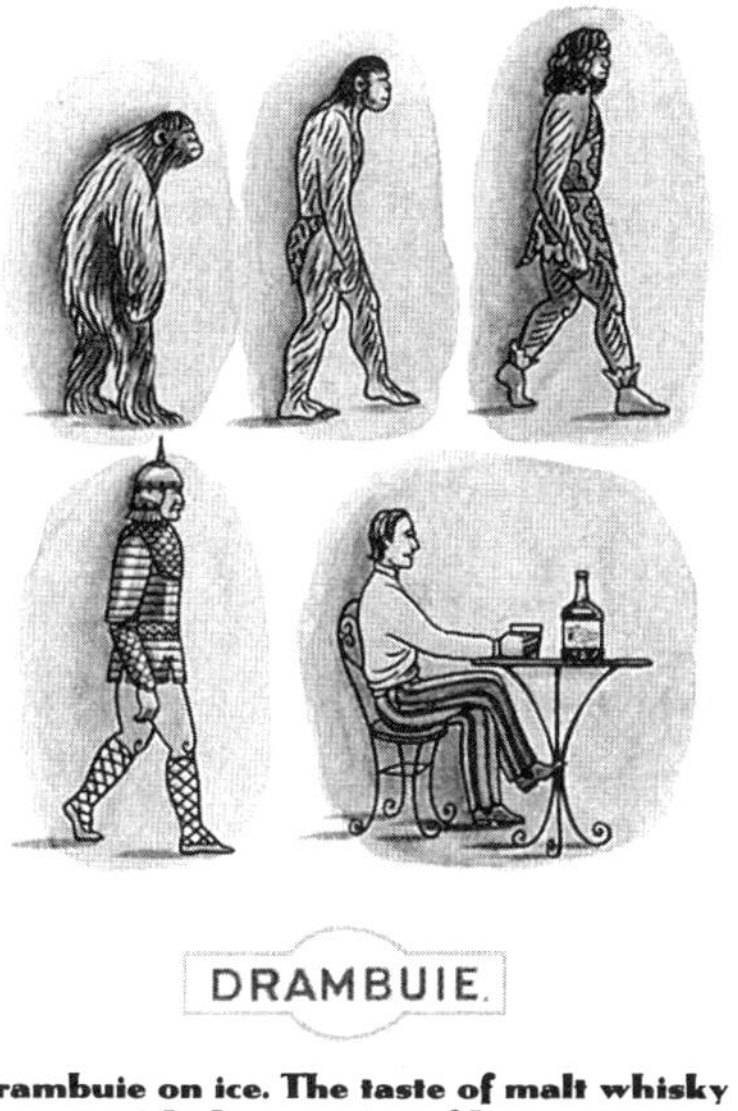
DRAMBUIE.
Drambuie on ice. The taste of malt whisky
with the surprise of honey.

ヒト科の進化に対する広告産業の見方。成熟体だけが並べてある。〔図の下には「氷にドランブイ。蜂蜜の驚異をもつモルトウィスキーの風味」とある〕（許可を得て転載）

ある動物個体の発育過程で展開する形態上の変化、またそれと結びついた行動上の変化に比べると、近縁種間の成体と成体の違いなどは些細《ささい》なものである場合がしばしばある。変態をする動物には劇的な変化——いもむしとチョウの間、おたまじゃくしとカエルの間にあるようなきわめて明らかな違い——があるが、変化がさほど急激ではない哺乳類でもそれはかなり顕著なものだ。アウストラロピテクスのような〝猿人〟から現生人類にいたる過程で外見に著しい変化があったことを考えてみてもよい。しかしこれは、ある動物種の一個体が成長する間におこる形態変化と比べれば、大したものではない。

この考え方を検証するために、鏡で自分の顔を見にいこう。あまりすてきな眺めではないかもしれない。が、自分が生まれる前の時へ想像を戻してみよう。受胎後、自分が生存を始めた最初の数週間の時へ戻ってみよう。受胎後三〇日のとき自分はどんな外観をしていたか考えてみよう。体は現在よりはるかに小さく、エンドウ豆ほどのサイズである。脳はやっと発育を始めたところだ。頸部には三対の動脈弓があったはずだが、これらは幸いにも退化消失した。もし消失していなければ、その人はいまや誇り高い一組みの鰓《えら》の所有者になっていたはずだ。そしてよく発達した尾びれを備えていただろうし、腕や脚は小さな芽のようなものだったはずだ。それに続く一二《じゅうに》週間には頭部のサイズが著しく大きくなる一方、四肢は長さでたいへんな相対的増大をはたし、指を五本ずつ発達させただろう。この一二週が終わるまでに、顔面はたしかにヒトらしくなっただろう。我々は、自分たちが今あるものになるまでに経験した、こうした顕著な諸変化のことを考えてみることはめったにしない。が、これが我々の〝個体発生〟——胚から幼体をへて成体にいたる成長発育の過程——なのである。

さて、ヒト自身をふくめてどの種でも、ある程度の制約のもとで、各個体は個体発生の全体にわたり体の各部分で他の個体と同様の相対的変化を経過する。が、もし人体各部の発育の整然たる速度とタイミングが発育過程で変わっていたらどんなことが起こったか、ちょっと考えてみよう。仮に、体のある部分がおもに幼若期後期に変化したその速度が普通とわずかばかり違っていたとすると、その人は普通よりちょっと長い脚《あし》とか、やや短い腕をもつ結果になっていたかもしれない。けれども、発育過程の早期にできるある重要な部分が普通よりちょっと早く、あるいは遅く成長を開始し、あるいはちょっと違った速度で成長していたとすると、その人の成熟時の形は大変なものになっていたはずである。その人が生存可能な一個の動物体でありつづけたとすると、同じ種の他のメンバーとは大きく違う外観になっているだろう。それでも遺伝子的には、その人はほとんど同じであるだろう。私が強調したいのは、発育の決定的な時期における成長の速度やタイミングのかすかな変化が、遺伝子上の変化をほとんど伴わずに、〝表現型〟で深甚な効果を生じうる（つまり、動物の外形に大きな影響をおよぼしうる）ということだ。その結果、子孫はことによると直接の祖先と大きく違う外観をもつことになるが、そこに生じた遺伝子的変化はごくわずかにすぎない。こういうわけで、あちこちでよく指摘されるとおり、ヒトとチンパンジーは遺伝子的にはほぼ九九パーセントまで同じなのである。

発育のタイミングと速度の変化をめぐるこの考え方は、基本的な、しかし今日ほとんど見逃されている進化の一側面である。けれども、私が主張するようにそれがそれほど重要なものなのなら、これほども長らく見落とされてきたのはなぜか？　これにはいろいろなわけ――多くは歴史的性質のもの――がある。おそらくその一部は、とりわけ非生物学者たち（この発想にまったく馴染みのない生物学者たちの生かじりも同じだが）にとっては、このことの呼ばれ方にある。宇宙の起源に関する理論は〝ビッグバン〟〔大爆発〕説という見事な名称で呼ばれているし、〝自然淘汰〟説は優美さや明快さと共鳴しているし、さらに、〝クォーク〟など原子の中の粒子をさすのに導入された物理学用語はそれら自体で一種の魅力（あえてそう言いたい）をもっている。

ところが、生物体の個体発生とその進化史との関係は、けっして耳に快くない「ヘテロクロニー」〔異時性〕という言葉で縛られているのだ。字義どおりには〝異なる時間〟という意味だが、この語は、それを聞いた人がわくわくする気持ちになるような類の言葉では決してない。が、この言葉に慣れることにしよう。この用語はこの本の中で無数に出てくるから、誰でもこれを読み終えるときには〝ヘテロクロニー〟という言葉は、排水口から噴き出す水のように読者の舌からたやすく飛びだすようになるだろう。

ヘテロクロニーの概念は、発育と進化の関係を考察した主唱者の一人で、十九世紀ドイツの指導的な動物形態学者だったエルンスト・ヘッケル(一八三四―一九一九)によって初めて提唱された。ヘッケルはヘテロクロニーというものを、主として時間的な置き換え〔ずれ〕、もしくは系統発生的にみたの継起順序の転位として定義した。★04ところが、「進化」という言葉の生物学的な意味合いと同様、「ヘテロクロニー」はいろいろな意味で使われてきた(第二章を参照)。近年は、とりわけ古生物学者のスティーヴン・グールド〔ハーヴァード大学〕が著書『個体発生と系統発生』でもたらしたこの現象への興味の再興にともなって、ヘテロクロニーという語は、ある特徴が祖先の個体に現れた時点と比べたとき子孫の個体に同じ特徴が現れる時点の転位〔順序変化〕を表現するのに、ごく一般的な意味で用いられている。

我々は、ある個体が成長するにつれて経過する変化の〝量〟を、その祖先での変化より大きいもの、あるいは小さいものとして、きわめて単純な形で眺めることができる。ある個体がより早い速度で、またはより長い時間にわたって成長するなら、それはより多くの細胞を造りだすかもしれない。逆に、それが経過する成長の〝量〟が、より遅く、またはより短い期間に成長することによって減少するなら、より少数の細胞を造りだすかもしれない。動植物の形態(形とサイズ)――つまりどんな外観をしているか――からみて、より多量の成長を経過した種はより〝複雑〟なものだと見なすことができよう。それに対して、より少量の成長をした種はより〝単純〟であろう。

進化における複雑さの概念は何度も何度も問題になり、そして、うまく解決されたことはほとんどない。あるグループの進化的成功は、感覚器系の形態的、生理的な複雑さの増大に反映していると考えられることがしばしばある。脳のサイズが大きいことや形態の複雑さが高いことも、進化的〝成功〟を表していると見られる。大きいものは複雑であり、小さいものは複雑でないという単純すぎる考え方はひろく信じられやすいけれども、進化という観点からはこれははなはだしく誤解をまねくものだ。後述することだが、形態の単純さは進化的な単純さに等しいという見方は完全に間違いである。最も小さくて形態的に最も単純な種が、最も特殊化し、生態学的に複雑な種である場合がある。だから、大きいものは良いものだといった昔からある進化への見方は、変化する個体発生の役割が考慮されれば崩れてしまう。進化はまさに、より大きくてより複雑なものへ向かうのとまったく同じように、より小さくてより単純なものへ向かうこともあるからだ。

何十億年も前の太古に始まり、最近の数億年にこの地球を占有した無数の種にいたる歩みという壮大なスケールでみれば、進化は単純なものからだんだん複雑なものへ進んできた。それはまず初めに、細胞の複雑さの増大——DNA〔デオキシリボ核酸〕の袋と大差ないような細菌の原核細胞から真核細胞（もっと大きいゲノムをもつ核やミトコンドリアという動力源などの複雑な構造物を、その枠組みに入れている細胞）にいたる増大——によって、これを成しとげた。[★05] 次いで、ゲノムサイズが真核生物のなかで増大し、原生生物《プロティスタ》よりも動物と植物において

生物発生原則の父、エルンスト・ヘッケルの木版肖像画。（フランツ・フォン・ロイバッハ、1899年）

大きくなった。複雑さの増大はさらに、多細胞性の進化および細胞数の増加ということで明らかになる。それに伴って、細胞タイプの多様さの増大が起こった。これは、顎《あご》をもたない単純な魚類（無顎類《むがくるい》）から両生類、爬虫類、さらには哺乳類にいたる解剖学的、生理学的、また行動学的な複雑さの増大に表れている。けれども、進化の壮大な全体像の小さい各部分を古生物学的拡大鏡で調べてみると、事情はそれほど明快ではない。仮に〝細菌～コウモリ〟比較をしてみると、コウモリは複雑さの勝負では楽勝する。が、解剖学的複雑さは進化的成功を測る手がかりになるだろうか？　コウモリ類は五〇〇〇万年、細菌類は少なくとも三五億年は生きつづけてきた。しかも地球上には、細菌は棲みついたけれどもコウモリが行きたいとは決して望まないような場所が無数にあるのだ。

われわれ自身の種、ヒトを誇り高くも進化の最高点だとみる伝統——ヒトの脳や行動様式の洗練性や複雑性に基づくもの——が昔からあるけれども、二十世紀アメリカの傑出した進化生物学者ジョージ・ゲイロード・シンプソンが言ったとおり、「現今のヒトはデボン紀の甲皮類より複雑だということを立証しようとするのは、大胆な解剖学者」であろう。

複雑性を定義することにもいろいろな問題がある。コウモリは細菌より複雑だろうか？　たしかにコウモリはより多くの細胞をもっているが、同時により多様なタイプの細胞をもってもいる。ジョン・ボナー〔プリンストン大学〕が示唆したように、使える基準が一つある。細胞のタイプが数多くあることは、機能の特殊化と行動の複雑さの増大を物語っている。また一般に大きい生物ほど小さい生物より多くのタイプの細胞をもっている。

それでは、体のサイズが大きいことは複雑性が高いことを意味しているのか？　また、何が大きな体サイズをもたらすのか？　動物体が時代とともにだんだん複雑になるのかどうかを評価するのに化石記録が使われたとき、結果ははなはだ曖昧なものであった。ダン・マクシア〔サンタフェ研究所、ニューメキシコ州〕は、広い範囲にわたる動物——ラクダ、クジラ、リス、センザンコウ、およびマメジカ——で脊柱の形態の複雑さの変化を調べることによってこれを解析したところ、過去三〇〇〇万年以上にわたり複雑さが増大する傾向はなかったことを見いだした。[★06]

ジョージ・ボヤジアン〔ペンシルベニア大学〕とティム・ルッツ〔ウェストチェスター大学、ペンシルベニア州〕がアンモナイトの殻のひだ飾り状の縫合線——殻の中の小室《チェンバー》をへだてる隔壁の複雑さを表すもの——について行った同様の研究は、複雑さが増大する傾向と減少する傾向をともに示した。[★07] アンモナイトにおけるこうした変化をヘテロクロニーの見地から説明する長い歴史がある。十九世紀には生物進化をば複雑さの果てしない増大とみることが流布していたのだが、その考え方の根拠が、タコやイカのこうした親類——殻をそなえた絶滅した親類——における縫合線の発達の増大にむかう傾向に見いだされたのである。

二十世紀に入って、成長の〝量〟の減少が進化的な新しさを知る手がかりだという正反対の説が主張されたとき、その問題を例証するのにまたアンモナイトの縫合線が引っ張りだされた。が、ボヤジアンとルッツが論じたところでは、縫合線の複雑さの増大および減少は、その場所と時に適したものを何でも選ぶことを反映しながら起こる。そして我々は、動物体の個体発生の本質——個体の生物学的時間——を理解することによって、膨大な地質学的時間にわたる複雑さの変化を説明できる期待をようやくもつことができるのである。そうすることによってのみ、時代をつらぬいて形態の複雑さの変化を制御している根本的な仕組みを説明する望みがもてるからだ。

ヘテロクロニーという考え方には、次の章で詳述するような、変化に富む長い歴史がある。それは、遺伝子のはたらきと、自然淘汰が作用するかもしれない素材とを結ぶ決定的な鎖環《リンク》なのか？　それは、複雑性の変化を説明する助けになるのか？　十九世紀にはそれは数多くの形態学者に、きわめて硬直したかたちで人気のあった考え方だった。しかし、〝ダーウィニズム〟の興隆と、進化について内的要因よりも外的要因を強調するその影響のために、彼らの考えの影響は著しく低下した。そして彼らの影響が低下するとともに、時代を超える個体発生の変化が、進化においてこれほど重要な役割をどのように演じてきたかを正しく認識しようとすることに、全般的な興味ばなれが生じた。けれども、過去一〇年ほどの間に多くの生物学者や古生物学者たちが、動植物はどのように進化するのかを十分に理解したいのなら、もう一度個々の生物の発育史に目を向けなければならないということに気付くようになった。進化するのはある生物種の成熟体ではなく、成長過程全体だからである。実際、進化とは、「時間を通じて変化する無数の個体発生過程の連続」と定義してもよいのである。

地球上の生命界が、過去三五億年——とりわけ最近の五億五〇〇〇万年以内——にわたり、これほど驚くべき範囲にまで多様化したことの秘密はここにあると私は考えている。自然淘汰にさらされる素材を提供し、この壮観な生命界をかくも広範な生活環境と棲み場所へ進化させたのは、体の諸部分の発育のタイミングと速度の変化だからである。

2 ヘッケルとガースタングの逆さまの世界

どんな理論もその初めには
何もかも見事に明快で、
申し分なく単純である。
時がたつにつれて、我々は着想を
一つまた一つと捨てざるを
得なくなり、ついには全部なくなるかと
思えるまでになる。

J・P・スミス『化石頭足類における発育の加速』

動物体とその進化的歴史との関係について何かを書こうとする試みはすべて、過去というものの猛威につねに縛られるものである。現代の進化生物学者たちが、両肩の向こう側からじっと見つめている十九世紀—二十世紀初期の偉大な解剖学者や発生学者の亡霊を払い除けるのは、容易なことではない。が、彼らはあえてそれをする必要はない。後知恵《あとぢえ》の気安さから言えば、われわれは進化学の世界でしばしば惑わされてきたけれども、ヘテロクロニーをめぐる着想の発展においてこれらの尊敬すべき学者たちが果たした役割は、過小評価すべきではないからだ。

ヘテロクロニーが〝現代の総合学説〟でそれほど小さい役割しか与えられなかったわけを理解するには、過去二世紀にわたり進化学で揺れ動いた流行《はや》り廃《すた》りを調べてみなければならない。進化の研究は、生命界そのものの進化と同じくらい、過去というものの気まぐれさに縛られているからである。

ヘッケルと生物発生原則

亡霊がたしかに最大の影を投げかける中心的人物は、エルンスト・ヘッケルである。彼は十九世紀後半の指導的な生物学者（生態学 ecology という言葉の造語者）で、非常に大きな影響力をもった著書『有機体の一般形態学』を一八六六年に出版した。この本にはヘテロクロニー研究の要《かなめ》になった短い約言が書かれていた。この短文は一方で、いろいろな動物の発育過程の間の関係をめぐる、半世紀にわたる研究の頂点をしめす精髄的表明だと解釈することができる。が、他方でそれは、その後一〇〇年ものあいだ、当の問題に関する研究に災厄的な影響をおよぼしたのである。

ヘッケルが書いた原文は「Die Ontogenesis ist die kurze und schnelle Recapitulation der Phylogenesis, bedingt durch die physiologischen Funktionen der Vererbung（Fortpflanzung）und Anpassung（Ernährung）.」というものだ。これを翻訳すると、「個体発生は系統発生の短くて急速な要約反復であり、遺伝（生殖）と適応（栄養）の生理的諸機能により制約されている」となる。ここで〝個体発生〟とは〝発育〟のこと、〝系統発生〟とはだいたい〝進化〟のことだと、覚えておいてほしい。

ヘッケルは『種の起原』初版の刊行から七年後にこれを出したのだが、彼はそれまでに進化における適応を重視したダーウィンの考えの枠組みのなかで、十九世紀前期の多くの発生学者たちの基本的教義を総合しようとしていた。彼の言明の前段の裏には、一八二〇年代にカール・エルンスト・フォン・ベーア〔ドイツの動物学者、一七九二―一八七六〕が力強く主張した考え方――動物体の発育段階が早ければ早いほど、異なるグループのメンバーの間の類似は大きい、という見方――があった。ところがヘッケルが述べたのは、「個体発生は系統発生を要約反復する《リカピチュレート》」（発育は進化を反復する）という圧縮された格言だった。言い換えれば、たとえば哺乳類の初期の胎児は、〝哺乳類〟段階に達する前に初めはムシに、次は魚類に、さらに両生爬虫類に、それぞれ類似した発育諸段階を通り過ぎるようにみえる、という。このような考え方は、進化は〝前進〟と複雑さの増大だとみるスペンサー流の見方を強化するものだった。

　上記の格言はやがて〝生物発生原則〟と呼ばれるようになった。生物学界におけるその影響は大変なものだったため、それが包括的な法則として信用を失ってからも二十世紀の何十年にもわたってまだ教えられつづけた。実際私は自分の経験から、個体発生は系統発生を反復するという観念が一九七〇年代初期にイギリスの少なくとも一つの大学で教えられていたことを知っている。やがて説明することだが、この拘束衣を着せられたアプローチ――変化はすべて動物体の形態的複雑さの前進的付加であるとした理解――は、将来の研究をきびしく束縛したばかりではない。内的過程（発育的変化）と外的過程（適応）という二重の役割をあげたヘッケルの本来の概念がないがしろにされたのである。

　しかし、進化論がダーウィンよりずっと前からあったのと同じように、要約反復《リカピチュレーション》の観念もヘッケルよりはるかに前から存在していたのである。動物体の発育と進化的歴史との密接な関係は、十九世紀全体を通じて、ただ一つの観点から近視眼ふうに見られていた。その当時ふつうに支持されていた見方は、複雑さは〝原始的〟な生命体から動物界の下位の諸綱《クラス》へ、それから上位の段階へ前進的に増大する、というものだった。人類が、栄光の極致にある神の反映であり万物創造の絶頂であると見られていたことは、言うまでもない。〝高等〟動物の発生発育は、体の複雑さの等級で下位にあると思われる、より早い時代に出現したあらゆる生命体の成体段階をすべて包含している、と考えられた。こうした観点から、ヒトの胚は成長発育の過程で、まず魚類段階、次いで両生爬虫類段階、そして最後に〝高等〟な哺乳類の状態に達する、と見なされたわけである。十九世紀の大半を通じて、いろいろな装いをとりながら発生学の基盤をなした要約反復の考え方は、本質的にこのようなものだった。

このような見方は、そのころ完全にできた形で急に解剖学者や博物学者たちの意識にのぼってきたのではない。実は、その源はアリストテレスの時代にまでたどれるほど輝かしい系譜をもっている。生物の世界での複雑さの増大という概念は、古代ギリシア哲学の中心の一つだったからだ。たとえば、ギリシアの天文学者かつ地理学者だったアナクシマンドロス(前六一一頃―五四七)は自然と成長に関する著書で、ヒトの胎児の発育史は現今の人類の形態の出現と並行する――初めは角質の被包に覆われて、水中にただよいながら食物を採っていた仮説的な祖先に始まり、次いでその〝魚人〟状態から飛びだして水上に現れ、完全に一人前のヒトになって陸に上がる――ものだと認めていた。★01 ここで、アナクシマンドロスはある意味で、十九世紀ふうの考え方――水性の環境中に浮遊する魚のような段階にある胚と、魚類における解剖学的発達の〝レベル〟とを比較する見方――を前触れしていたことになる。

スティーヴン・グールドが著書『個体発生と系統発生』で指摘したところによると、アリストテレスは要約反復という着想を、つぎつぎに継続する発育諸段階の過程でヒトの胎児に入ってくる、だんだん複雑化する精神〔心〕の連続体――彼の考えでは、まず〝栄養的〟、次いで〝感覚的〟、さらに〝理性的〟なもの――として、表現した。アリストテレスは〝栄養的〟精神を植物と、〝感覚的〟を動物と、そして〝理性的〟をヒトとならべて比較した。こうした意味で、アリストテレスは要約反復説の大曾祖父だったようにみる人もあるのだが、これは疑わしい。このような哲学的着想を、二〇〇〇年以上にもおよぶ発生学的研究から生まれた諸概念に結びつけようとすることから、多くのものが本当に得られるのかどうか、検討の余地があるところだ。

初期の反復説論者たち

これまで、要約反復〔以下、反復という〕の現代的概念は十九世紀初期に「特殊な生物哲学の不可避の帰結」として生じたものだと言われている。★02 これは、そのころドイツにあった〃自然哲学〃の学派のことだ。この一派の学者たちは〃発展主義〃——低級なものから高級なものへ、また始めの混沌状態から人間へむかう一方向性の流れを重視するもの——に確固たる信念をもっていた。したがって、この一派の哲学者たちが反復説を両手をひろげて抱きしめたのは不思議なことではない。

この学派の最初の際立った提唱者はドイツの解剖学者、発生学者だったローレンツ・オーケン（一七七九—一八五一）である。彼はブタやイヌの発生に関する研究で最もよく知られる人で、発育過程でいろいろな器官が前進的に付け加わることを基にした、動物の分類方法を提案した。何もないところから出発したのち、複雑さの増大と結びついて器官の数の増加がおこる、と彼は考えていた。またそのことは、前もって決まっている順序で諸器官が単純につぎつぎに付加することによって起こる、と信じていた。この図式では、ヒトは造物主の功績の頂点であり、全世界のなかで一つの小宇宙を表すものと見られた。オーケンは著書『自然哲学教程』のなかで、次のように書いている。★03

動物はその発育の間に動物界のすべての段階を通りすぎる。胎児は、時間に沿ったすべての綱《クラス》の表出である。初めそれは簡単な嚢胞《のうほう》、胃袋、もしくは卵黄であり、浸滴虫類のごとくである。次いでその嚢胞は卵白と殻によって二重になり、腸を獲得し、サンゴ虫類のごとくである。

それは卵黄脈管に脈管系、もしくは導管系を獲得し、ハチクラゲ類のごとくである。

胚が血液系、肝臓、および卵巣をそなえれば、二枚貝軟体動物の綱に入る。

筋肉質の心臓、精巣、および陰茎をそなえれば、巻貝の綱に入る。

静脈と動脈をもつ心臓、および泌尿装置をそなえれば、頭足類すなわちイカ類の綱に入る。

外皮が吸収されれば、蠕虫《ぜんちゅう》類の綱に入る。

鰓裂《さいれつ》が形成されれば、甲殻類の綱に入る。

付属肢が出芽すれば、昆虫類の綱に入る。

骨格系が出現すれば、魚類の綱に入る。

筋肉が発達すれば、両生爬虫類の綱に入る。

肺による呼吸が入ってくれば、鳥類の綱に入る。胎児は、生まれたとき実際これらのごとくで、無歯性である。


もう一人の反復論者はドイツの発生学者、J・F・メッケル（一七八一―一八三三）だった。彼はまちがいなく自然哲学者のうちで最も影響力のあった人物で、ある一つの発育パタンが自然界を支配していると考えていた。もっとも、それをただ新しい器官の付け加えだけに結びつけることをしなかった点で、オーケンとは違っていた。彼はその発育パタンを、いっそう動物体全体の特殊化と協調性の増大としてみていたのだ。メッケルは一八二一年から出しはじめた大著『比較解剖学の体系』（七巻）のなかでこう書いている。「個々の動物体の発育は、動物系列全体の発展と同じ法則にしたがう。すなわち、高等な動物はその漸進的な発育の間に、それより下位にある恒久的な有機的諸段階を本質的に通りすぎるのである」。

メッケルやその仲間からみれば、次のことは明らかだった――脊椎動物が化石記録に現れる順序（魚類―両生爬虫類―哺乳類）は、無脊椎動物につづく脊椎動物の出現とも組み合わさって、胚発生の過程と並行する、というのである。

要約反復への強い信奉はまた、フランスの先験的《トランセンデンタル》形態学派の学者たちの間にも広がっていた。このグループの際立ったメンバーの一人は、脊椎動物の脳の比較解剖学を専攻した医系解剖学者のエチエンヌ・セレスである。彼は脊椎動物と無脊椎動物の神経系を研究した末に、〃下等〃動物は〃高等〃動物の胚が恒久化したものであると結論した。ドイツの自然哲学者たちと同じように、セレスは胚発生のうちに「完成に向かう一歩一歩の行進」を見ていた。もっとも彼は、この圧倒的な生命観に〃発育の抑止〃という形をとる特殊な例外をいくつか認めていた。その一つは、成人男性で睾丸《こうがん》滞留の症例があることだ。セレスはここに、魚類での恒久的状態——成熟後も精巣が体腔内にとどまる状態——との並行性を認めた。同じように、ヒトの心臓の形成異常を彼は、〃下等〃動物の心臓がそれぞれ到達した最終段階とならべて比較しうるものと考えたのである。

しかし、全体を包括するこの反復の見方は広くは受け入れられなかった。それに対する最も激しい反対者に、十九世紀の偉大な発生学者、カール・エルンスト・フォン・ベーア（一七九二―一八七六）がいた。彼は、いろいろな動物の早期の発生諸段階の間にみられる類似性は、それらの種類の間のなんらかの関係を物語ることを認めながらも、ある動物の成熟形態と他の動物の幼若段階とを直接比較するのは根拠がない、と主張した。そのかわりに、「高等な動物の胚は下等な動物の成体に似ているのではなく、その胚に似ているにすぎない」と論じたのである。

一八二六年に出版された記念碑的な大著『諸動物の発生学』で、フォン・ベーアは反復説の多くの教義をくつがえすことを企てた。彼があげた第一の主張は、反復説に含まれる理論は根本的に誤りだということだった。ベーアは、抑止された胚期の各段階は、その理論から予期されるように、より〃下等〃な動物の成熟状態に直接匹敵するものではない、と論じた。またフォン・ベーアは、胚期の特徴の多くは特殊化であることを示した。そのうえ、ある動物体の胚期の構造物と他種の成体との間に多少の類似があるかもしれないが、他の多くの構造物は比較しえないものだ、という。さらにいっそう強力な主張は、〃高等〃動物の成体に見られるもろもろの特徴は、いわゆる〃下等〃動物の胚に実際見られるものだということだった。

フォン・ベーアの議論では、発育のすべての段階で、胚期の脊椎動物は未発達の脊椎動物なのであり、〃下等〃動物の成熟形態を表すものではない、という。彼が提示したおそらく最も洞察の深い主張は、発生発育は、スティーヴン・グールドが述べたとおり「完成の梯子を登ること」の単純な一例なのではない。むしろそれは、より一般性の高い特徴からより複雑な特徴への分化である。ここから明らかになる意義深い点は、動物の大きなグループの多くのメンバーが共有するより一般的な特徴は発育過程でより早い時期に現れる、ということだ。それとは対照的に、より特殊化した特徴はより遅く現れてくる。したがって、反復論者たちが主張したように〃高等〃動物の胚は〃下等〃動物の成体に似ているとはいえず、前者は後者の胚に似ているだけである、という。

言うまでもなく、発生学者、解剖学者、古生物学者らのほとんどはフォン・ベーアの深い洞察を無視した。古生物学者たちは易々として反復説に執着し、各自が手に入れた化石の連続体に反復が見られることを実証しようとした。初めてそれをした一人に、オーケンの講演から影響をうけていた十九世紀のスイス出身の大古生物学者、ルイ・アガシ（一八〇八―一八七三）がいた。アガシは、化石魚類に関する初期の最重要な出版物の一つである著書『化石魚類の研究』（一八三三―一八四三）のなかで、化石記録に見られる成熟した魚類の尾の形は、現生の魚類がもつ尾の、胚期の早い段階から成熟段階にいたる発育過程と並行する、と主張した。すなわち、小さな幼い真骨魚は単純な形の尾をもち、少し後の稚魚はいわゆる異形尾――上半部が下半部より大きい尾――をもち、さらに成魚は同形尾――上半部と下半部が同形同大の尾――をもつにいたる。これは、化石から分かると彼が主張した進化的連続体と並行する、というのだ。

アガシの才能は化石の研究だけに止まらなかった。彼は一八三〇年代後期から一八四〇年代前期にかけて、ウニ類の先駆的研究も行っている。彼は、〃不正形〃ウニ類（タコノマクラやハート型ウニ）は微細な毛のような棘《とげ》の集団をそなえていることを観察した。ところがこれらは、幼体のときには相対的に大きい少数の棘をもっている。この点でかれらは、少数の太くて長い棘をもつキダリス類（パイプウニ）によく似ている。キダリス類は化石記録に出てくるタコノマクラのようなウニを捕食しているのだろう、とアガシは書き残している。

反復説の全盛期

セレスやメッケルのような十九世紀前期の反復論者と、彼らの後継者たち（とりわけヘッケル）とを現実に隔てたのは、要約反復をうまく説明する仕組みを見つけられないことだった。これはいくらかは、当時の哲学上の圧迫のためだったかもしれない。おそらく、このような現象の定式化者たる偉大な造物主を頼りにするという、安易な選択とうまくやっていくのが無難だったのだろう。有名な〝反ダーウィニアン〟だったアガシは一八五七年の「分類に関する小論」で、次のように書いている。

> 動物界全体を通じて、各動物の型《タイプ》の等級と、かれらそれぞれの代表者が見せる胚期の諸変化との間には、きわめて密接なる対応関係がある。それにもかかわらず、西インド諸島のウミユリ類といずこの海にもいるウミシダ類との間に、いかなる遺伝的関係がありうるか。心形類〔ハート形ウニ〕の幼生と正形ウニ類の幼生との間に……ヒキガエルのおたまじゃくしと北米のホライモリとの間に、幼いイヌと我々がよく知るアザラシとの間に、いかなる関係——聡明なる造物主により設計《デザイン》されたる計画《プラン》ではないとするならば——がありうるであろうか。

ダーウィンの『種の起原』が一八五九年に出版されたことは、反復説がそのなかで検証されるべき進化的な枠組みが初めて出来たことを意味していた。ヘッケルは反復説をある適応論的な枠組みのなかに置くことで、そのことをはっきり理解していた。アガシも同じだった。彼自身は進化論者ではなかったが、反復の現象が普遍的に存在することの証拠として化石記録を推奨したのである。ところが、反復の重要性をまったく強調しなかったのは、ダーウィンその人だった。実際ダーウィンは、進化に対する発生学の重要性という問題全体について、はなはだ煮え切らなかったらしい。彼は『種の起原』（第六版）で「発生学は、大きな各綱《クラス》の基本型の構造を、いくらか不明瞭ながら我々に明かしてくれることがしばしばあるだろう」と書いていながらも、進化における発生の役割には四二九ページ中でわずか一〇ページ〔第一三章第三節〕を費やしたにすぎない。おそらくダーウィンは、『種の起原』の出版までの数十年に、種間関係について浸透していた発生学的研究の影響に反発していただけなのだろう。それでも彼は、分類学に対する発生発育の重要性をはっきり認識していて、「胚期の構造の共通性は系統《ディセント》の共通性を明かすものである」と書きとめている。

表面的には、ダーウィンが反復説の見方を受け入れていたのはほとんど間違いないようにみえる。というのも、彼は次のように書いているからだ――「胚が、当のグループのあまり変形していない太古の祖先の構造を多少とも明らかに見せてくれることがよくあることから、絶滅した太古の種類がその成熟状態で、同じ綱《クラス》の現生種の胚に似ている場合がしばしばあるわけを知ることができる。アガシはこのことを自然界の普遍的法則であると考えている。したがって我々は今後、その法則の真実性が立証されることを期待してよいだろう」。

ところが私は、ダーウィンが発生発育と自分の自然淘汰説との関係をそれほど軽視していた理由は、包括的な法則としての反復説をめぐって重大な懸念を抱いていたことにあったのではないかと考えている。彼の不安は次のような考察に表れている――「太古の種類が幼生状態である一定の生活方式に適応するようになり、同じ幼生状態を子孫のグループ全体へ伝えたような場合には、その法則は厳密には当てはまらないだろう。なぜなら、このような幼生は、成熟状態にあるもっと古代的な種類には似ていないだろうからである」。

いつものように深い洞察を示しつつ、ここでダーウィンは七〇年ほど後に優勢になってくる見方を前ぶれしていた。にもかかわらず、反復説は十九世紀の残りの期間中、とくに古生物学者たちの間で影響力の強い学説でありつづけた。進化という視角から言えば、反復説は二つの基本的な仮定を基盤にして機能するものと見られていた。第一は「進化的変化は、祖先いらい変化しない個体発生過程の終わりに、次々に段階が付け加わることによって生ずる」こと、第二は「祖先伝来の個体発生の長さは、その系統が続いて進化する間にだんだん短くなる」こと、である。これらはそれぞれ〝終末付加の原則〟、〝濃縮の原則〟と呼ばれている。十九世紀後半の反復説をめぐる議論の多くは、三人の生物学者、エルンスト・ヘッケル、アルフィーアス・ハイアット、およびエドワード・ドリンカー・コープのまわりに集中していた〔三人とも、同じ一八六六年に当の問題に関する主要な著作を出した〕。

ヘッケルの影響は遠くまで及び、生物学や古生物学の中だけでなく、政治、社会、宗教などの諸方面にも広がった。彼の所説は極端な形で、二十世紀前期にドイツに台頭した国家社会主義の〝種族の純潔〟の概念やその他の教義とも結びつくようになったのである。ヘッケルは終末付加の原則を説明するため、成熟段階でこそ表れそうな〝獲得形質の遺伝〟というラマルク的な見方に助けを求めた。またヘッケルや同時代人たちは、濃縮の原則は、個体発生の遅い時期に発育速度の加速によってか、または発育の系列からある段階が脱落することによって生ずるものだと説明した。これのために、胚は残っている諸段階をより速やかに経過することが可能になり、それで終末付加のおこる余地ができるのだ、という。

子孫の発育上の諸段階で過去の進化上の諸段階が反復出現することを指すのに、ヘッケルは〝原形発生〟〔反復発生、palingenesis〕という用語を造った。また彼は、原形発生に対する例外――つまり、いろいろな特徴が発育の系列に導入される場合――を認めて、〝変形発生〟〔新形発生、caenogenesis〕と名づけた。たしかにヘッケルは新語を造るのが大好きだったのであり、後述するとおり、これが長年にわたってヘテロクロニー論が不評だったことの一因である。彼が考え出したおびただしい新語（生態学 ecology、個体発生 ontogeny、系統発生 phylogeny 等々を含む）の一つに、〝ヘテロクロニー〟（heterochrony）があった。彼はこの語を、いくつもの一定の器官（たとえば生殖器）の継起的発生の時間的な置き換わりや、その順序の変化を説明するために造ったのである。今日では、ヘテロクロニーという言葉はもっと一般的な意味で、発育過程の出来事のタイミングや速

度〔率〕の変化——祖先における同じ出来事に比べての変化——を表現するのに使われている。★04

ところで、アメリカの桁《けた》はずれの恐竜化石ハンターだったエドワード・ドリンカー・コープ——今日では進化学的業績でよりも同学の恐竜ハンター、オスニエル・マーシュを相手にした猛烈な競争で知られる人——は、反復の原因の熱心な支持者になった。たぶん彼が世の脚光を浴びていたためだろう、コープは仲間の古生物学者アルフィーアス・ハイアットとともに、それまでにもその後にも無かったような地位を反復説に与えた。おそろしく多産な著述家——一生に目もくらむ一四〇〇編もの著作を出した人——だったコープからみれば、種というものは、すでに存在する構造物の改変を表すものである。他方、彼の考えでは、新しい属は、祖先の個体発生過程への付け加え、またはそこからの削除によって生ずる。反復は、個体の発育の加速により、祖先の成長諸段階が間隔をだんだん短縮しつつ繰り返されるために起こるものだ、とコープは考えていた。終末付加と加速の組み合わせが反復を引き起こすわけである。

ダーウィンと同じようにコープは、子孫の種類には発育の少ない場合があることを認めていた。そこでは、後期の発育諸段階がそれぞれの潜在能力を実現しそこない、消えてしまったのだ、という。コープは、こうした〝より多い〟もしくは〝より少ない〟二つの相を、それぞれ〝加速〟〔促進〕および〝減速〟〔遅滞〕の法則と言い表した。コープとヘッケルが反復の問題に関して一致しなかったのは、各動物体が影響をうける程度をめぐってであった。ヘッケルは、反復は基本的に動物体の全体に影響するとみていたのに対して、コープは一層の達見をもって、それは個々の器官にはたらく、と考えた。彼は加速にも減速にも有効性を認めたのだが、同時代人たちと同じく、加速のほうが、反復を生みだすものだから一層重要な進化力であるとみていた。

種の概念へのコープの執着ぶりは、一九九四年になってじつに予想外の展開を見せた。死すべきもののほとんど——遺体は大地に委ねられるか灰にされるもの——とは違い、コープは自分の遺骸の処分についてはなはだ想像力にとむ着想を持っていた。彼は自分の遺骨を厚紙の箱に納めさせていたのだ。コープは、自分があらゆる人間的なものの精髄をなす見本だと考えていたのにちがいない。一見、気違い沙汰のような彼の行いの裏にあった理屈は、自分の遺体はホモ・サピエンス（*Homo sapiens*）の基準標本《タイプ》〔学名の基本になる標本〕として使えるはずだということだったからだ。しかし、ペンシルベニア大学第四九八九号標本たるコープは近年にいたるまで忘れられ、無視されていた。一九九四年、古生物学者のロバート・バッカーはコープの最後の願いをかなえさせるのに尽力した。バッカーが、コープの遺体をホモ・サピエンスの基準標本にすることを提案したのである。常識ばなれした古生物学者はいま、あらゆる人間的なものの権化《ごんげ》となっている。

反復説の衰退と崩壊

要約反復ということが長年にわたり進化の主要因の一つとされた末に、その概念の衰えをもたらしたのは何だったか？　多分にそれは一人の個人、十九世紀におけるその衰退に他の誰よりも大きく寄与したアメリカの古生物学者、アルフィーアス・ハイアットだった。生物発生原則について彼がもっていた極端な考え方は、多くの同時代人たちに影響を与えたのみならず、その原則を終息させるのに決定的な役を果たしたのである。一八六六年二月二一日、ハイアットはボストン博物学会で短報を発表したが、これが彼自身と同時代人たちの研究に二十世紀に入っても長く深い影響を及ぼすことになる。ハイアットの講演をまとめた当時の記録はごく短いものなので、以下にそっくり再生してみよう。

A・ハイアット氏は四鰓類《しさい》〔原始頭足類〕に属する頭足類の個体の殻の生涯、および系統全体の生涯の、別々の時期が一致することに関する報告を行った。彼が述べたのは、古生代にオウムガイ類の生涯を開始した異常型の諸属、および白亜紀にアンモナイト類の生存の最後となった異常型の諸属は形態のうえで、個体の最も若い時期、および老衰の時期に似ていること、そして同様に、中間の正常型の種類は個体の成熟時期と一致すること、である。また、彼が指摘したのは、異常型のアンモナイト類の殻の渦巻きは、正常型の種類に見られる完全な発育に始まり、最後にはバキュライト類のもつ真っすぐな管になったこと、そして、渦巻きのこの形態的退化と、個体の老衰期に退化的特徴が現れることとの間には密接な関係があり、そのことは、いずれも全形態、部分的には構造の幼生的または原型的な特徴の再現を示すことを例証している、ということであった。

ハイアットは、多数の種の進化的シリーズは一つの〝生活環《ライフサイクル》〟——一個体のそれとよく似たもの——を通り過ぎたものだと、固く信じていた。とくに彼は〝老齢〟特徴の重要性を強調し、これらが将来の正常型の成体になるのだという。コープと同じようにハイアットも、加速によって反復を説明した。しかし、コープが加速も減速もともに反復の理論において一役を果たすと考えていたのに対し、ハイアットの狭い視野は加速だけを見ていた。ハイアットの姿勢は、たぶん他の何にもまして、ヘッケルの生物発生原則を粉砕することだったのだ。あらゆる進化的変化は加速によって生ずることを説明しようとしたとき、彼はある種の奇妙な精神的芸当をしていたのである。彼からみると、仮に、幼若特徴のように見えるものは子孫の成体段階へ維持されたものだとすれば、それは、正常な成体段階（むろん、都合のよいことにとうに失われている）を超えて現れていた——そして祖先の幼体段階によく似た——人の目をあざむく老齢状態にすぎぬもの、と説明できるものだった。

ハイアットの発想が同時代人たちに与えた影響には、実に深甚なものがあった。[★05] たとえばチャールズ・ビーチャーが提案した三葉虫類の分類方式は、後期の三葉虫の個体発生はグループ全体の前期の歴史を包含しているという仮定に立脚したものだった。つまりビーチャーは、「加速、すなわち受けつぎが早まる過程は一定の諸形質を目立たせ、ついにそれらはプロタスピス〔三葉虫の幼体〕に現れるようになり、その幼体をだんだん複雑なものにした」と考えていた。

ビーチャーは腕足類の進化をも——腕足類には〝減速〟の例がいくらでもあることを認めていたが——同じよ

うな角度からみていた。同様に、二枚貝類や棘皮《きょくひ》動物など他のグループも同じこの反復の観点から眺めていた。ところが、科学界が次の世紀に入るころ、極端な反復論者たちのヨロイに最初の裂け目ができはじめた。

一九〇一年、ロシアの古生物学者Ａ・Ｐ・パーヴロフによって本当に、ネコが古生物学的ハトたちのなかに放たれたのである。は違って、パーヴロフは傑出したフィールド型の地質学者だった。ケプレリテス（*Keplerites*）属というアンモナイトの層位学的採集を慎重にすすめることにより、彼は結論として、新しい特徴はまず幼体段階で現れ、それから後世の種類の成体段階へ広がる場合が多いことを述べた。言い換えれば、子孫の成体は、ほかでもなく祖先の幼体にあった特徴を見せるのだ、という。二十世紀の初期には、ルイ・アガシの彫像が逆立ちした――一九〇四年のサンフランシスコ大地震のためにぶざまな恰好になった――のみならず、生物発生原則とアガシ最愛の反復説も同じように逆さまになったのだ。パーヴロフはこう書いている――「諸事実の影響をうけて、反復仮説の限界がやがて認識され、そうした限界の外で、この領域が他の解釈方法のために開放されることが期待される」。

パーヴロフはまた、化石ヤイシ類〔頭足類の一系統〕、腹足類、それに脊椎動物についても同様の現象を書き残している。ところが、アンモナイト類の研究者たちへのハイアットの縛りは強烈なものだった。二十世紀はじめの二〇年間でも、イギリスの古生物学者たち――Ｓ・Ｓ・バックマン、Ａ・Ｅ・バックマン、Ｌ・Ｆ・スパースら――は、アンモナイト類の進化に関する考えのほとんどを反復説にのっとって体系化したほどである。

うえに私が述べたことから、生物発生原則に関しては、この時期の古生物学者のほとんどは自分たちが見つめているどの化石にも反復の効果しか見ない、近視的な愚か者だった、と私が言っているように思われるかもしれない。そう、たぶんそれはかなりの程度まで当たっている。けれども、極端な反復論者たちと不当にいつもいっしょにされる人々のなかには、厳しい反対者もいたのだ。スタンフォード大学の古生物学教授だったジェームズ・ペリン・スミスはその一人だった。いつも反復論者として同じ色で塗られるけれども、スミスが当時この主題について書いた原著論文をいくつか実際に読んでみると、本当は彼は反復論者たちに対する強固な批判者だったことがわかる。

スミスは一九一四年に書いた「化石頭足類における発育の加速」という、発表以来ほとんど無視されてきた論文で、アンモナイトでは発育の〝減速〟はじつは、反復よりも普通の現象であることを指摘した。生物発生原則に関する彼の考え方は、コープのそれと似て、ヘッケルが唱えたかなり狭い見解よりずっと視野の広いものだった。それは確かに、ハイアットの狭量な見方よりはるかに広かった。これまでに古生物学の論文として公表された最も痛烈な攻撃の一つと思われる文のなかで彼は、ハイアット流の考えの「熱心すぎる」受け入れについて同学の古生物学者たちをこきおろした。彼はこう書いている。

古生物学者の〝ハイアット学派〟のメンバーや生物発生原則の支持者たちがこの論文を読めば、彼らは筆者を同陣営からの逃亡者と呼びたくなり、この論文は「反復説が反復しない理由」と題されるべきだったと、言いたくなるかもしれない。筆者はなお生物発生原則を固く信じているのであるが、この原則はかつて考えられていたほど単純なものではない。どんな理論でもその初めには何もかも見事に明快で、申し分なく単純である。時が経つにつれて、我々はその着想を一つまた一つと捨てざるを得なくなり、ついには全部なくなるかと思えるまでになる。反復説に対する懐疑論者たちが個体発生は必ずしも反復しないことを指摘する際には、我々はそれを認め、もっと進んで、個体発生は反復しない場合が多いことも認める用意ができている。実際、筆者はさらに踏み込んで、この説の支持者たちの大半が使ってきたその言葉の意味で、個体発生は決して反復しないと言い切ってもよいのである。わが熱心すぎる友人たちはあまりに多くのことを主張しすぎ、その説が広く受容されるのを妨げるうえで、多数の論敵たちより以上のことをしてきたのである。

まことに厳しい警告だ。しかし、スミスの説得にもかかわらず、反復説の優勢（とくにアンモナイト類の研究で）は一九三〇年代になっても十分存続し、その衝撃波は一九七〇年代にまでも及んだ。驚いたことに、化石記録に反対証拠があったにもかかわらず、生物発生原則の死を告げる鐘の音は、古生物学からではなく現存生物の研究から聞こえてきた。おそらく古生物学者たちは、反復説の旗をあまりに長く、また高く掲げていたため、それを手放すのにずっと手間取ったのだろう。例えば、一九二〇年代—一九三〇年代のドイツのオトー・シンデヴォルフのような古生物学者らは、反復ではなく減速をしめす無数の例を提示（プロテロジェネシスという用語で）していた。ところが、生物発生原則（と信奉者たち）を断末摩から楽にさせてやるには、イギリスの海洋生物学者で、まったく別の分野の研究者だったウォルター・ガースタングの劇的な発言を、実際に必要としたのである。

すべてに浸透しすべてに優越するプロセスとしての反復説は、一〇〇年以上も支配をつづけた末に、ガースタングにより一度ではっきり葬られた。彼が唱えたのは、まったく逆の事柄だったからだ。ガースタングは、個体発生が系統発生を反復するのではなく、実はそれを創り出すのだ、と主張したのである。このことのために彼は、〝ペドモルフォーシス〟（幼形進化）という新しい用語——今後この本で無数に出てくる言葉——を提唱した。この言葉は、原義では〝幼児形成〟といった意味だが、子供のような、つまり幼体の形態が子孫の成体に維持されることを指している。[★06]

このほかにも、幼若特徴が子孫の成体に維持されることを表す言葉が、十九世紀に実際つくられたことがある。後でも触れることだが、このように用語がいくつもあることは、進化におけるヘテロクロニーの役割を十分よく理解できるようになる前に越えねばならない多数の地雷原の一つなのだ。たとえば、一八八五年にユーリウス・コルマンが、水棲の幼生形のままで繁殖するメキシコ産サンショウウオ、アホロートル（*Ambystoma*）

が幼若特徴を維持することを指す〝ネオテニー〟〔幼形成熟〕という語を初めて導入した。★07

各地のペット店などで水槽の底から人を見つめていることがよくあるアホロートルは、アステカ族にとって御馳走だっただけではない。ガースタングがペドモルフォーシスの好例として推奨したうえ、彼自身が韻文で名高い科学的な詩に作って不滅化したために名声をかち得た。

その詩は一九五一年、彼の他の詩といっしょにまとめた『幼生形態――他の動物学的韻文詩とともに』という本で公表された。複雑なアイディアを簡単な詩に書き表したときのガースタングの意図は、自分が学生たちに教えようとしていた生物学の多くの基本原理をやさしく理解させようというところにあった。ペドモルフォーシスは「アホロートルとアンモシート」という詩で雄弁に表現されている。★08

アンビストマの大イモリ　沼や湿地の水中で、
ほかのイモリもするように、魚のような仔《こ》ら殖やす。
このアホロトル、鰓《えら》をもち、水中生活つづけるが、

ペドモルフォーシスの典型例――
アホロートル（メキシコサンショウウオ *Ambystoma mexicanum*）。

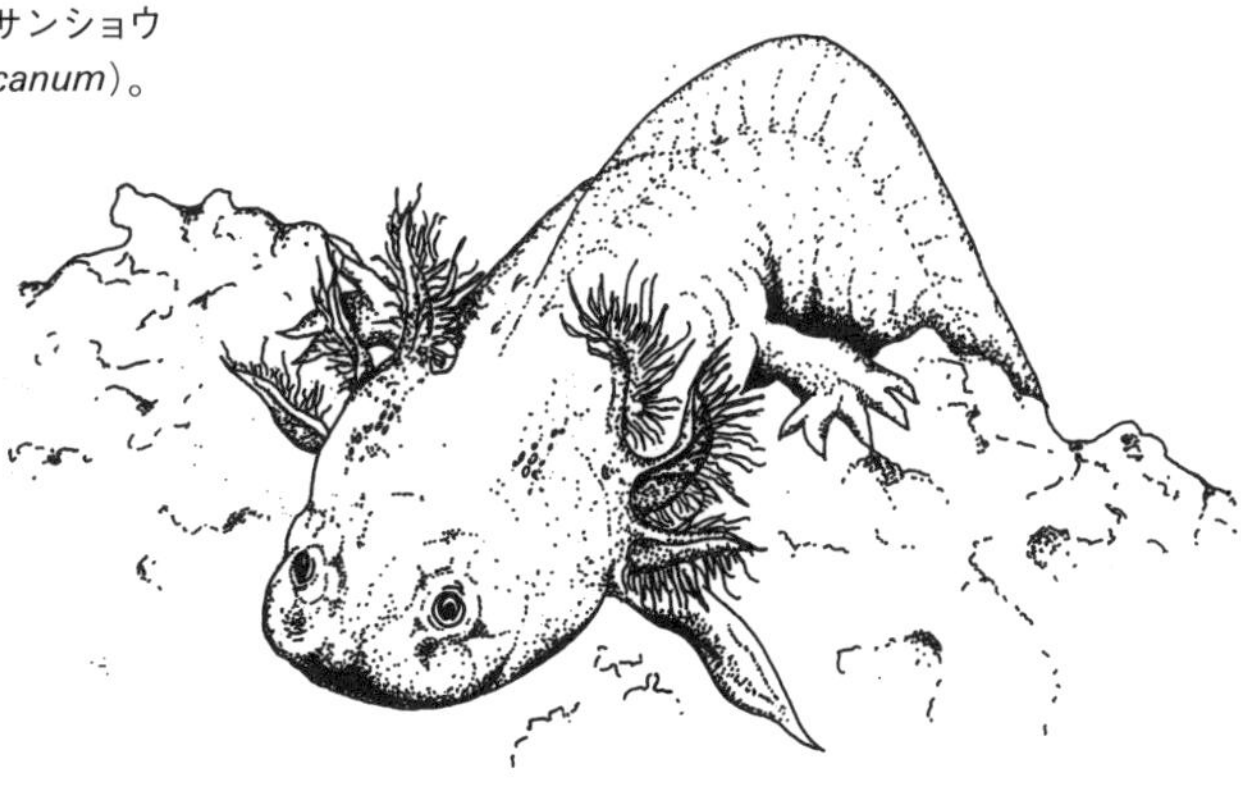

かれらイモリに変わるとき、行儀がわるく気まぐれだ。

水があまりに汚れると、肺を使わにゃならんので、
止むなくからだ、形変え、陸《おか》に上がって這《は》いまわる。
けれど湖沼が心地よく、酸素も餌も豊かなら、
かれら死ぬまで幼生で、オタマの群れを殖やすのだ。

そして保鰓《ほさい》のイモリ[★09]らは　だんだん具合が悪くなり、
水は天国、地は地獄、そのよにかれら考える。
天気に合わせ、変わろうと　思いもせずに、そうでなく、
オタマで暮らしオタマで産み、死ぬまでずっとオタマなのだ！

ガースタングより前の人々がほとんど無視されていたときに、彼の声が傾聴されたわけの一つはおそらく、彼がペドモルフォーシスをば、動物の主要なグループがとった進化ルートの謎を解く鍵だとみていたからだろう。ガースタングの考えは当時としては過激なもので、脊椎動物はホヤ（尾索類）の幼生のような一見取るにたりないものから、ペドモルフォーシスによって進化してきたのかも知れない、というものであった。換言すれば、得体の知れないような小さなホヤの幼生が、なんらかの要因で早熟に性的成熟に達するようになったのではないかという。その幼生はピーター・パンのように、残りの一生を恒久化した子供の状態に閉じ込められてしまったのだろう。ホヤの幼生が祖先的脊椎動物の候補としてそれほど注目を引いたのは、ホヤの自由遊泳性の幼生は団塊状になった固着性の成体とひどく違っているからである。その幼生は、野心的な自由遊泳性の脊

椎動物なら要求しそうなもの——一本の脊索★10、その背側の中空の神経索、鰓裂《さいれつ》〔えらあな〕、それに推進用の尾——をみな備えていた。

他の生物学者たちの注目をそれほど集めたのはガースタングの提唱したことの新奇価値のためだったかどうかにかかわらず、また、それはちょうど生物発生原則への葬送の鐘が鳴っていたときに現れたという、時宜を得たものだったかどうかはともかく、彼の提唱は深甚な影響を及ぼした。なぜなら、どのヒトも、彼が飼っているイヌも、大昔に消え去った祖先動物にあった幼若特徴が維持されたことで興ったのだ、と突然説明されたからだ。ヒトが飼うイヌにおけるペドモルフォーシスについては第四章で述べることにしている。

イヌの伴侶たるヒトに関しては、アムステルダム大学の人体解剖学教授だったルイス・ボルクが、人類進化における〃胎児化〃(fetalization)という考え方を展開するなかでペドモルフォーシスの効果を主張した。ボルクは、成人のもついろいろな特徴は幼いサルの特徴が保持されてできたものだと考えた。彼はたとえば、顔面が平たいこと、体毛が少ないこと、外耳の形、体表色素を失っていること、手や足の構造、骨盤の形、そのほか多くの項目を挙げている。ボルクはダーウィン流の進化観については特に確固たる支持者ではなかった。彼はどちらかといえば、進化を方向づけるものとして外来的な諸要因ではなく、発育の変化から生ずる内在的な諸力を最も重要なものと見たのである。一九二六年の著書〔講演録〕で彼はこう述べている。「進化と有機性自然の関係は成長と個体の関係と同じです。そして後者にとって、外的な諸要因は二次的な影響をもつにすぎません。それらは創造的にはたらくことは決してできず、ただ、すでに存在するものを整形する役を果たすだけなのです」。

ヒトの起源をめぐるこのペドモルフ的な見方は近年有力になっているけれども、私を含めて少数の研究者はこれはまったく誤った、誤解をまねく説明だと考えており、それについては本書の最終章で論ずることにする。

反復説——安らかに眠れ

一九三〇年代から一九七〇年代後期にかけて、生物学史上もっとも劇的な重点箇所の変化があった。振り子は一つの端からもう一つの端へ、個体発生と進化の関係における有力な要因としての反復への固執からペドモルフォーシスの賞揚へと、揺れ動いたのである。ペドモルフォーシスは、以前はいたる所にあった反復説への解毒法《カタルシス》としてさまざまな仕方で作用したと、主張することもできよう。この浄化運動の大司祭長はギャヴィン・ド＝ビアで、一時期（一九五〇—一九六〇）には大英博物館自然史館の館長を勤めた人である。彼の魅力的な二冊の著書——一九三〇年刊の『発生と進化』および一九四〇年初版の『胚と祖先』——でド＝ビアはペドモルフォーシスの普遍的な効果（特に動物界での）を立証することを企てた。彼はそれを、昆虫類や甲殻類などさまざまな型の無脊椎動物、ヒト、脊索動物全般、飛べない鳥、トビウオなど多様な脊椎動物、アンモナイト類や筆《ふで》石《いし》類や三葉虫類などいろいろな化石グループをふくむ多数の動物群の進化を説明するものだと見ていた。ド＝ビアは『胚と祖先』の中の反復を論じた章でこのように書いている。「仮にヘッケルの反復説が正しかったとすれば、この章は本書のなかで最も長く最も重要なものになろう。実はそうではなく、少数の断片的な実例しか見いだせないのであり、この様式は進化において小さい役を果たしたにすぎない」。

反復説は死んだのである。

ド＝ビアの二冊の本が進化論における発生学の役割の再興を予告したように考えたいところだが、これらは惨めなことに、期待されたほど大きな影響を現代の進化論へおよぼすに至らなかった。そうなったわけは多少複雑である。多くの生物学者や古生物学者たちは明らかに、生物発生原則の終焉《しゅうえん》に伴ってヘテロクロニーの概念全体に完全に信を失っていたのだ。もう一つのわけはおそらく、一九三〇年代に遺伝学が進化論の強力な手段として登場したことである。そこに、進化の内在的要因の役割についての答え——発育の変化ではなく——があるように見えたのだ。

ヘテロクロニーの研究を生物学のよどみへ追いやったもう一つの要因は疑いもなく、これまで人類に押しつけられたうちで最も厄介な専門用語群が造りだされたことだ。私はそんなもので読者を苦しめようとは思っていないが、ペドモルフォーシス（paedomorphosis）、ペラモルフォーシス（peramorphosis）、ペドジェネシス（paedogenesis）、パリンジェネシス（palingenesis）、プロテロジェネシス（proterogenesis）、プロジェネシス（progenesis）、パンジェネシス（pangenesis）、ファイレムブリオジェネシス（phylembryogenesis）、さらにプロセテリー（prothetely）、その他にもいろいろな用語が実際あることを認識すれば、ほとんどの生物学者や古生物学者が問題全体を避けて通ったことはさほど奇妙なことではない。

時おり私は、いつまでも成長しない子供だったピーター・パン（私がこれまでに知っているペドモルフォーシスの最高例）の作者J・M・バリーが、知ってか知らでか主人公にこの名を選ぶことによってこれらの用語をからかっていたのではないかと思うことがある。

ギャヴィン・ド＝ビアは、ヘテロクロニーの八種の様

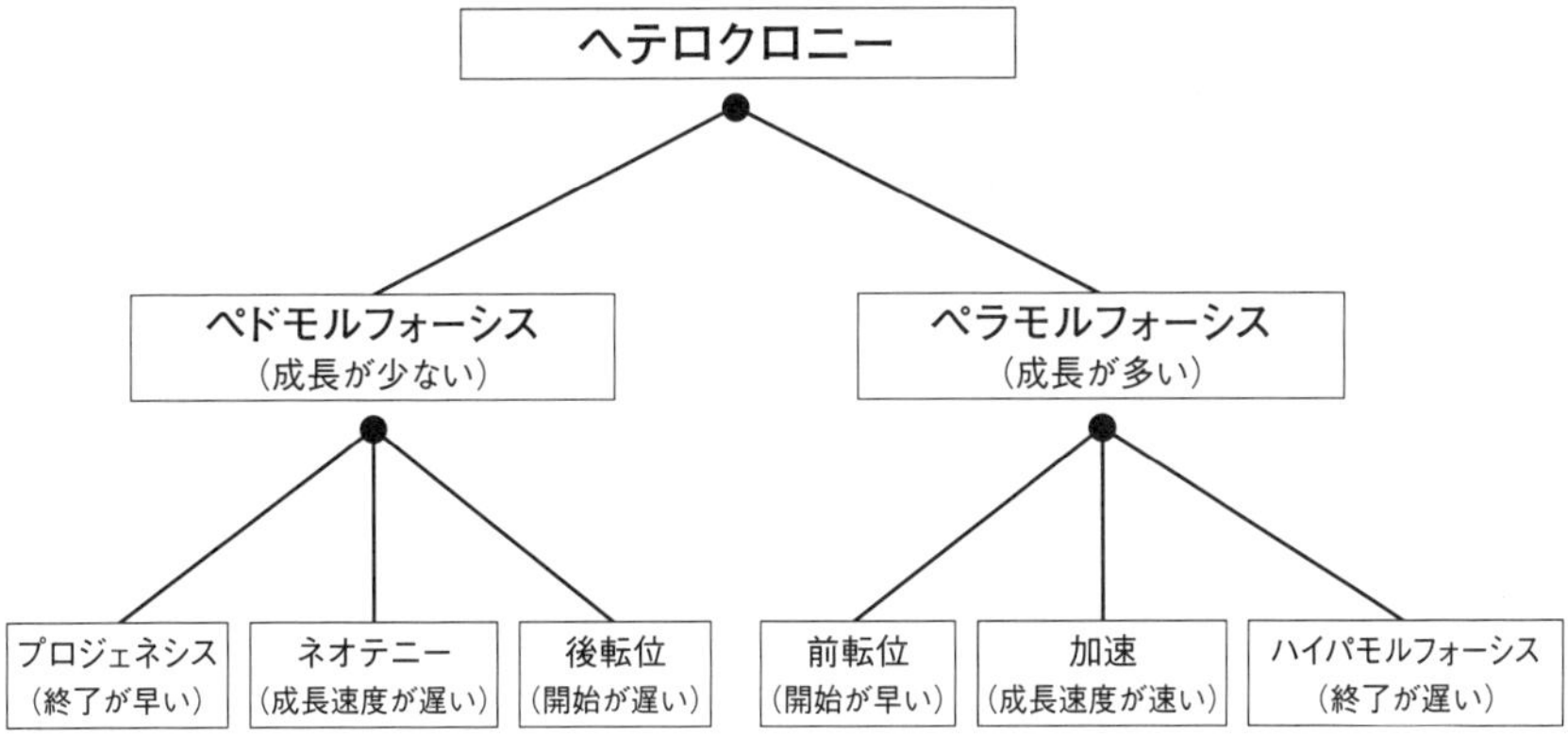

「ヘテロクロニー」の概念の内容。

式をふくむ確かにややこしい体系を作ることにより、この混乱にいくらかの寄与をした。新形〔変形〕発生（caenogenesis）、成体変異（adult variation）、ネオテニー〔幼形成熟〕（neoteny）（およびペドジェネシス〔幼生生殖〕paedogenesis）、ハイパモルフォーシス〔過形成〕（hypermorphosis）、逸脱（deviation）、減速（retardation）、退化（reduction）、および加速（acceleration）の八種である。いま読者にこうした専門家言葉がどうしようもないもののように思われるなら、私はたしかに同情してもよい。が、安心してほしい。これらの用語のほとんどは今後二度と出てこない（ヘテロクロニーを説明するうえで助けになる言葉が二、三、たまに出てくることはあっても）。

過去約二〇年の間に、ヘテロクロニーの研究にはちょっとした再興があった。何よりもその突発事の基になったのは一冊の本、スティーヴン・グールド〔ハーヴァード大学〕が著わした『個体発生と系統発生』である。この本は一九七七年に出版された後、進化における優勢なプロセスは反復か、それともペドモルフォーシス〔幼形進化〕かをめぐって対立するさまざまな意見をほとんど鎮静させてしまった。正しいということを論じたからだ。反復がペドモルフォーシスより一般的だとか、あるいはその逆だとかする理由はない、という。そして、ガースタングの見方もド＝ビアの見方も、ヘッケルのそれと同じくらいに極端であり、同じように偏狭だ、というのである。

グールドも同じように試みたのは、入り乱れた専門用語の混乱を整理することだった。彼は、協力者のペレ・アルベルチ、デイヴィッド・ウェイク、およびジョージ・オスターと共著で一九七九年に出した論文で、祖先と子孫の間で発育が減少する（ペドモルフォーシスにいたる）こともあるし、増加する（彼らが「ペラモルフォーシス」〔過成進化〕と名づけたものにいたる）こともある、ということを論じた。

〝ペラモルフォーシス〟という言葉は実質的に〝反復〟に代わるものである。なぜなら、いくらかは反復という語に付きまとう特殊な極論的含蓄のゆえにだが、そのほかに、厳密に解釈すると反復が終末付加による成長を意味するのに対して、ペラモルフォーシスは成長の増加を意味するが必ずしも終末付加によるのではないからでもある。グールドと協力者たちは多数の言葉の泥沼から、ヘテロクロニーのうちで形態変化が起こる様式のすべてを表していると考えられた、六つの用語だけを救い出した。ペドモルフォーシスもその相補的な現象であるペラモルフォーシスもともに、ただ三つのプロセス〔下記〕だけで起こりうる、という。つまり動物体は、発生のタイミングと速度〔率〕の変化だけによって祖先動物より少なく、もしくは多く発育することがある、というのだ。

成長の速度の変化は、それが増大するとき加速をおこすことがあり、成長速度に減速があるときネオテニー〔幼形成熟〕を生ずることがある。加速（成長が速まること）は、ペラモルフォーシス――形態変化が大きくて複雑さが増すこと――をもたらすだろう。ネオテニー（成長が遅くなること）は、ペドモルフォーシス――形態変化が小さくて複雑さが減ること――を生ずるだろう。ある器官または構造物の成長が始まる時期の、他の器官などと比べての変化は以前より早くなること（前転位 predisplacement）もあり、より遅くなること（後転位 postdisplacement）もある。早く始まる場合はペラモルフォーシス、遅く始まる場合はペドモルフォーシスとなる。成長様式を変化させる第三の道は、成長が停止する時期の変化によるものだ。より早く停止する場合は〝プロジェネシス〟〔幼形早熟〕（早く完成すること）と呼ばれ、ペドモルフォーシスに結果する。より遅く停止する場合は〝ハイパモルフォーシス〟〔過形成〕（遅く完成すること）で、これはペラモルフォーシスにいたる。

そういうわけで、以上六種のプロセスは一つの生物体が発育するときに起こりうる変化のすべてを網羅しており、我々がヘテロクロニーとして考えおよぶものの全部を表している。これら六種のプロセスは生物体の形とサイズに、ペドモルフ型〔ペドモルフォーシス型〕またはペラモルフ型〔ペラモルフォーシス型〕と表現されるような効果をおよぼす。それらは生物体の全体に影響する場合もあり、別々のプロセスが同じ生物体の別々の部分に影響することもある。多数ある構造物のなかには、一つ以上のプロセスから影響をうける場合もある。生物体の形態におけるこうした諸変化の総計が、進化なのである。

つまり、我々がある動物、ある植物、ある細菌、もしくはある真菌〔かび、きのこ、酵母など〕を見ていようと、

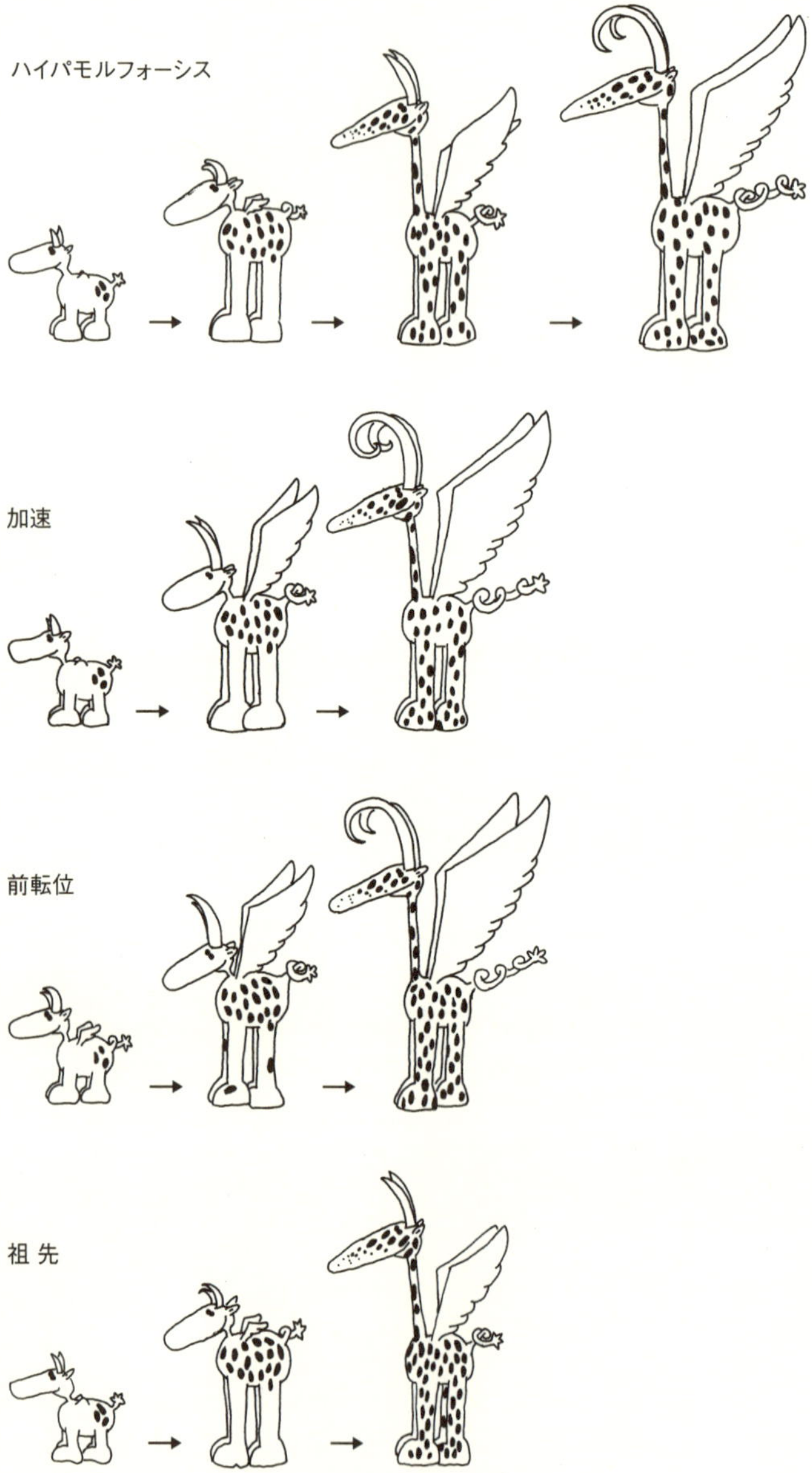

ペラモルフォーシス

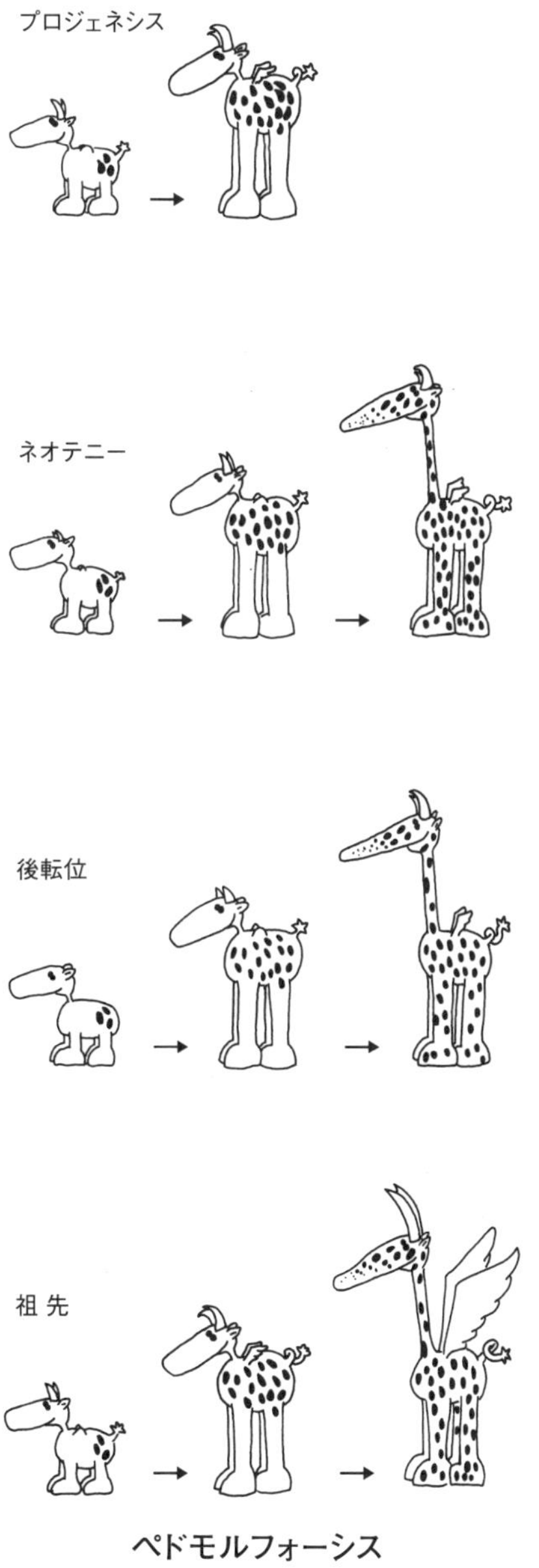

仮想上の動物。この動物は個体発生過程でいくつもの明らかな形態変化を起こす。“ペラモルフォーシス”型の子孫は祖先を“超えて”発育するのに対し、“ペドモルフォーシス”型の子孫は祖先の幼若期の特徴を維持する。“ハイパモルフォーシス”では成長が遅い時期に止まるのに対し、“加速”では角や尾がより速く成長する。“前転位”では角や尾はより早い時期に成長しはじめるのに対し、“プロジェネシス”では成長がより早い時期に止まる。“ネオテニー”では、角や尾はより緩慢な速度で成長する。“後転位”では角や尾は相対的に遅い時期に成長をはじめる。(サラ・ロング画)

その一部または全体を見ていようと、その生物は祖先生物と比べて、より早くまたは遅く成長することがありうるのだ。一枚の葉とか一本の指とかいう一部分が、その祖先と比べてちょっと早く、あるいは遅く成長を始めることがありうる。同様に、その葉または指、もしくは体の全体が、ちょっと早く、または遅く成長を終える。そして、同じその葉や指が、祖先におけるよりも急速に、あるいは緩慢に成長することがある。

　このことの種明かしは、祖先と子孫はチョークとチーズのように違っているが、にもかかわらずそれらは遺伝子的にはきわめて近い、ということだ。が、造りだされるのは今日地球上に棲息する数えようもない数の生物種――これまで地上を歩き、水中を泳ぎ、空中を飛び、地中に潜り、あるいは約三五億年にわたり地球上に存在した何万という適応場所《ニッチ》のどれかを占有した種――なのである。

　これらすべての種がしめす成長の〝量〟の増大や減少の形態学上の帰結は、その成長量が、祖先と比べて、子孫において実質的により複雑な構造物、あるいはさほど複雑でない構造物の生成につながる、ということである。私の気に入った動物の一つはウニだ。ウニ類は化石――とくに海底の堆積物に埋まっているタコノマクラやハート型ウニ類などの種類――としてありふれたものなのだが、かれらは自由遊泳性のプランクトン性の幼生から岩場の潮だまりに潜んでいる棘《とげ》だらけの球になるまでに、たいへんな形態と行動の変異を経過する。その外形の主目的は、油断して泳ごうとする人の足に棘を突きさすことにあるようにみえる。が、個体発生全体を通じて変化し、種ごとに違っているのは、まさにこうした棘や石灰質の硬い殻をつらぬく孔などの構造物なのだ。

　たとえば、棘の数のペドモルフ的減少によって進化したある種類の場合、この構造物に関しては子孫はもっと単純で、あまり複雑でないと考えてよい。同様に、それの棘の成長速度が低下し、より小さくてさほど複雑でない棘が現れたとすると、この構造物は形態上の単純性を示していると考えられる。第七章で述べることだが、こうした種類は数の少ない、おそらくは大きな細胞をもっている可能性がある。それに対して、より数の多い、あるいはより大きな棘を進化させたウニはペラモルフ型であり、したがって形態はより複雑である。

そういうわけで、簡単な言い方をすれば、ペドモルフ型の種はその祖先ほど複雑でないとみることができるのに対して、ペラモルフ型の種はもっと複雑であろう。むろん、複雑さや単純さを定義することにはいろいろな危険がともなう。たとえば、全体としてペドモルフ型の種は、祖先よりも単純化しているのか——したがって、その種はより単純化した行動を見せるのか？ たぶん、そうではなかろう。特殊化の程度と複雑さの程度はかならずしも直接に関連づけうるものではない。第七章で述べるとおり、高度にペドモルフ型の種類には、高度に特殊化した複雑な生活をするものがある。さらに、ペラモルフォーシスはかならずしも高水準の特殊化と等しいわけではない。とりわけ、ペラモルフォーシスにより活性化されて体サイズの増大にむかう傾向とかペドモルフォーシスの極端な例のなかには、高度の特殊化と（従って）絶滅の可能性の増大をしめす場合もある。

古生物学者や生物学者らは、過去二世紀の足かせを打ち砕いたうえ、より単純でより洗練された専門用語を採用することによって、ずっと先入見のないやりかたで生物世界の進化を理解することが可能になる。一九八〇年

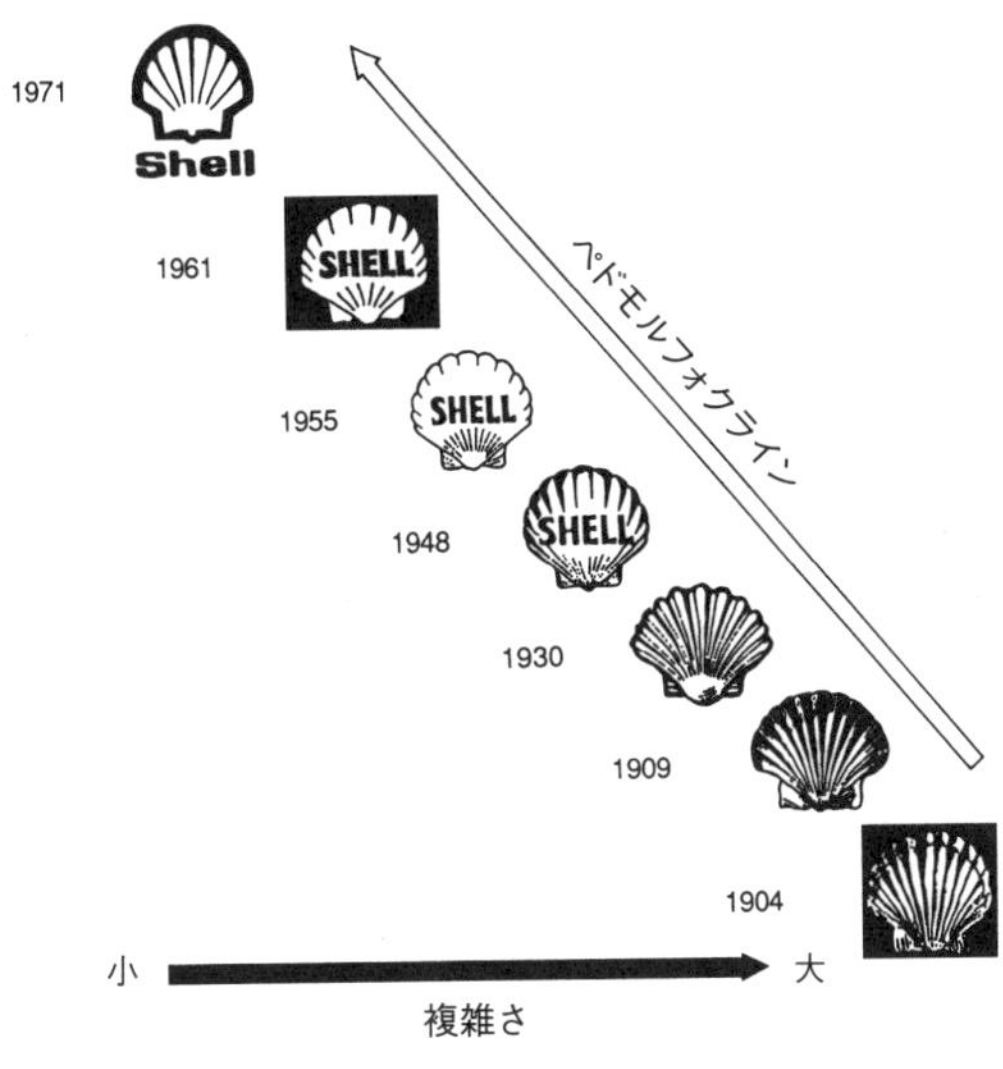

シエル石油の登録商標でさえ、過去1世紀にわたり広告業者の心の中でだんだんペドモルフ型になる一連の出来事を経てきた。貝殻は肋条〔うね〕の数を減らす方向に進化し、だんだんと幼若な複雑でない形をとるようになった。

代から一九九〇年代に行われた研究の多くは、ペドモルフォーシスと〝反復〟（いまペラモルフォーシスと呼ばれているもの）との釣合いに関するグールドの仮説を検証することに関わっていた。本書のこれから後の部分の多くは、進化は内部から起こることを説明するため、これら二つの現象が現存動物と化石記録のなかに広く見られることを示すのに費やすことになる。そのことが説明しようとするのは、ヘテロクロニーというものは、よくあるように進化学の教科書でわずか一節か二節をあてる価値しかない、ただ特異な進化現象より以上のものだということである。私が主張したいのは、この現象は進化過程のあらゆる隅々や割れ目にまで浸透しているということだ。実際、それが無くては進化は起こっていなかっただろう。それは、デルフィニウム〔ヒエンソウ〕の花の形からウマの足の形、鳥のさえずりなどに至るまで、どんなものでも説明するからである。

ヘテロクロニーはいろいろなレベルで作用している。それは種の内部でおこり、個体群内の各個体の間にある全般的な変異をもたらすものだ。たとえば、フィンチ〔スズメ目アトリ科の小鳥〕のある個体群に、他の個体よりやや大きいくちばしを持つ個体がいるわけ、ユーカリノキの葉には、隣の木の葉よりやや大きくて形の違うものがあるわけ。また、それは雌雄両性の間ではたらき、性的二型の多くの事例を説明する。例えば、ある種のクモでは雌が雄よりずっと大きいわけ、ある種のシカでは雄が雌よりずっと大きい角を持っているわけ。

進化における中心的な役者として、ヘテロクロニーは種の進化において鍵になる役を果たし、動物の形とサイズの変化がどのように起こるかを説明する。またそれは、多くの動物体の生活史戦略——つまり、どれほど長く生きるか、どれほど長く幼体として過ごすか、どれほど早く生殖を始めるか、どれほどの数の子孫を造りだすか、など——と密接な関係をもっている。さらにまた、ヘテロクロニーは種間の行動上の違いを説明するうえで重要な役を果たしていることがだんだん明らかになっている。ある動物体の形、サイズ、生活様式などの変化は、いかに微妙なものでも、みな行動の変化を生ずる可能性がある。

長い時代を通じてのヘテロクロニーの頻度の変化を査定することは、生命の歴史に区切りをつけてきた進化的大爆発の本質を理解するのを助けてくれるかもしれないのだ。進化的傾向をつくりだすに当たってのそれの役割は、動物や植物の特定のグループがどのように、また何故に特定の道筋をたどってきたのかを説明するうえだけでなく、自然淘汰およびヘロクロニーという動因がどのように相互作用して方向性をもつ進化過程をつくりだすのかを示すうえでも、だんだん精密に研究されるようになっている。ヘテロクロニーは自然淘汰に代わるものではなく、両者は生命の進化におけるパートナーだからだ。ヘテロクロニーは、一端にある遺伝現象と他端にある自然淘汰をつなぐ、論理上の結合環《リンク》なのである。

3 来たるべきものの形

ここに余の見る　これら
小さき四肢、これら目や手、
それによりわが生《せい》の始まる　鼓動するこの心臓。
汝《なんじ》らいずこにありしや？　汝らいかなる帳《とばり》の
陰にかくも長く　余より隠れてありしや！
いずこに、いかなる深淵《しんえん》に、わが改造されし舌はありしや？

トマス・トラハーン（一六三六―一六七四）「誕生の日」

海の水中で偶然の出会いとして起こるにせよ、抑制できぬ数秒の激情のあとで起こるにせよ、卵子の中へ突入する一個の精子が、宇宙でもっとも畏敬の念を起こさせる現象の一つ、すなわち生命を始めさせる。細胞の成長、分裂、そして分化という目まぐるしい増殖は、何億個もの細胞から成る、生きていて呼吸をし、食物をとり、繁殖をする構造物へ発展していく。たとえばヒトの体は、受精時の一個の細胞からおよそ一〇〇兆個の細胞という規模のものへ、爆発的成長をとげる。ところが、この途方もない数のうちで、人体を組み立てるのに関与している細胞のタイプはわずか二〇〇種ほどだ。そして、これらはすべて、他の哺乳類、爬虫類、両生類にも見いだされるのである。ヒトをはじめ、ある一種の動物の規則正しい成長——一個の細胞から毛や鼻、歯や眼、腎臓や肝臓などをしっかり備えた一人の政治家、配管工、古生物学者などにいたる成長——は、多くの場合は小規模だとしても、三五億年以上にわたり地球上に起こってきたことを象徴している。細胞の成長、分裂、そして分化の、見事に演出された段階的継起《カスケード》なのである。

しかし、過去二世紀以上にわたって長足の科学的進歩があったにもかかわらず、我々は動物体が成長する本当の仕組みについてはほんのわずかしか知っていない。つまり、一匹のマウスはなぜ一本の尾、一個の眼、一個の鼻などを造りだすのか？　耳や鼻を造り上げる細胞は、どこを成長させるべきかをいかにして知るのか？　耳の細胞と鼻の細胞とが同じだとしたとき、これらの細胞は耳、それとも鼻を造りだすことをどのようにして知るのか？　一個の卵子という一見なんの特色もない始めの微小な塊を、生きていて餌を食べ、チューチュー鳴くマウスといった驚くべきものに変えるものは、いったい何なのか？

胚を構築する

マウスのような一匹の動物の発育過程は、新受精《ネオ》、分化、および成長という基本的な三つの段階に分かれる。卵子は受精した直後に新受精段階へ移行する。この時には、発生する胚の中の動きのほとんどは、母体により卵子へ供給され、養育細胞《ナース》により伝えられる情報に基づいて起こる。細胞が分裂を重ねるにつれて、胚のもつ遺伝子がはたらきの制御を引きつぎ、父方・母方両方の遺伝子が入力される。これの起こる時期は動物の種類によって違い、ヒトでは、その時点は四細胞期と八細胞期の間にある。これは特別に決定的な時期だ。なぜなら、これは位置に関する情報が各細胞へ伝えられる時だからで、その細胞が胚のどこにあるか、その細胞はどう〝挙動〟すべきか（つまり、それが分化すべきかどうか、いつ分裂すべきか、いつ体内移動をすべきか）を細

胞へ知らせるのである。こうした情報の流れは〝パタン形成〟〔パタニング〕とよばれている。[★01]

初期胚において各細胞の位置を指令し、どちらの端が頭になりどちらが尾になるかを決定する、初めの母方の位置情報はいくつもの根源から出てくる。たとえば、ある種の軟体動物は精子が卵子へ侵入する点を用いる。カエル類では、重力が問題の点を提供することがある。多くの動物で、基本的な体プランの形成は胚が約一万細胞まで分裂したときに起こる。が、カエルなどでは、これは発生過程でもっと早く、細胞数がまだはるかに少ないときに起こる。位置情報が流され、コロニーを造りつつある細胞群――特定の構造物へ発展するはずの細胞群――や細胞タイプが確立するようになる。それは、一つの建造物を建てるために派遣された労働者のいくつものグループのようなものだ。各グループはそれぞれその建造物のある特定の範囲で成しとげるべき一定の任務をもっている。動物の多くのグループでは、こうした細胞の基礎グループの確立が受精後わずか二日ほどの間に起こることもあるが、ヒトなどいくつかの〝高等〟脊椎動物では基本的な体プランの確立に三〇日もかかる場合がある。ひとたび体プランが確立されると、コロニーを造りつつある多くの細胞の各区域が、しだいにもっと小さい基準単位《モジュール》へ分かれるようになる。換言すれば、労働者たちの初めの各グループがもっと小さい、もっと専門化したグループに分かれていくのだ。が、労働者たちがどこにいても、彼らはいつも青写真を携えているのである。

近年になって、このような〝基準単位形成《モジュラリゼーション》〟の研究がキイロショウジョウバエ（*Drosophila*）を舞台にして盛んに進められている。ショウジョウバエでの基準単位形成では、〝バイコイド〟とよばれる母方の一遺伝子が重要な役をはたすことがわかった。この遺伝子は、胚のどちらの端が頭になり、どちらが尾になるかを決めるにあたって決定的な役割を演ずるのである。バイコイドの蛋白がショウジョウバエの卵の中でいろいろな区域の境界を定める。頭部はバイコイド蛋白の濃度が最も高い卵の前端にできてくる。頭部から尾部にかけて低下するその蛋白の濃度の勾配が、分節構造の全体的パタンを制御する。変動するこの蛋白の濃度は、初期胚の数多くの遺伝子――その後さらにいろいろな化学的勾配をつくりだす遺伝子――しだいで決まる。こうした派生性の勾配は、他の種類の遺伝子の活性化に伴って、最後にいわゆるホメオティック（またはホックス）遺伝子を活性化する。これらはショウジョウバエのその後の発育を制御する決定的な〝スイッチ〟遺伝子なのである。というのは、これらが、胚にあるすべての分節単位《セグメント》の同一性を確立する遺伝的経路を始めさせるからだ。各分節ごとに始動される一そろいのホメオティック遺伝子は、それらの分節がやがてとる形やその上にやがて発生する構造物――羽や脚など――を決定する。

　おもしろいことに、ショウジョウバエでホメオティック遺伝子を活性化するいろいろな勾配はじつは、胚が一細胞だけの時からはたらいているのである。近々一九九二年のことだが、化学的勾配の同様のシステムが脊椎動物にも存在することが実験的に明らかにされた。昆虫でバイコイド蛋白がはたすもう一つの重要な役は、頭部と胸部の接続部の場所の決定ということだ。昆虫には頭部と胴に一定数の分節があるが、同様に、できてくる付属肢の数は胴の前部の三分節に三対、と決まっている。こ

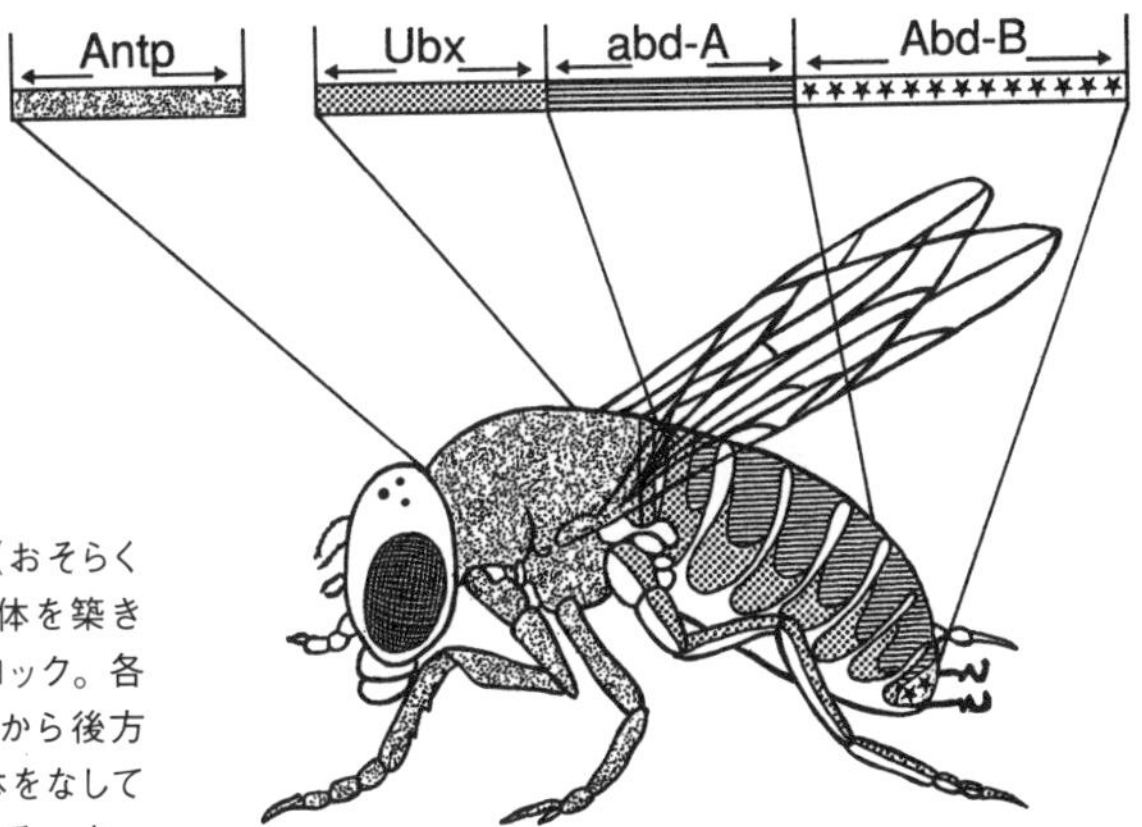

キイロショウジョウバエ（おそらく他のすべての動物も）の体を築き上げる遺伝学的構築ブロック。各ホックス遺伝子が、前方から後方にかけて整然たる連続体をなしていくつもの分節を構築する。ホックス遺伝子の調節の変化が進化の過程で重要な役をはたす。

うした基本的構造物は厳密に編成された発生プログラムの一部として形成されてくるのだが、実験によってそのプログラムに劇的な混乱を起こさせることがしごく容易にできる。卵の前方部からバイコイド蛋白にとむ細胞質を取りだし、それを胴の中央部へ注入すると、一個の頭が胴から生えてくる。こうした実験は、発生プログラムをいじくるだけで深い構造的変化が起こりうることを浮き彫りにするのである。またこのことは、どの細胞が発育するかを決定するときの化学的勾配の基本的重要性を明らかにする。実際、何億年も前に節足動物の祖先において、自然淘汰によるこのようないじくりが昆虫の進化にとって最初の刺激になった、というのは大いにありうることだ（第七章を参照）。

　過去一〇年間になされた最も重要な発見の一つは、形態の制御の遺伝子的基礎が解きほぐされたことである。節足動物から脊椎動物にわたる広い範囲の動物体が、体のパタン形成を決定する多数のホメオティック遺伝子を共有しているのだ。節足動物ではこれらの遺伝子が分節の構造、付属肢の数やパタンなどを調節するのに対して、脊椎動物ではこれらは脊椎の構造、四肢や神経系のパタンを決定する。ホメオティック遺伝子の進化は、他の多くの発生遺伝子とともに、初期の脊椎動物が進化する間に解剖学的複雑さの発展をもたらした。ところが、脊椎動物や節足動物などの各グループのなかの多様性は、ほとんど、動物体の構造の根本的調停者たるこれらの遺伝子の調節の変異によって生じたのだ。節足動物や脊椎動物のようなグループの多くのホメオティック遺伝子を結びつけるのは、①それらが遺伝子複合体へ編成されること、②動物体の前後軸にそって別々の区域で同じ相対的順序でそれらが発現すること、および、③一八〇の塩基対の連続体――いわゆる〝ホメオボックス〟で、〝ホメオドメイン〟と呼ばれるDNA結合モチーフを記号化するもの――をもつこと、である。[★02]

　ショウジョウバエでこれが作用するしかたは、二個の複合体をなす八個のホメオティック（ホックス）遺伝子があることだ。いろいろなホックス遺伝子が体のいろいろな部分の構造を制御するのである。一つは〝アンテナペディア複合体〟とよばれるもので体の前方部を標的にし、もう一つは〝バイソラックス複合体〟といい、体の後方部を標的にする。動物体の染色体にある多数の遺伝子の配列は、発育する体でそれらが発現する位置を表している。多くのホックス遺伝子が、動物体を構築するのではなく、構築のしかたを制御するのだ。ショーン・キャロル〔ウィスコンシン大学、マディソン〕はそれらを〝調節的な工具箱〟と表現している。それらは、動物体の各構造物がどんな形になるかを厳密に制御するというよりも、諸構造物の相対的位置の境界を画定するのである。ただし、二つの異なる種にある同じホックス遺伝子が体の等価〔相同〕の構造物または区域を異なるしかたで調節することもある。ホックス遺伝子に関する最近数年の研究で、これらは制御的蛋白質として作用することが明らかにされ、さまざまな遺伝子を標的にする際の気まぐれな挙動が浮き彫りにされた。

　キャロルは、ホックス遺伝子が形態進化に影響をおよぼす仕方の一つは、それらが発現する位置、タイミング、あるいはレベルの変化による、ということを主張している。そうすると、三葉虫やその他の節足動物の分節の数や、さまざまな脊椎動物に発生する脊椎骨の数などの変異として見られる諸変化の多くは、ホックス遺伝子が活

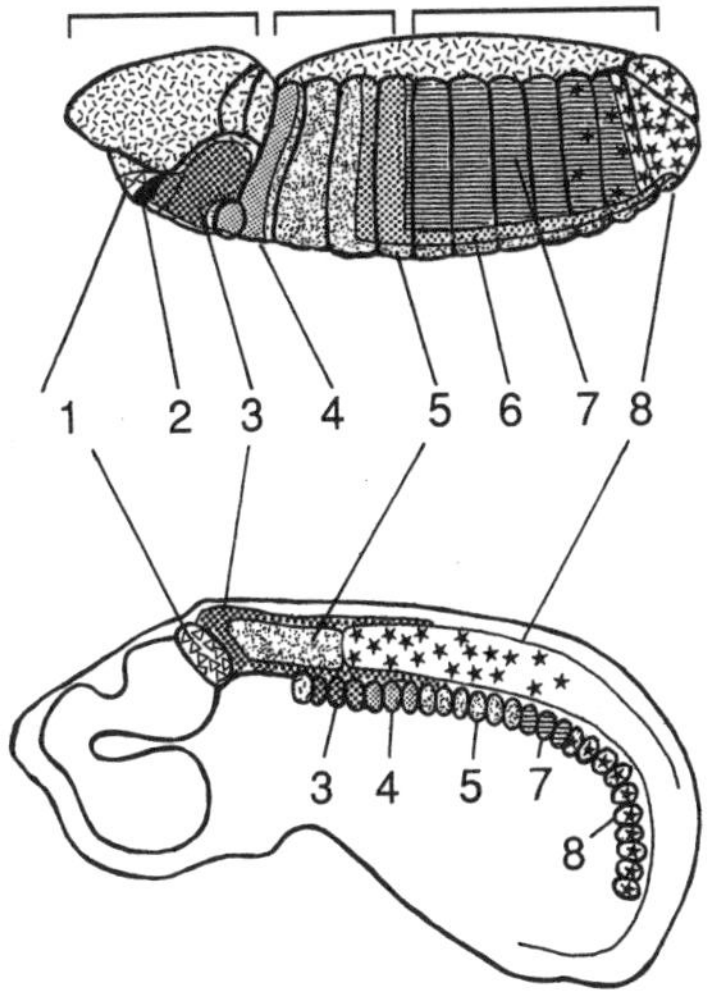

キイロショウジョウバエ胚を構築する多数のホックス遺伝子の同様の複合体はまた、マウス胚をも組み立てる。数字はいろいろなホックス遺伝子をしめす。

動するタイミングの変化ということから解明できるのかもしれない。動物体に進化したいろいろな部分の数にみられる形態的変化とそれらの根底にある遺伝的制御との関連は、おそらくここにある。そんなわけで、節足動物では、ホメオティック遺伝子が特殊な付属肢の発生する場所——また特定の分節に生ずる付属肢のタイプも——を制御するのだ。一例をあげると、バイソラックス・ホメオティック遺伝子複合体の産物が〝ディスタルレス〟とよばれる遺伝子を抑え、体の特定の部位で肢の形成を阻害することがある。このような一そろいのホックス遺伝子の活動が四億年ほど前に、多足類〔ムカデ、ヤスデなど〕に属した節足動物で肢の数の減少を引き起こし、それが付属肢を三対だけもつ昆虫類の進化に帰着したのかもしれない。昆虫の一般的な体プラン——頭部、肢のある胸部、肢のない腹部など——は多くのホメオティック遺伝子に制御されているのである。

　ホメオティック遺伝子は、付属肢の発生を抑制したり、部分によるペドモルフ的退化の背後で最重要な動力源かつ揺振源になっているばかりでなく、初めにあった構造物を改造して新しい形態を創りだす能力をもっているようにみえる。たとえば、昆虫類と甲殻類の間の付属肢の型や配置の違いは、体の別々の部分における一そろいのホックス遺伝子の異なる活動によって、しっかりと制御されるらしい。

　昆虫類の出現につながった分節や肢の減少する傾向が、大まかにみると、三葉虫類の進化傾向と並行するのは興味深いことだ。カンブリア紀最初期の三葉虫には非常に多くの分節（エムエラ科では五五まで）があり、各分節ごとに一対の付属肢があったと考えられている。三葉虫類の進化の普遍的傾向の一つは、分節数（したがって肢数も）の全般的な減少に向かうだけでなく、分節数の〝発生硬直化〟に向かうものであった。そのため、三葉虫のカンブリア紀前期の種は比較的多数の分節をそなえていたが、種内でもその数が変異する場合がある。カンブリア紀を下るにつれて、種も属もある一定の数に落ちつく。オルドビス紀やシルル紀に入るころまでに、分節数のもっと少ない種類のみならず、一定数の分節をもつ三葉虫のすべての科（目《もく》も）が出ている。

　われわれは、節足動物の進化の黎明《れいめい》期におけるホックス遺伝子の活動についてだけでなく、それらの活動は初めはかなり不安定だったが同グループが進化するとともにしだいに安定してきたことについても、支持の論議をすることができる。進化しつつあった三葉虫類の立場としては、かれらの発展史の早期におけるこうした制御の弱い調節は〝一見不運な幸運〟だったのかもしれない。なぜならそれは、遺伝子的にきわめてよく似ていながら形態的にははっきり異なる、広範囲の形態タイプの進化につながったらしいからだ。自然淘汰は、自由にもてあそべるものをたくさん与えられたわけである。興味深いことに、私がカンブリア紀の三葉虫類の進化におけるヘテロクロニーを総点検したとき、分節形成を抑制するホックス遺伝子の強い活動を表すと思われる、ペドモルフォーシスの例が優勢であることを知った。[★03] それに対して、カンブリア紀より後の形態的にはもっと多様になった三葉虫類は、既存の諸形質のサイズと形に現れた、もっとペラモルフォーシス的な様相をしめすのである。そういうわけで、ヘテロクロニー過程の一つの型からもう一つの型へこのように重点が移るのは、いくらかは、ホメオティック遺伝子の活動レベルが変わることに根本原因をもっているのかもしれない。

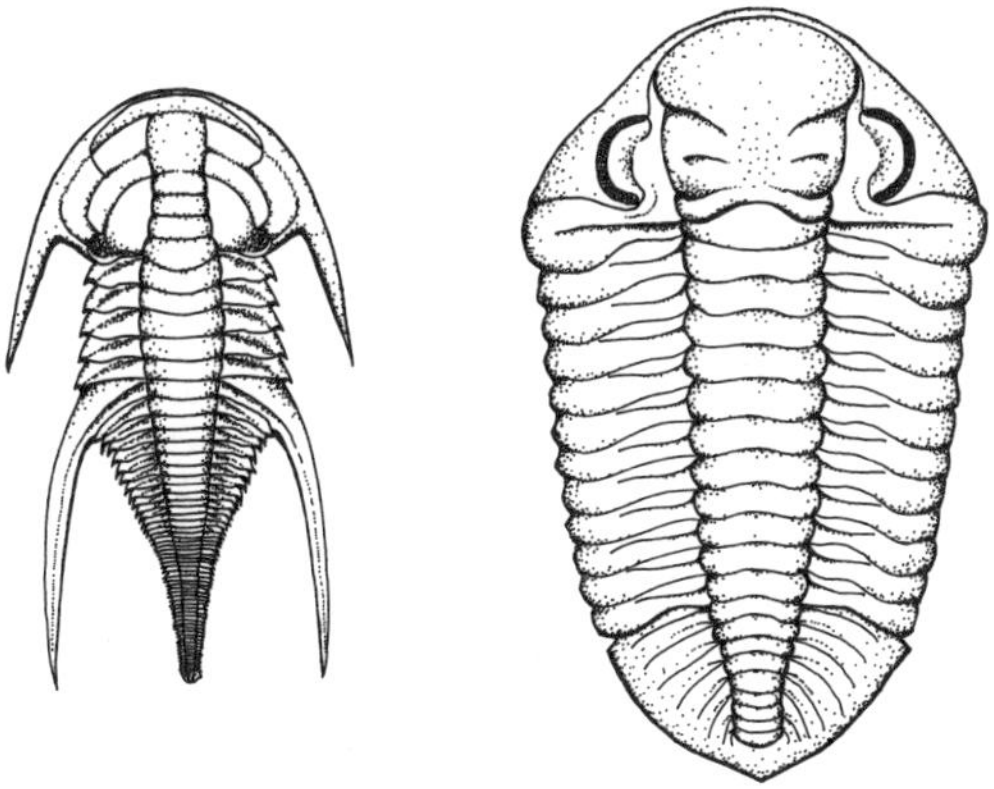

サウスオーストラリア州のカンブリア紀前期、5億4000万年前の岩石から出る最初期の三葉虫エムエラ・デイリイ(*Emuella dailyi*、左)は50をこえる分節をもっていたが、その数は同種のなかでも変異した。イングランドのシルル紀中期、4億3000万年前の岩石から出るアカステ・ダウニンギアエ(*Acaste downingiae*、右)は、ファコピダ目の他のすべてのメンバーと同じく11の分節をもっており、それ以上もそれ以下もない。この“発生硬直化”は、長い時代を通じて発生調節の向上とかなり安定した分節形成を続けた。

昆虫類のような一つのグループのなかで、形態の全体——幼虫の肢の数、成熟体の羽の数、付属肢の構造など——が同じ一組みのホメオティック遺伝子の活動によって進化してきた。すべてが、多数のホメオティック遺伝子によって調節されるのである。ホメオティック遺伝子は羽の発達には役割を演じなかったようにみえるけれども（後述）、羽の数の決定については重要であった。キャロルの指摘によれば、これらの遺伝子は〝羽を造る〟とか〝脚を造る〟のではなく、既存の発生プログラムを改変するだけである。だから昆虫類の進化過程では遺伝子の新しいセットが進化したことはなく、むしろ、ホメオティック蛋白と、肢や羽の構造的形成に実際に関与する多数の遺伝子との間に、新しい調節的な相互作用が現れたのだ。

脊椎動物でも同様の法則がはたらいているらしい。かれらの分節単位は体節《ソーマイト》と呼ばれ、発生過程で脊椎骨を造りだす。椎骨の実際の数は、脊椎動物の種類によってさまざまである。たとえば、哺乳類は七個の頸椎《けいつい》（頸部椎骨）（キリンでもマウスでも同数）をもつのに対して、鳥類は一三個ないし二五個もち、ヘビ類は最大で四五四個もの尾前椎骨をもっている。一般に頭骨の直後から尾部にかけて、いくつかの型の椎骨——頸椎、胸椎、腰椎、仙椎、および尾椎——がつながっている。これらの型を決めるのがホックス遺伝子であり、特定のホックス遺伝子が機能を失うと、骨の形がある型から他の型へ転換《トランスフォーム》する。第八章で論ずることだが、ホックス遺伝子の発現機構のこうした進化的変化がカメ類の進化過程で一役を果たした可能性がある。なぜなら、特定の椎骨の形態の発現は、脊柱にそって上や下（前や後）に転位するホックス遺伝子の支配領域《ドメイン》によって決定されるからだ。ホックス遺伝子の発現領域の移動は解剖学的構造とともに起こるのであり、体節の順位に伴うのではない。面白いことに、ある特定のホックス遺伝子がニワトリ胚の体節17—18にある前肢のレベルに位置しているとすれば、マウス胚でもそれはやはり前肢のレベルにあるが、それはマウスでは体節10—11の位置に相当する。キャロルは、胴体の胸椎域—腰椎域の境界を決定するホックス遺伝子が、魚類以来の四肢動物の進化で大きな意味をもったのではないかと示唆している。

現存昆虫類の発生パタンは、外見的には非常に変異の多いものだ。例えばW・S・ホールデーンという昔の生物学者は、甲虫《こうちゅう》類ははなはだ多種多様だが、発生の型もまた多様だから、神はかれらに法外な偏愛をもっていたのだ、と考えていたほどである。それでも基本的な仕組みは同じであり、分節形成を進めるプロセスの相対的なタイミングが違うだけである。甲虫類にみられるような発生パタンの違いは、昆虫の他の目《もく》、とりわけアリ類、ミツバチ類、スズメバチ類、それに程度は低いがバッタ類やチョウ類にも起こる。そうした変異は、個体発生過程で分節ができ、長胚型〔長帯型〕、中胚型〔中帯型〕、および短胚型〔短帯型〕という大きく三種に分類される胚をつくりだす時期までに表れる。★04

長胚（例えばショウジョウバエ *Drosophila*）は、胞胚段階（母方の遺伝子が発生を支配する成長初期）の終了によって完成する体プランをもっている。他方、極端な短胚（例えばサバクイナゴ *Schistocerca*）は、原腸形成（発生中の胚の遺伝子が後を引き継いで支配する、胞胚期の次の段階）より後の遅い時期に分節を形成する。さらに中胚は、胞胚期が終わるまでに、頭部から胸部の後端まで分節を確定するもので、後方の腹部分節は原腸形成より後にできてくる。長胚のパタンは、昆虫類のなかでも進化的に〝進歩〟した諸目《もく》にあるものらしい。発生早期における分節形成が進化したことは、分節形成の開始のタイミングが発生早期へ早まったことを物語っている。このような〝前転位〟は、〝さらなる〟発生的変化とより複雑なペラモルフ型形態を生みだす諸機構の一つなのだ。これが起こるのは、動物体は理屈として、他の発育上の諸変化を生ずるのに長い時間をかけるからである。

古くから発生学者たちは、生物は種ごとにそれぞれ異なる青写真に従うものであり、体の構築のタイミングは種ごとに違うものだ、ということを理解している。それでも、こうした諸変化がおこる仕組みについての知見は近年まで悲しいまでに不十分だった。が、ここ一〇年ほどの間に、初期胚発生の基本的ないくつかの様相に関するわれわれの了解に一つの革命が起こった。成長の仕組みを理解することにより、進化におけるヘテロクロニーの重要性がいっそうよく分かるようになる。それで、何億年も前に生きていた動物たちに見られる諸変化が、遠い昔に成長し、機能し、死に、そして、分解した細胞の成長の動揺という視角から説明できるのである。

　こうした化学物質——それらの濃度の勾配が細胞の分化やパタン形成にとってこれほど決定的であり、またそれらのわずかな変化がかくも重大な進化的変化を引き起こしうる物質——の本質は、厳密にいって何なのか？　ショウジョウバエからニワトリ胚にまで、カエルからマウスにまでわたるさまざまな動物で行われた数多くの実験的研究により、発育の大きな部分は〝モルフォゲン〟とよばれる分子の活動によって制御されていることが明らかになった。かつてアメリカの遺伝学者トマス・ハント・モーガンにより観念的な形で示唆されていたものなのだが（ただしこの言葉ではない）、モルフォゲンというのは、ほとんどは状況証拠に基づいて成長の制御者《コントローラー》および統合編成者《オーケストレーター》という意味をもっていた。最も有力なのは、初期の胚は、損傷を受けたときに信じがたいほどよく立ち直るという事実だ。ある初期胚の小さい一部が転位されたり除去されたりすると、その胚は埋め合わせをして正常に発育を続ける。それと同じ状況が哺乳類の双子《ふたご》形成のときにも起こる。ふつう想像されているように、卵《らん》が初めの一細胞期か二細胞期に分離することによって同一の双子ができてくるのではない。分離は、胚が何百もの細胞になったもっと後の段階で起こるのだ。それなのに、これほど深刻な分裂をへても、損傷のない、完全な二つの個体が育ってくるのである。

　モルフォゲン（この言葉そのものは一九五〇年代にアラン・テュアリングが造った）なるものが存在するというモーガンの示唆は、彼のミミズに関する研究——一個体を二つに切断すると各半分がそれぞれ欠失した部分をすべて再生し、ついに二個体ができるという研究——から出てきたものである。哺乳類が何百かの細胞のときにしかやれないことを、ミミズは成熟体になってもやってのけるのだ。一頭の生きた成熟哺乳類を二つに切断するとどうなるか。見るも無残な、完全に死んだ遺体が横たわるだけだ。モーガンが唱えたのは、ある化学的な信号が、正常な発生のために細胞が必要とする全ての情報をその胚に与えるのではないか、ということだった。現代の発生学者たちは、個々の細胞がどこでどのように成長すべきかを指令する情報は、当の胚の細胞内にある受容体分子を刺激するモルフォゲンによって伝えられる、と考えている。次いでこれらの受容体は、細胞の核に潜んでいる特殊な遺伝子の集団へ信号を送る。次にそれらがどこへ移動すべきか、そしてそれらがいつ分裂すべきかを細胞に指令するのが、これらの遺伝子である。また、他のいろいろな相互作用をへた結果として、いつ細胞が骨や筋肉などの特殊な構造物へ変わるべきかを指令するのも、これらの遺伝子である。はっきり言えるのは、一匹のマウスの秩序正しい成長のためには、細胞の分裂や移動や特殊化がよく統合編成された順序で起こるように、モルフォゲンが適切な時に、適切な所に、適切な量で造り出されねばならないということだ。こうした出来事のタイミングやそれらが起こる速さが少しでも乱れると、発育中の胚に深刻な影響が生ずるだろう。そして、その胚は異なる発育経路をたどり、祖先動物とはまったく違う外見をもつ成熟体になっていくだろう。

過去約一〇年間における生物学上の大きな突破事件の一つは、分節形成の制御をつかさどるモルフォゲンではないかと見られる候補がひとつ発見されたことだ。脊椎動物でも無脊椎動物でも、体の成長は、前後に連なる分節が発育早期に形成されることから始まる。これらの分節は、ひとたび出来てしまえばその後は、それぞれ独特の形態と機能の特徴を発達させていく。そして、ひとたび各部分が何らかの速度で出来あがると、それらの部分はある一定の速度で発育する。いろいろな部分がそれぞれ異なる速度で発育し、それによって異なる形とサイズをもつさまざまな構造物を造りだすのである。

分節形成において鍵《キイ》の役をはたすモルフォゲンは、レチノイン酸という物質である。科学における数多くの打開事件と同じく、レチノイン酸の存在と形態形成にそれが演ずる役割への認識は、何十年にもおよぶ注意深い、苦労にみちた、その発見で頂点に達したような研究の成果ではなかった。この発見に関与したルイス・ウォルパート〔ユニヴァーシティコレッジ・ロンドン、解剖学発生学教室〕によれば、「レチノイン酸の作用に関するわれわれの発見は長時間の深い思索に基づくものだ、ということにしておけば気持ちのいいことだろう。そうではなかった。それは、化学物質を肢芽《しが》の限られた区域へ投与する技術が発達したことと、効果がありそうな物質の種類に関する勘による当て推量とが一緒になったことから生まれたのである」[★05]。

成長を制御するうえでそれほど大きな影響をもつこの物質の驚異的能力を暴きだすことは、レチノイン酸に浸した小さな組織片を発生中のニワトリ胚の肢芽の前端部へ実験的に移植することで達成された。このように小さな切り込みから微量のレチノイン酸を投与した結果、正常な指のセットと鏡像をなす余分の指のセットが発生してきたのである。レチノイン酸の量が少なければ、余分の指のできてくる数は少なかった。グレガー・アイヘレとクリスティーナ・タラー〔ハーヴァード大学〕によるもっと新しい研究は、上の研究が予測したようにレチノイン酸が発生中の肢芽に存在するだけでなく、その濃度が肢芽の全体にわたり、予期されるとおり後方ほど高濃度になるように変異することを示唆しているようである。

一見わくわくするほど単純明快なあらゆる説明と同じように、その後の研究が、モルフォゲンで誘導される成長システムは初めに思われていたほど簡単なものではないらしい、ということを示しはじめている。ナンシー・ワネク〔ロチェスター工科大学〕が率いる研究グループは、たとえば、レチノイン酸そのものが成長を誘導するのではなく、この物質は、何か他の未知のモルフォゲンが作用している新しい分極化区域の形成に引き金をひく動因にすぎないのではないか、と述べている。むろん、この新しい分極化区域は、細胞を刺激してさらに多量のレチノイン酸を造りだすことにより現れるという可能性がある。レチノイン酸の効果の発見で四肢の発生の秘密を解く鍵が見つかったのかどうかは、今後の研究によって確かめられることだ。ただ時間だけが、成長する胚における細胞の発育の制御にレチノイン酸がどれほど重要なものであるかを教えるだろう。これと生物進化との関係は、発育を制御する諸要因が解明されるにつれて、進化における発育の変化の重要性がよりよく理解できるようになるだろうということである。

細胞の運命を決定する

成長の第二段階の間に、創始者《ファウンダー》細胞は分裂、分化、移動を経ながら発育中の胚の一定の構造物を形成しはじめる。この時期の間、胚から（母親の卵《らん》からではなく）の遺伝情報が、成長する胚の発育を指令する優勢な制御力になる。この段階は、ある一定の器官や構造物が形成されたときに終わる。動物のグループによっては、新《ネオ》受精段階で確立された位置の情報がすべての細胞群の最終的運命をプログラムすることもある。棘皮《きょくひ》動物や脊椎動物など他のグループでは、細胞分化はもっと遅く起こる。これは、準備が十分できて一定の構造物を造りだそうと待っている各創始者群の中の細胞は特定のタイプのものではない、ということを意味している。これらの細胞は、やがてそれらの分化を引き起こす他の位置情報に接したとき初めて特定の任務を引き受けるのである。そのことは、この型の発生では、各ステップが綿密に統合編成される必要はないことを物語っており、それはひとえに、当の細胞が一定の時期にどこに存在するかにかかっているのだ。胚の中で、その細胞のあり場所が空間的にでも時間的にでも違っていれば、その胚の発生運命は永久に違ってしまうのである。

このように、細胞が外的刺激に対してどのように反応するかという視点からみると、発生中の胚の細胞分化の調節には大きな可塑性《かそ》〔融通性〕がある。たとえば、ある一細胞、あるいは細胞たちの一群が、他のある細胞にはたらきかけて第三の型の細胞の形成を誘導することがある。これをするのに、細胞たちはコミュニケーションの仕組みを持たなければならない。そのため、細胞たちが育ちつつあるその化学的環境は当の細胞たちの最終的運命にとって決定的な意味をもつ。ジム・スミス〔国立医学研究所、ロンドン〕が行った実験的研究で、このことがはっきり立証された。彼は、ある特定の分子の濃度を一・五倍に高めるだけで細胞を、皮膚細胞ではなく筋肉細胞に発達するよう誘導するのに十分であることを示した。つまり、細胞の運命は細胞内部からの直接的な遺伝子的制御を受けるのではなく、細胞〝外〟の環境ではたらく要因によって決定されるわけである。ここで、その細胞の状態は外的諸要因による自然淘汰と緊密な関係があると考え、この事実を進化学的な言葉で言い換えてみることもできよう——その細胞がどこにあるか、いつそこにあるかが、それがどんな淘汰圧を受け、どんなものへ〝進化〟していくかを決定するだろう、と。われわれは再び、細胞の運命を制御するうえでの偉大な調停者たる〝時間〟へ戻ってくる。各細胞が割り当てられた場所に到着するのが早すぎたり、あるいはバスに乗り遅れたりすると、それの運命は取り返しようもなく全く違ったものになってしまうのだ。

細胞の成長を制御するのは何かという問題をめぐっては、ある一分野の研究によりもう一つの競争相手の分野が目立つものになる。細胞を取りかこむ物質、いわゆる〝細胞外基質〟の胚発生に対する影響の研究のことだ。細胞外基質とは、巨大な繊維蛋白質と球状糖蛋白質でできた細胞を取りかこむ体内物質である。最近とりわけベティ・ハス〔ハーヴァード大学〕が主張しているのは、細胞たちと細胞外基質の相互作用は、遺伝子を活性化するはずの細胞核の中に深く潜んでいるスイッチを妨げる効果をもっているのではないか、ということだ。この考えの基になったのは、ある妊娠マウスの乳腺から採った上皮《じょうひ》細胞を細胞外基質のない環境で培養するといった、いくつかの実験である。その結果、細胞たちは偏平になり、祖先的状態に戻った。しかもこれらの細胞は乳汁を産生しなかった。ところが、細胞外基質から採った分子をその混合物に加えると細胞たちはまるまるとした元の形になり、自らを編成して細胞嚢をつくり、乳汁を分泌しはじめた。

細胞たちが細胞外基質にある繊維蛋白質に付着できるような物理的構造物が提供されるほかに、細胞たちがそれに付着するときそれらは核にある特殊な調整的要素を活性化し、それで遺伝子の活動を刺激するらしい。ここで大きな問題は、これらのスイッチはどのようにして活性化されるのか、ということだ。デイヴィッド・イングバー〔ハーヴァード大学医学部〕は、細胞たちは細胞外基質に付着するとき、スイッチが始動できるように引き伸ばされねばならないということを示した。彼は、細胞外の分子が細胞内にある受容体に結合することがおそらく、実際の機械的な力を細胞壁と核に及ぼすことによって遺伝子の転写を始動させるのではないか、と示唆している。ミーナ・ビセル〔ロレンス・リヴァモア研究所、カリフォルニア州〕が主張したように、おそらく細胞外基質が受容体をつっつき、受容体が細胞壁をつっつき、細胞壁が核をつっつく、という仕組みなのだろう。

初期胚発生の間に、細胞たちはただ分裂して細胞外基質内で移動するだけではなく、上に説明したとおり、分化もしていく。こうした条件の下でのある構造物の成長は、次のような五つの基本的要素に依存していると考えられる。★06

1　幹《かん》細胞〔未分化の増殖性細胞〕の数
2　細胞たちが集合を開始する時期
3　活発に分裂している細胞たちがしめる割合
4　細胞分裂の速度
5　細胞死の速度

したがって、発生のこれら五つの側面の活性度が、ある動物体の各部分がどのように成長するか、そして幼若のとき、また成熟したときにどのような外観をもつか、を制御することになろう。これらの要素のうちどれかの開始《オンセット》または終了《オフセット》のタイミングや速度がわずかでも変わると、細胞の分化と成長のパタンの変化により、動物や植物の最終的外観の変化に大きな影響を与えることがありうる。それゆえ、発育プログラムの変更が進化的変化の有力な原動力になるのだ。細胞レベルでは、このことはただ細胞の相互作用のタイミングまたは持続期間が変わるだけで達成され、結果として一定の器官や構造物の形とサイズの変化、あるいは新しい形態の確立の変化がおこる。こうした諸変化、とくに細胞の相互作用からみた変化は、新しいタイプの組織の確立につながることさえあるかもしれない。つまり、細胞活動のタイミングや速度の変化が顕著な形態的斬新さを引き起こす可能性があるのだ。

目には目を、歯には歯を

古生物学者の間でしばしば話題になる基本的疑問の一つは、新しい特徴はどのようにして進化してくるのか、ということである。我々は、腕とか歯とかいう構造物は、無数の世代を経るうちに成長の速度やタイミングが変わることによって変化しうるものであり、そして各変化がそれぞれの種へなんらかの有利性を与えうるものだと、主張することができる。が、まったく新しい構造物はどのようにして現れてくるのだろうか？　たとえば眼というすばらしいものは、いったいどうして現れたのか？　我々はそれを、細胞たちの複雑な差異的な成長というレベルに帰することが本当にできるだろうか？　これはチャールズ・ダーウィンを深く悩ませたことである。『種の起原』の「極度の完全さと複雑さをもつ諸器官」と題した節〔第六章第八節〕でダーウィンは、「眼が……自然淘汰によって形成されたと想像するのは、最高度に愚劣……と思われる」と自ら認めた。

彼が論じたとおり、眼は眼である。これほど複雑な構造物が、どのようにして不完全な状態から完全な状態へ、小さな漸進的な変化で進化しうるものだろうか？　我々はたぶん、発生の早期に細胞たちがどのように移動し成長するかを理解することによって、妥当らしくしかも現実的な仕組みを提唱することができるだろう。

それと同じ文脈で、かりに哺乳類が爬虫類から進化したのだとすれば、毛はどこから来たのか？　最初の脊椎動物は実際どのようにして、骨を発達させたのか？　歯はどのようにして出現したのか？　こうした議論の全体を通じて、解決を要する最も基本的かつ刺激的な問題の一つは、発生の最初期におけるいろいろな細胞セットの間の相互作用のタイミングと持続期間の、どんな効果の変異が進化的変化に寄与したのか、ということだ。我々はまだ、それに関係ある仕組みへの理解ではごく初めの段階にいるのだが、これらの領域での研究がこうした大きな進化的出来事が起こった経緯をめぐる謎を解明しはじめている。発生発育の根本法則に取り組むことによってのみ、我々は進化におけるヘテロクロニーの役割——つまり、こうした細胞活動のタイミングの変化がどのように新しい生物種の進化に影響を与えうるか——を十分に理解できるようになるだろう。

さて、眼球はいろいろな意味で、後成的段階継起《エピジェネティック・カスケード》の特殊なセットの進化がどのように、きわめて複雑な構造物の形成につながったかをしめす見事な実例になる。発生中の初期胚において、前脳は二種の区域——大脳半球をふくむ中央部とその両側の二つの視葉《しよう》——に育っていく。胚が発育するにつれて、視葉は外胚葉のほうへ広がり、眼胞《がんぽう》になる。さらに成長が進むと、これらは眼杯《がんぱい》に発達する。この眼杯の中でいろいろなタイプの細胞——神経網膜、色素をもつ網膜上皮《じょうひ》、および虹彩《こうさい》——が分化する。[★07] 視胞がそれを覆う外胚葉に内接するようになると、外胚葉の一部が誘導されて一つの構造物として肥厚し、これはやがて球状になって水晶体に分化する。それから水晶体は外を覆う外胚葉と相互作用し、上皮の一部を誘導して透明になり、こうして水晶体の外を覆う角膜になる。このようにして、眼球ができあがる。

少なくとも四億年前、自然淘汰が初期の脊椎動物にはたらき、この特殊な、一連の段階的継起の起こった動物たちに恵みを与えた。光を感知できるだけでも大したことなのだが、まず水晶体、次いでそれを保護する透明な覆いである角膜を誘導形成することは、淘汰選択のなかで大変な有利性だっただろう。太古のある種の原始魚類で、眼の周りを取り囲んでいた数枚の〝強膜骨〟が化石として見いだされることは、この特殊な段階継起が脊椎動物の進化過程のごく早い時期に進んだことを物語っている。[★08] かりに透明な角膜を造りだした最後の誘導が起こらなかったとすれば、眼は実際あったようには進化しなかっただろう。実のところ、眼の発生の段階的出来事におけるどこかの順序が逆転したり全く起こらなかったとすれば、眼は進化していなかっただろう。

私の同僚、ジョン・ロング〔ウェスタンオーストラリア博物館、パース〕が率いるある研究プロジェクトで私がいまブライアン・ホールと共同で進めている仕事から、かなり驚くべきことに、初期脊椎動物の眼あるいは少なくともそれを取り囲んでいた強膜骨が、顎骨《がっこつ》の進化で中心的な役割を果たしたのかもしれないということが分かってきた。知られているかぎり最初の脊椎動物は〝無顎《むがく》類〟(Agnatha)とよばれる魚類である。この名は〝あごを持たないもの〟という意味だ。ロングは化石初期魚類の研究で、眼を取り囲んでいた強膜骨は無顎類の一グループ、骨甲《こっこう》類だけに見いだされるということを突きとめた。そしてこのグループは、すべての無顎類のなかで硬骨魚類（あごをもつ動物、顎口《がっこう》類の最初のもの）に最も関係が近かったと一般に認められているものなのである。

眼球を輪状に取りかこむ骨板と下顎《かがく》を形成する組織とには何らかの関連があるということは、以前から知られている。たとえば、初期ニワトリ胚では間葉《かんよう》〔間充織〕が、やがて下顎になるべき細胞たちと接触したとき眼の周りに骨板のリングとして発育する。それゆえ、顎骨の発生もやはり、眼のリングからの細胞たちと推定上の顎骨との相互作用に関係をもっている可能性がある。これの中心に、細胞凝集《ぎょうしゅう》と強膜骨形成を抑制する遺伝子の役割があったのかもしれない。このような遺伝子の発現のタイミングのヘテロクロニー的変化が、顎骨の形成を決定するうえで極めて重要な役を果たしたのではなかろうか。

ブライアン・ホール〔ダルハウジー大学、カナダ〕は、発生しつつある胚の中でのある細胞グループの相互作用や位置の変化が、どのようにして多くの構造物が動物体内に形成されるか、どのようにしてこうした変化が生成的な進化的変化のための基本的仕組みになるかを説明するだろう、と述べている。哺乳類の胚で起こる発生現象の大半は二種類の細胞たちの間の相互作用と関わりをもっている。一つのグループは〝間葉〟、他の一つは〝上皮《じょうひ》〟である。間葉はばらばらの細胞たちが網状をなすもの、上皮は隣接しあう細胞たちが一枚の薄い層をなすものだ。これらの細胞タイプは原腸形成のときに決まるが、この段階は母方の遺伝子の効果が低下し、発育する胚の遺伝子がその後を引き継ぐときである（この段階の胚は〝原腸胚〟〔嚢胚〕とよばれ、母方の遺伝子は〝胞胚〟期の間だけ優勢である）。分化と成長は原腸形成のときに始まる。ここで胚は初めていろいろな構成部分へ自己編成をしはじめる。神経系が発達しはじめ、一連の誘導を開始するが、これらが、胚の体内や最後には成熟体内に備わるべきさまざまな細胞タイプ、組織、および器官の形成を促進することになる。

発育中の脊椎動物胚のほとんどすべての器官や組織にある諸構造の分化と成長は、間葉細胞と上皮細胞の相互作用によって起こるものだ。ひとたび一つの相互作用が生ずると、それがもう一つの相互作用を生じさせ、今度はこれが他のもう一つの作用を動かし、こうして相互作用の一つの段階的継起を起こす。これらの相互作用が〝後成的段階継起〟と呼ばれているものである。胚の多くの構造物が発育しはじめるとともに、隣接するいろいろなシステムの間の相互作用が始まる。たとえば、筋肉を発生させる神経と筋肉の相互作用、筋肉と骨格要素の形成にはたらくこれら二つの相互作用など。上記の初めの段階継起セットは体のおもだった区域の形成をもたらし、特定の器官のなかでの細胞の成長を誘発する。

このように分化した諸器官や組織の間では、第二レベルの相互作用が起こる。成長というものが精密に統合編成された、これらの細胞間相互作用の段階継起の連続で成り立っているとすれば、どんなわずかな変化——相互作用の減速によったり加速によったりする変化——でも、発育しつつある胚に深甚な影響をおよぼすことがありうる。

間葉細胞は、原腸胚を構成する三種の層の一つである中胚葉から生じてくる。他の二種の層は外胚葉と内胚葉だ。外胚葉は皮膚系や中枢神経系など外層の構造物を形成するもので、やがてこれらは発育する胚の深部へ埋もれていく。内胚葉は肺、肝臓、膵《すい》臓などの内部構造物を造りだす。その他の構造物の大半——骨格、筋肉、血管、血球、心臓、生殖腺、腎臓など——は、間葉細胞からできてくる。これらの細胞はきわめて融通性にとみ、何に接触するかによっていろいろな組織や構造物を造りだすのである。どこの上皮に出会うかによって、これらは神経細胞、色素細胞、軟骨、骨などを形成する。間葉細胞と上皮の相互作用のタイミングを制御するプログラムになにか変化があると、造りだされる基本的な構成要素に大きな影響が生ずる。

これに対する例外は、頭部の構造物の発生だ。はじめ神経管にそってヒダをなして前後に伸びる構造を〝神経堤〟という。脳が成長するにつれて、神経堤から細胞たちが移動して間葉を造り、頭部で他の構造物ができるのに寄与するのである。

ブライアン・ホールは彼の研究で、魚類のほか脊椎動物の基本的グループの間で、相互作用のタイミングの変化が、顎骨《がっこつ》のような新しい構造物がいくつものグループに進化した過程に大きな影響を与えたことを明らかにした。きわめて意義深いのは〝メッケル軟骨〟とよばれる軟骨が現れることである。この軟骨が重要なのは、骨、歯、そして実際、口腔全体の形成につながる段階継起のすべてを開始させるうえで主導的な役割をはたすからだ。神経堤細胞と上皮の相互作用がメッケル軟骨を形成するタイミングは、動物の基本的なグループごとに違っている。両生類でのその相互作用は、鳥類――早期の相互作用に頭部の上皮が関与する動物――におけるより遅く起こる。両生類では相互作用は神経細胞が移動するとともに遅く起こるのだが、哺乳類ではもっと遅く、下顎《かがく》の上皮が関与するときに起こる。このように哺乳類で誘導が相対的に遅く起こることは、中耳《ちゅうじ》にある三個の耳小骨《じしょうこつ》の進化における基本的要素だったのだが、それというのも、これのために若干の間葉細胞が骨形成の場所を顎領域から中耳領域へ移すことができるからである。

さきに述べたとおり、新しい組織や器官の進化は細胞間相互作用のタイミングのヘテロクロニー的変化によって起こりうるものだ。最も著名な事例の一つは、有尾両生類の発育過程で個体が成熟するときに、歯にエナメル質ではなくエナメロイド質が発達することである。変態に際して、歯胚《しはい》の上皮はエナメロイド質形成への関与からエナメル質形成に関与するように変わる。エナメロイド質は上皮と間葉の両方から造られる蛋白質で構成されている。これは、上皮から発生するエナメル質とも、間葉に由来する象牙質《ぞうげしつ》ともはっきり違う。間葉細胞と比べての上皮細胞の分化の遅れのために、象牙質が、上皮由来の蛋白質より後またはそれと同時に沈着し、エナメル質ではなくエナメロイド質を造りだすのである。★09

細胞移動のタイミングの重要性に関するこのような考察から、新しい構造物の進化は底深い遺伝的突然変異のはたらきではないことが理解できる。それよりむしろ、細胞群が空間的または時間的に位置を変えることが新しい構造物を造りだし、おそらく最終的に動植物の新しいグループ全体を造りだすのだろう。進化学的な文脈で言えば、われわれはここで、ある種の蛋白の発現のタイミングの変化から影響をうけて、胚のなかで一定の構造物が成長しはじめる時の変化を問題にしているのだ。ヘテロクロニー的な言葉でいえば、これは前転位、または後転位である。ある細胞群の移動の開始が前転位すれば成長はより早く始まるか、あるいは新しい構造物を造りだすだろう。同じように、細胞群が空間的にも時間的にも後転位すれば、まったく違う形態を導き出す可能性がある。

羽をつくる

昆虫類に羽が初めて現れたのはおそらく、かれらが空中を飛ぶようになった約三億三〇〇〇万年前の石炭紀後期のことだった。化石資料では、巨大なトクサ類やシダ類の森林が、翼幅七〇センチにも達する巡航性トンボの羽音でぶんぶんいっていたことが知られている。しかし、それより五〇〇〇万年ほど前のデボン紀前期に現れた最初期の昆虫は羽をもっていなかった。こうしたトンボ類が最初の飛翔性昆虫だったとはとても考えられず、化石記録からは、最初の飛翔性昆虫がどんなものだったかについて何の手がかりも得られていない。最もありそうなのは、かれらは、初めはたぶんなにか他の用途に適応した小さい羽を備えていたのだろうということだ。最初の羽がどのように、またなぜ進化したのかは古くから一つの謎である。何が羽を元の使用法から別の使用法——それまで征服されていなかった空中という生態的ニッチを占有するための仕組みといってよいほど基本的なもの——へ変形させたのかは、議論の多い問題であった。近年の研究はこの問題に両端から取り組んでいる。一端は羽になりうる拡大した構造物を有利に淘汰選択した適応的変化、他の一端はトンボの透明な羽、チョウの多彩な大きな羽、カのかぼそい音をたてる羽などを造りだした発生の仕組みである。

昆虫の羽は初め太陽熱を集める器官として進化したのではないかと言う研究者もいるが、最も支持の多い説明は、羽ははじめ水生の祖先動物において鰓《えら》としてはたらいていたのだろう、というものだ。最近まで、こうした構造物が昆虫の体重を支えることのできる機能をもち、はばたく羽にどのように変形したのかは、憶測によるものだった。しかし、ジェームズ・マーデンとメリッサ・クレイマー〔ペンシルベニア州立大学〕によるアディロンダック山地のカワゲラの研究が、この難問に新しい光を投げかけている。マーデンとクレイマーは、カワゲラは飛べるためにはあまりに弱々しい羽――しかしウィンドサーファーの帆のように使われる羽――をもっていることに注目した。彼らの主張では、カワゲラは原始的なグループ（祖先の遺物が石炭紀の岩石から見つかっている）だから、昆虫類の飛行の進化に関するアイディアを理論化するのに適切な実例になる、という。

彼らはカワゲラの羽の大きさを実験的に操作することにより、当然のことながらカワゲラは羽が大きければ大きいほど、微風のなかで速く水面をすべっていくことができることを見いだした。これは、羽がはじめは場所移動《ロコモーション》に使われたことを示すものだと彼らは考える。だから、霧の立ちこめた石炭紀の森の中で、ある朝目をさました一匹の昆虫が、飛ぶための筋肉を完全に備えた一対の羽が一夜で生えていたので少々驚いた、というようなことではない。マーデンとクレイマーは、カワゲラの場所移動の方法を考えうる折衷的シナリオ――元来は水中での呼吸に使われていた構造物が別の用途へ転用されたのだという筋書き――だと、みている。つまり、まずおそらくは水面を漕ぐのに使うオールとして、次いで、この虫がたぶん成長速度の加速により体のサイズが増すとともに、帆として、である。そこで、漕ぐのに役立つ筋肉があったのなら、羽のサイズの増大には筋肉のサイズの増大――ついには昆虫が水面から離れて空中を飛ぶのに足るほどの増大――が伴っただろう、という[★10]。

カワゲラの親類であるカゲロウが、上記の主張を支援するものをいくらか提供する。マーデンとクレイマーが調べたタエニオプテリクス・バークシ（*Taeniopteryx burksi*）のようなカワゲラは、幼虫も成体もともに、脚にも羽にも微細な毛をもっている。こうした毛はその虫が水面に浮かんでいるときには実際に有用なものだが、飛んでいるときには足手まといになるから無用のものだ。同じく水生であるカゲロウの幼虫も同様の毛をもち、水中をおよぐ。ところが、飛ぶことのできる完全に機能する羽をそなえたカゲロウの成体は、そうした毛を失っている。だから、ちょっとした進化的な〝交換取引《ギヴアンドテイク》〟――羽のサイズのペラモルフ的増大と毛のペドモルフ的消失――によって、飛翔が達成されたことになる。

ところで、ここ数年間、昆虫の羽のような構造物の発育の裏にある基本的な仕組みを理解しようとして、発生学的な展望のもとに大量の実験的研究が行われてきた。これらはほとんどショウジョウバエ（*Drosophila*）についてなされ、どのように細胞が成長し、発育しつつある羽の中で配置されるかをめぐる謎を解明しようとする試みに集中している。こうした研究は、胚発生の間、羽や脚などどんな構造物でもその形成過程には複雑な諸段階があることを明らかにしつつある。この発育上の〝段階的継起〟における各段階は次の段階にとって決定的なものであり、どんな変化――遅れであれ早すぎる開始であれ――でもシステム全体の歩調をかき乱し、当該部分の構築をひどく混乱させる可能性がある。このような〝プログラムエラー〟のほとんどは体にとって有害で破滅的なものなのだが、もし偶然の〝間違い〟が適切な時に適切な所に起これば、それは適応的に重要な意味をもち、優先的に淘汰選択され、それにより新しい種が進化するための引き金として作用する可能性がある。これはヘテロクロニーが、普通ならば規則正しい出来事の系列における、遅れや進みに深く関わっているということである。

われわれは化石記録のなかにも、あるいは現存動物の進化的系統関係を解釈することによっても、こうした諸変化の影響を認めることができる。だが、このようなヘテロクロニー的変化の裏にあるものを十分よく理解する必要があるかぎり、進化が内部から駆動されることを認識するために目を向けねばならないのは、こまごまとした発育過程の細部に対してである。

昆虫の羽はまず、脚の一節から進化したと考えられている。最初期の羽を備えた昆虫は、胸部と腹部のすべての分節――現存の昆虫のように胸部の一―二の分節だけではなく――に羽を付けていた。そのため、現生の昆虫で羽の数を調べることが、その数のペドモルフ的減少を引き起こした仕組みの解明につながる。というのは、このような羽をすべて備えた太古の祖先動物でも、発育の初期段階には羽は無かったと思われるからだ。

さて、ショーン・キャロル〔ウィスコンシン大学、マディソン〕と協力者たちは、ホメオティック遺伝子の発現のタイミングが羽の数の決定に中心的な役をはたしたと考えている。ホメオティック遺伝子は羽の形成を推進するのではなく、むしろそれを抑制する。キャロルらは羽は、ホメオティック遺伝子がなんの役ももたない遺伝的環境のなかで進化したと考える。進化のさまざまな段階で、これらの遺伝子の役割は高まり、多数の分節で羽の成長が退縮することによって発現する。こうした遺伝子が発現する時期が、羽の発生にそれらが効果をもつかどうかを決定する可能性がある。たとえば、ある遺伝子は、それが胚において発現するのなら羽の発生を抑制するが、それの発現が個体発生のもっと後の時期まで遅れるのなら抑制しない。★11

つまり、タイミングが核心をなすのである。

構築が適切な時期に適切な場所におこることを確保するのに重要な役をはたす、決定的な分子がいくつかあることが明らかになりつつある。昆虫にあって、羽の形成にも脚の形成にも決定的な役を演ずるこうした分子の一つは〝ヘッジホグ〟〔ハリネズミ〕とよばれている蛋白質だ。この蛋白が脚の特定の部位で分泌されることが、近隣の細胞を他種の蛋白を分泌するように誘導し、そうして構築スケジュールを正常にたもつのである。ショウジョウバエのような昆虫では、成虫の付属肢はそれぞれ前部と後部に分かれている。これらの区域は細胞レベルではっきり分かれており、その虫体の形成の早期に創始者細胞――これらの区域で初めに定着する細胞群――によって造り上げられる。後部の細胞群では〝イングレイルド〟〔鋸歯状〕という名の遺伝子が活性化される。これが、前部の細胞と後部の細胞が少しでも混合するのを抑えるようにはたらく。最近の研究――わけてもコンラート・バースラー〔ツューリッヒ大学〕とゲアリー・ストルール〔コランビア大学内科外科学部〕の仕事――は、前部と後部の間の境界領域そのものが脚の発生にきわめて重要であることを明らかにした。彼らが発見したのは、二つの区域の細胞群の間の相互作用が、細胞たちの挙動を組織する特定分子の現実の合成や直接の輸送につながる可能性がある、ということだ。そして、この挙動は、細胞たちが境界からどれほど離れているかということの関数なのである。★[12]

とりわけ〝ヘッジホグ〟、〝デカペンタプレジック〟、および〝ウイングレス〟とよばれる三種の遺伝子が、この信号過程の一部であるらしいいろいろな蛋白質を暗号化する。ヘッジホグは脚の後部の中で活性化されるが、他の二種はヘッジホグが発現する細胞に隣接した、前部の細胞群たちで発現する。バースラーとストルールは、ヘッジホグは、ヘッジホグ・モルフォゲンを分泌することにより後部の細胞たちが脚のパタン形成を組織するという点で、決定的な要因なのだろうと示唆している。そのうえ、ヘッジホグは、脚の前半と後半の境界に隣接する羽の前方部の細胞たちにある デカペンタプレジックの蛋白とウイングレスの蛋白の形成を実際に誘発することにより、間接的にはたらく。こうした研究は、周囲の細胞たちの運命を特定する能力をもつ蛋白を発現する実際の遺伝子を明るみに出しつつある。ヘッジホグ信号が出ないような突然変異が起こっても、それは肢の成長に破滅的な効果を生じないだろう。

ヘッジホグが発現する時間も重要な意味をもつ。ヘッジホグの活性が分節の細胞の運命を決定するのに必要な時間（六—九時間）は、ヘッジホグがウイングレスを発現する細胞へ信号を送る時間（三—六時間）とは異なる。決定的な意味をもつのは時間だけではなく、モルフォゲンの濃度も同じだ。産生されるその量の変異が、どんな細胞タイプがどの部位にできるかに影響をおよぼすのである。

意味ありげなことに、同じような細胞制御システムが脊椎動物でも確認されている。そこでは、ヘッジホグと同様の役割をする蛋白は〝ソニック・ヘッジホグ〟とよばれている。パトリック・オファレル〔カリフォルニア大学、サンフランシスコ〕はソニック・ヘッジホグの機能を「系列をなす亜区分の段階的継起における一段」のようなものだと表現した。ソニック・ヘッジホグはまた発生しつつある胚の他の諸部分、とりわけ脊索、神経管の床板、活性分極化ゾーンなどで作用する。これらの区域のそれぞれにおいて、モルフォゲン活性と細胞成長の別々の段階的継起が起こるのである。

今から一〇年ほど前まで、肢芽のような構造物がどのように発生するのかに関してあまりよく知られていなかったが、我々はそのころ以来この基本的な発生過程の理解で長い道のりを歩んできた。我々がすでにいくつもの遺伝子とその蛋白誘導体——きわめて複雑な脚の構築を編成するもの——を識別している以上、またこれらの諸要因の発現のタイミングの重要性を認識している以上は、種間にみられる違いがどのようにして始まったのかを把握するのに着手できるようになった。たとえば、ホックス遺伝子の発現の抑制が、おそらくは骨の先駆体である軟骨塊の成長速度の決定により、指のサイズを減らす効果をもつ場合がある、ということを実験的研究が示している。それとは対照的に、ニワトリ胚であるホックス遺伝子の過剰発現の実験が行われた結果、翼の原基に指〔翼の骨格の一部〕が一本余分にできてきた。これらは、まったく新しい構造物の始まりにも、既存の構造物の成長速度の変化にも、遺伝子が直接関与することをしめす証拠である。

各部分の成長

組織や器官の基礎がすえられる分化期について多少くわしく吟味したあとは、発育の最後かつ第三の相である〝成長期〟に注目するはこびになる。これは細胞と組織の分化に続く時期で、おもに細胞数の増加に関係している。細胞たちはそれぞれの立場を確立し、近隣の細胞たちを認識して相互作用をしており、そして成長過程を開始するだろう。この段階でいくつものホルモン、とくに成長ホルモンが登場し、どれほど速くまた長く細胞たちが成長し、自己複製するかを決定する。この時期はヒト胚では受精後約二か月で始まる。差異的な細胞成長と細胞死がともに起こるだろう。胚発生の早期には、細胞成長は細胞死をはるかに上まわるが、二現象間のこの差異は体の部分によって異なる。差異はまた発育過程で変化し、後の時期には細胞死のほうがだんだん普通になる。

成熟に達して成長がみごとに止まるのは、いろいろな意味で、細胞成長と細胞死との相対的均衡が達成されたことの反映である。

モルフォゲンと細胞間相互作用が初期胚の成長にこれほど重要な効果をおよぼすのに対して、もっと後になるとホルモンが成長の制御者および指揮者の役をはたすようになる。モルフォゲンとホルモンとは、前者がごく局所的な効果をもつ短距離分子であるのに対し、後者はその化学的勢力圏をある器官の全体あるいは全身にまで広げる長距離分子である点で、違っている。哺乳類では、成長を制御する最も重要な物質は〝ソマトトロピン〟ともいう成長ホルモンである。これは脳下垂体で分泌されるのだが、神経伝達物質である成長ホルモン放出因子の刺激をうけて産生される。その産生の抑制は〝ソマトスタチン〟という物質により制御される。最近、この過程ではレチノイン酸も、下垂体細胞での成長ホルモンの産生を制御する点で一役をはたすことが発見された。レチノイン酸は、成長ホルモン遺伝子の発現に作用することによってこのはたらきをするのだ。レチノイン酸、ホルモン、あるいはホルモン活性化物質の産生の速度やタイミングが、組織におけるヘテロクロニー的変化を生じうるのである。換言すれば、これらが産生される程度と産生される時期が、器官や組織の成長に大きな影響を与えている可能性がある。

成長に対するホルモンの影響は、ブライアン・シア〔ノースウェスタン大学〕と協力者たちの実験的研究により目を見張るばかりに実証された。彼らが見いだしたのは、矮小《ドワーフ》マウスでは脳下垂体が成長ホルモンをほとんど産生しないのに対して、大きな〝遺伝子転換〟マウスでは異常に多量の成長ホルモンが産生される、ということである。この大形マウスは普通のマウスより速く成長し、生後同じ時間で普通よりずっと大きいサイズに達した。つまり、成長ホルモンが多くある場合には成長が加速されるのである。[★13] シアはこの仕組みを、チンパンジーとゴリラの体サイズの違いの進化を説明するのに応用した。ゴリラのほうがずっと大きいのだが、その成長期間はチンパンジーほど長くない。ゴリラのほうが速い速度で成長するのであり、これはおそらく相対的に量の多い成長ホルモンの影響なのだろう。ヘテロクロニー的な言いかたをするなら、ゴリラは相対的にペラモルフ型であり、加速される成長のために、ゴリラは成長の〝量〟からみてチンパンジー〝以上〟のものになったのだ。次の章で論ずることだが、同様のことがイヌのいろいろな品種についても言える。

他の動物では、成長の多様さはその速度よりも成長期間の違いからくることがある。たとえばジャコウネズミ類〔スンクス、食虫類の一種で実験用〕では、体サイズの違いは成長期間の違いによることが分かっている。大形の系統はより長い期間にわたって成長し、雄の幼若期の速い成長は生後三四日（小形の系統ではわずか一五日）経つと遅くなる。★14

上記のような相対的に大きな体サイズに達する二つの道（成熟開始が遅れること＝ハイパモルフォーシス、成長速度が増すこと＝加速）は、根本的に異なる遺伝と発育の仕組みで制御されているのである。異なる仕組みが、ペドモルフォーシスでもペラモルフォーシスでも同じ形態的効果を生じうるというのは、長年にわたる理解不足の結果であった。そのことが、ヘテロクロニーとは本当は何か、どのように起こるのか、どんな効果をもつのかに関して、かなりの混乱をもたらしたのだ。しかもそれは、発育そのものが進化するのだという認識を妨げたのである。

哺乳類での成長停止のタイミングの変化は、いくらかは性成熟のタイミングの変化によって起こる。個体が幼体から成体に移る時期である性成熟に達すると、成長ははっきり速度を落とす。とはいえ、ここには〝鶏が先か玉子が先か〟〔因果関係不明〕症候群も少しはある。なぜなら、ヒトを含めてある種の哺乳類では、成熟に達する時期に体サイズそのものが影響を及ぼすからだ。が、ヒトの体サイズが他のほとんどの霊長類より大きいことは、ヒトの成長期間が長いことに帰してもよいのは確かである。これについては、第一二章でいくらか詳述する。

ホルモンにより制御されるのは全体的な体サイズだけではない。諸器官の差異的な成長が、成長ホルモンの標的になる体組織の多様性からおこるのだ。たとえば、インスリン様《よう》成長因子Ⅰ——細胞分裂を促す物質で、肝臓やその他の組織に作用するソマトトロピン（成長ホルモン）の刺激をうけて分泌されるもの——は、全体的な体サイズには影響するが、脳の成長にはほとんど効果をもたない。ところが、発生過程でもっと早い時期に作用するインスリン様成長因子IIは、脳にも体にも細胞分裂を増加させる。脳組織の反応性は発生過程の早期に高いからだ。そういうわけで、このような成長因子の産生のタイミングや速度が、深遠な進化的結果を生ずる可能性がある。

哺乳類で長管骨〔中空で長い棒状の骨〕の成長が多様になるのは、各骨の区域による細胞分裂頻度が多様であるからかもしれない。他方、軟骨の成長の多様性は、成長が止まる時期によって決まる。これは通常、血液供給が追いつかないほど当の軟骨が太くなった時である。それゆえ、軟骨のサイズと形の変化は、栄養供給の変化や当の軟骨に分布する血管のサイズの変化から起こるのだろう。したがって、さまざまなサイズと形をもつ軟骨の進化は、直接の遺伝子的インプットと関係なく起こるという可能性がある。

構造物の変形はまた、差異的な細胞死によっても起こるのかもしれない。たとえば爬虫類のような脊椎動物では、指の形成は指と指の間での細胞死によって進む。カメ類、アヒル〔カモ〕、ときにはヒトでさえ、細胞死の速度の低下が指の間の水かき形成を引き起こすのかもしれない。これは、水生環境のような特殊な条件のもとでは有利に淘汰選択される可能性がある。

われわれが細胞レベルでの発生システムの無限ともいうべき複雑さを十分理解できるまでには、まだ長い長い道のりがある。が、ここにこそ進化の謎が解明できる鍵があるのにちがいない。われわれが仮定できるのは、現存動物に生じている細胞レベルの発生様式は、一〇億年以上にもわたって動物界に起こってきたもろもろの変化の反映だということだけである。化石記録に保存されてきた明らかな進化的変化（そのいくつかを後の章で述べる）の多くは、あらゆる生物に見られる一つの様式——各部分の発育の増大や減少の壮絶な絡み合いにより何千万もの全体を創りだしてきた動物の全生活史の進化——に従っているのである。

4 ある犬の一生

出くわしたとき、何千年もの人為的進化にもかかわらず、犬はまだ狼であることから一食分《ミール》しか離れていないことを思い出させるような犬がいる。これらの犬はじわじわと目標をもつかのように前進し、山野が肉体をつくった。歯は黄色く、吐く息はなま臭い。が、遠くにいるその飼い主は「あいつはほんとに老いぼれの酔っぱらいなんだ、迷惑なら殴ってやってくれよ」などとしゃべっている。そして、かれらの眼の緑のうちに更新世の赤い野営火がきらめき、明滅する。……

テリー・プラチェットおよびニール・ゲイマン『吉兆』

さていよいよ、細胞や遺伝子やホルモンなど目には見えない静寂の世界から離れて、われわれの身辺にありふれた、ヘテロクロニーの影響が見えるところへ出て行こう。飛びまわっている鳥たちの形やサイズにそれが表れている庭の中へ。庭を穴だらけにする働きアリや兵アリたちの中へ。花々を受粉させるミツバチたちの中へ。そして花々そのものの中へ。動物園を訪れて、サル、シカ、クマ、ゾウなど無数――おそらくは全て――の動物種の進化にそれがどんな影響を及ぼしているかを見るのもよい。また、競馬を見に行って観覧席に腰をおろし、四〇〇〇万年以上にわたって作用した特殊な型のヘテロクロニーの産物である蹄《ひづめ》で、青々とした芝生を踏んでいるサラブレッドにヘテロクロニーの結果を見るのもよかろう。そして、陽光を浴びながらそこに腰をおろしているとき、あまねく行きわたるヘテロクロニーの効果が、膝の上に畳んで置いた新聞からさえ音もなく忍び寄るかもしれないのである。

漫画の進化

「ピーナッツ」という漫画を一度も載せたことのない新聞は世界中にそう多くはないだろう。そうした大半の新聞で主人公チャーリー・ブラウンは、漫画の世界できわめて簡潔明快なキャラクターであるスヌーピーという名の犬にいつも出し抜かれている。今では、スヌーピーは理想的なイヌを表した誰かのアイディアだなどと言う人はまずいない。もし、人が「狼であることから二食分《ミール》しか離れていない」ような先祖返り的な犬——不注意な侵入者の尻にかみつくように期待される猟犬——を求めているのなら、確かにそうは言わない。また、もし人がとても敏活なネコ類を狩り立てる能力のある優美なイヌ科動物を求めているのなら、やはり言わない。スヌーピーはこうした特性をもっていない。これは彼自身の欠点のせいではなく、彼の進化的歴史の猛威のためなのだ。

そこで、スヌーピーの形態の特徴を注意深く考えてみよう——彼の外観はどのようなものか？　彼の胴は相対的に小さい。飼い犬の多くの品種に比べて、脚が極端に短い。からだ全体のサイズに比べると頭はとても大きいが、口のあたりの発達は貧弱だ。というわけで、スヌーピーの実際の外観は子犬がそのまま大きくなったようなものなのだ。彼の形態特色はすべてイヌ類の幼若期の特徴であることを自ら明言している。つまり彼はペドモルフォーシス個体なのである。読者は、いったい漫画の犬の進化的歴史を語るようなことができるのか、と怪訝《けげん》に思われるかもしれない。実はこれは簡単なことなのだ。スヌーピーが初めて現れたときの姿を思い出していただきたい。それは、ひどく違う漫画犬である。

読者は、初期の犬は上に描いたようなスヌーピーとまったく違うことを認めてくださるだろう。これは、読者が一週のある日、新しく植えた見事なアジサイに対して書き表しようもない事をしながら見かけそうな、しごく普通の、のんきそうな犬だ。が、この犬が、つい抱きしめたくなるような小さな可愛い子犬から、毛を逆立てたいかにも犬らしいエネルギーの塊へ成長しながら経てきた諸変化のことを、ちょっと考えてみてほしい。このような平均的な犬が出生から成獣になるまでに経る形の変化には、底深いものがある。全体的な体サイズの増大は別として、個々の部分形態の比率がかなり大きく変わるのである。最も劇的なのは四肢が相対的に長くなることだ。また、発育過程で頭部がからだ全体に比べて相対的に小さくなる一方、頭骨《とうこつ》そのものは前後に著しく長くなり、幼犬の丸っこい形から成犬の鼻口部の長い形へ変わる。眼は相対的に小さくなり、普通の哺乳類のような特徴になる。イヌの多くの品種では、鼻口部と同じように上下の顎も前後に非常に長くなる。

そこでいま、元気のいいこの漫画犬が子犬だったときに成長を止めた（おそらくは直前の祖先よりずっと早く性的に成熟したため）と仮定すると、彼には何が起こったかを想像してみよう。未熟なときに成長が止まると、早熟な成熟体が祖先の幼若特徴をいくつもとどめることになろう。すると、この犬はどんな外観をもつことになるか？　そう、お察しのとおり、近年のスヌーピー――ペドモルフ型の犬――である。〝普通〟のようにみえる犬はじつは、一九五〇年に生みの親のチャールズ・シュルツが初めて描いた、初期のスヌーピーだからだ。

ところで、進化的漫画の世界はそれで終わりだと思わないでほしい。もう一つ、ペドモルフォーシスの最高の例をかつてスティーヴン・グールドが大衆へ紹介したことがある（『パンダの親指』収録）。彼が何を取り上げたのかというと、ディズニーの偶像、ミッキーマウスである。グールドは科学的演繹の最良の伝統のなかで、一連のミッキーの姿――一九二八年『蒸気船ウィリー号』に初登場した最初の姿から五〇歳になった子孫にいたる姿――を解析したのだ。彼はミッキーの頭のふくらみ（頭部の高さ）、頭の大きさ、それに眼の大きさを注意深く計測した。その結果、これら三つの媒介変数が体サイズの比率として、半世紀にわたり増大してきたことを発見した。グールドはさらに、ミッキーの甥であるモーティ（たぶんミッキーより若い特徴をもつ）について同じ数字をグラフに表してみたところ、ミッキーはこれらの身体部分でモーティの幼若特徴に向かって進化してきたことを見いだした。言い換えれば、ミッキーは半世紀にわたりだんだんとペドモルフ型になってきたのである。★01

チワワからウルフハウンドまで

スヌーピーやミッキーマウスの事例で、われわれは〝可愛らしさ〟——漫画のキャラクターに淘汰選択上の有利性を与える特徴——を選んだ漫画家たちの潜在意識的欲求だったらしいものを問題にするのだが、これらはただヘテロクロニーの軽薄な例であるだけではない。こうした虚構の進化的歴史に起こった形態変化は現実の世界で、イヌやマウスやその他多くの動物に生じた進化的変化を映し出しているのである。実際、人間はお互いにどんな特色をすてきなものと思うのかについて最近行われた研究で、それはしばしば幼さの特徴——目が大きいこと、頬骨が高いこと、鼻が小さいこと、顎が小さいことなど——と結びついていることが明らかになっている。★02人はみな、同じ種である子供たちとの強い養育のきずなの一部として、これらの哺乳類的特徴に惹《ひ》かれるのである。それとは対照的に、われわれは逆のペラモルフォーシス型の特徴——体が大きいこと、鼻が大きいこと、下顎が突出していることなど——を不快に感じることが多い。こうした特徴をそなえているディズニー漫画の悪役たち——『白雪姫』の女王、『眠り姫』の仙女、『アラジンと魔法のランプ』の魔法使いのジャファルなど——を思い出してみればよい。

さて、漫画の犬の進化パタンを見たうえで、本物のイヌにおける進化——人為淘汰という形でヒトに制御されてきた進化——を調べよう。イエイヌ（*Canis familiaris*）はただ一つの種であるのに、形でも大きさでも目のくらむような多様さをみせている。多様多彩なイエイヌの品種が互いにどれほど違っているか考えてみれば十分だ。体サイズでみれば、小さなチワワからペキニーズ、さらには巨大なセントバーナードまで多様だ。脚の長さからみれば、ずんぐりしたウェルシュコーギーからガゼルのような脚をもつグレイハウンドまで、はなはだしく違う。顔面の形の違いも、まるで高速で壁に衝突したような、顔がぺしゃんこのパグからバスカヴィルハウンド型アイリッシュウルフハウンドまで、大変なものだ。いまここで取り上げるのは、イヌたちが受精から成熟にいたる個体発生過程で経た成長の〝量〟の違いに対する人為淘汰が、強い効果をもつことである。

ロバート・ウェイン〔ジョンズ・ホプキンズ大学〕が、人為淘汰においてヘテロクロニーがいかに重要だったかを示すために、イエイヌの頭骨の形が発育過程でどれほど変わるかを別品種間と同一品種内で比較した。★03 家畜についても、成長過程を人為的に操作することにより、異なる品種の間でヘテロクロニーを比較することができる。成長とともに頭骨の形がどれほど変わるかをいろいろな種の家畜の間で比較し、それが品種間にある変異性とどのような関係をもつかを調べることも、また有益である。

発育にともなう比較的な形態変化の研究は〝アロメトリー〟〔相対成長論〕と呼ばれている。これは基本的に、発育による特定の構造物または器官の形態変化――別のもう一つの身体部分（ふつうは全体的な体サイズ）と比べての変化――の記述子《デスクリプター》である。ヒトにその好例がある。大人の頭に比べて、乳幼児の頭はからだ全体のサイズとの比率で相対的にずっと大きいことは誰でも（女性の多くはうんざりするほど）知っている。ヒトで後胚期の発育が進むとともに、頭部は、実際にはまだサイズの成長を続けているものの、からだ全体より少なく成長するようになる。胴や腕や脚が、スタートの後れを取り戻そうとするのだ。そのため、成長とともに頭部は相対的にだんだん小さくなる。こうした現象は〝劣成長〟〔負のアロメトリー〕とよばれる。他方、腕や脚など他の構造物は、乳幼児では相対的にたいへん小さい（機能上もほとんど用をなさない）。が、成長が進むとともにこれらは急速に大きくなり、それぞれ手のあやつりと場所移動《ロコモーション》という特殊な機能をもつようになる。発育が進むにつれ、これらは全体的な体サイズと比べて相対的にだんだん大きくなる。これは〝優成長〟〔正のアロメトリー〕の一例である。もし発育過程で当の構造物の形にはっきりした相対的変化がないとき、それを〝等成長〞〔アイソメトリー〕という。

言い換えれば、アロメトリーの範囲をしめす尺度であるいわゆるアロメトリー係数は成長過程で一定であるとはかぎらない。それは増大するかもしれず減少するかもしれないので、ある構造物は発育のある段階でサイズの（ある場合には）相対的増大を起こすが、成長の全期間を通じてではない。このようなアロメトリー的変動のタイミングが変わることもまた、意味深い行動上の変化をもたらすのである。

ロバート・ウェインがイエイヌ類の研究で見出したのは、さまざまな品種における形態タイプの範囲はイエネコ類のそれよりはるかに広いということだ。言い換えると、毛の長さや色合いなどを含めても、イヌのさまざまな品種はネコの品種間より大きく互いに違ってみえるということである。この違いの基盤は頭骨のアロメトリー的成長の違いにある。ウェインは、イヌの頭骨はある一定の方向へ顕著な優成長で成長するのに対して、ネコの頭骨はあらゆる方向へほとんど等成長で成長することを明らかにした。だから、スヌーピーに見られるように子犬の頭骨は球状にちかいが、多くの品種では子犬が成熟するにつれて、その頭部は前後方向へ著しく長くなる。そして、そのイヌが敵視する物や人の柔らかい部分へいつでも噛みつくことのできる、ものすごい歯の列を備えた長い鼻口部を造り上げるのである。他方、ネコの場合は、発育が進んでも頭骨の形そのものはあまり変化しない。

さて、人為淘汰が行われるときには、頭骨の形態変化の速度が増大または減少するような品種、あるいはそうではなく、成熟開始のタイミングの変化により、従来の変化速度がはたらくのにもっと長いか、または短い時間をかけるような品種が淘汰選択されることになる。そうすると、サイズの著しく違うイヌの一品種が造り出されるだけでなく、それは非常に違った頭骨形態をもつことにもなろう。チワワやキングチャールズスパニエルのような小形のイヌは小さい体サイズとともに幼若な頭骨形態を維持しているから、かれらはペドモルフ型だと考えることができる。このペドモルフォーシスは、成長速度のネオテニー的減速によってか、あるいは成熟のプロジェネシス的早発によって表れ、そのため成長期間を短縮することになろう。一方、アイリッシュウルフハウンド、グレートデーン、セントバーナードなどの大形イヌは、体サイズと（いくらかは）頭部や鼻口部サイズが普通であるイヌ〝以上〟に発育した、ペラモルフ型の例である。これは、成長の加速によって、あるいは、性成熟の開始の遅れで起こる成長期間のハイパモルフォーシス〔過形成〕的延長によって、達成されるものだ。

　イエイヌとは違って、イエネコの成長期間の延長や短縮、あるいは成長速度の変化は頭骨の形にほとんど影響を及ぼさないだろう。これはネコの頭骨の成長の等成長的《アイソメトリック》性質による。そのため、ネコの品種間の違いはいっそう微妙なのである。発育過程でのタイミングのヘテロクロニー的な小さいずれから生ずる頭骨の最も極端な違いは、シャムネコとペルシアネコに見られる。つまり、シャムネコのうち顔の長いいくつかの品種はペルシアネコの顔の平たい品種と対照させることができるが、これはたぶん顔の前部がよりペラモルフ

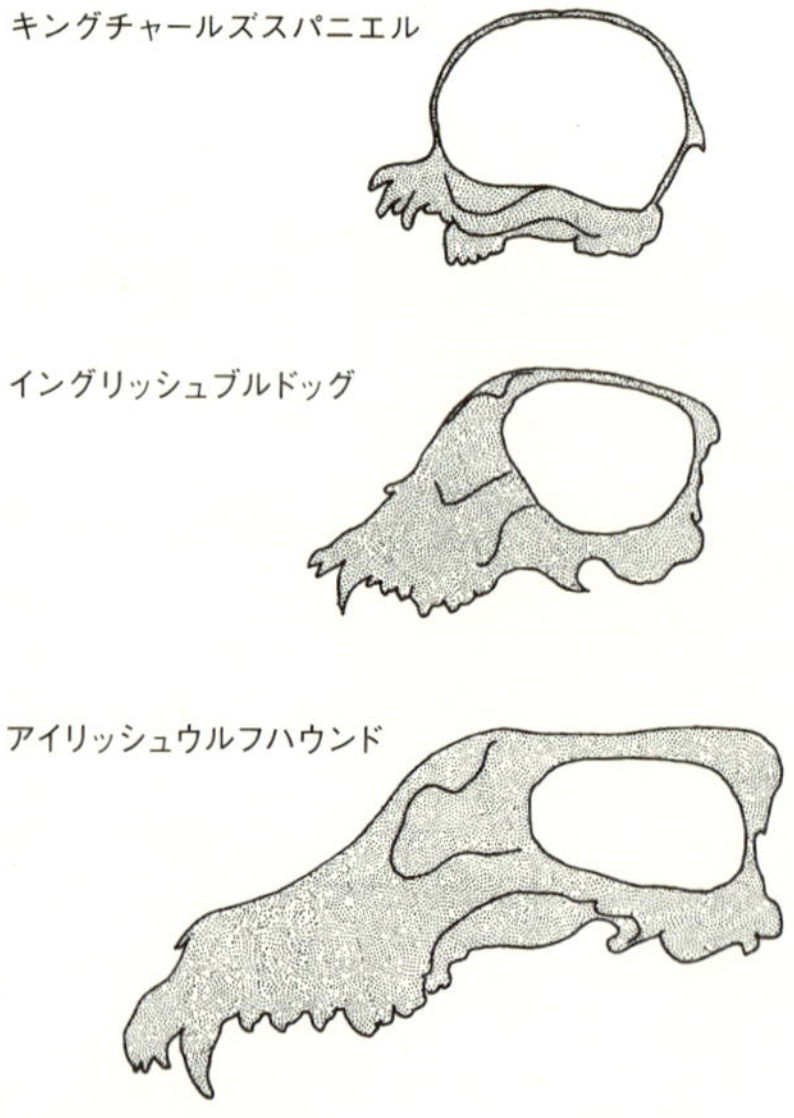

3品種のイヌの形の著しい違い。上段は最もペドモルフ型のもの、下段は最もそうでないもの。顔が短いものほど、頭蓋が盛り上がっている。これらの縦断面は同時に、最もペドモルフ型の品種で頭蓋腔が相対的に大きいことも示している。

型の成長をするためだ。ブタ類も成長中に頭骨の比率で顕著な変化をおこす動物であって、イヌ類と同じく無数の品種が知られている。成熟時期の違いについて人為淘汰を行うことの効果は、ウサギ〔カイウサギ〕の諸品種にも見られる。ペドモルフ型で小形の〝コビト〟ウサギは約五か月で性成熟に達するのに対し、大きなアンゴラウサギはそれに約九か月を要する。

以上のようなわけで、各自のわんちゃんの品種に執着している愛犬家たちには、ヘテロクロニーに感謝してもらわねばならない。それがなくては、彼らはみな、好感のもてない同じ性格と外観のイヌたちを押し付けられることになるだろうからだ（そして、誰でも疑問に思ってよいことだが、そのことは愛犬家たち自身の形態変異――彼らのペットの形態変異を映しているように見えることがよくある――のために何をするだろうか？彼ら自身の変異も、同じようにひどく乏しいことだろう！）。

多様性は生命の源泉

動植物のどの種でも個体間に外観の違い――成長速

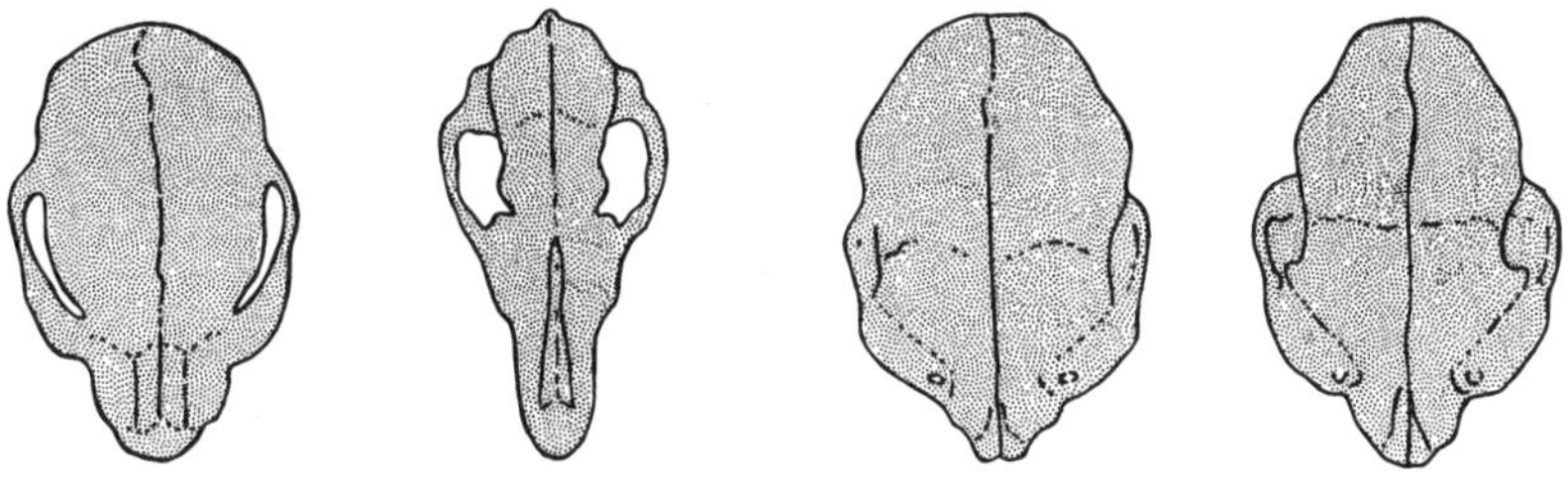

子イヌ　成熟イヌ　子ネコ　成熟ネコ

イヌとネコでは、成長とともに頭骨の形に比率の違いが生ずる。イヌはネコよりずっと著しい形の変化をおこす。このことは、イヌのさまざまな品種ではネコに比べて、頭骨の形の多様性が大きいことを説明する。

度や成熟時期の微妙なずれの産物――があるのは、イエイヌにおける違いと同じくきわめて明白なことである。グレートデーンの横にキングチャールズスパニエルを並べてみると、人為淘汰が、これらのイヌで成長発育の変化の影響を最もうけやすい特徴を標的にしてきたことがかなり明らかになる。しかし、人為淘汰の対置物である自然淘汰――あらゆる種の各個体群のなかで起こる普通の変異に対して作用する淘汰選択――についてはどうか？　一つの種である人間がこうした底深い違いを、相対的に短い期間内にたやすく淘汰選択することができるくらいなら、何百万年にもわたって作用してきた〝自然〟が同じような変化を造りだすことは確かにできたにちがいない。ヘテロクロニーはどのようにして、その秘術を自然淘汰と絡み合わせ、今日無数の種に見られる変異性――何億年にもわたり起こってきたことが化石記録からわかるもの――を造りだすのか？

形態的に最も変異の多い種の一つは、われわれヒトである。眼や毛の色のようなはっきり分かる特徴のほか、ヒトにみられる形態変異には、からだ全体の形やサイズの違いのほか、四肢などいくつかの構造物の変異がふくまれる。もう一種の哺乳類、あのイヌにおけるのと同じく、これらは特定の体部分の成長速度もしくはそれらの成長期間の変異から生ずる。成長の限界がいくらかは環境要因、とくに食物から影響をうけることはよく知られているところだ。が、ヒトの個体間のこうした発育の違い――成長のしかたの違いや、発育に影響する内在的な遺伝的差異に由来するもの――はすべて、ヘテロクロニーであると考えることができる。同一個体群におけるヒトの型の豊かな多様性は、いくらかはイヌで作用しているのと同じ要因、つまりヒトの骨格のさまざまな部分――腕、脚、顎、足、手などの骨格――の底深いアロメトリー的成長に根ざしている。これがさらに顕著になるのがヒトの発育の特徴の一つ――成熟前の発育期間が非常に長いこと――であり、それについては第一二章で詳説することにしている。このことが意味するのは、ある二人の個人の成長速度に少しでも違いがあれば、それは長い発育期間のうちに拡大するだろうということだ。

どちらでもいい、脚《あし》を一本とってみよう。その脚が男性のものでも女性のものでも、それを構成する骨は、受精後二五日―三〇日の原基状態の肢芽から思春期のちょっと後まで成長をつづける。成長期間を一五年とすれば、ある二個人の成長速度、あるいは脚が発育しはじめる時期にわずかな変化があれば、それは脚の相対的な長さに影響する。同じように、異なる時期に脚が成長を止めれば、それらの長さはまちまちになろう。ヒトで、女より男のほうが背が高いことの要因の一つは、成熟の開始が相対的に遅くなって成長期間が長びくことだ。仮に、ある二人のヒトの大腿骨の成長速度の相対的な差が二匹のマウスの間の差と同じだとすると、成熟したときの最終の差はマウスよりもヒトにおいてはるかに顕著になるだろう。ヒトのほうが、成長期間が長いからだ。それは二人の人が同時に同じ地点から出発するようなものである。彼らのコースが最初ちょっと違っていると、長く歩けば歩くほど互いに遠く離れていく。同じように、仮に彼らが厳密に同じコースをとっても一方が他方より早く出発するか、またはより遅く止まるとすれば、それぞれが歩く距離は違うだろう。ある構造物や器官についても同じことが言える。その速度あるいはタイミングが乱されると、最終結果は違ったものになる。

成長速度がもっと激しく変わると、形とサイズに目ざましい違いが生ずることがある。ブライアン・シア〔ノースウェスタン大学〕は、アフリカのピグミー族のいろいろなグループの、小さい体サイズと結びついたペドモルフ型の特徴は、成長ホルモンであるインスリン様成長因子I（IGF-I）がとくに青春期の成長高進のころに低水準にあることの結果であることを明らかにした。プードル犬でも同じ効果がみられ、低水準のIGF-Iがミニプードルを造り出し、もっと低水準のIGF-Iがさらに小さいトイプードルを生み出すのである。

これらのことが意味するのは、諸特徴の成長がアロメトリー的であるところでは、からだ全体の成長と比べてのそれらの成長に影響する因子はすべて、明らかな形態的影響を生ずるらしいということだ。次にこれがその動物の機能に、したがって行動に影響を及ぼすことが多いらしい。このことの必然の結果は、自然淘汰の視角からみた場合、その動物の〝適応度《フィットネス》〟に直接影響する、ということだ。たとえば、哺乳類で成長に影響する普通の外的環境要因には、一腹子の数、母親の齢や状態、体の小さい子の差異的死亡率、栄養状態などがある。基本的に、成体の一定の構造物のサイズの差――形に影響しうる差――は、出生時のサイズ、成長速度、および成長期間の長さという、標準になる三つの助変数、またはこれらの組み合わせで説明することができる。

ケン・クライトンとリチャード・ストロース〔ミシガン大学〕は、北アメリカ産シカネズミ（*Peromyscus maniculatus*）の諸特徴の形とサイズの種内変異に影響を及ぼす環境要因を評価した研究で、体サイズと比べての脳サイズの変異――成長様式のヘテロクロニー的変化からくるもの――を調べた。彼らは、この種のなかで学名がついている二つの亜種を比較し、出生から生後八日までは両者が体重と脳重で同じ曲線をえがくことを明らかにした。その後の二亜種のアロメトリー的関係は、生後一〇日から四〇日まで、頭骨の成長が止まる時期の差異のゆえに違ってくる。脳が成長を止める時期の二亜種間の違いは約四日にすぎない。その結果、一方のペロミスクス・マニクラトゥス・ベアディイ（*Peromyscus maniculatus bairdii*）という亜種は脳がやや早く成長を止めるため、他方の*P*・*m*・グラキリス（*P. m. gracilis*）という亜種と比べればペドモルフ型である。そういうわけで、前者はやや短い時間で育ち、発達度がやや低くて複雑さのやや低い、すこし小さい脳をもつ結果になる[★05]。

ところで、ヘテロクロニーで引き起こされる全体的な形態上の差異をば、実質的な遺伝的基盤をもたないアロメトリー的比例増減《スケーリング》の効果のようなものだとして、あっさり退けるのはたやすいかもしれない。が、こうした諸変化の潜在的な適応的意義には深遠なものがありうる。なぜなら、ある動物種の進化は遺伝的隔離を必要とするが、同種内各個体群の個体の外観――ヘテロクロニーにより造り出された一定の形態特徴をもつこともある外観――は、遺伝的隔離が完成するのに必要な仕組みになるからである。かりに形の違う構造物が、その個体群が〝親系統〟と違った行動をすることにつながるとすれば、当の個体群は生殖的隔離――したがって遺伝的隔離――を達成してもよいはずだ。成熟開始のタイミングに変化があれば、そこからくる形態変化はごく小さいとしても、このような隔離の仕組みができる可能性がある。これは、北アメリカ産のリンゴミバエでいま起きている、本質的に種分化の初期とみられる事例で絵に示すように実証されるものだ[★06]。

過去二〇〇年にわたり、ミバエ（*Rhagoletis pomonella*）はある範囲のいろいろな樹木にたかるいくつもの種類を進化させてきた。元来、このハエは北アメリカ産のサンザシの木だけに集まるものだったが、リンゴ、サクランボ樹、バラ、ナシなど、移入された一群の樹木に広がってたかるようになった。一八六四年という早い時期に、イリノイ州の聖職者であり州政府昆虫学者だったベンジャミン・ウォルシュが、例えばあるリンゴの木にいたハエの子孫は行動上、他のリンゴの木に産卵する傾向が強い、ということを観察した。

本来このことは隔離を引き起こすのに十分なのだが、別々の宿主樹木にいるハエの成熟開始のタイミングにも、意味深い違いがある。このことがさらに、遺伝的隔離の可能性を強めるだろう。実験室内の諸条件のもとでは、〝祖先〟のサンザシのミバエは成熟するのに六八―七五日を要する。ところが、リンゴのミバエはわずか四五日―四九日しかかけない。しかし、アメリカヤマボウシ〔ハナミズキ〕にたかるハエはもっと長く八五―九三日もかける。成熟開始にそれほどの変異がある原因は、それが宿主樹木の果実が熟する時期と一致するように合わされていることにある。その結果は、遺伝子流動《フロー》に対する行動上の境界だけでなく、ハエの宿主樹木が違えば交配時期も違うだろうから発育上の境界もできた、ということだった。もっと長期間にわたり隔離が続くなら、各個体群間の遺伝的差異は、仮に将来それらが交配することができたとしても生育可能な子孫をつくれないほどに増大するだろう、と予想することができる。だから、ここではいくつもの種が生まれつつあるのだ。われわれの目の前で進化が起こっているのである。

ヘテロクロニー的過程のはたらきにより同種内で始まっていると私が上に述べた形態上の変化はすべて、なんらかの形で発育のごく早い時期に現れた構造物の形態の変化に関係していた。しかし、動物の大半のグループでは発育のもっと遅い段階で現れる特徴がいくつもあり、多数ある場合もよくある。たとえばウニでは、特徴をなす棘《とげ》はその動物体の成長の全期間を通じて生えてくる。後の章で述べるとおり、棘の数の進化的変化を解析することができるが、それは棘が生育する速度が変化するからだ。あるいはまた、棘が生えてくる期間が祖先と子孫とで異なるらしいからだ。ここで取り扱うのは形のヘテロクロニーではなく、部分（いわゆる分節的《メリスティック》形質）のヘテロクロニーである。いろいろな意味で、こうした部分のヘテロクロニー的変化を記述するのは形の変化を述べるよりはたやすい。なぜなら、論ずるべきものは、ある複雑な構造物の変化を数量化しようという試みではなく、一定の時期に生ずる構造物の数だけだからである。

　ほとんどの人がよく（しばしば嫌な思いで）知っている一例は、歯、とりわけ知歯〔第三大臼歯〕の萌出《ほうしゅつ》〔生えてくること〕のタイミングのことだ。私自身の知歯は上下四本とも二〇歳になる前に萌出しおえた。ところが、私の妻の知歯はまったく萌出しなかった。この形質に関しては、わが妻は私に比べてペドモルフ型だとみてよい。進化論的な文脈で言えば、ホモ・サピエンス（*Homo sapiens*）のような後発のヒト科動物における歯の萌出のタイミングはだんだん遅くなっている。わが妻が私より進化的に前進しているとは認めたくないけれども、この形質に関しては彼女がこの特殊な進化の道にそってちょっと先へ進んでいるとは言えよう。（さらに彼女は、成人になるまで乳歯を一本持ちつづけてもいた――極度にペドモルフ的な特徴だ！）私は最後の章で、ヒト科動物における歯の発育について論ずることにしている（多少は自分が進化的なグズだと見られたくないためもあって）。

　先にあげた実例はすべて（ミバエの問題は別として）、行動の違いにつながりかねない形態的変異を生ずるうえでのヘテロクロニーの重要性を例証するものではあるが、そうした変異体が優遇的に淘汰選択されなければ進化は起こらないだろう。そのため私は、これらの差異は小さな遺伝的変化から起こるものだということを、この本で長々と述べているように見えるかもしれないが、〝ダーウィン的〟進化様式へ疑いを投げるのでは決してない。むしろ逆に、古典的なダーウィン的意味での自然淘汰は、このような発育プログラムのわずかな乱れから生ずる変異体を優遇的に淘汰選択する要因であるという意味で、ヘテロクロニーの相棒《あいぼう》として作用するようになるのだ。しかし私は、ヘテロクロニー的変異――イエイヌに見られるような変異――は、顕著なアロメトリー的成長のおかげで、当の種の成功と適応性の基になる要因そのものなのだということを、もう一度強調せねばならない。以上のようなわけで、鍵《キイ》となる構造物の顕著なアロメトリーから起こるこうした変異は、進化的変化の重要な前ぶれになりうるのである。

昆虫類――性競走で優位スタート

成長の速度やタイミングにわずかな違いがあるために起こる同種内の変異は、ヘテロクロニーが種内ではたらく仕方の一つにほかならない。こうした〝受動的《プロアクティヴ》〟な型の淘汰選択（背景をなす一種の進化的ホワイトノイズ）とならんで、環境そのものがはるかに先回りしている場合がある。環境要因は、すでに存在しているものをただ受動的に淘汰選択するのではなく、ヘテロクロニー的変化を能動的に引き起こしうるものだ。あのレストランの比喩へもどるなら、食事客は、ただ椅子に腰かけて出されたものを何でも食べるのではなく、じつは何を食べたいのか、それをどう料理してほしいのかに発言権をもっているのである。

環境条件がヘテロクロニー的変化に引金をひくことにより一定の発育戦略を誘発する限度は、深遠である場合もある。ある個体群の中のいくつかのメンバーだけが、普通でない成長をする変異体を造りだすように標的にされることもあるが、あるいはそうではなく、体のある特定の部分だけに照準が合わされることもある。目ざましい実例は、プセウドアレティア・ウニプンクタ（*Pseudoaletia unipuncta*）のイモ虫で食物が成長に与える影響や、それどころか種々の型のイモ虫やバッタの進化全体に及ぼす影響のことだ。

E・バーネイズ〔カリフォルニア大学、バークリー〕が行った実験によれば、同一種の多数のイモ虫をいろいろな餌で飼育すると、どんな餌が与えられていたかによって頭部の相対的なサイズが実に劇的に変わることがわかった。バーネイズが明らかにしたのは、やや硬い牧草の餌で飼われたイモ虫には、柔らかい人工飼料を食べていたイモ虫より体積で二倍の頭部が発達したことだ。当然かもしれないが、中程度の硬さの餌で飼われた虫には中程度のサイズの頭部ができた。こうした頭部のサイズの差異は、硬い牧草を食べる虫に大きな筋肉——頭部全体のサイズに影響する筋肉——を発達させるのに必要な変化によるものだとされた。バーネイズは北アメリカ産とオーストラリア産の八二種のバッタおよび七六種のイモ虫を調べた結果、牧草食者はかならず草質植物食者より相対的に大きい頭部をもっていることを見いだした。[★07]

じつは、〝ラマルク的〟シナリオ——キリンは水分の多い葉にありつこうとして木々の高い枝まで背伸びをしていたために頸部がだんだん長くなった、といった話——を持ち出すまでもなく、イモ虫やバッタの頭部におけるこのような変化には遺伝学的な基盤がある。ここにもまた、ヘテロクロニーと自然淘汰がいっしょに作用する協同関係がある。つまり、牧草食者の場合、より大きい頭部をもつ個体を造りだした発育上の変化は、そのゆえにこそ優遇的に淘汰選択されたのだ。仮に、ある人がより頑丈な顎を持っていて特殊な食物をうまく処理することができるとすれば、その人はより大きく育ち、生殖面でもより成功する可能性があろう。これは、動物体の全体でではなく一定の構造物ではたらくヘテロクロニー（この場合は〝より多量〟の成長をもたらすペラモルフォーシス）の好例である。

このような事例は、速度の変化が特定の形態的構造物のヘテロクロニー的変化を誘発しうることを物語っている一方で、ある動物体が成熟に達する時期に影響する環境要因はその動物体の全体——サイズと形、またおそらくは行動も——に、影響をおよぼすだろう。社会性昆虫には、性成熟開始のタイミングに大きな影響を与え、それにより成熟体が到達するサイズと形を左右しうる要因が一つある。それは、集団内のあるメンバーがフェロモンとよばれる特殊なホルモンを産生することだ。フェロモンは成熟の開始をミツバチに見られるように遅延（ハイパモルフォーシス）させたり、サバクイナゴ（*Schistocerca gregaria*）に起こるように早発（プロジェネシス）させたりする、生理的変化の段階継起の引き金になることがある。

このイナゴのコロニーの個体群密度が高いとき、そのなかに成熟した雄がいるだけで、いっしょに生活している未熟な雄や雌に早すぎる性成熟開始の起こることが何年も前から知られている。成熟した雌も同様の能力をもっているけれども、性成熟を加速する点では雄より効果が弱い。ところが逆説的なことに、孵化後八日以内の雌は、逆の効果、つまり雄の成熟を遅くする作用をもつフェロモンを分泌するのである。この戦略の淘汰選択上の有利性は、雌にとっては雄が自分たちより早く交配可能になってほしくない、という点にあるように思われる。このイナゴで個体群密度がしばしば高まることが意味するのは、同時的な成熟が普通であり、後れている個体はフェロモンのかすかな匂いだけで加速される、ということだ。この戦略のもう一つの利点は、早熟になりそうな個体が小さすぎる体で成熟するのを防ぐことにある。

成熟を加速するフェロモンは、昆虫の体から発散するきわめて揮発性の強い物質であることが知られている。ある一個体が胴にもっているフェロモンの五〇〇〇分の一だけで、未熟な雄に反応を引き起こすのに十分なのである。

性フェロモンの誘惑的魔力に支配される昆虫はイナゴ類だけではない。成熟を加速する同じようなフェロモンがテントウムシ類にもあるようで、多数の亜成熟個体が集まるときに効果をあらわす。性成熟の同時的開始につづいて交配が起こり、そのあとに分散が起こる。同じように、いろいろなフェロモンがアリ、ミツバチ、スズメバチなどのさまざまな種で成熟を制御することが知られている。これらの昆虫では、女王の個体がいるだけで働きアリ（またはハチ）の性成熟を抑える効果がある。女王を除去すると、雌の働きアリ（またはハチ）に卵巣が発達し、産卵がおこるのである。

その他の昆虫では、別のホルモンが一定の時期に分泌されるかどうかが、深遠な形態的効果を生ずる可能性がある。昔から学校の生物学の授業で教えられてきた生活史サイクルの見本は、アリマキ〔アブラムシ〕のそれだ。アリマキには羽〔翅〕を持つものもあり、持たないものもある。羽をもたない型の個体は、〝無翅《むし》〟という幼若状態を維持しているがゆえにペドモルフ型（この言葉で一般に表現されてはいないが）だと考えることができる。こうした無翅型が現れるのは、かれらにおいては性成熟が羽をもつ飛翔性の仲間より早いからだ。かれらは羽をもつ仲間より多産であり、一世代の時間が短い。羽の発育は幼若〔幼虫〕ホルモンにより制御されている（後述）。

無翅型はやや大きくて活発な〝アラタ体〟――幼若ホルモンを分泌して成熟開始を抑制する器官――をもっていることが知られている。同じこの幼若ホルモンが、シロアリのコロニーではカースト〔階級〕の分化において決定的な役割をもっている。〝にせ働きアリ〟（pseudergate）ともよばれる幼虫は脱皮して、三種類あるカースト――有翅成虫階級、交代生殖階級、兵隊階級――のどれかになる。他方そうはならず、脱皮はするが成長も分化もしないものがいる。いろいろなカーストができるのはフェロモンによって制御されているらしく、やはり幼若ホルモンで媒介されているのである。★08

兵アリとサシガメ

節足動物――昆虫類や甲殻類など――では、ホルモンが成長に非常に大きな影響をおよぼす。というのは、我々はここで、実験的に誘発されるヘテロクロニー的諸変化が深遠な形態的影響力をもちうること、またそうした諸変化が、自然界に見られる状況をまねることにより、種から種への変化やいろいろな多型体（職アリや兵アリなど）の間の変化さえも、ホルモン産生のタイミングの比較的単純な変化によって起こるという洞察を、提供しうることが理解できるからである。環境の影響がホルモンに作用し、動物体の発育のしかたを変えることがありうるのだ。

温度の変化が、とりわけ成熟の誘発にも抑制にも影響することにより、動物の内分泌系に作用することが知られている。温度変化は、発育成長に関与するいろいろなホルモンに働きかけることによって、この作用をあらわす。なかでも特に重要なのは脱皮を制御するホルモンである。〝エクダイソン〟とよばれるこのホルモンは、昆虫類、甲殻類、クモ類をふくむさまざまな節足動物で脱皮を引き起こす。脳にある神経分泌細胞が、脱皮ホルモンたるエクダイソンの合成と放出を刺激し、次にこれが脱皮の過程を引き起こすのである。

成長を制御するもう一つの主要なホルモンに、〝幼若〔幼虫〕ホルモン〟がある。これも、昆虫類と甲殻類で同じしかたで作用することが知られている。一定の腺による幼若ホルモンの分泌が脱皮のあり方を修正し、脱皮ホルモンと共同で働きかける。幼若ホルモンは、発育を調整する遺伝子に直接作用してそれらの活性を抑えるのではないかと言われている。幼若ホルモンが十分な高水準で存在している間は、昆虫や甲殻類は幼体期の形態特徴を保っているが、このホルモンが産生されなくなったとき成体への変態が起こる。

進化学的な見方をするなら、幼若ホルモンの産生停止のタイミングがわずかでも変わることが、その祖先動物と比べたとき、成体の最終的外形に大きな影響を与える可能性がある。なぜなら、その動物は成体になっても、祖先の幼体だけがもつ特徴を維持するはずだからだ。★09

温度の変動は節足動物の脱皮系列をも変化させ、それによりヘテロクロニー的変化を誘発することがありうる。ホルモンであるエクダイソンの分泌が上皮《じょうひ》細胞を活性化して新しいクチクラを分泌させる。そこで、新しいクチクラの沈着誘発のタイミングが少しでも変わると、それは、当の節足動物が変態と変態の間でおこす発育的変化の程度に影響を及ぼすだろう。それゆえ、もしクチクラの沈着がその前の脱皮の直後に起こるなら、脱皮と脱皮の間で形態的変化はほとんど無いだろう。だが、もし新しいクチクラの沈着の始まりがエクダイソン分泌の遅れによって抑えられるなら、脱皮と脱皮の間でもっと程度の大きい形態的発展が起こるだろう。サー・ヴィンセント・ウィグルズワースが一九三〇年代に行った秀抜な研究によれば、トコジラミ（*Cimex*）にクチクラを早発的に沈着するよう人為的に操作した結果、発育過程のある中間段階でいくつかの形態特徴が現れた。また、サシガメ（*Rhodnius*）で脱皮の始まりを加速させる実験によっても同じ結果が得られた。

サシガメを実験的に早熟させることの効果を調べたウィグルズワースの先駆的研究——幼若ホルモンの根源

を人為的に除去した研究——は、成熟の時期に対して、また（したがって）成体がもつべき外形に対して、このホルモンがきわめて重要であることを明らかにした。さらに、カイコ（*Bombyx*）やナナフシ（*Dixippus*）を対象にした同様の実験も、幼虫期の脱皮の回数を人為的に減らすことにより、同じようにペドモルフ個体が造り出されることを示した。

　約五億三〇〇〇万年前まで生存していた化石三葉虫類にも同じような効果が見られる。つまり、おそらく幼若ホルモンの不活性化が早すぎたのだろうか、成熟の開始が早すぎた結果、胴に数の少ない分節ができ、祖先の幼若特徴が子孫に保持されたのだ。そこで我々は、現存動物の発育プログラムをいじくる実験をしてみることにより、二億五〇〇〇万年も前に絶滅した節足動物のあるグループでどんな進化の仕組みがはたらいていたのかについて、合理的根拠のある推測を、ホルモン産生の同程度の異常を指摘できるほどにもやってみることができるのである。化石は進化の裏にある仕組みの詳細について何も明かすことができないなどと、誰が言ったのだろうか？

　現存動物では、一定の発育段階にあるアリの幼虫にホルモンを実験的に与えると、ホルモン産生のタイミングがわずかに違うだけでコロニー内にいろいろな階級——〝働きアリ〟や〝兵アリ〟など——が生じてくることが知られている。これらは外形で著しく違うが、遺伝子的にはほとんど区別できない。ある一種のアリで、最後の成長段階にある幼虫へ幼若ホルモンを投与すると、変態の開始が遅くなり、成長期間が長くなった。小さくて弱そうな働きアリのかわりに、獰猛《どうもう》そうな——大きな体サイズと過剰発育した顎を完備してコロニーを死守しようという構えをもつ——兵アリが育ってきた。そのことの副次的効果が行動の変化にもあり、この〝過剰発育型〟（つまり、ペラモルフ型）のアリはそれ相応に好戦的なのである。

　同じように、シロアリの階級《カースト》制の全体がいわゆる多型性——異なる階級が変態するのに要する時間の差異から起こるもの——を基盤にしている。成熟のタイミングに影響するヘテロクロニー的な仕組みのはたらきが、シロアリの遺伝子的構成に固定され、統合された社会として機能するいくつかの階級の混合体を造り出したのである。おそらく同じことが、社会性昆虫の他の多くのグループにも当てはまるのだろう。★10

サンショウウオにおけるストレスと性

温度、栄養物、他個体のホルモンなどの環境要因だけが、発育のしかたに直接影響を及ぼすのではない。他にもう一つ意外な環境要因がある。それはストレス〔心理的緊張〕である。これもまた、性成熟が起こるかどうかを決定しうるもので、脊椎動物ではおそらく、ある類のサンショウウオ――環境刺激の如何《いかん》によって、二つある発育過程のどちらかを採る能力を進化させた動物――に見事に表れている。これは〝条件的ヘテロクロニー〟と呼ばれているものだ。サンショウウオでは、条件的ヘテロクロニーは変態の開始の遅れという形をとり、これがペドモルフ型個体を生みだすのである。このようなペドモルフォーシスの典型的な例が、アホロートルとかメキシコサショウウオ（*Ambystoma*）とか呼ばれる種類に見られる。これらの動物では形態的発育が減退しており、変態を十分に完了しない。そのため性成熟に達したときにも外鰓《がいさい》〔頸部から体外へ伸び出たエラ〕などの幼生の特徴を保持する。行動面でも、幼生期の水生環境にいつまでもとどまって陸上生活へ発展しないという点で、祖先的な幼生期の行動パタンを維持するのである。

幾人かの生物学者を悩ませている興味ある問題は、サンショウウオの個体群にはペドモルフ型個体を含むものもあり、含まないものもあるのはどういうわけか、ということだ。リード・ハリス〔デューク大学〕はノトフタルムス・ヴィリデセンス・ドルサリス（*Notophthalmus viridescens dorsalis*）というサンショウウオの幼生を、個体群密度の異なる別々の水槽で育てることを中心にした一連の実験を行って、これを研究した。彼は、この実験がペドモルフ型個体の世代にどんな効果を及ぼすかを調べることを計画した。ハリスはある一つの水槽に一〇匹の幼生を入れた。もう一つの水槽には四〇匹入れ、同量の餌を与えて勝手に発育させた。彼が見いだしたのは、低い個体群密度で飼われたサンショウウオ幼生の大半は、同じ期間にわたりペドモルフ型になって水中にとどまり、そこで幼生形のままで繁殖した、ということである。個体群密度の高いほうの水槽で飼われた個体の大半は変態をおこし、陸上性の成体になる前の未熟な陸棲サンショウウオになった。

このことについて進化学的な意味があるのかどうかという視角から考えてみると、異なる個体群圧のもとでサンショウウオたちが採る戦略には、いくらかの論理がありそうだ。沼のなかに水と食物が十分にあれば、そこに産みつけられた卵から孵化したサンショウウオの幸せな幼生がたくさんいる。が、日が経って幼生が大きくなってきたとき、沼は干上がりはじめる。沼の水位が下がり、水も食物も少なくなるが、ちょっと大きくなってあまり幸せでなくなった幼生が以前と同じ数で住んでいる。かれらの有効個体群密度は、飲食物が尽きて資源が減ることによって——招かざる客が突然やってくることによってではなく——増大する。しかも、かれらが大きくなればなるほど、多量に餌を食わねばならなくなる。こうした諸状況のもとで淘汰選択は、陸棲の成体へ変態し、急に利用できるようになった新しい食料品スーパーマーケットの全体へ散らばっていくような個体らに恵みを与えるだろう。だんだん縮小していく沼の中に取り残されたサンショウウオらにとっては、食品の棚はほとんど空っぽだ。かれらが幼体でありつづけるかぎり、かれらを待っている運命は泥深い墓場へと決まっている。しかし、これが自然淘汰のありかたなのである。この場合、柔軟性にとむものは生き残って未来の世代へ同じその柔軟性を伝えるのに対して、柔軟性のないものは滅び、それとともに発生的に柔軟性の乏しいかれらのゲノムも滅びる。

アンビストーマ（*Ambystoma*）属の両生類〔アホロートル〕に見られる怪物的な多形体の発育過程では、ストレスも大きな要因である。ある状況のもとでは、普通のモルフ〔同種内変異型〕のほかに共食いをする巨大な怪物が育つことがある。こうした個体は大きな頭部と、それにふさわしく、小さい両生類の幼生を捕食できる恐ろしい摂食装置をそなえた上下顎をもっている。共食い者が現れる原因は過密にあり、それで生ずるストレスが特殊な頭部構造の発育速度の増大を引き起こす一個の遺伝子に作用するのだろうと考えられている。この場合にも、これらの変化が行動の変化と組み合わさっており、共食い者は普通の個体よりも攻撃的になる。★12

ある意味で、圧迫を生ずるストレスという要素が環境条件に持ちこまれることは、当の動物種の発育プログラムに入りこんでいる本来の怠惰性を埋め合わせるものと見なすこともできる。幼少期の生活が恵まれていた場合、成長してから何ゆえにさまざまな生の障害《トラウマ》と闘わねばならないのか？　ガースタングは何と詠《よ》んだか？　「オタマで暮らしオタマで産み、死ぬまでずっとオタマなのだ」。このような、ちょっとしたきっかけで（あるいは水面の低下で）ペドモルフ個体を造りだすかどうかという発育上の隠れた柔軟性は、淘汰選択をうけた特性――非常に長い期間にわたる見事な進化的成功を物語ることが立証された特性――である。第七章でも論ずるが、サンショウウオ類におけるこのような発育の不安定性は、何億年にもおよぶこのグループの品質証明なのである。

イヌ類をもう一度

ところで私は、この章の標題にあるイヌからかなり逸《そ》れて、各種内ですみずみまで浸透するヘテロクロニーの影響を説明しようと試みつつ、動物界のさまざまな構成員にわたり時にはややくどい脱線だと読者から思われそうなことを述べた。その後で、最後にまたイヌ類を眺めてみることでこの章を閉じるのがよさそうである。が、私はいくらか警告めいた付記でこれを終えることにしたい。というのも私は、変異にはありとあらゆる種類がありうるとか、イヌについては品種を理論的にはいくらでも造り出せるとかいった観念に、読者がとらわれてほしくないからだ。それどころか、体構造のある面にかなりの変異性がみられるイヌやヒトのような種においても、どこまでそう言えるかについてはやはり限界がある。つまり、イヌやヒトの体構造はある領域――かれらが造りだす脚の数、眼の数、耳の数、等々――では縛られているのである。

さて、ペレ・アルベルチ〔現在、マドリード自然史博物館〕は何年も前から、胚発生と進化の関係をめぐる問題全体についてきわめて先駆的な研究に携わってきた。彼はとりわけ、両生類にできる足指の数をどんな要因が決定するのか、その数を変えるようにかれらを実験的に誘導しうるのか、という問題を追究している。また彼は、人為的または自然的に有利に淘汰選択されうる変異の程度には、発育上の限界があるということを明らかにするため、イヌのいくつかの品種でこの問題を調べてもいる。

社会の全体にわたり、多くの科学者が周囲の世界との相互作用に関しては視野の狭さから害をうけている、という認識がある。私はむろん、自分の場合についてはこれを断固として否定したい。なぜかといえば、かつてイングランドから訪ねてきたある同学者（フライパン使いの名手）がサヨリを何匹か買ってきたことがある。その際、魚をそのままフライパンへ放り込んだのではなく、夕方の一刻私たちは体長や下顎《かがく》や上顎《じょうがく》の長さを計測しながら台所の床に座り込んでいたのだが、これで、その後サヨリを料理するのを忘れたわけではないからだ。

要するに、自己弁護をするなら、この魚は魚屋から入手できそうなものとしては見事な発育系列を表していた、ということを私は言いたいのである。しかも、私は二〇年近くも大昔と現今の世界におけるヘテロクロニーを調べてきたのだから、仕事をしていない時でもそうしたもろもろの考えから頭を切りかえるのは必ずしも容易ではない。が、私が強調したいのは、ペレ・アルベルチがアメリカからスペインへ帰って両親に挨拶をし、賞をもらった新しいグレートピレニーズ犬（セントバーナードに似た大形犬）を誇らしげに見せられたとき、彼がしたことを誤解してはいけないということだ。

そのとき彼はまず何をしたのか？　その犬の指の数をかぞえたのだ！　つまるところ、彼が両生類の初期胚における細胞数とその両生類が最終的にそなえる指の数との関係をめぐる一連の実験を終え、膨大な時間をかけておびただしいカエルやサンショウウオの指をかぞえた後では、私が想像するには、通りすがりの動物を何でもつかまえて即座に指をかぞえてみることが習慣になってしまったのだろう。しかし実際には、ペレの一見気ちがいじみた行動にはそれなりの論理があった。指の数をかぞえることの目的は、彼が両生類の研究に基づいて構想していた一つの仮説――大きい動物は小さい動物より多数の指をもつ傾向があるという考え――を造り上げることにあったからだ。

ペレ・アルベルチが両親のグレートピレニーズ犬の指の数をかぞえてみて、そのイヌは後足に六本ずつ、前足に五本ずつ指をもつことがわかった。さらに広く調べた結果、彼は、イヌのほとんどの品種は指を、後足に四本ずつ、前足には五本ずつ(過剰の一本はいわゆる上指=狼爪)もっていることを発見した。しかし、大形のものには後足にもこの第五の指をもつ品種がある。が、グレートピレニーズ、セントバーナード、ニューファウンドランドのような最大級の品種には、第六の指(ダブル上指)があることが稀でない。飼い犬のスペクトラムの他の一端では、チワワやペキニーズなどの小形犬は前足に上指をもたず、前後足とも四指だけである。このことは、イヌでは指の数の変異性――体部分のヘテロクロニーの好例――は動物の体サイズに左右されることを物語っている。[★13] ペレ・アルベルチは、エミリー・ゲイルと共同で行った調査に基づいて推定を試み、イヌの発育過程という視点から指の数と体サイズの関係を説明した。

アルベルチとゲイルが発生中の両生類の肢芽を、一定期間だけ細胞分裂を止める化学物質で処理したところ、成熟したときには正常の半分のサイズの肢ができた。それだけではなく、小さい肢では指の数が少なく、指が発生しない順序がきわめてよく一定している。これは、正常な肢に指が発生する序列もまた一定していることを意味している。だから、大形品種のイヌには相応にやや大きい胚ができると仮定すれば、こうしたやや大きい胚は、同じ発生期間を経たのちには、小形のイヌの胚より多数の細胞でできたやや大きい肢芽をもつだろう、と考えるのは不合理ではない。とすると、イヌのある品種において大きな体サイズを有利にした淘汰選択が、過剰の指の発生過程において〝引きずり〟の効果を表したことになる。ペレ・アルベルチが指摘したとおり、昔から育種家たちは大形犬での過剰指の適応的意義についてうまい説明をつけようとしてきたけれども、こうした発生上の相互依存は、体の構造物には必ずしも格別の適応的意義をもたないものがあることを意味するものだと、彼は論じている。

面白いことに、ネコにも過剰指が発達することがときどきあって、昔から〝魔女の猫〟と呼ばれている。イングランドで私が子供だったときペットとして飼っていたネコは前足に各六本（爪で見えていたもの）、後足に各五本（各足に一本過剰）の指を持っていた。しかしネコでは、過剰指の発達は大きな体サイズに伴うものではない。私のネコは確かに小さかった。ことによると、その過剰指は、イヌでのように四肢の発育期間のハイパモルフォーシス的延長でできるのではなく、細胞分裂と成長の加速によって現れるのかもしれない。

以上のようなわけで、動物体の形とサイズに生ずる変異の多くは発育プログラムの改変から起こるのだが、ヘテロクロニーのはたらきを制約する限界がある。動物の無数のグループの成功や多様性は、後述するとおり、特殊化した構造物——かれらが発達させて特定の生態的ニッチに棲息できるように装備した構造物——からだけでなく、柔軟な発育システムをもつ種の進化からも、生まれてくる。いろいろなニッチがある一定の時期に占有されることもあれば、ある一つのニッチがもっと有効に利用されることもあるのは、まさにこの可塑性のためである。

5 雌雄性にかかった時間

雌雄性は進化生物学上の諸問題の女王である。たぶん、他の自然現象でこれほど関心を持たれたものはない。また、これほど混乱をまき散らしたものも確かにない。

G・ベル『自然の傑作――雌雄性の進化と遺伝』

雌〔女〕はみな成熟年齢になると、雄〔男〕がそう見えるよりもっと、同種の幼体に似るようになる。また、もし雄〔男〕が幼時に精巣を切除されると、彼は初めの形をいっそう多くとどめ、そのためにいっそう雌に似るようになる。

J・ハンター『ある奇妙な雉子《きじ》の話』

レイディ・ティントは控えめに言ってもひどく驚き、かなり困りもした。彼女はそれまで長年クジャクを飼っていて、その雄鳥とも雌鳥とも自然な絆《きずな》を結んでいた。彼女を驚かせたのは、それまで長らく無数の受精卵をきちんと産んでいた寵愛の雌クジャクがじつに驚くべき変化を起こしたことだ。〝彼女〟はだんだん雄クジャクのようになってきて、見事な尾羽を伸ばしはじめたのである。このまばゆいばかりの尾の羽毛はふつう雄鳥の特権になっている。鳥の世界のこの〝服装倒錯〟は一七八〇年、ドクター・ジョン・ハンターが一次および二次的性差に関する自説を公表したときに使ったものだ。が、レイディ・ティントの雌クジャクに起きたことは希有な現象ではなかった。雌鳥でエストロゲン〔雌性ホルモン〕の産生が止まったのである。ふつう、鳥類における派手な羽飾りなどの雄の二次性徴はテストステロン〔雄性ホルモン〕産生のなせる結果だと考えられている。ところが、イアン・オーウェンズ〔ユニヴァーシティコレッジ、ロンドン〕とロジャー・ショート〔モナシュ大学、オーストラリア〕の主張によると、そうではない。雌鳥において、華やかな色彩の羽毛の成長を抑えて地味な羽毛を与えるのはエストロゲンの産生であるという。これは、雄と雌の異なる外観がホルモンで強く制御されることを示す一例にすぎない。雌雄の体サイズの違いに関係する他の多くの例は、その起源をたどれば、成長ホルモンないし性ホルモンの産生のタイミングの変異に求めうるものだ。そして、それらは奇異な成り行きを見ることになる。

性別のない世界

信ずるかどうかは別として、大昔には性別のない世界があった。三五億ないし四〇億年前、出来たばかりの地球を覆っていた海の中に、生命が現れた。こうした最初の原始的な生命体は、おそらくＲＮＡ（リボ核酸）のかたまりと大差ない最も単純な細胞であった。つい一〇年ほど前まで、ＲＮＡは蛋白質の形成を指令すべくＤＮＡのラセン状構造を転写する、つつましいメッセンジャー〔伝達子〕のようなものだと考えられていた。が、生化学者たちはやがて、原始的な生命体の増殖は、それ自体のコピーを造るＲＮＡによって——初めは各自勝手にだったが後にはおそらく蛋白の酵素に助けられて——起こった可能性がある、と考えるようになった。このことは、地球上の最初の生命体はＤＮＡ基盤ではなくＲＮＡ基盤のものだったことを意味する。生命界の初期の歴史のある段階で、こうした初期の細胞は、RNA基盤のゲノムをもつものからDNA基盤のゲノムをもつものへ変化したのに違いない。あまり安定でないRNAのただ一本のラセン状の糸が、もっと弾力的な二重ラセン状に巻いたDNA分子へ置き替わったこと――複雑性増大の最初の事例の一つ――によって。しかしDNA基盤の原始細胞の時代になっても、性別が生ずる機会はまだ無かった。つまり原初の地球では、性別がその醜悪な頭をまだもたげておらず、自己複製は単純な細胞分裂というあまり面白くない過程をへて起こっていたのだ。

しかし、こうした最も原始的な生物は地球上の初期の海をあっさり通過し、最古の生命体と同じ道をとって絶滅していった、と想像してはいけない。そうではなく、かれら（あるいは少なくともかれらの子孫）は今もまだ健在しているのである。これらDNAを基盤とする生物は細菌類《バクテリア》として生きつづけているのだが、他方、今日われわれの生活を苦しめるウイルスの多くは太古以来の進化的残存物であり、細菌さえまだ存在しなかった世界の生き残りではないかと考える科学者もいる。現今、普通のカゼや小児麻痺を起こす病原体のようなある種のウイルスは、遺伝物質として今でもRNA――どう見ても四〇億年間かれらの周りには何の変化もなかったかのように作用する物質――を使っているのだ。

化石記録は現在までのところ、こうしたきわめて原始的なウイルス様《よう》の生物が存在した証拠を提供するに至っていないけれども、過去一〇年以上前からそれは、最初期の最も原始的なDNA基盤の細胞をいくらか明るみに出している。長期間にわたる化石記録というものは、湖沼で静かに水を飲んでいたときに見張りをしそこなった不運な恐竜の、朽ちはてた骨などより以上のものの宝庫なのだ。化石化の諸条件が適切であれば、最も単純な細胞でも化石になることがある。きわめて早い時代の細胞の場合、それのおかげで我々は、覗《のぞ》き趣味のタイムトラベラーのように太古の細菌の世界をかいま見ることもできる。

こうした最初期の生命の証拠を見つけるには、地球上で最も暑い場所の一つ、オーストラリア北西部のピルバラ地方へ旅をする必要がある。この地域では、その大半にわたって地下に広大な縞《しま》状鉄鉱鉱床の累層が広がっている。膨大な量の鉄鉱石の供給源であるここの岩石はまた、こうした原始的な、光合成をする細菌の活動の産物なのだろうと考えられている。これらの細胞の代謝の老廃産物は酸素だったのであり、これが海水中に溶けていた第一鉄を不溶性の第二鉄の巨大な蓄積に変えた。何千万年もの間に地球が文字通り赤錆びになったのである。

こうした岩石のあるピルバラ地方は、ロジャー・ビューイックがウェスタンオーストラリア大学にいたとき太古の原始土壌を完全に保存した三五億年前の地表を発見したほど、地球上で地質構造的に何十億年もきわめて安定していた地域の一つである。なぜなら、はなはだ不適切にもノースポール〔北極〕という地名のこの場所（オーストラリア式の冷笑的ユーモアの好例で、この地はかつて一六二日続けて日中の最高気温がカ氏一〇〇度〔セ氏三七・七度〕を超えた小都市マーブルバーの近くにある）に、約三五億年前に積もった二酸化珪素《シリカ》にとむ堆積物がそっくりそのまま残っているからだ。これらは生命のねばり強さの証拠として、また化石記録の弾力性の証拠として現在も存在しているのである。

今までのところ、オーストラリアのこれらの岩石から一一種類の別タイプの細胞が記載されている。大半は幅がわずか〇・五ないし一九・五マイクロメートルの微細な糸状体だ。こうしたただの糸切れのような我々の最古の祖先は、現在のある種の細菌によく似ているために、ウィリアム・ショップフ〔カリフォルニア大学、ロサンジェルズ〕がそれらを記載したとき次のように注記している。「仮にかれらが現在の微生物群集のなかで発見されていて、また形態が生物学的類縁を推定するための唯一の基準であるとすれば、大半はオシラトリア科の藍色細菌類《シアノバクテリア》〔藍藻類〕だと解釈されるところだろう」。そして、かれらは藍色細菌類として、現存の子孫と同じように光合成を行い、先カンブリア時代の海洋と大気へ酸素を供給していたのだろう。

ところで、この太古の世界に生きていた生物はどんな外観をもっていたのだろうか？　ドリオン・セイガンとリン・マーギュリスは次のように示唆している。悠遠の先カンブリア時代の海に生きていた微生物群集をそのときに顕微鏡で調べてみたとすれば、「人をあざむくばかりの紫色、藍色、赤色、黄色などの球からなる小艦隊――岩石の表面に密集し、水面にただよい、あるいは尾を打ち振って前進する生きものたちのコロニー――が見えただろう。細菌細胞の大群が海水とともに波打ち、輝くような色合いで底の小石を覆っていた。細菌の胞子が微風に吹かれて泥深い地域に降りそそいでいた」。

他の細菌類と同じように、オシラトリア科の藍色細菌類（かつては藍藻《らんそう》類とよばれたもの）は原核生物である。つまり、かれらはDNAの小袋なのであり、動物や植物や真菌類の真核細胞に見られる核やミトコンドリアなどといった細胞小器官《オルガネラ》をもたない。原核細胞にあるDNAは染色体という細胞内の隔離された部分に閉じ込められているのではない。雌雄性なしに原核生物が増殖するのは、サイズが二倍になり、分裂前にDNAのただ一本の糸を自己複製し、DNAセットの一コピーを各娘《じょう》細胞へ分配することによる。

ありそうなことだが、仮に太古の海に生きていたこうした細胞の多くが本当に藍色細菌類だったとすれば、これは地球上のその後の生命体の進化にとって非常に意義深いことだった。それらの細胞たちは光合成をしていたはずだからである。そして、もしこうした酸素生産の複雑なシステムが三五億年前の相対的に多様な群《むら》がり（ショップフの示唆によると、先カンブリア時代の平均的な群がりの二倍ほど多様だった）に存在していたとすれば、生命体はこれよりかなり早く――たぶん四〇億年も前に――現れていた可能性がある。地球はほぼ四六億歳だと推定されていることを考えれば、生命体はその歴史のごく早い時期に地球上に足場を獲得したように思われる。化石記録から言えるかぎり、性別のない細胞は地球上の生命体の存在期間のうち初めの一五億年間、地球の唯一の棲息者だったことになる。細菌の胞子――親細胞から分かれたDNAを包みこむ微小な塊――は裸の陸地へ吹き飛ばされ、おそらく湖沼や水たまりで発芽した。当時の世界には、いま地上に存在するのと同じくらい複雑な微生物生態系が行きわたっていたのだ。

雌雄性の出現

地球の歴史の前半のあいだ、生物の進化は雌雄性〔性別〕がないままうんざりするほど遅々としていた。実際、近年になって長さが最大九二ミリの奇妙なラセン状構造物がミシガン州の二一億年前の岩石から発見されるまでは、原核生物が二五億年間も地球を支配していたと考えられていた。肉眼で見えるラセン状に巻いたこの炭素質の薄膜が表しているらしいものは、最初期の多細胞性の藻類《そうるい》の遺物だけでなく、真核細胞が存在したことを示す最早期の証拠物でもある。そして、こうした細胞が進化するとともに雌雄性が現れる可能性が生じた。この新しい型の細胞は、原核細胞より大きくてしかも複雑であった。でこぼこの多い薄膜——細胞核を包むものもある——の幾つものチャネルを完備したこうした細胞はまた、ミトコンドリアなどの細胞小器官を内部に備えていた。酸素を基にしたエネルギーを細胞へ供給する微細な構造物である。

リン・マーギュリスとドリオン・セイガンは、雌雄性や真核細胞の起源に関する先駆的な研究のなかで、真核細胞内にある細胞小器官——核、ミトコンドリア、葉緑体など——は、もとは自由生活だったが、初めて他の細胞との共生的関係をもちはじめた原核細胞だったのだろう、という考えを提唱した。二人は、小さい細胞はもっと大きい細胞の内部に生活することにより、食物の豊かな環境に入ってそこに棲むことから多少の保護を受けるとともに、利益を得たのだと考える。宿主細胞はこうした配置のもとで、侵入者の代謝老廃産物を利用することによって繁栄したのだろう、というのである。マーギュリスとセイガンが正しいとすれば、このような相利共生的同棲は結局、細菌類とウイルスを除く地球上のあらゆる生命形態——カブラからトリュフや三葉虫までも含む——の進化出現につながったことになる。

いろいろな原核生物のこうした共生とほぼ同じくらいの意義をもつのは、雌雄性の不思議さを助長した真核細胞の複製においてヘテロクロニーが演じた役割、すなわち減数分裂の出現ということだ。減数分裂がなしとげたことは、卵子および精子の形成と、それによりＤＮＡを交換する能力とである。が、ある一個の細胞の側からみると、雌雄性とはいったい何なのか？　我々はみな、ヒトという種に属するある一個人が男性か女性かについてはかなりよく（少なくともほとんどの場合）わかる。また、我々の細胞にある染色体というあの謎めいた微小な撚《よ》り糸には雌雄間で基本的な違いがあり、それで例えば哺乳類では、X染色体とY染色体がいっしょに加わっていれば雄になり、二個のX染色体が入っていれば雌になる、ということは一般によく知られている。卵子と精子は、正常な割り当て数の半数の染色体をもつ非常に特殊な細胞である。これらが合体し、種としての全数の染色体を備えた最初の細胞になるとき、半数はある一個体から、残る半数は他の一個体からきたものだ。そしてここに、親と子の違い、祖先と子孫の違いが生ずる道筋、究極的には進化にいたる道筋がある。

マーギュリスとセイガンは、一九四〇年代後期にリン・クリーヴランドが行った研究を近年になって前進させたわけである。クリーヴランドは、細胞内のセントロメア〔動原体〕が分裂しはじめるタイミングの遅れ（後転位）が減数分裂に——したがって雌雄性に——つながることを示した。この遅れのため、細胞複製が進む間に、染色体数が元のままではなく半減する結果になる。こうしたセントロメアの分裂の遅れによって、各染色体の半分だけが両方の中心体のほうへ引っ張られることになったのだろう。そしてセントロメアがついに二分したとき、対をなす染色体は二つに分かれて細胞は分裂し、両細胞が一セットの染色体をもつだけになったのだろう、という。

細胞複製の過程におけるこの決定的な出来事のタイミングのこのような遅れは、有性生殖の出現と（したがって）植物および動物の進化出現のまさに根底にあるものだ。最初の多細胞性真核生物は藻類《そうるい》であったらしい。現在の海藻を思わせる微細な連結管でつながった球状体の印象〔押し型〕化石が一三億年前の岩石——やはりオーストラリア北西部のピルバラ地方のもの——の中に見つかっている。

さて、われわれが雄〔男〕と雌〔女〕について語るとき、厳密には何を言おうとするのか？　また、雌雄で異なる形態特徴が進化した過程でヘテロクロニーはどんな役を果たしたのだろうか？　ほとんどの動物はサイズの異なる配偶子（性細胞）を造りだす。ほとんどの種には、卵子という大きな配偶子を造るグループと、非常に小さい配偶子――生物の界によって精子または花粉――を造るグループとがある。一般に、小さい配偶子を造る個体は雄であり、大きい配偶子を造るのは雌である。私が第七章で多少くわしく述べることにしているのは、細胞たち自体が、複雑さとサイズからみて、動物体全体と同じ種類のヘテロクロニー的変化をおこすことを論証しうることだ。しかしここでは、祖先の真核生物における仮定的状態――配偶子がいずれも同じサイズだったと思われる状態――から始まって、雄性配偶子と雌性配偶子が差異的に成長し、雄性配偶子に比べて雌性配偶子がサイズでペラモルフ的増大をするようになった、とだけ言っておけば十分だろう。

多分これは、マダガスカル島で有史時代の初めまで生存していて絶滅した飛べない鳥、エピオルニス（*Aepyornis*）で極端に達した。体重が一トンほどにもなったこの鳥は長径が三五センチもある卵を産んだ。体積で一三五個の鶏卵に相当するこの卵ではかなり大きなオムレツが出来ただろう！　だが一方、精子にも天文学的比率にまで育つものがある。ドロソフィラ・ビフルカ（*Drosophila bifurca*）というショウジョウバエの精子は長さがほぼ六センチ――雄成虫の体長の二〇倍――にも達する！　このハエの雄が性成熟に達すると、精巣は腹腔の半分以上を占めるまでに巨大化するのである。

動植物には配偶子のサイズが違うばかりでなく、雌雄でサイズと形の異なる種が多い。このことは〝性的二型〟とよばれている。いろいろな種類の雄鳥が華麗な羽飾りをもつこととか、哺乳類の雄やクモの雌の体が相対的に大きいことなど、こうした違いの多くは二〇〇年以上にわたって科学的詮索の主題にされてきた。チャールズ・ダーウィンの先駆的著作『人類の由来および性に関連せる淘汰選択』（一八七一年）はいろいろな意味で、一次性徴と二次性徴に関するジョン・ハンターの論文（一七八〇年）から影響を受けたものだった。しかし、サイズ、形、および行動におけるこうした違いがどのようにして生じたのかについては研究がほとんどなされておらず、探索の大半は違いの適応的な意義に集中してきた。

私の考えでは、ここには小さい雄が現れ、あそこには大きい雌が出来るといったことに見られるとおり、ヘテロクロニーが雌雄性に浸透している。ヘテロクロニーは、異性を誘惑するとか同性のメンバーを撃退するのを助けるような構造物の成長を加速したり減速したり、あるいは雄や雌が性成熟する時期をいじくりまわすのである。例えば、フウチョウ〔極楽鳥〕のある雄の尾が他の雄の尾をしのぐことの淘汰選択上の有利性を詳しく調べるのは、この特徴の進化を全体的に——それがどうして始まったのか、またそれがこの動物の適応度にどれほどの有利性を与えたのかをともに——理解するためには結構なことだ。が、同時に、これらの違いがまず最初どのようにして生じたのかを説明するには、同種内での雌雄の成長発育の違いを細かく注視しなければならない。実際、多数の動物種の進化的成功はまさにこの性的二型のおかげである。仮に雌雄間にかなりの違いが生じていなかったとすると、多くの種は進化しなかったかもしれない。だから、進化におけるヘテロクロニーの役割を十分理解するには、それが性的二型で果たした役を認識することができなければならない。

ヘテロクロニーの特色の一つは、いくつかのプロセス——とりわけ性成熟に達する時期の変化に影響するもの——は雌雄それぞれの外観の違いにだけでなく、成熟したときにどちらかの性のサイズが他の性より大きいかどうかに帰着するだろう、ということだ。それゆえ、もしある動物が幼体として過ごす成長期が短くなればプロジェネシスの事例となり、その個体は祖先動物ほど大きくならないだろう。逆に、急速な幼体成長期が長びけばその個体は祖先より大きくなり、形も変える可能性がある。そういうわけで、仮にある動物種の雄と雌が異なる時間で性成熟に達するとすれば、両性の間で体のサイズと形に深刻な不釣合いがおこるだろう。そして、こうしたサイズと形の違いは不可避的に行動上の違いを伴う。ところが、後述することだが、雌雄間で成長速度が根本的に——胚発生のごく早い段階にさえ——違っているような種もあるのだ。

雄にするか、雌にするか

普通の知見では、哺乳類の場合、雄の発育は胎児期の精巣から出る特殊な信号によって始動する、ということになっている。雄では、発育の最初の三か月間に、雄性の性ホルモンであるテストステロンを合成する細胞が精巣に現れる。他方、雌では、卵胞が発達してくる第二の三か月に入るまで細胞の変化はほとんど起こらない。だから、精巣が早く分化することは卵巣がずっと遅く分化することとはっきり対照的である。ここでもまた、発育の速度とタイミングが問題になる。アースラ・ミットウォック〔クイーンメアリー・アンド・ウェストフィールド・コレッジ、ロンドン〕と協力者たちは、早い時期に雄の生殖腺が分化し独自の性ホルモンを産生すること――雌の胚が独自の性ホルモンを多量に造りはじめるよりずっと前のこと――が有利に淘汰選択されるのはおそらく、真獣哺乳類が母方のホルモンに浸って発生することから起こるのだろうと主張した。雄の胚がテストステロンを造りはじめるには遅すぎる時期にそこから脱するような場合には、性別保留のXY雌ができることがある。[★10] したがってテストステロンは、雌性ホルモンに圧倒されて、どうみても外面的には雌だが内部的には雄である個体ができてしまうこと――ほとんどの個体には関係のない混乱――に対抗する、雄の防衛機構なのである。

精巣の形成は実際には、雄性性器官の形成より前におこる。しかし雌では、卵巣の形成は雌性性器官が形成した後におこる。だから、外面的に〝無傷〟〔正常〕の雄の発育は、テストステロンが丁度よい時に産生されるように精巣が成長中の適正な時期に形成されることに依存していることになる。外面的に雌にみえる個体へ分化することは、卵巣やそのホルモンの存在に左右されるのではない。したがって、青年期より前でも雌雄間に成長のタイミングと速度の違いがあるわけだ。もっとも、成人男女間の二次性徴や、体のサイズと形の性的二型は、他の動物におけるのと同じくいくらかは成熟開始の時期の違いの産物でもある。

ヒトの青年男子の生涯によくある忘れがたい段階の一つは、彼が学校のクラスでいっしょに過ごしてきた、クスクス笑う失敬な少女らがほとんど一夜にしてあかぬけした、優雅で魅力的な若い女性へ驚くほどの変身をとげる、あの決定的な時期のことだ。そのころ、やぼな男子生徒らは髭も生えていないひよわな若者であって、サッカーやスーパーニンテンドーのゲームやそのほか、流行りのものだけに夢中になっているという時に、女子同級生たちの興味は〝バービーちゃん〟人形から、少し年上の異性メンバーを略奪的なまでに魅惑することへアッというまに向いてしまう。つまり性ホルモンが分泌されたのであり、ここで、両性間で成熟開始のタイミングを微妙に変えたりホルモンの大混乱を起こしたりしつつ、ヘテロクロニーがはたらく。純粋にヘテロクロニー的な見方をすれば、ヒトの女性は男性に比べてプロジェネシス的である。言い換えれば、女性は男性より早く性的成熟に達するのである。

それにしても、成熟に達する時期になぜ違いがあるのか？　ヒトでは、女性で性ホルモンがより早く産生されることの引き金になるものが確かにある。これは成長ホルモンの産生をきびしく低下させる効果をもっている。細胞レベルでは、骨の成長板〔骨端線〕が消えるという結果になる。長管骨というものは、軟骨性の特殊な成長板によって両端で成長していく。この成長板は厚さがわずか二―三ミリの薄層で、長管骨――大腿骨などの棒状の骨――の両端の骨端部と中央の骨幹部の間にはさまっている。成長がすすむ間にその軟骨細胞が増殖する一方で他種の細胞からできる骨質で置換され、こうして四肢が長さを増していくのだ。成熟に達すると成長板は消失し、骨質がそれに置き代わる。その結果、長管骨――したがって四肢――の長さの成長が止まる。

少女は少年より平均して約二年早く成熟に達するから成長板もより早く機能を停止し、全体の体サイズが少し小さいという結果になる。成長板が十分に機能するには、成長ホルモンが下垂体――脳の底部にある内分泌腺――から分泌されて血流中へ運ばれねばならない。ヒトの青年期の大きな特徴である急激な成長は性ホルモン産生の増加から起こるもので、これが成長ホルモンの増産を促すもとになる。ところが面白いことに、成長の停止はほとんど、成長板の消失の原因になるこれらのホルモンの影響が続くことで起こるのである。

そういうわけで、ホルモン産生のタイミングの違いは、ヒトの性的二型を決定するうえで、青年期だけでなく前述したように発育のごく早い段階でも、重要な役割を果たすのにちがいない。近年まで、男性で精巣が分化する前には胎児の発育パタンは男性も女性も同じであり、そのため早期の胎児には明らかな男女差はない、というのが定説であった。ところが、アースラ・ミットウォックは最近、哺乳類のいろいろな種において雌雄の成長速度は、雄の生殖腺が分化してくる〝前〟でも異なる場合があることを明らかにし、発生生物学の常識を引っくり返した。[★11] マウスとウシを用いて行った実験によると、ごく早期のXY（つまり雄）胚ではXX（雌）胚にくらべて発育が加速されることがわかった。

ヒトやラットでは、計測のできる性的差異は精巣が分化する前の胎児でも認めることができる。このことは、発育のタイミングや速度の雌雄間変異はもっぱら両性間のホルモンの違いによる——発育のこれほど早い段階では性ホルモンの産生はなおしばらくは無いから——と、長らく主張してきた人々の観念を土台から崩壊させるものだ。それを裏付ける証拠は、ヒトの胎児についてなされた頭蓋《とうがい》計測から得られる。それによれば、八—一二月経週のころ女性胎児の成長は男性のそれより一日遅れており、出生時にはこれは六—七日に広がっている。つまり、生殖腺の分化の前でも後でも、男性胎児は女性より早い速度で発育するわけだ。これは、男性ではテストステロンの産生開始より前に始まるのだから、根源はなにか他の要因に求めなければならない。可能性が最も大きいのは性染色体の直接の影響である。

アースラ・ミットウォックは、染色体そのものの違いが細胞分裂周期の持続時間や細胞分化速度に影響を及ぼしうることが、三〇年も前にもう提言されていたと述べている。ミットウォックが示唆したのは、雌に第二のX染色体があることが、細胞分化の速度を雄にくらべて少し低下させる効果をもつのではないか、ということだ。なぜそうなるのかは分かっていない。Y染色体の遺伝子に起因するやや高い成長速度は、少なくともマウスでは二細胞期という信じがたいほど早い発生段階で始まり、はたらきだすのである。

追いつめられた雄シカ

読者がこのつぎ、素敵なスコッチ・モルトウィスキーを飲みたくなって「グレンフィディック」〔鹿のいる谷の意〕の瓶に手を伸ばしたときには、そのラベルから傲然とこちらを眺めている野獣にしっかり注目してほしい。そこで読者が手にするのは、間違いなくきわめて顕著な性的二型の表れを描いたものだからだ。陸棲草食哺乳類における雄の性的二型の極致をしめす、雄のアカシカである。並び立つものすごい枝角《アントラー》を誇示しながら雌たちのハーレムの中を悠然とのし歩く巨大なアカシカは、多くの哺乳類において、雄がより大きい体サイズのほか数々の目を見張るばかりの二次性徴――この場合は驚くほど印象的な一対の枝角――を備えていることを典型的に表している。

このような性的二型をしめす多くの哺乳類では、雄と雌の間に、それぞれが性成熟に達する年齢や相対的な成長速度にははっきりした違いがある。雌より大きい体サイズに成長するのにより大きなエネルギーを投入する雄の哺乳類にとって、成長はかなりの適応的意義をもっているのに違いない。アカシカのような動物での付随的な利益の一つは、武器、つまり角《ホーン》や枝角の成長が著しく増強されていることだ。雄で幼若期が長びき、体サイズが雌に比べて大きくなるのは有利だと考えることができるが、そうではなく、雌が雄より相対的に早く成熟することには有利性があるとみることもできる――それで繁殖のチャンスが多くなるからである。〝最適《フィッテスト》〟の種を造りだすのはおそらく、雌の成熟が早いことから得られる利益と、雄の成熟が遅いことの利益――雄の相対的に大きい体サイズとそれによって高まる闘争能力をもたらすもの――の、両者の組み合わせなのだろう。

さて、ピーター・ジャーマン〔ニューイングランド大学、オーストラリア〕は陸棲草食哺乳類における性的二型の研究で、雌より雄のほうが大きいというこの同じパタンが、彼の調べた偶蹄類ウシ科動物一〇七種の四分の三にみられることを明らかにした。ところが、雄と雌の出生時の体重は一般にほぼ同じだった。ジャーマンが発見

したのは、成熟にいたる成長パタンに三つの型がウシ科のなかに進化したということである。★12

アフリカ産のダイカーやディクディクのような小形の種では、性的二型はあるにしても軽微で、雄と雌は一生の早い時期にほとんど同時に完成体重に達し、やはり同時に成熟する。ところが、インパラ、ウォーターバック、リーチュエなど中形のウシ類〔レイヨウ類〕では、雄は雌より一年ないし数年おくれて成熟に達する。雄は相対的にハイパモルフ型なのである。その結果、雄は急速な幼若成長期に雌より長い時間を過ごし、雌より重くて大きな体を造り上げることになる。その体重は成獣になってからずっと維持される。幼若期の実際の成長速度は雌雄ともほとんど同じだ。

ウシ科の第三の群は、スイギュウやアメリカバイソンのような真の大形種のグループである。かれらの雄の成長限度はアフリカゾウと同じように一般に不確定であるのに対して、雌では一定であったりなかったりする。つまり、雄の成長は性成熟に達しても止まらないが、雌のそれは止まったり止まらなかったりするのだ。また意味深長なことに、雌の成長速度は雄より遅い。ヘテロクロニー的な見方をすれば、雌は一層ゆっくりと成長するのだから雄に比べてネオテニー的である。そのため、雄と雌の体サイズの差は一生にわたって広がり、かなり顕著になることがある。

武器または装飾物、つまり角や枝角の発育の強さは近縁種の間（第六章を参照）だけでなく、雌雄間でも異なる。小形のウシ類ではこうした構造物の有無は亜成獣と成獣を区別するもので、それらの成長は成熟の開始とともに停止する。これらの構造物は、大形のウシ類と比べて成長するのに相対的にあまり時間を要しないから、それにふさわしく小さい。雄が雌より三年以上もおくれて性成熟に達する中形の哺乳類では、角や枝角は成熟後にも成長しつづける。例えばアカシカでは、枝角の枝の数は、雄の成熟後のかなりの期間を通じて年々増加する。だから、このサイズのウシ類では体の成長は成熟達成とともに止まるが、角や枝角は成長を続けるわけである。もっとも、これらのうち雌も角をもつ種では、雌が性成熟に達すると角は成長を止める。

多くの中形ウシ類の雄では、成熟とともに体の成長（角の発育は別として）が止まるのは何故かも、問題になる。ホルモン的な見通しをすれば、成熟開始のとき、体の大半にわたる成長ホルモン産生の減少のもとになる諸要因が別のホルモンにスイッチを入れることになり、それらのホルモンが角や枝角を選択的に標的にするのではないかと思われる。

ジャーマンはこの性的二型の適応的意義からみて、たぶん体サイズに——とくに当の種が季節的に変動する環境に棲んでいる場合には——生理的限界があるのだろうと論じている。ある一頭の雄のグループにいる雌の数は結局のところ外的要因で制約されるはずだから、おそらく、成熟時に成長が止まることを有利にする淘汰選択があるのだろう。したがって、さらに大きな体サイズに達することには利益がなくなる。けれども、求愛や交配は繁殖上の成功のために非常に重要だろうから、武器は大きければ大きいほど好都合だ。それで淘汰選択が、枝角の成長の続く個体を有利にしたのだ。そのうえ、枝角の成長限界が大きければ大きいほど、体サイズが大きいことと組み合わさって、その個体が繁殖で成功する見込みはいっそう大きいことになる。つまるところ、ほとんどの動物の生活予定表では、食うこと、食われるのを避けることに次いで、上首尾な性生活が重要な地位をしめるのである。

ピグミーチンパンジーとブタオザル

雄のほうが体サイズが大きいという傾向は哺乳類の他の多くのグループにもみられる。霊長類の多くの種でもそうである。ウシ科におけるのと同様、類人猿類は大形のものほど雄と雌のサイズの差の程度が著しい。チンパンジー（*Pan troglodytes*）には成熟した雄と雌でサイズの違いがいくらかあるが、形の違いは両性間にほとんどない。体の各部の比率や顔の特徴は雌雄でほとんど同じで、体は雄のほうがわずかに大きいだけだ。雌雄間に形の差異がないわけは、両性間のサイズの差が相対的に小さいことの結果なのかもしれない。つまり、雄の相対的にペラモルフ的性格は、形に大きな効果をおよぼすには不十分なのである。

もう一つの可能性は、チンパンジーではアロメトリー〔相対成長〕上の差があまり大きくないということなのかもしれない。つまり、幼体から成体にいたる形の比率変化があまり顕著でないために、雌雄間の違いもあまり顕著にならないのだろう。が、もっと大きいゴリラ（*Gorilla*）やオランウータン（*Pongo*）には別の状況がある。これらの霊長類では、雌と雌で、全体的な形、とりわけ顔面や脳頭蓋《のうとうがい》の形に大きな違いがある。こうした違いは雌雄間のサイズの二型の程度が強いことの結果として生じた。これはアロメトリーがチンパンジーのそれと多少違っているかどうかとは関係がない。したがって、雌雄間で成熟する時期の違いが著しい場合、あるいはアロメトリーがより顕著な場合には、性的二型はいっそうはっきりしているだろう。

チンパンジーとその近縁種のピグミーチンパンジー（別名ボノボ、*Pan paniscus*）の間にも、とりわけいくつかの形態特徴で性的二型の程度に大きな違いがある。ブライアン・シア〔ノースウェスタン大学〕は、ボノボの顔が普通のチンパンジーの顔より遅い速度で成長することを指摘している。★13 その結果、歯牙―顔面領域の二型が相対的に弱くなっている。とりわけ、ボノボでは犬歯の二型が弱まっている。そのため、やや大きい普通チンパンジーに比べて、この種では雄―雄攻撃も雄―雌攻撃も弱いらしい。またボノボでは、雌同士の結びつきや食物共有が強まっている。ここに挙げたのは、雌雄の成長速度における別種間の微妙な違いが、重要な行動上の違いにつながりうることを示す一例である。

霊長類には、性的二型が雌雄間の成長速度の差の結果ではなく、成長期全体にわたるタイミングの変異と速度の変異の複合したカクテルに起因しているような種類がいくつもある。成長が発育過程の全体を通じて一様な速度で進むのではない場合がしばしばある。根底にあるプロセスを暴きだすのはなかなか難しい課題であろう。例えば、ブタオザル（*Macaca nemestrina*）について、レベッカ・ジャーマンと協力者たち〔シンシナティ大学〕は、発育過程にはっきりした成長の急進期《スパート》が二回――初回はサルが一歳になる前、二回目は約二年後――あるらしいということを見いだした。また、成熟雄は成熟雌より大きくて重いことも明らかにした。[★14] このことは、一部は若い雄では雌に比べて成長の急進が激しいことに起因し、一部は成長の急進がより早く始まること（前転位）から起こる。つまり、成熟すると明白になる性的二型は発育過程のかなり早い時期に現れはじめるわけである。雌より相対的に長い期間にわたる雄の成長の第一段階の結果は、この段階が終わるころ雄はもう同齢の雌より大きくなっていることだ。成長の第二段階でも雄はより早い速度で、また相対的により長い期間にわたって成長し、それによって、それぞれ加速およびハイパモルフォーシスというヘテロクロニー的過程を組み合わせていることになる。雄と雌とで異なるこうした二段階の成長過程の産物は、はっきりした性的二型である。オナガザル類、アカゲザル、ホエザルなど他の霊長類でも、これに似た現象が報告されている。

スリランカに棲むトクモンキー（*Macaca sinica*）も複雑な成長パタンをもっている。[★15] 幼体期の間に雌は二段、雄は三段の成長期を経過するのである。二歳半までのアカンボウと若齢ワカモノでは、性的二型はきわめて軽微だが、そののち性的二型がはっきりしはじめる。四肢骨格の成長は、若い雌では五歳半ごろに止まるのに対して、雄では七歳半ごろまで続く。筋肉塊も同様のパタンをしめす。筋肉の成長は雌では八歳ごろに止まるが、雄では十二歳で止まる。だから、性的二型は成熟に達する時期の雌雄の違いの結果であるところが大きいけれども、高齢ワカモノの成長の相対的な違いもあり、これらが最終的な成熟後の二型に意味ありげに影響する。

スティーヴン・リー〔ノースウェスタン大学〕は四五種の霊長類での性的二型を論じた総説で、二型は多くの種で、異齢成熟性《バイマチュリズム》（雄と雌が異なる年齢で成熟すること）と成長速度の差との組み合わせに起因することを明らかにした。[★16] そのため、こうした組み合わせが、どちらか一つのプロセスだけの作用で達成されるものより著しい、明白な二型をもたらすのだ。雌と比べての雄の加速およびハイパモルフォーシスという二つの機構が、より大きい体サイズに育つ雄において最高度に達するのであり、そのことが、霊長類ではこの特色に強い淘汰選択圧がかかっていることを物語っている。

我々は、ヒトも霊長類であり、それゆえマカーク類〔旧世界産マカカ属のサル類〕やチンパンジーなどとなんら違わないはずだ（少なくとも性的二型を推進する要因に関して）ということを忘れてはいけない。ヒト（*Homo sapiens*）では、性的二型はほとんど（前記のとおり完全にではないが）性成熟の開始のタイミングがずれていることの一つの結果である。ヒトにおける後胚期の幼体成長速度は男性と女性でわずかに異なる。両性間の体サイズの差はだいたいにおいて、男性での成熟開始の遅れに基づく。平均してこれは、男性では女性より約二年遅い。つまり男性は、他の多くの霊長類におけるのと同じく、女性より早い成長過程をより長い期間つづけるのであり、一般に少し大きい体サイズといくつかの付随的な形態特徴を獲得する結果となる。ヘテロクロニー的な言い方をすれば、男性は相対的にペラモルフ型であり、女性は相対的にペドモルフ型である。女性が維持する相対的にペドモルフ型の特徴には、顔面が小さいこと、頭蓋《とうがい》の骨洞が小さいこと、頭蓋の頑丈さや頭頂部の膨隆が弱いこと、脳が相対的に大きいこと、などがある。

極端な性的二型

性的二型というものは、体のサイズや形の違いに関して微妙なものから明瞭なものにわたり、無脊椎動物の多くのグループにごく普通にあるものだ。ヘテロクロニーに起因する極端な性的二型の典型例の一つは、プセウドピティナ・ルギフェラ（*Pseudopythina rugifera*）〔コフジガイの類〕という小さい二枚貝にみられる。この種類の雌は長さ一五ミリまで成長する殻をもっている。性成熟した微小な雄は長さ一・二五ミリにしかならず、ふつう雌の体内に棲息している。が、こうした雄は、終生ペドモルフ型の雄としてとどまるのではない。かれらはするべきことをして宿主の雌を受精させたあと、そこから離れて雌の体外で発育を続ける。が、それでもまだ終わらない。かれらは雌から離れたのち性転換を起こし、はじめは雌雄両性体になる。次いでもう一度性転換をして雌そのものになり、かれらがもとあったような、未発育の小さな雄がやってくるのを待つ。こうして性転換のサイクルが続くのである。
しかしこの例も、ナマコ類に寄生するエンテロクセノス（*Enteroxenos*）やティオニコラ（*Thyonicola*）のようなハナゴウナ科腹足類〔巻貝〕にみられる異様なまでの二型に比べれば、影が薄れてしまう。ナメクジのように細長いこの腹足類の雌は、ナマコの腸の中で寄生虫としてまったく面白くない生活をおくる。が、雄はどうだろうか？　長らく、この種は雌雄同体だと考えられていた。ところが、イェルゲン・リュツェン〔コペンハーゲン大学〕が行ったハナゴウナ類の綿密な調査で、いわゆる精巣は雄の生殖腺であるだけでなく、じつは極度にペドモルフ型の雄の個体そのものであることが分かった。この雄は幼生期の殻を失ったのち、雌とその宿主の食道をつなぐ管を通って雌の体内に入りこむ。それから、ペドモルフ型で微小な雄は雌の体内で雄用の特殊な容器に入りこみ、まったく一個の精巣といってよいようなものへ変化する。ほかに必要なものはほとんど無い。雄は夫婦の至福のうちに一生を過ごし、雌を受精させる以外はなにもしない。★17
このような種では、雄が雌の体内に寄生することは、かなり不安定な棲み場所で卵《らん》が受精するチャンスを高めるのを確保する。精子を大海へ放出し、それが行きずりの卵と出会うのを期待するといった運まかせは、もっと安全でもっと信頼できる受精方法があれば、なしにすますことができる。つまり、当の種の最適の生きのびを確保させる最強の淘汰選択圧は、〝組織体内部〟での受精と高度の生殖能力を可能にする、雄のペドモルフ的な状態である。ここでもまた、雌雄間にサイズと形のこれほど大きな違いが生じていなければ、この種は進化していなかったかもしれないのだ。ナマコの体内でいくらか不安定な独自の生活をしている雌は、彼女の入居者である住み込みの雄をもつことによって自分の卵が受精するチャンスを最大にし、その種を栄えさせているのである。
ところが、オーストラリア産カイガラムシのキストコックス（*Cystococcus*）――ある種のユーカリノキにたかって大きな虫こぶ〔ふし〕をつくる昆虫――では、サイズの状況が逆になっている。雌は極端にペドモルフ型で、わずかにある外部付属器は生殖器と、樹液を吸うために幹の中の篩部《しぶ》に突っこんで使う口器だけだ。雌は虫こぶを築き上げた後、卵の最初の一群を産みつける。これらはすべて雄になる。雄たちは普通の発育をし、数回の脱皮を経て、三対の脚と翼を完全にそなえた半翅《はんし》類〔カメムシ類〕の成虫へ変身する。かれらの唯一の奇妙な特徴は非常に細長く伸びた腹部にある。雄の幼虫が成虫になるころ、母親は第二の卵群を産みつけるのだが、これらはすべて雌になる。雌たちは、翼が生えてこないという点でペドモルフ型である。初めは切り株のような脚をもっているが、これらは第一回脱皮のあと消えてしまう。しかし脚が消える前に、雌たちは兄の長く延びた腹部によじのぼる。雄は雌の乗客たちを乗せてしまうと、そのまま他の木へ飛び去って植民する。★18

　上記のような性的二型の極端例は、無脊椎動物の世界だけのものではない。脊椎動物でのおそらく最も驚くべき例がいくつかの深海魚類に見られる。そのなかでミツクリエナガチョウチンアンコウ科というグループでは、雌は雄よりはるかに大きくて全長は一四五センチに達するのに対し、小さいペドモルフ型の雄は一六センチ以上

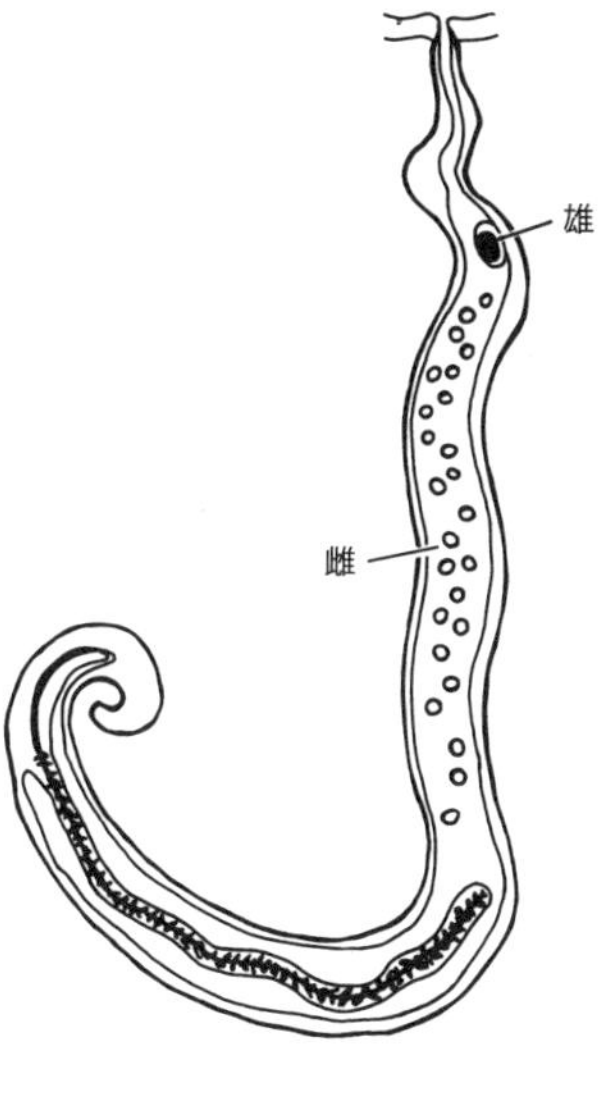

ある種のナマコの体内で生きる寄生性腹足類ティオニコラ(*Thyonicola*)における、極端な性的二型。雄ははなはだしく退化し、雌の体内に寄生している。彼は特殊な容器の中で一生を過ごし、そこでするのは雌を受精させることだけだ。

にはならない。フォトコリヌス（*Photocorynus*）という属では、雄は雌の頭部に寄生虫のようにしがみつく。もう一つ、ケラティアス（*Ceratias*）属では、雄は雌の胴体の下側に取りつく。おそらく、これらの魚類が棲んでいる暗い深海では異性メンバーとの幸運な出会いのチャンスは、雌雄がいつもたがいに接触している場合にだけ起こるのだろう。

ソードテールとカワハギ

上記のほかに、ヘテロクロニーで駆動されるもっと微妙な性的二型を例示する魚類がある。魚類における性的二型の最高の実例は、中央アメリカ産淡水魚、クシフォフォルス（*Xiphophorus*）属のなかのソードテールとよばれるグループで知られているものだ。その名が示すとおり、この魚は尾びれの基部の下に剣のような棘《とげ》を備えている。この剣は雄だけにあり、種によってその長さが違う。クシフォフォルスに属するもう一つの種グループはプラティ〔プラティフィッシュ〕とよばれるもので、いろいろな点でソードテールに似ているが、尾びれに剣状の棘をもっていない。最近まで、ソードテールはそれより

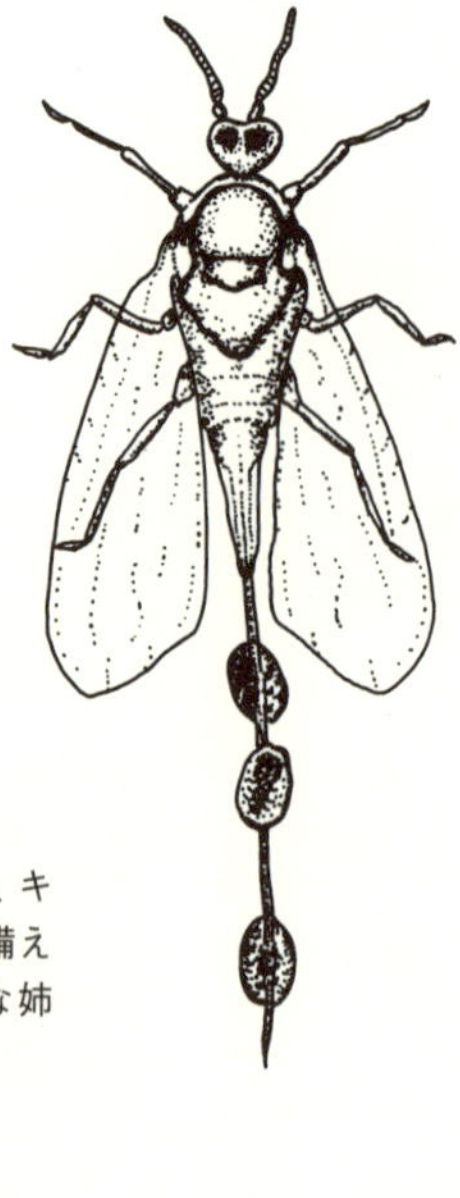

虫こぶをつくるカイガラムシの一つ、キストコックス（*Cystococcus*）の翼を備えた雄の成虫。ペドモルフ型の微小な姉妹たちを他の木へ運んでいくところ。

単純なプラティから進化したと推定されていた。生物学界では今でも、このような考え方——進化はつねに単純なものからより複雑なものへ進むものだという観念——がはびこっている。だが、かりにヘテロクロニーが進化において指導的な役を演ずることを認めれば、ある面で祖先ほど複雑でない種が進化しうるということを知っても驚くことはないはずだ。そして、こうした種はペドモルフォーシスによってそれを実現するのである。

　ソードテールにおけるこうしたシナリオへの裏付けは、二二種のソードテールとプラティの系統関係に関する、分子生物学的データに基づいた最近の研究から得られる。そのなかでも特に、クシフォフォルスに属するさまざまな種のミトコンドリアDNAおよび核DNAの相対的類似度を解析する仕事が、ここに含まれていた。アクセル・マイヤーとジーン・モリシー〔ニューヨーク州立大学、ストーニーブルック〕およびマンフレート・シャートル〔ヴュルツブルク大学、ドイツ〕が述べたのは、あちこちで別々の状況のもとで、剣を失ったことにより、ソードテールから形態的に（尾びれに関して）それほど複雑でないプラティが進化した、ということだった。★19 古くから、雄が

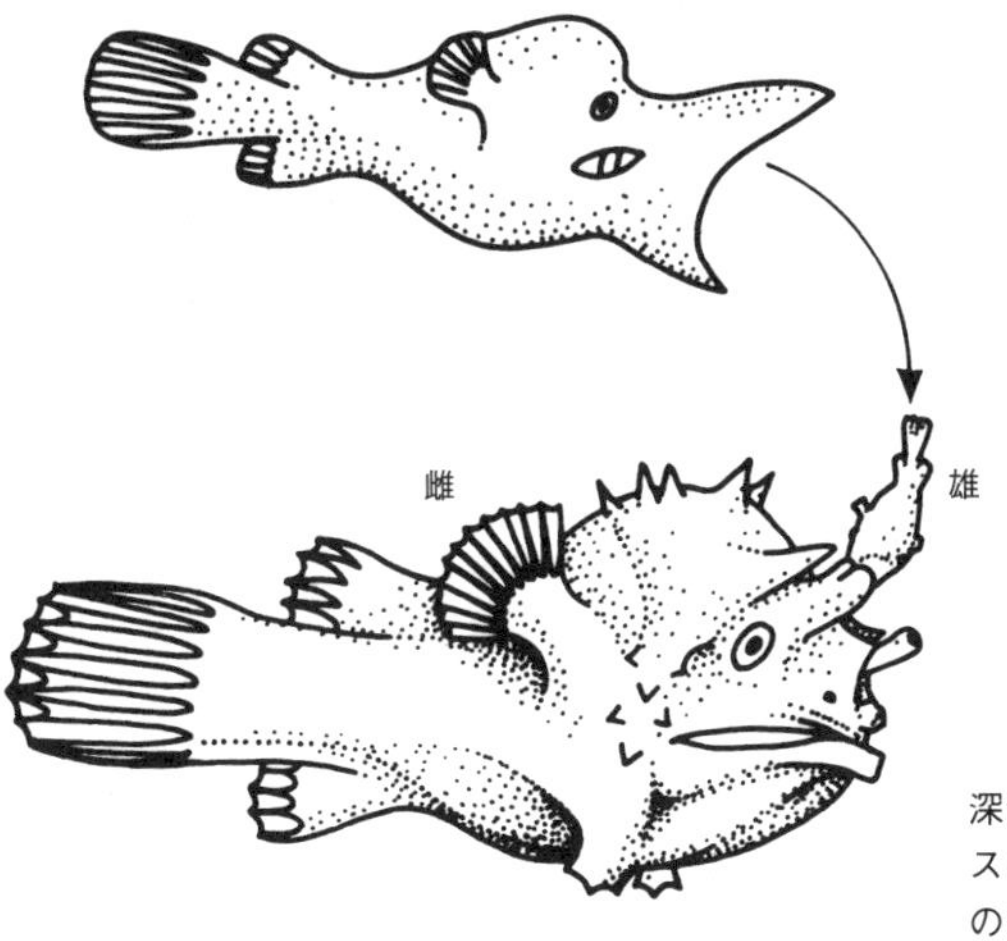

深海性アンコウ類の一つ、フォトコリヌス（*Photocorynus*）のプロジェネシス型の雄は、はるかに大きい雌の頭部に付着して生活する。雄は体長約15センチ、雌は約1メートル。

この剣をもつことは雌にとって誘引物であること、また雌はより長い剣をもつ雄と選好的に交配するものだということが知られている。驚いたことに、プラティの雌も剣をもつ雄を好むのである。プラティの雄に人工の剣を取り付けてみると、雌がいまや一見魅力的になったこうした雄とともに時を過ごすことが多くなるのだ。

剣の発育はホルモンで制御されることが知られている。プラティの雄にホルモン処理をほどこすと、剣の成長が引き起こされる。それゆえ、プラティが剣を〝失った〟のは、普通なら発育上の正常な時期にホルモンを刺激して剣の発育を引き起こしたはずの、遺伝的段階継起の阻害によって起こった可能性がある。プラティの雌が人工的に武装された雄に反応するしかたは格別におもしろい。プラティで剣の発育を始動するスイッチがただ休眠しているだけなら、雌の行動的反応も同じく休眠している。むろんこれは、雌が剣を魅力的だと感じたのであれば、いくつかの進化系統でまず初めに剣が失われたのはなぜかという論議を、証明の無いまま進めようとするものではある。見込みのある一つの説明は、尾びれに剣があることは雄の泳ぐ能力を妨げるということだ。このことが、そうした構造物にじゃまされて捕食者から逃れることができなかったいくつかの種で、捕食される程度を高める結果になったかもしれない。このような高水準の捕食圧が、利益——高い捕食圧さえなければ、魚類版のアーサー王〔六世紀ごろの英雄的なブリテン王〕と交配しようとする雌の欲求によって、長い剣をもつ雄が得たはずの利益——を上回ったのかもしれない。

こうしたさまざまな性的二型の例では、性的誘引でなんらかの役をはたす特殊な構造物だけが、それらの成長速度の変化から影響をうける。他の魚類の例では、からだ全体の形が影響をうける場合もある。私の同僚の魚類学者バリー・ハチンズ〔ウェスタンオーストラリア博物館〕は、オーストラリア近海に普通にいる何種類かのカワハギを手広く研究している。彼は、オーストラリア南部周辺の海域にすむモザイクカワハギ（*Eubalichthys mosaicus*）という種では、体形にかなり顕著な性的二型があることを明らかにした。この魚の幼体は、小さい背びれと尻びれの付いた、前後に短い菱形の胴体をもっている。ところが、個体発生の過程で雄は雌より著しいアロメトリー的変化をおこし、雄は、幼体のずんぐりした菱形の体形を維持する雌より細長い胴体をもつ結果となる。雄では、背びれも尻びれも同じように長くなる。胴体とひれの形の変化は付随的に行動上の相違を生ずる。雄は雌と大きく違うため、遊泳技術もそれ相応に違うからだ。大形のチャイナマンカワハギ（*Nelusetta ayraudi*）でも雌が相対的にペドモルフ型の同様のパタンを示すが、この場合は、雌は雄より細長い幼若特徴を維持する。カワハギ類にはほかに、体色だけで雌が雄に比べてペドモルフ型をしめす種もある。人目をひく一例は、ハブラシカワハギ（*Penicipelta vittiger*）だ。この魚では、幼体は雌雄とも、成熟雌と同じく斑紋のある褐色の体色をもっているのに対し、成熟雄は鮮やかな青色で、黄色の尾をそなえている。★20

もう一つ、ハコフグ科のハコフグの仲間では、アオハコフグ（*Strophiurichthys robustus*）に見られるように、成熟雌は幼若期の菱形の胴体と成熟雄にはないはっきりした斑紋をともに維持する。雄の体は、ある種のカワハギと同じように雌や幼体より前後に細長い。シロシマハコフグ（*Anoplocapros lenticularis*）のような別の

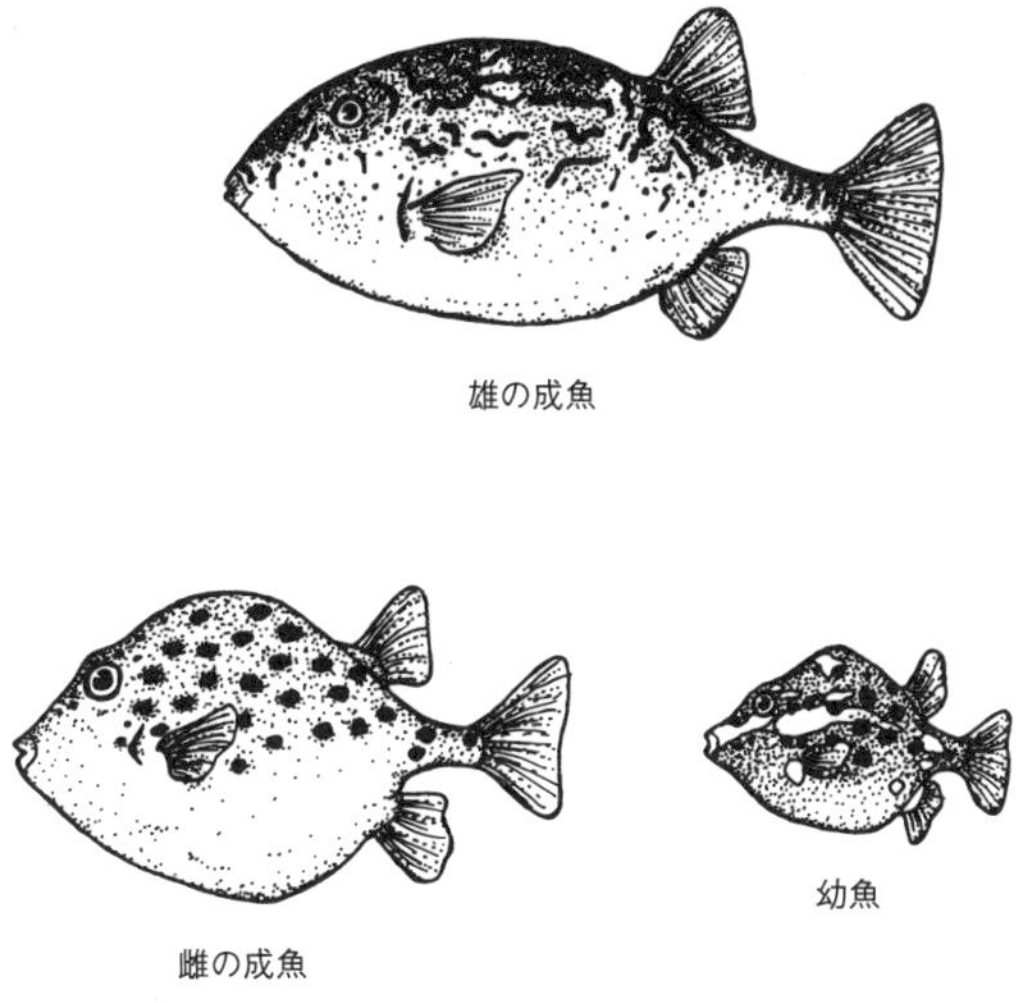

インド洋西部に産するアオハコフグ（*Strophiurichthys robustus*）の成熟雌は成熟雄に比べてペドモルフ型で、体形と体色模様でいくらか幼体に似ている。

種のハコフグでは、雌のペドモルフォーシスはカワハギに似て、体色パタンにだけ表れている。雌は幼若期の褐色の体色を維持するのに対し、雄は最後には白い斑点のある鮮やかな赤色になる。

「客間へどうぞ」とクモが言った

私はウェスタンオーストラリア州のパース市近郊に、密林のようなかなり大きな庭園を持っている。おかげで、いろいろなグループのクモ類の性的二型の多様性を、同州近海の魚類にみられる性的二型よりずっと容易に観察できる機会がある。日中は、その庭園で目につくようなクモはほとんどいない。冒険をして出てくるほど大胆な大形で孤独なコモリグモはしばしば、大形で黒と黄の縞《しま》模様の、クモ食性のスズメバチに捕まってしまう。スズメバチはこの大きな毛むくじゃらのクモを麻痺させてから、場合によっては庭園の端から端まで、かれらが産卵室を設けている場所へこの重い荷物を引きずっていく。そして、卵をただ一個、麻痺しているがまだ生きているコモリグモの体内——幼虫が卵から孵化してきたとき新鮮な食物になる——に産みつけるのである。

しかし夜になると、庭園はクモ類の天下になる。夜、そこをうろついていると、いささかゾッとすることがしばしばある。幅が半メートルかそれ以上あるクモの巣にぶつかることがよくあるのだ。広げた脚の幅が六センチほどのクモが自分のシャツの胸に落ちてきたときを想像すると、むやみに夜間の庭内巡回をするのは止めようという気持ちになる。雌クモは夕方早く巣の網を張りめぐらすが、彼女の受動的な夜間ハンティングが終わったとき普通は（翌晩また使うはずの主要な〃張り綱〃だけ残して）網を巻き収めて小さな球にし、それを食ってしまう。これは昼間、庭園内を歩こうとする人間に対して思いやりのある行動であるだけでなく、エネルギー源を再利用し、また恐らくは早朝その網に結露した水を取り入れる有効な方法でもあるだろう。

クモ類の性的二型は、他の多くの無脊椎動物（甲虫《こうちゅう》には著しい例外がある）と同じく、相棒の雄よりずっと大きいことがよくある雌に表れる。激情が終わったあと哀れな連れ合いを平らげてしまう巨大な雌クモをめぐる特上の物語は、それでも、雌雄間へテロクロニーのもう一つの例ではある。雄のサイズが雌の半分以下のこともあるコガネグモ類の交尾は、雄にとっては危険きわまる経験になりかねない。私の庭園に棲んでいるこのクモの雄は、あたかもハープ奏者が誘《いざな》いの旋律を奏でるように、雌が張っている網の外周りの糸を引っぱることで彼のロマンチックな序曲を開始する。その策略を終えると、彼はきわめて用心深く雌に近づく。最初の接触は、かれらが初めはためらいがちな試みとして、優しく〝手〟どうしで触れ合うときだ。ついで、ちょっとした脚のもつれ合いがあって互いにすがりつき、熱情的に抱き合う。が、この雄は、セックス後の彼女の御馳走として生を終えるのだろうか？　いや、彼が思いをとげたいのなら、そうはならない。彼は非常に巧妙な逃走の術策をもっている。彼は、逃走用ロープを用意してきているのだ。不意に彼は雌を手放す。彼女がはなはだロマンチックでないしかたで自分の鋏角《きょうかく》〔毒牙〕で彼に咬《か》みつくより前に、彼はターザンのような目ざましいやりかたで自分の長い網糸を伝わり、彼女の魔手から逃れ去るのである。

クモ類の性的二型の広がりには、別の科の間ばかりでなく同一種の中でさえ、ふつうは雄のほうが小さいことを中心として大きな変異がある。体サイズの二型は、定住性で造網性のクモ類に見られる場合がいっそう多い。しかし、脚の開張幅が一〇センチもあるアシダカグモ——真夜中に私の寝室の壁をカール・ルイスのクモ版のようにすばやくはいまわる種類——は雄であったり雌であったりする。活発にうろつく狩猟性のクモ類には体サイズの二型はほとんどないのである。ジョロウグモ（*Nephila*）のようなコガネグモ類での体サイズの二型はヘテロクロニーの産物であることが知られている。雄は雌より相対的に早く成熟することがわかっているのだ。★21 これは、彼らの体サイズがやや小さく、構造があまり複雑でないことを説明している。こうした成熟開始のタイミングが異なることの淘汰選択上の有利性は、より大きい雌がより高い生殖能力をもつ——雌が大きければ大きいほど卵と子の数は多い——ことにあると考えられている。幼体の死亡率が高いため、子を大量につくることはその種の生き残りにとって至上命令なのである。

こうした被捕食の程度がどれほど高いものかは、雌が準備した特殊な養育網のなかにいる孵化したばかりのコガネグモの子らを観察したとき、私は改めて認識させられた。何か月間かわが家の夕食時に、ある一定の雌クモが食事室の窓のすぐ外に大きな網を張るのを観察していた結果、わが家族も私も彼女の子らを保護したい気持ちになったものだ。夏のあいだ彼女はだんだん大きくなり、とうとう一〇〇匹を優に超える小さな子を産み出した。ところが一日以内に、近くにいたアリどもがかれらの所在を見つけたのだ。赤ん坊クモとほとんど同じ大きさのこれらのアリは、あたかも糖蜜を塗った一本のロープの上をうまく乗り切ろうとする綱渡り師のように、粘りつく網糸を伝わっていって一腹の子の大半を一日で殺し、食い尽くしてしまったのである。たぶん一匹か二匹だけが生き残り、この年の庭園のワナを張ることになったのだろう。こうした高レベルの被捕食を避けるべく、淘汰選択が最高の成長速度をもつ個体らを有利にするだろう。かれらが速く成長すればするほど、そしてサイズが大きくなればなるほど、アリにとってかれらを捕食するのは困難になる。もちろん、このことのためにおそらく、子クモらが形勢を逆転させて捕食者になるより前に、なにか別の捕食者に適したサイズ範囲にかれらは入っていくのだろうが。

顕著な性的二型を見せる円形網を張るコガネグモ類の場合、雄は成長速度が速いことからも、性成熟に達するのが雌より早いことからも利益を得る。なぜなら一般的にいって、雄は雌より移動性が大きいので、幼体期に捕食される程度がより高いからだ。そのうえ、雄たちの成熟するのが早ければ早いほど交尾できるチャンスが多くなる。雌が定住性でないもっと移動性のつよいクモ類の場合には、一方の性が他方の性より少しでも早く成熟することから特に得られるものはない。そのため、二型がほとんどないのである。

甲虫類を偏愛しすぎたこと

神は甲虫類《こうちゅう》〔鞘翅類〕に過度ともみえる偏愛を見せたうえに、適量のヘテロクロニーを注入したらしい。その効果は、あまたの種の甲虫の雄——非常に大きな前脚や大顎《おおあご》や角《つの》、あるいは頭部や前胸部に目を見張るような槍《やり》状もしくはフォーク状の構造物を発達させる雄——に見られる。このような特色は優成長〔正のアロメトリー〕の産物である。そのためこれらは、より長い期間にわたって成長したより大形の個体において、より顕著に発達する。この特徴は、同じ性のなかでも二型をしめすことがある。デイヴィッド・クック〔当時、ウェスタンオーストラリア大学〕は、エンマコガネのある一種（*Onthophagus ferox*）では、角は雄にあって雌にないことが性的二型の一部に含まれるが、雄にははっきり違う二つの変異型《モルフ》があることを示した。一つは体サイズが小さくて角をもたないもの、他の一つは大きくて角をもつものだ。このような雄のなかの二型——角のサイズのアロメトリー的比例増減《スケーリング》で起こる二型——は他のいろいろな甲虫類にも見られるものであり、成長速度の違いか成長停止のタイミングの違い——当の構造物の著しい優成長と関連した違い——の結果、こうした角の形成が起こることを例示している。★22

　甲虫の体サイズ、またそのために雄に特に大きな構造物が発育するかどうかは、いくらかは資源の利用可

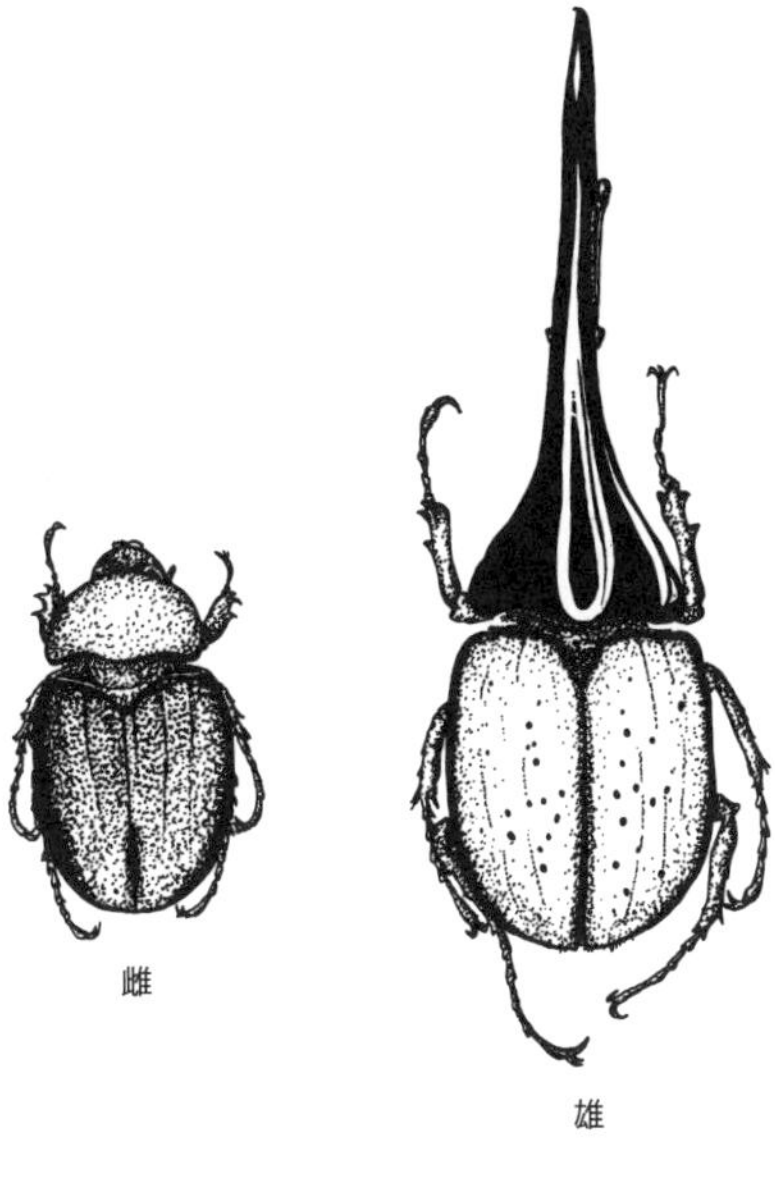

エクアドル産甲虫の1種、ヘルクレスオオカブト（*Dynastes hercules*）における顕著な性的二型。雄の壮大な角は、頭部のこの部分の成長が加速することで発達する。図は約3分の1。

能性に左右される。例えばツノゴミムシダマシのある一種（*Bolitotherus cornutus*）については、ルーサー・ブラウンとラリー・ロックウッド〔ジョージ・メイスン大学、ヴァージニア州〕は、幼虫のとき栄養のより高いキノコを食べていた個体はより大きなサイズで羽化し、しかもより大きな成熟体サイズになるということを見いだした。その結果、これらの雄には、栄養の低いキノコで育った雄より相対的に大きな角が発達する。そのうえブラウンとロックウッドは、キノコの発育状態が成長速度に影響することも明らかにした。若いキノコで育っている この甲虫の幼虫はふつう他より速く成長し、日がたって栄養の乏しくなったキノコを食べている幼虫より大きな体サイズに達する。[★23] ここでもまた、環境がある種の動物体（この場合は雄）または動物体のある部分の外観を造り上げるのに能動的な役割をはたしているわけである。

性的二型とは、定義では雄と雌とが異なる外形をもつことを意味する。とすれば、個体間に形態的差異が生ずるのは本質的に発育のタイミングや速度の変化によって制御されるという論証がなされるなら、性的二型もまたヘテロクロニーの産物だとみなしうるのは驚くべきことではなくなる。[★24] 二型は個体発生のいろいろな段階で——胚発生の初期段階から幼若期の終わりまで、またどちらかの性が無限界の成長をする場合にはもっと後までも——顕在するものだ、ということは明白なのである。

性的二型が生ずる過程ですみずみまで行きわたるヘテロクロニーの影響は、ただ一つの遺伝子給源《プール》のなかで、基本的に異なる体プランがヘテロクロニーによって造りだされうることを、はっきり立証している。このことが種の進化について教えるのは、種間の明らかな形態的差異もやはり遺伝的変化がほとんどないまま生ずるのではないかという考え方を、それが強めることである。

6 鳥類と腕足類とブッシュバック——種分化におけるヘテロクロニー

いかなるものでも、余燼《よじん》のなかに　もとの姿があるのだという
古い信念むかしはあった。悪知恵ふかい錬金術師、
すべての器官そなえた薔薇《ばら》を、それそのものの灰の中から
再現できた。ただ、花はなく、消えてしまった芳香もなく。

ああ！　不可思議な奇跡をおこす　いかな秘術が、われらの内の
灰の中より青春の薔薇　またも再現させられようか？
錬金術のいかな技法が　時と変化に立ち逆らって、
束《つか》の間《ま》なりとまぼろしの花　もいちど蘇生させられようか？

H・W・ロングフェロウ『新生《パリンジェネシス》』

南アメリカ北西岸から八〇〇キロほど離れたところで赤道にまたがって、ガラパゴス諸島という小さい島々が散在している。熱帯性の豊かな植生という緑の覆いに包まれる（それとも、包まれていた）太平洋のほとんど

の島々とちがって、これらの諸島の大部分は不毛な岩石でできた盛り上がり――深い大洋底から隆起した太古の火山――にすぎない。チャールズ・ダーウィンの自然淘汰による系統降下《ディセント》〔進化〕の観念ができる基礎になったと考えられているのは、ここ、はなはだ考えにくいこの場所での彼の体験であった。ところが、ダーウィンの考えを代表するのとまさに同じ動物たちが、発育のタイミングと速度の変異が自然淘汰のはたらく対象素材を供給するのに必要であることをも、絵に描いたように如実に立証しているのである。

ダーウィンのガラパゴスフィンチ

いま一般に信じられているところでは、ガラパゴス諸島はビーグル号が南アメリカ大陸から離れたあと最初に立ち寄る予定の陸地だったため、ダーウィンは当時まだほとんど知られていなかったそこの動植物の標本をできるだけ多く採集したいと思っていた。彼がガラパゴスのいくつもの島から植物、海産軟体動物、昆虫類、トカゲ類、ヘビ類、鳥類などをたくさん採集したのは確かだが、実際には、ダーウィンは航海のこの段階で明らかにホームシックにかかっていて、自分が採集しているものにあまり関心をもっていなかったらしい。じつは、ダーウィンがイギリスへ帰って一年たったとき鳥類学者のジョン・グールドがダーウィンへ、彼の集めた動物には非常に多様なものがあることを指摘し、それでダーウィンは、自分の〝自然淘汰による系統降下〔進化〕〟に関する着想を発展させるためそれらの標本に頼るようになったのである。

彼の標本が物語っていたのは、それぞれの島にそれぞれ別種の動物がいるということだった。また別の小さい島に、ある分類群では多様な種類が共存していることもわかった。そのことのたぶん最高の例は、全く華やかでない動物群の一つであるフィンチ類〔スズメ目アトリ科の一群〕にあった。雄はふつう黒っぽく、雌はふつう褐色で、いたって地味な外観をもち、耳に快くない鳴き声をもつこの鳥のいくつもの種が、ただ一つの形態特徴――くちばしのサイズと形の驚くばかりの多様さ――でたがいに他の種と違っていたのだ。ダーウィンは『ビーグル号航海記』（一八三九年）でこう報告している。「はなはだ奇妙なのは、ゲオスピザ（*Geospiza*）属のいくつもの種のくちばしのサイズが、ホーフィンチ〔シメの類〕ほどのサイズからチャフィンチ〔ズアオアトリの類〕ほどまで、さらには……ウォーブラー〔ウグイスの類〕のそれぐらいまで、みごとな段階的変異を示していることである」。

ダーウィンの書きとめによると、その他のフィンチ類にはインコのようなくちばしをもつ種類や、スターリング〔ムクドリの類〕のようなくちばしをもつ種類もいた。ダーウィンからみれば、「類縁の近い鳥のある小グループにおけるこの段階的変異と構造物の多様性を見ると、実のところ誰でも、この諸島にはもともと鳥類が乏しかったことから、まずある一種が採られ、さまざまな目的のために変形されたと想像してよいであろう」。言い換えれば、かれらは初めに移住してきたある一種から進化した、ということだ。

ダーウィンの最初の観察からこのかた、これらの鳥について数多くの興味深い研究がなされてきた。その結果、〝ダーウィン・フィンチ〟は進化の典型的実例という役割を担うことになった。ある意味でこれは驚くべきことだ。なぜなら、たしかに進化の見事な一例ではあるが、じつは『種の起原』のなかでダーウィンはこれらの鳥に格別に言及していないからである。しかし、ダーウィンが初めて観察をして以来、フィンチのいろいろな種におけるくちばしの形の違いは、さまざまな食物を採ることへの適応を反映していることを、多数の研究が明らかにしている。

例えばインディファティガブル島という島では、ゲオスピザ亜科の一〇種のフィンチが、いろいろな目的——かみ砕くこと、つかまえること、探ることなど——に使われる種々のくちばしの形を示している。頑丈で強力なくちばしをもつ破砕型の種は固い堅果《ナッツ》や種実をかみ砕くことができ、捕捉型の種は幅のせまい小さいくちばしをもっていて昆虫を捕らえることができるのに対し、探索型の種は花や果実から餌を採るのに適したくちばしを備えている。自然淘汰という考え方がいくらかは、フィンチ類に関するダーウィン自身の解析と、初めに移住してきたある一種から広範囲の形のくちばし——それぞれが別々の食物源から餌を採るのに適したくちばし——をもつさまざまな種が発展したのだという彼の認識から形成されたことは、まず疑いのないところである。

ダーウィン・フィンチをめぐる物語は、進化について二十世紀に書かれた書物のほとんどすべてに出てくる。一冊全部をこれらの鳥に当てた本さえあった。が、これは不思議なことではない。フィンチ類は自然淘汰がはたらいていることを見事に描き出しているからだ。けれども、ときどき私をいらだたせたのは、こうした本の多くが進化はどのように起こるかを説明する仕方である。そしてこれは、フィンチ類だけでなく、一般的に動植物における進化についての記述——とりわけこの主題を扱った比較的ポピュラーな本での記述——にも当てはまる。一例として、ビーグル号によるダーウィンの航海に関するアラン・ムアヘッドのすてきな説明を挙げておこう。彼はこう書いている。「ある島では、かれら(フィンチ類)は堅果《ナッツ》や種実をかみ砕くのに適した太くて力強いくちばしを発達させ、また別の島では、くちばしは果実や花を食べるように合わせられた[★01]」。

さて、いくつかの種が力強いくちばしを〝備え〟、それらが堅果をかみ砕いて開けるのにそのくちばしを〝使って〟いることには間違いがない。私が当惑を感ずるのは、これらの鳥たちは特殊な作業を遂行するためにそのくちばしをともかく所有しているのだという言外の意味——あたかも、フィンチ類はそれぞれの種に割り当てられた特定の役割をはたすべく、一定の形とサイズのくちばしをじっくりと進化させたかのような含み——が背景にくすぶっていることだ。これはある程度は、起こっていたことを表現する不注意なやりかたにすぎないかもしれない。しかしそれは、純粋に適応的な見方で物事を説明し、環境が動植物の形態をともかく精巧に造り上げるのだということをほのめかす、多くの生物学者の潜在意識的な努力をさらけだすものだと、私は考えている。こうした本末転倒の論法が多くの進化学書に行きわたっているのである。いろいろな意味でそれは、生物進化へのラマルク的な理解方法の、あえて言えば、臭いがするように思える。

十九世紀の初期、フランスの博物学者ジャン゠バチスト・ラマルクが、種は体の一定の部分の使用または不使用の結果として長い時間をかけて変化するのだろう、という説を提唱した。彼はまた、筋肉のような構造物はよく使われることによって発達することを知っており、親に大きな構造物が発達すればそれは子孫へ伝えられる、という仮説を述べた。同じように、あまり使われなくなった構造物は影がうすれ、やがて完全に消失するだろう、という。第一級の例はキリンである。ラマルクは、この動物は木々のこずえにある水分の多い葉を取ろうとして、たえず高く高く背伸びをすることにより特有の長い頸《くび》を発達させたのだと主張した。わずかでも頸を長くした個体は、その伸びた頸を子孫へ伝えるだろう、という。

ラマルクの着想はダーウィンの自然淘汰の概念によって信を失ったが、ある人たちがとりわけ大衆むけのメディアで生物進化のことを述べるときの話し方で、誰でもこの種の考え方がまだ存続していると思うだろう。種はある特定の構造物をある一定のしかたで機能できるように進化させる、という説明がされる。「コガタマダラヒモフリチョウという鳥はファルダン樹の管状の花を食べられるように長いくちばしを進化させた」といった話である。こうしたずさんな進化の叙述のしかたは、進化は現実にどのようにすすむのかを理解するための探究では、ほとんど役に立たない。

本末転倒の説明方法のことを述べるときに私が言いたいのは、内在要因――わけてもフィンチのくちばしのような構造物の成長の速度とタイミングの変化――の役割が、当の構造物がどう使われるのかに主眼をおいた後知恵《あとぢえ》としてではなく、もっと十分に考慮に入れられねばならない、ということである。ある形態が他の形態より淘汰選択上の有利性をもつという観点だけから進化を説明しようとする試みはすべて、物語の半分だけを述べるにすぎない。ある一つの個体群の中でのくちばしの形の変異は、まず初め、ある特殊な特徴が他の特徴より上首尾であるように生じたのにちがいない。つまり、それぞれのくちばしがどんな用途をもつのかを説明するより前にまず、どのようにしてこうした変異が生じたのかを調べなければならないのだ。

ここで、大昔にガラパゴス諸島中のある島へ飛んできて基礎をすえた一群のフィンチに関する、理論的な例を一つ挙げてみよう。かれらより前には、他のフィンチもフィンチ様《よう》の鳥もいなかった。考えうることだが、これらのフィンチは小さい種実を食べるのに適した小さいくちばしを持っていたと仮定し、この特定の島には祖先の地と同じような種実があったとしよう。そうした先駆的なフィンチたちには、この島は紛れもないユートピア——樹上にも地面にも誰も利用していないぜいたくな御馳走が散らばっている地——のように見えたことだろう。

もちろん種実には、サイズそのものに大きな変異がある（種実の成長速度や成長期間の長さの差異によっても——第九章を参照）。そこで、この先駆的フィンチたちはある一定のサイズ範囲内にある種実を食べただろうと想定しよう。その範囲外にある種実は小さすぎるのも大きすぎるのも、無視されただろう。ところで、このフィンチの個体群内では、すべての個体が厳密に同じサイズのくちばしをもっていたとは限らないだろう。かれらの個体発生——卵内でもヒナになってからも——の間、くちばしの成長速度は個体ごとにわずかずつ違っていただろう。同じように、卵内であるいはヒナであった間、おそらくわずかに長い時間か短い時間、発育した鳥がいただろう。その結果、当の個体群内に少しばかり大きい、または小さいくちばしをもつ鳥たちが現れた可能性がある。さらに、上くちばしと下くちばしがわずかに異なる相対的成長速度で発育し、上下間のサイズと形の差異が以前より顕著である個体を造りだしたのかもしれない。くちばしのサイズと形の一定の範囲は、最適の適応度《フィットネス》の範囲内にあったのだろう。言い換えれば、そのくちばしは、その鳥のサイズ範囲のなかで小さい種実を食べるのを可能にする任務において、もっとも効率よく機能したのである。

変異があったと推定されるのはくちばしのサイズと形だけではなく、フィンチたちが常食にした種実も同様だっただろう。その個体群には、もっと大きい種実——相応に頑丈な殻をもち、割って開けるのが難しいもの——を食べることのできる鳥は一羽もいなかったかもしれない。くちばしのサイズと力強さが不十分だったからだ。しかし時が経つにつれて、もっと大きくて強力なくちばしをもつ少数の個体がその個体群内に現れてきた可能性がある。こうした鳥は、ずっと豊かに供給されながら普通は利用されずに放置されるはずの、より大きい種実を食べることができただろう。この点でかれらは、ありあまる食物源をたまたまうまく処理できるやや大きくて強力なくちばしを進化させていたがゆえに、他の鳥たちよりよく適応していたと考えてよいだろう。この特徴を子孫へ伝えた個体から、さらに大きいくちばしをもつ鳥が進化することがありえただろう。

ここで、かなり大きな種子をつけて、これまでフィンチたちにはそれを食べることができなかった別の種の樹木があったとしよう。仮に、ちょっと大きいくちばしをもつ何羽かの鳥からなる個体群の中で、その進化に向かう傾向が続いたとすれば、やがてこの第二の樹木の大きな種子を食べることのできる個体が現れる時がくるだろう。もしこの木が他の樹種から実質的に地理的に隔離されていたとすれば、初めに基礎をすえた種のかなり極端な変異体で一個体群として定着したものは、かれら自体、やがて基礎個体群から地理的に隔離されるようになるだろう。その結果、かれらは遺伝的にも隔離されるようになろう。後継の無数の世代をへた後に、それら二つの個体群の間の軽微ではあるが実質のある遺伝的変化が蓄積することから推定されるのは、仮にずっと後になってそれぞれの個体群に属する鳥たちが一緒になったとしても、かれらはもはや交雑することも、生存可能な子孫をつくることも出来なくなっているだろう、ということである。

以上は、内在要因（くちばしの成長の仕方の変化）と外在要因（食物資源の適切な利用可能性）をともに考慮に入れて、新しい種の進化がどのように起こるかを示したものだ。このシナリオでは、形態の変化が、まず第一に、祖先の食べていたのとちょっと違う食物資源を子孫の鳥たちが常食できるように、起こることが必要である。しかし、続いて生じた形態の諸変化は大規模な遺伝的変化の結果として起こったのではない。それらは、くちばしの成長を始動し制御する基になる特殊な成長ホルモンの産生開始が、たぶんちょっと遅れたか、またはおそらく早すぎたことの当然の帰結として起こったのだろう。あるいはそうではなく、くちばしを標的にする成長ホルモンが少し多く産生されて、ちょっと大きいくちばしをもつ鳥たちの出現を引き起こしたのかもしれない。姉妹種の間のかなり大きな遺伝的差異は、重大な形態変化と二つの個体群の間に生じた生殖隔離の後に強まった可能性がある。したがって、優遇的に淘汰選択されたであろう個体群の中に起こるヘテロクロニー的な諸変化は、その時に関係していた環境諸条件に左右されるだろう。もしこのような外在要因がなにかの方向へ変化を起こしたなら、別の一組みのヘテロクロニー的形態型《モルフォタイプ》が淘汰選択されたかもしれない。

ところで、花蜜食の鳥の細長いくちばしの進化は、種実食の鳥の頑丈なくちばしとは違い、くちばしの別々の部分が異なる速度で成長する結果である。くちばしのような構造物の成長はあらゆる方向へ等しく起こるのではない。仮に等しく起こったとすると、その鳥は球状のくちばしをもつ結果になろう！　そうではなく、成長はあるベクトルの方へ、他のベクトルより大きく起こるのである。いろいろなベクトルに沿った成長速度の多様性が、異なるくちばしの形が進化する根源である。ここで想定できるのは、ガラパゴスフィンチの進化のなんらかの段階で、ある個体群のなかの極端な変異体が種実を食べるのにうまく適応できず、かわりに植物の花に新しい食物源を見いだした、ということだけだ。おそらく、その進化のどこかの段階で、中間的な形のくちばしをもち、両方の食物源から餌をとることのできる鳥たちが生存していただろう。

ウェスタンオーストラリア州の私の家の庭を飛びまわっているミツスイはたしかに、かなりおおらかな食性をもっている。かれらは、バンクシア〔ヤマモガシの類〕やキンポウジュの不開花期を埋め合わせる花々の房《ふさ》を奥深く探るのに長く伸びたくちばしを使うほか、飛んでいる蛾《が》を捕らえたり、昼間わが家の軒の下に潜んでいる大きな雌コガネグモをつついて捕ったりするのも、同じように達者だ。広範囲の食物を採るのに適応したガラパゴス諸島の多様なフィンチ類も同様のことをしているのだが、それは、この豊かな食物源を利用するためにかれらが特殊なくちばし形態を進化させたからではない。かれらがそうしているのは、ヘテロクロニー的変化が、特殊な一組みの環境パラメターのなかで最も効果的に機能しうる形やサイズをその個体群から選び取ることを自然淘汰にやらせるような、標的素材を結果としてつくり出したからである。一個の種子の形とサイズのような特定の外在要因が、内在要因——種実を最も効率よく食べられるようなくちばしの成長発育の量——と提携することは、当の種の〝適応的頂点の到達〟とよばれている。進化的にみて最適者である一個体群内の個体らは、適応的頂点まで登りつめた者たちなのだ。が、外在のものでも内在するものでも一つのパラメターが変わると、かれらはやがてその頂点から絶滅の谷底へ転落するのである。

さて、二人の科学者、ピーターおよびローズマリー・グラント〔プリンストン大学〕がガラパゴスフィンチの調査に研究生活の大半をささげている。ピーター・グラントがこれらの鳥について行った多くの優れた仕事のなかには、さまざまな種の進化について私が上に素描したシナリオが今なお目前に進行中であることを立証した、リール・ギブズ〔ミシガン大学〕との共同研究がある。彼らの発見が示しているのは、現今の最良の適応的頂点到達者が、環境諸条件が変化するといかにあっけなく頂点から転落するか、ということだ。[★02]

相応に大きくて強力なくちばしを備えた最大種のフィンチの一つは、ゲオスピザ・フォルティス（*Geospiza fortis*）である。太平洋にエルニーニョ現象の発生することが、この種において有利に淘汰選択されるくちばしのタイプに大きな影響を及ぼしている。エルニーニョの出来事は、東部太平洋の赤道付近の海水温がいくらか高くなるときに起こる。大洋の水温の周期的な上昇と下降が降水量の周期性を引き起こす。ガラパゴスフィンチへのエルニーニョの影響はかなりのもので、干魃《かんばつ》状態のときには大きな成熟サイズをもつゲオスピザ・フォルティスの鳥が特恵的に淘汰選択される。大きな体サイズに伴うのは、くちばしの成長がアロメトリー的であることによって、相対的に大きなくちばしをもつことだ。こうした鳥はやや大きくて固い種実――より小さくて獲得しやすい種実がより扱いやすい条件下にあれば無視されるはずのもの――でも、食べる能力がある。降水量の少ない期間には、種実の量も少なくなり、限られた資源への圧力増大を引き起こす。当の種のなかには、自然な変異幅の一部として他の個体より体が大きく、相応に大きなくちばしをもつ成鳥個体もいるだろう。干魃期間中に他よりも栄えるのはこのような個体らである。エルニーニョ周期の間に振り子の振れかたが変わって降水量の多い時期になると、種実の生物量《バイオマス》は増大するだろう。こうした諸条件の下では、淘汰選択は、豊富にある軟らかい種実を食べることのできる、小さいくちばしをもつ小さい鳥に恩恵をあたえる。ある一種のなかでヘテロクロニーで生ずる体形の変異と、変化する環境条件との間におこるこうした相互作用が、新種の出現を推進する基本的な仕組みでありうることを理解するのは、たいして難しいことではない。

私はこれまでに、進化学的研究の多くは、形とサイズの変化を制御する内在要因によりも自然淘汰に焦点を合わせていることを強調した。ガラパゴスフィンチの場合、これに対する例外は、ピーター・ボーグ〔当時、オクスフォード大学〕が、これらの鳥の特定の形態特徴の成長の速度とタイミングの変化について行った研究である。彼は二種のフィンチ、ゲオスピザ・フォルティスとゲオスピザ・スカンデンス（*G. scandens*）のいくつかの形質——体重、翼長、足根《そくこん》骨の長さ（脚の長さの尺度として）、くちばしの長さ、高さ、幅——における、個体発生過程での成長速度とアロメトリーの変化を調べた。その結果、ボーグはいくつもの重要な発見をした。ゲオスピザ属の大きな種は小さい種より早く成長することを見いだしたのだ。体重、翼長、および足根骨は個体発生過程で比較

エルニーニョが活発である期間には、ガラパゴス諸島へのその影響がゲオスピザ・フォルティス（*Geospiza fortis*）のフィンチのくちばしのサイズの変異に現れる。降水量が多くて軟らかい食物が豊富な時期には、淘汰選択はやや小形のくちばしを有利にする。固い種実しか得られない干魃の時期には、ペラモルフ型の大形のくちばしが優遇的に淘汰選択される。

的早く増大するのに対して、くちばしの三つの形質はもっとゆっくり成長する。種内でも種間でもおこる特徴的な形態変異(とくに上記の諸形質での)は、次の三つの要因の組み合わせから生ずる。すなわち、フィンチが孵化《ふか》したときの体サイズの差異、成長速度の変異、および成長の持続期間の長さであり、いずれもヘテロクロニーの一側面である。異なる形質の成長速度は個体発生過程で変化するのだ。ある構造物は個体発生の早い時期に急速に成長し、そのあと減速するのに対して、別の構造物が代わって優勢になり、それまでより大きい速度で増大する、というふうに。このようにこれらの特徴は、食物資源はどんな時期にも、そのとき最高の機能的優先性をもつ構成部分の成長のために配分されるという原則に合っている。★03

ゲオスピザ属のこれらの種では、まず足根骨、次に体重、さらに翼長の順に成長が完了する。くちばしが完全に発育するには、これらの二倍から三倍の時間を要する。体の各部分のこうした優先順位のついた発育段階は、発育中のひなの要求にとって適切なものだ。足根骨の成長は、ひなが卵から孵化して巣の中で最良の場所を占めるときに役立つ。体重の増加は体脂肪を増やし、ひなが自分の体温で——必要な熱を親鳥に頼るのではなく——独立できるように外界から遮断されることを確保する。それから羽毛が生えはじめ、つぎに完全に機能するくちばしが続く。大きく開くくちばしが卵内で発達することは、ある重要な信号機能をもたらす。つまり、淡い色のくちばしと大食いしそうな開口は、ひなの親への依存期間を長びかせるうえ、かれらはまだ未熟な鳥なのだということを縄ばり行動に傾きがちな親鳥に宣伝する効果があると言われている。私は後の章で、個体発生上の一定の期間がこのように延長することについて詳しく述べることにしている(特に八章と一二章)。

私が強調したい最後の一点は、これまでにも軽くふれ、それに次いで他の鳥の発育過程でのヘテロクロニーの重要さを論じたことに関連するもので、くちばしのさまざまな要素が差異的な成長の影響をうけるということである。私は、くちばしの形と機能が決まる際にくちばしの成長の多様性が重要であることについて話してきた。ところが、ボーグが指摘し、私もすこし前に強調したことだが、くちばし内でのいろいろなベクトルの間のアロメトリーの差異が、ガラパゴスフィンチたちのなかに（次に述べるとおり他のグループの鳥ではいっそう目ざましく）生じた形の多様性の一因になる。ボーグが調査した二種のうち、相対的に長いくちばしをもつ*G*・スカンデンスは、じつは不思議なことではないのだが、くちばしの長さに関していっそう顕著なアロメトリーをしめす。言い換えれば、くちばし全体のサイズの増大に比べて、くちばしの長さは*G*・フォルティスでよりも*G*・スカンデンスにおいていっそう増大するのである。

進化のもっとも興味ある側面の一つは、動植物でまったく類縁関係のない複数のグループが、同じように見えるばかりか同じように機能する一定の構造物をうまく進化させていることだ。鳥類は飛ぶのに使う翼をもっているが、コウモリも同様にもっている。魚類は水中で自分を推進する鰭《ひれ》をもっているが、クジラやイルカも同様にもっている。ネズミは自分の体重をささえて場所移動を可能にする四肢をもっているが、ゴキブリも同様にもっている。翼も鰭も四肢も個体発生過程で形とサイズを変え、そしてどれも、有利に淘汰選択される特殊な機能――空中を飛ぶ能力、水中を泳ぐ能力、地上を歩く能力――をもっている。この現象は〝収斂《しゅうれん》進化〟と呼ばれている。ここにあげた例は誰の目にも明らかなものだが、動物界や植物界には同様の例――もっと微妙な性格の例も多い――が無数にある。構造物の外観におけるこうした収斂は、種間の分類学的関係を解き明かそうとする系統学者たちに混乱を引き起こす可能性をもっている。二つの種が共有するある形質はいつ共通の祖先から進化するのか、それはいつ収斂進化の産物になるのか？

進化論で広く信奉されてきたもう一つの観念は、進化的変化はランダムだということである。が、私はそれには賛同しかねる。進化を束縛し、進化にいくつかの多様な――ときにはさほど多様でない――道筋を開くようにはたらく要因はいろいろとある。ここでも私は、淘汰選択の諸動因の特性と組み合わさったヘテロクロニーで生ずる内在的変化の二重の効果が、進化的変化に役立つ取捨選択肢の数を限定するのだと、考えている。まず第一に、動物体の個体発生過程そのものが生来そなわった束縛要因なのだ。たとえば哺乳類は、昆虫類とは違って六本もの付属肢を生じない。我々はやっと四本もっているだけだ。同様に、哺乳類は頭部を一個だけ造りだす。まもなく私は読者をオーストラリアの乾燥地域への旅に連れていき、特殊な形態型《モルフォタイプ》の淘汰選択で大きな役をはたす個体発生の筋道と環境要因の勾配との一致が、進化がとる方向の決定において有効な要因の一つであることを説明するつもりだ。ここで私が強調したいのは、たとえば鳥類のようなグループでは、くちばしの成長に影響する並行した発育的変化がいろいろなグループに見られることである。

ガラパゴス諸島でフィンチ類が占めているニッチは、ハワイ諸島ではハワイミツスイ類（キガシラハシブト亜科）に占有されている（ただし有史時代になってから絶滅したものもある）。フィンチのくちばしは短くて尖ったものから丈《たけ》は高いがまだ短いものへ変化するのに対して、ハワイミツスイのくちばしは形とサイズで広範な多様性を見せる。ロクソプス（*Loxops*）〔アケパなど〕の多数の種がもつ保守的な短くて狭いくちばしをもつものから、プシッティロストラ（*Psittirostra*）〔キガシラハシブトなど〕に属する諸種のようなグループが進化した。後者の属は、その名が示すとおりオウム型のくちばし――短いが丈《たけ》が非常に高く、極めて固い種実を噛《か》み砕くのに十分な強度をもつもの――をそなえている。ここではおそらく、くちばしの丈のベクトルで加速があったのだろう。もう一つの極端はヘミグナトゥス（*Hemignathus*）属〔ヌクプウなど〕の諸種に見られる。そこでは丈の加速はないが、その代わりくちばしの長さで大きな加速があって頭部の長さの二倍以上もの曲がったくちばしを造りだす。そのおかげでこれらの種は、細長い管状の花の底に溜まっている花蜜を採ることができる。ヘミグナトゥス・ルキドゥス（*Hemignathus lucidus*）〔ヌクプウ〕のような種では、上と下のくちばしがそれぞれ固有の発育コースをもち、上くちばしは下くちばしより著しいアロメトリー的成長をしめすのである。

ガラパゴス諸島やハワイ諸島にあるのと同様のニッチ――固い種実や長い管状の花――がオーストラリアにも存在するし、基本になった成長速度の変化がオーストラリアのミツスイのくちばしにも同じように影響するので、我々は、ハワイミツスイほど極端ではないけれども類似の形が進化したのを見ることができる。オーストラリアのミツスイ類では、くちばしの丈の成長増大がクロガオミツスイという果実食性の一グループを生みだした。最も保守的で、たぶん祖先的なミツスイであるシマミツスイは純粋な昆虫食性だが、ミミダレミツスイのような他の種は前にふれたとおり昆虫も花蜜も共に食べる。最も長くて最も幅の狭いくちばしをもつ種は完全な花蜜食性である。したがってここには、発育の変化の同様のパタンと、同様の淘汰選択上の媒体（つまり同様に広い食物タイプの幅）との一致があり、これが鳥類の形態のきわめて意味深い一面において収斂進化を起こさせるのである。

　ミツスイ類とガラパゴスフィンチやハワイミツスイとの違いの一つは、オーストラリアの鳥には種実や堅果《ナッツ》を食べる短くて丈の高いくちばしをもつ種類がいないことだ。これはおそらく、種実食や堅果食のニッチがオウム類やフィンチ類に占められているためだろう。このことが、オーストラリアでこれらのグループがいつごろ出現したのかについて何かを物語っている可能性がある。それが暗示するのは、オウム類やフィンチ類はミツスイ類より前に現れたということだろう。

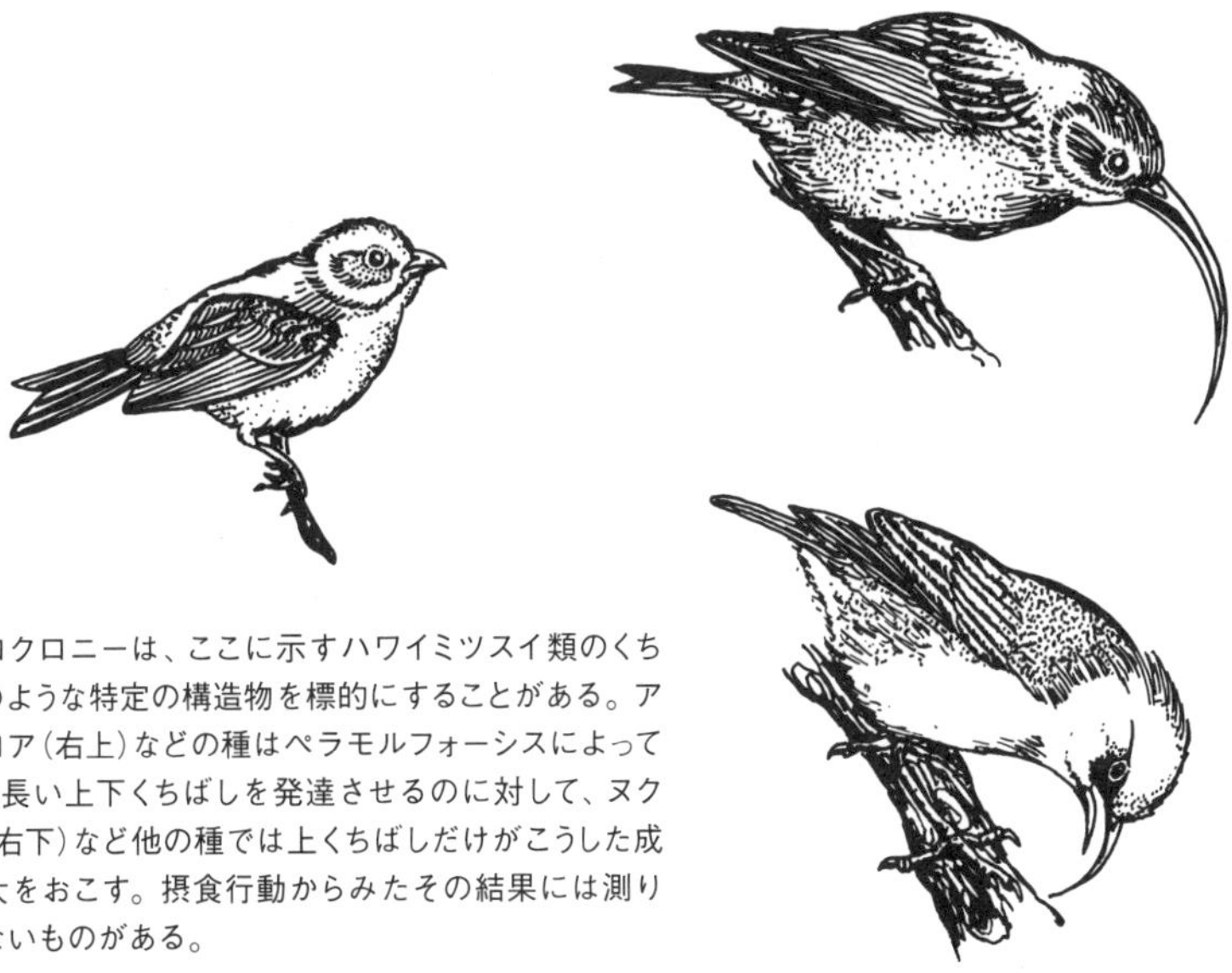

ヘテロクロニーは、ここに示すハワイミツスイ類のくちばしのような特定の構造物を標的にすることがある。アキアロア（右上）などの種はペラモルフォーシスによって著しく長い上下くちばしを発達させるのに対して、ヌクプウ（右下）など他の種では上くちばしだけがこうした成長増大をおこす。摂食行動からみたその結果には測り知れないものがある。

大あらしの後の腕足類

エルニーニョ現象の効果が、進化においてヘテロクロニーのはたす役に関する我々の理解でもう一つ、多少ちがった役割を演じてきたことは、空想をちょっと広げることにはなるが、議論の対象になりうるものである。ただし、ガラパゴス諸島ではなく、オーストラリア北西部の半乾燥地域でのことだ。この大陸の南西端から北へ一二〇〇キロ以上離れたところで、ウェスタンオーストラリア州の海岸線は急に北東方へ曲がる。海岸線のこの角《かど》の部分を拡大してみると、エクスマウス湾という一つの切れ込みが見える。ここで上陸し、棘《とげ》だらけのアカシアの低木林を抜けて南行すると、やがて地面が高まって低い丘陵の連なり、ジラリア山脈になることがわかる。さらにその山に入っていくと、毎年三月か四月に（エルニーニョ〔男の幼児の意〕の巨人が休止している間はもっと頻繁に）このへんの海岸を横切って荒れ狂うサイクロンの影響が、植生の疎らな景観を傷つけた無数の峡谷に表れているのが見える。実際、私がこれを書いていたその週に「ボビー」という名のサイクロンが、時速二〇〇キロを超す強風と一日に四〇〇ミリ以上の豪雨をともなって、ジラリア山脈をこえて荒れ狂っていた。が、これは牧畜業者たちばかりか、古生物学者にとっても天の恵みなのである。

この山脈の最初の地質学的踏査は一九五〇年代の初めごろに行われた。その研究で、この地域は化石を多産することが急速にはっきりした。携わった地質学者たちが発見した最良の化石産出地点はすべて、その山脈の中部から南部にあった。私が一九七九年に初めてその地方へ行ったときには、キャンベラの鉱物資源局のすぐれた地質調査員たちがこの山脈の北部——ウェスタンオーストラリア博物館の私や同僚たちがその後約一五年にわたって調査することになった地域——で、化石を産する峡谷を一つも見つけなかったのはなぜか、了解するのに多少時間を要したものだ。理由は簡単で、そうした峡谷は当時存在しなかっただけのことなのである。

過去三〇年にわたり無数のヒツジを放牧してきた山脈部分にある牧羊場と、放牧していない部分とを仕切る境界フェンスのところに私が立ってみて初めて、この化石を産する金鉱が開《ひら》けるにあたって何が起きていたのかを了解した。アカシアを主とした疎らな植生で長年ヒツジが放し飼いされたために、植物被覆がほとんど消えてしまった。断続する雨のあとで芽を出すひこばえはすぐ食べられてしまい、裸の地表が残る。毎年発生するサイクロンはインド洋から北部地方へ押し入り、何百ミリもの豪雨（最大記録は一日に七〇〇ミリ以上）をこのひどく風化した軟らかい石灰岩に降らせるにつれて、たえず伸びていく傷が地球の内部へだんだん深く切り込んでいく。傷が深まるとともに化石が洗い出され、地球の歴史における最も劇的な時期の一つ——恐竜類が死滅した時代——の証拠を露出させるわけである。

世界の他の地域では、この時代、約六六〇〇万年前の白亜紀／第三紀の境界期（地質学者の仲間言葉でいうK／T境界）に形成された岩石には、恐竜の骨の遺物や、南フランスなどのいくつかの場所では恐竜の卵のおびただしい破片が含まれている。ここ、ウェスタンオーストラリア州でも結果は同じくらい驚くべきものなのだが、六六〇〇万年前にはその地域はおそらく海面より五〇メートル以上も下にあったため恐竜の遺物はきわめて稀である。事実、これまでに、恐竜のわずか二個の骨と翼竜（飛翔性の爬虫類）の一個の骨がこの地域から回収されたにすぎない。しかし、アンモナイト——イカやタコの絶滅した親類で、渦巻きになった殻をもち、現存のオウムガイと近縁のもの——の化石は、この時代の岩石から世界の他のどことも比較できないほど豊富に出る。厚さ約二メートルの石灰質泥灰岩の層が、白亜紀の海に泳いでいた動物たちの最後の憩いの場所を明示している。これまでに三〇種に近いアンモナイトに加えて、その倍以上もの数の他の軟体動物（海産の二枚貝や巻貝）が記録された。あるサイクロンがこの地域を通過して先史時代の貴重な宝物をまたも暴き出した後には、おびただしい化石が地面に散らばっていた。我々はウェスタンオーストラリア博物館のコレクションのため、化石を運ぶ手押し車を買い込まざるをえなかったほどである。★04

ある巨大な小惑星か流星が六六〇〇万年前に地球に激突し、地球全体の大気に決定的大破壊をもたらしたという説に読者が賛同するか否《いな》かはともかくとして、いわゆるK／T境界での大絶滅という出来事は叙事詩的ともいうべきものだった。ジラリア山脈中の峡谷の側壁に露出しているのは現実の境界で、きわめて化石が豊富な厚さ二メートルの軟かい石灰岩の上に海緑石砂岩《さがん》の薄い層が重なっている。この岩石の名のもとは燐酸塩をふくむ海緑石という鉱物で、これは氷のような暗黒の深海底から冷たい水が湧き上がる海中環境でだけ形成されるものだ。そのことは海緑石砂岩が冷たい大洋底でできたことを暗示している。他方、その下に横たわる化石の豊富な白亜紀の石灰岩は、大洋がずっと温かかった時代を物語っている。地質学的な意味での一瞬間に、大洋の水温が急に低下したのにちがいない。それとともに海棲動物相の性格が全般的に変化したが、同じようなことは地球上でそれまで一億八〇〇〇万年以上も起こっていなかった。これよりもっと破局的だったペルム紀／三畳紀境界の大絶滅では、海棲種の九六パーセントが一掃されたことがある。絶滅したのは、陸では恐竜類や飛翔性爬虫類、海ではモササウルス類（巨大な海棲爬虫類）やアンモナイト類だ。しかし、これらのグループの破滅要因であったものが他のグループに生命を吹き込んだ。新生代の初め、このような冷たい海でも生命は絶えていなかった。K／T境界での大あらしを少数の種類——その一つはテグロリンキア・ボオンゲロオダエンシス（*Teguloryhnchia boongeroodaensis*）という名の小さな腕足類《わんそく》——が乗り切っていたのである。

今日、誰でも海岸へ散歩に行ってみると、打ち上げられた雑多な漂着物のなかに多分たくさんの二枚貝の殻が混じっているのが見える。しかし、仮に、たとえば二億五〇〇〇年前に同じような海岸で散歩する機会があったとすると、波で打ち上げられたごみのなかに二枚貝をたくさん見つけることはまずできなかっただろう。それでも何か見つけたとしたら、それは古生代にも生存した二枚貝相当物、腕足類《わんそく》〔シャミセンガイなどの大グループ〕の殻だった。蝶番《ちょうつがい》のある一対の炭酸カルシウム（通常）の殻をもっているため外観では二枚貝のように見えるけれども、中に潜んでいた動物体はまったく別のものに見えただろう。——ムール貝白ワイン蒸し煮などの美味な食材ではなく、毛があって多分はなはだ噛《か》みごたえのあるラセン状構造物と皮革のように丈夫な筋肉。

中生代を通じての二枚貝類の幸運な興隆から繁栄にいたる物語は、腕足類の衰退と並行している。腕足類は現在も生存してはいるが希少な動物で、多くは深い海底に棲んでいる。K／T境界の時代まで、実際になお栄えていた腕足類のグループはテレブラトゥリナ科とリンコネラ科だけだった。前者はだいたい滑らかな殻をもち、後者は肋条《ろくじょう》のある殻をもっていたが、中生代の大半から新生代にいたるまで二枚貝類が腕足類より全体として進化的に優勢だったにもかかわらず、K／T境界での惨禍が全世界を震撼させた後にできた薄い海緑石砂岩層は、少数の小さいカキ類を別とすれば、腕足類が二枚の殻をもつ無脊椎動物として優占的だったことを教えてくれる。

腕足類全体からみれば、ジラリア地方の海緑石砂岩にたくさん出る化石種テグロリンキア・ボオンゲロオダエンシスは、かなり美しい種類の一つだ。殻が放射状に広がる最大八〇本もの細かい肋条で覆われたこの種は、およそ六〇〇〇万年を経たここの岩石から現在までつながる、一つの進化系統の最初期のメンバーだったのである。[★05] この系統が格別に興味深いのは、いくつもの進化的現象を実物で示しているからであり、これらは、うまく統合できれば、私がこれまでに論じてきた諸原理のいくつか（とりわけ発育の速度とタイミングの内因性変化の役割や、環境によるある形態特徴の淘汰選択）を例証するものなのだ。

そのうえ、この系統は化石記録が進化の研究にどのように利用できるかを説明してくれる。ダーウィンが『種の起原』〔第九章末〕のなかで地質学的記録というものを次のように見なして以来ながらく、古生物学者たちは自分が化石や進化について語る立場にたつたびに劣等感にひしがれ、思い悩んできたものだ。

> 不完全に保存され、ある方言で書かれた世界の歴史……。この歴史については、我々はわずか二つか三つの国に関係した最後の巻を持っているにすぎない。この巻には、ただあちらこちらに短い章が残っているだけである。そして各ページについては、ただあちこちにわずかな行だけが残っている。連続した各章のなかで多少とも異な

る緩慢に変化する言語の各単語は、生命界の諸多の種類――現在ある連続した諸累層の中に葬られていて、突然持ち込まれたかのように見誤られるもの――を表しているのかもしれない。……

化石資料はきわめて不完全なものだから進化の研究におけるその有用性はゼロに近い、といったことを何世代もの生物学者たちから叩き込まれたため、過去の多くの古生物学者は、各自のもつデータからあまり大きく推定を広げることを差し控えてきた。それでも一八五〇年代以来、上はヒマラヤの山頂付近から下は大洋底（ボーリングによる）まで到るところから採集された何千万個という化石が、多数の化石グループについて空間的・時間的な分布に関する非常に詳しい知識を提供している。化石記録が、ある動物グループでは他のグループでよりも明らかに良好な場合がある。控えめに言っても、チョウ類の化石記録はいささか不十分だということに同意しない人はいないだろう。しかし、何らかの硬組織をもつ多くの海生無脊椎動物は、かれらが地球上に生きていたことを示す化石記録をきわめて完全な形で残したため、種内あるいは種間の微妙な変化を長大な期間にわたってたどることができるほどだ。実際、深い海底の堆積物に埋もれて静かに生きているある種の無脊椎動物については、現生の種類についてと同じくらい（より多く、とは言えなくとも）のことが知られているのである。

数多くの古生物学者たち――各自が専攻する特定の生物グループの進化様式を理解しようと努めてきた人たち――の頭上にぶらさがるもう一本のダモクレスの剣（不安定な身に迫る危険）は、進化傾向をめぐる問題である。これは長らく、古生物学における一つの感性的論争点になっている。かつて、体内に内在する進化的指向性――構造や行動において単純なパタンから複雑なパタンへの前進をおこすもの――があるということを主張した、十九世紀に逆のぼる思想上の一派があった。この指向性は〝定向進化〟と呼ばれ、その支持者たちはだいたい、この内在的機構が進化をだんだんと大きい、かつ良いものへ向かわせるのだと信じていたようだ。なかには、定向進化の〝力〟は、進化的傾向が各系統を容赦なく袋小路へ追い込み、結局は衰亡させるような諸特徴を造りだすほど強力なものだ、とまで主張した人たちもいた。

これの一例は絶滅した〝オオツノジカ〟〔アイルランドオオジカ〕（*Megaloceros giganteus*）である（実はこれはオオジカではなくアイルランドだけのものでもなく、もっと適切に〝巨大シカ〟とも呼ばれる）。このシカは幅が最大三・五メートルにも達する巨大な枝角《アントラー》をもっていて、かつてはそのためついに種の絶滅に至ったのだと考えられていた。ところが、第九章で論ずることだが、近年の研究でこれほど真実から遠い話はないことが明らかになった。もう一つの最高〝例〟はウマの進化で、足の指の数がだんだん減少してただ一個の蹄《ひづめ》を造りだし、歯の複雑さが増大して摂食方法を若葉食い《ブラウジング》から牧草食い《グレージング》へ変化させたという、一方的な傾向のことだ。しかしここでも、第九章で述べるとおり、ウマの進化をこのようにただ一筋の一方向的パタンとして解釈するのは、ひどい誤解をまねくものなのである。

定向進化の観念は完全に信用をなくしたが、その結果として〝進化傾向〟という概念がまったく人気のないものになったうえ、この問題を論ずるのに多数の古生物学者がきわめて慎重になった。実際、進化傾向というものは他の分野の科学者たちから、傾向なるものになじんだ古生物学者の空想力の作り事のようなものだとみられることが多い。テグロリンキアの系統のような例（やがて最後に論ずるつもり）は、進化におけるヘテロクロニーの好例であることを例証するのみならず、化石記録は進化を全般的なレベルばかりか個別的なレベルでも理解するのを助けてくれる点で、重要な役をはたすものだと私は主張したい。そのうえ、こうした系統やこの本のあちこちの章で出てくる他の同様の系統は、種レベルでの進化傾向はヘテロクロニーが決定的かつ中心的な役を演ずる実在の現象であったし、疑いなく今もそうであることを示している。

ちょっと脇道にそれたが、腕足類の話に戻ろう。テグロリンキアのような諸属はこうした研究ではまことに有用だからだ。実際、それらが化石として出る所ではしばしば非常に数多く出土し、当の個体群の中で一般的な表現型の変異だけでなく個体発生的変異まではっきり分かるのである。沖合の比較的隠れた棲み場所にすむ無脊椎動物の多くのグループでは、かれらの形態について現存の同類からよりも化石種からいっそう多くのことが知られている。テグロリンキアの系統の最初期のメンバーだった*T*・ボオンゲロオダエンシスは、成熟すると八〇本ほどになる細かい肋条《ろくじょう》に覆われた一対の貝殻をもっていたほか、形はほぼ球状であった。殻の中央から一筋の谷が伸びているので、一個の貝殻を取り上げて二枚の殻が会合する点まで追っていくと、二枚の殻のこの結合部が顕著なアーチを形成することになる。*T*・ボオンゲロオダエンシスのもう一つの特徴的な点は、貝殻の尖った末端部で二枚の殻が蝶番でつながるところの近くに、肉柄《にくへい》弁という小さな孔が一個あったことである。生きていたときには、この孔を抜けて肉柄とよばれる肉質の茎《けい》状部が貝殻から出ていて、なにか適当な安定した基盤——他の貝や石ころなど——にその貝を付着させていた。

　われわれが何年もの野外採集シーズンにわたってジラリア山脈で発見した成長シリーズを調べると、これらの特色——肋条、殻の形、孔のサイズ——はそれぞれ個体発生過程でかなり大きく変化したことを認めることができる。肋条は数が増加した。長さ二ミリほどの最小の殻にあった肋条はやっと一二本ほどだが、殻のサイズが増大するにつれて、肋条の数は増えた。全体として膨らみをもつ殻に伸びた幅広い谷は、殻が大きくなるにつれて深くなった。そして殻は膨らみながら成長したが、ごく若い殻は頑丈な親に比べて非常にきゃしゃだった。そしてついに、前記の孔は相対的に大きい穴、おそらく相応に太い肉柄が突きでる孔として機能しはじめた。が、殻が成長するのと同じように、穴の両側の小さな板も大きくなり、それで孔が効果的にサイズを縮小できるようになる。このことが意味するのは、小さな殻は比率として成熟体より大きい肉柄をもっていたのだろうということだ。これは道理にかなっている。この種が生活していたかなり深い水中の環境は相対的に静穏だったとしても、幼体はゆるい水流でも成熟体よりずっと動かされやすかったに違いないからだ。それにまた、一生の早い時期にしっかりと把握を固めることは、野心的な腕足類にとって最高に重要である。

太古のテグロリンキアについてこのような個体発生上の情報をもっていれば、もっと若い岩石から出てくる同属の他の種の追跡を始めることができる。ジラリア山脈にはずっと若い始新世の岩石もあるが、テグロリンキアに属する種は発見されていない。ある意味でこれは不思議なことではない。なぜなら、いずれこの系統が進化した様式から吟味することだが、堆積の環境が変化しなかったとすれば、異なる環境――おそらく祖先種から地理的に隔たった場所――での生活にうまく対処すべく異なる形態を進化させた種を、他のどこかに探す必要があるからだ。テグロリンキアに属する二番目に古い種の場合、われわれは実際ニュージーランド――この子孫種に適した環境条件が保存され、侵食という現在の動因に曝されている場所――まで旅行せねばならなかった。この種はもう一つの理由で興味がふかい。それは*T*・スクアモーサという学名で記載されているが、腕足類の専門家であるダフニ・リー〔オタゴ大学〕は、この種は現存の一種*T*・デーデルリニと区別できないと考えている。事実そうなら、ある一種が四〇〇〇万年も生存してきた証拠がここにあるわけだ。この種のうち最大で最もよく発育した成熟体――始新世後期に初めて現れたもの――は未熟な*T*・ボオンゲロオダエンシスに似た特徴をもっている。肋条の数が少ないこと（約六〇本）、殻の膨らみがやや弱いこと、中央の谷の発達がやや弱いこと、肉柄の孔がやや大きいこと。言い換えれば、これらはみなペドモルフ型の特徴である。現存する*T*・デーデルリニの標本から、この種は静かな深海に棲んでいることが知られている。

同じ系統の次の種を探すなら、ヴィクトリア州の堆積岩のなかにそれが見いだされる。そこでは*T*・コエラータという種の化石が出る。この種には、それより前の種に現れた傾向――肋条の数がさらに少ないこと、殻の幅が狭いこと、谷の彫りが浅いこと、孔が大きいこと――が続いていた。この傾向はサウスオーストラリア州の中新統下部（約二〇〇〇万年前）へ続く。この傾向がさらにもっと続いた結果、ノトサリア（*Notosaria*）という別属に入れられるほど、成熟体でテグロリンキアとは異なる殻をもつ種をつくりだした。ニュージーランドで出るある化石とある現存種はたがいにごく近縁で、外見でペドモルフ型であるため、いずれも*T*・ボオンゲロオダエンシスの小さな幼体を極度に拡大したように見える。ノトサリアの殻は肋条を二〇本ほどもつだけで、あまり膨らんでおらず、相対的に大きな孔と太くて頑丈で肉質の肉柄《にくへい》をそなえている。現存種のノトサリア・ニグリカンス（*N. nigricans*）が棲んでいる環境を見れば、このような形態が生じた原因が容易にわかる。かれらはたえず波に洗われる潮干帯《ちょうかんたい》の岩場に付着し、非常にエネルギーの高い環境で生活しているのである。

だんだんとペドモルフ型になった種の系列における同じこのパタンは、私が三葉虫類やウニ類のほかテグロリンキアなどの腕足類の諸系統について行った研究で何度も出会い、「ペドモルフォクライン」〔幼形進化勾配〕と名づけたものだ。それに対応する、だんだん〝過発育〟したペラモルフ型諸種の系列でのパタンもあり、私はこれを「ペラモルフォクライン」〔過成進化勾配〕と呼んだことがある。ヘテロクロニーはどのようにして進化傾向を生じうるのかを解く手がかりがここにあると、私は考えている。当の種の個体発生プログラムの乱れから起こるこのような〝内在的〟に生じた傾向は、ペドモルフ型あるいはペラモルフ型の変異体が、違ってはいるが近くにある環境へよりよく適応するのを可能にするような形態を造りだすときにのみ、生じうるものだ。

種々さまざまな生活環境――深い水中から浅い水中まで、粗粒の堆積物から細粒の堆積物まで、低緯度から高緯度まで、低温から高温まで、等々――が、それぞれ連続的に変異する勾配の一部をなしている。進化傾向というものが発展していくルートをつくるのは、内在する形態の勾配と外在する環境の勾配との協同である。

テグロリンキア～ノトサリア系統の場合には、環境勾配は明らかに深水中～浅水中である。その最終メンバーが生活している環境が分かっているからだ。我々は、変化する形態特徴を調べることができ、そして長い時代にわたり淘汰選択された諸形質には（あったとしたら）どんな適応的意義があったのかを説明することができる。問題の腕足類の系統での最も決定的な要素は、肉柄のサイズと殻の形だった。さきに指摘したように幼体は相対的に成熟体より不安定だったから、固い基盤にしっかり付着していられる相対的に大きい肉柄は幼若な小さい貝にとって死活に関わるものだった。孔のサイズ（したがって肉柄のサイズも）は現実に、孔の両側の微小な板の成

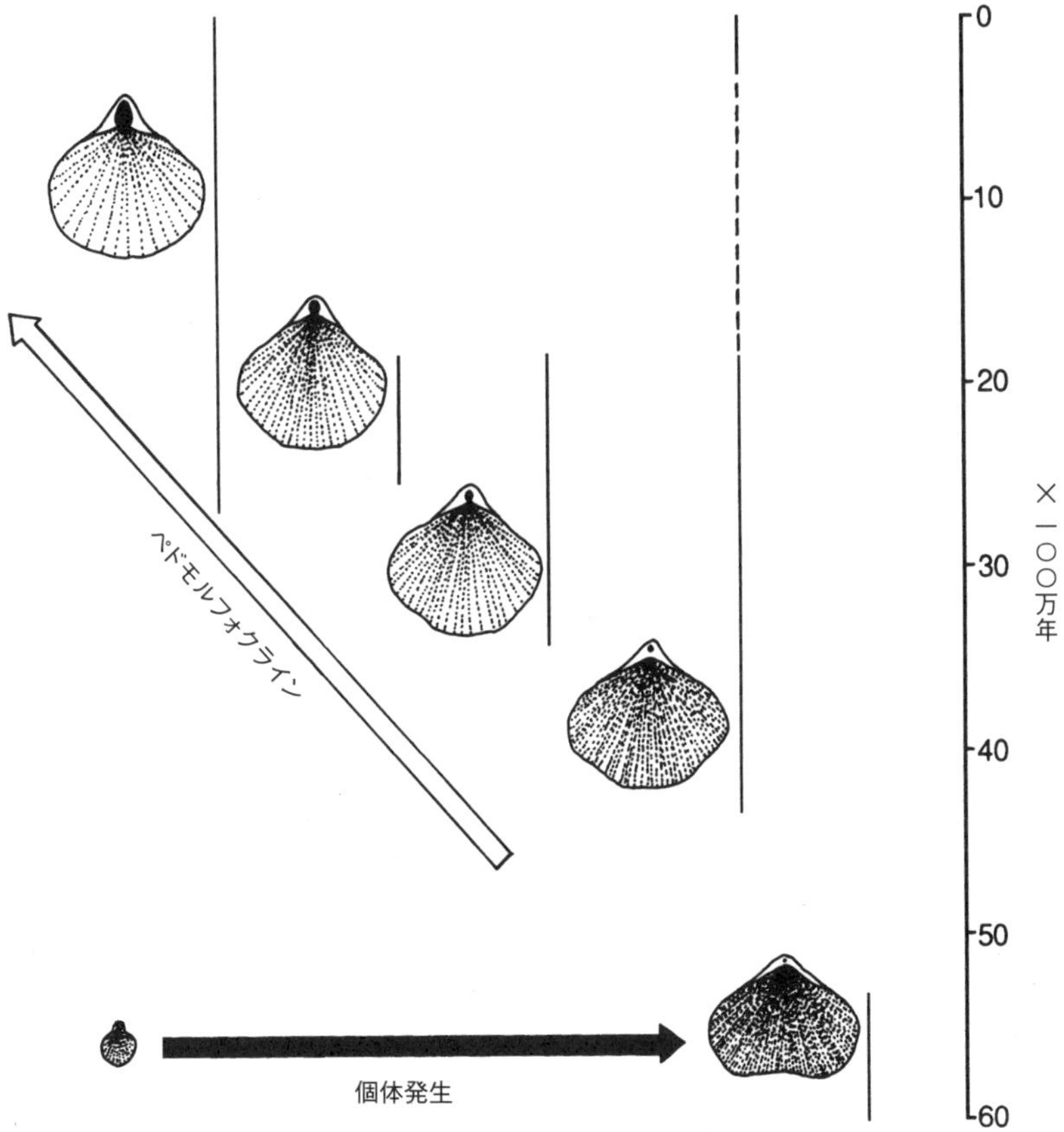

ほぼ6000万年にわたって、テグロリンキア（*Tegulorhynchia*）およびノトサリア（*Notosaria*）に属する腕足類は“だんだん”とペドモルフ型になった。こうした進化傾向を「ペドモルフォクライン」という。この系統では、子孫の成熟体がたえず若くなる特徴を保持したことが、さらに浅い水中環境への進出をもたらした。

長速度で制御されていた。*T*・ボオンゲロオダエンシスでは、これらは個体発生過程で急速に成長して孔のサイズ（だから肉柄のサイズも）を制約するようになった。ペドモルフォクラインにそった連続する諸種にわたって、これらの小板の成長速度がおそらくネオテニー的に低下し、それで新しい種ほどだんだん大きい肉柄を成熟体で獲得するようになったのだろう。このために、そうした新しい種が水力学的活性の高い浅海中に棲みつくことができるようになった。ノトサリア属が現れるとともに、エネルギーの高い潮干帯の岩場にしっかりと――波にさらわれて粉砕されることなく――固着できる大きな肉柄をもつ腕足類が進化してきたのである。

浅い海水中で有利なもう一つのペドモルフ型形質は膨らみの弱い殻だ。これは、その殻がもつ総担《ふさかつぎ》――腕足類の特色である毛のあるラセン状構造物――が相対的に小さいことを物語っている。この器官は摂食にも呼吸にも使われる。こうした殻の形は、祖先の成熟体で総担の成長が大きかったために強い膨らみをもっていた殻――深い水中の低水準の水力学的体制のなかに棲息するための必要条件――と対照的である。水流の活性が低いため、局所的な水流を起こして殻の中へ取りこむ水を多くする器官である大きな総担をそなえることが、より深い水中で生活していた祖先種にとって必須であった。したがって、淘汰選択は主として肉柄のサイズに作用したのかもしれないが（それがなければ付着は不可能だっただろう）、総担のサイズの副次的縮小は有用な追加的適応特徴だったのであり、これによって、ノトサリアの現存種は潮干帯での環境勾配の末端に到達することができたのである。

これらの例については疑問が出されても当然である。進化を実際にこの方向に推進するのは何か？ 最早期のテグロリンキアが深い水中で自分たちの運命に満足しなかったのはなぜか？ それはただ、この系統が宇宙大作戦《スタートレック》症候群を経験し、「かつてテグロリンキアがまったく進化したことのなかった所で大胆に進化した」ときに受動的に広まったのにすぎなかったのか、それとも何かがその進化傾向を推進していたのか？ その傾向は〝受動的〟だったのか、それとももっと能動的に進められたのかを解明する鍵は、種そのもののパタンにある。これらの腕足類の場合には、私が「ばらばらフォーク」パタンと呼んでいるものがある。このパタンではフォークの分枝の多くは同時に終わるが、それらの始まりはばらばらであった。このことは、種の重なりがあった——おそらく何百万年間も祖先種と子孫種が同時に生存していた——ことを意味している。これはべつに驚くようなことではない。諸種が異なる環境（浅い水中）へ進化しつつあったとすると、各種の生存範囲の辺縁部は別としてかれらの間にはほとんど接触はなく、したがって競争はほとんどもしくは全くなかったはずだ。このような系統を動かしていくのは本当に、ある一方向にむかう受動的移行である。当の種がその勾配にそって後むきに進化することがありえないのは、ペラモルフ型——たぶんペドモルフ型ではなく——になった子孫種は、生存している祖先的な種との競争に敗れるだろうからだ。このような場合、上に向かうしか進化する道はないだろう。

第一一章で詳しく論ずるつもりだが、第二のパタンは長年私を悩ませてきたものだ。それは、ペドモルフォクラインかペラモルフォクラインが存在したが、子孫種が進化してきたとき祖先種は絶滅した、というパタンである。ただし、腕足類の場合のように、仮にある種から他の種への進化は異なる生態的ニッチ——やはり種間競争がほとんどあるいは全くないであろうニッチ——を占有する結果になったとしてもだが。私はそのパタンを説明する鍵をある種の小形のウニ——二〇〇〇万年ほど前にオーストラリア南岸の沖合に棲んでいたもの——で発見した。が、それについては第一一章で詳しく述べる。テグロリンキア〜ノトサリア系統のような例が物語るのは、第一に、進化傾向は実在する現象であること、第二にヘテロクロニーは種の進化のために有力な仕組みであること、第三にヘテロクロニーがなくては淘汰選択されるものは何もなく、進化もないだろうということである。その一方で、適切な時に適切な場所に適切な環境条件がなくては、やはり進化はないだろう。

進化的な螺旋

しかし、今日われわれの周りにある生命界のたいへんな多様性——三五億年の進化の産物——については、どうだろうか？　それは、テグロリンキア・ボオンゲロオダエンシスの進化に対するのと同様の見方をすると、どのように説明できるのか？　この腕足類の発育プログラムに作用していたのと同じプロセスや、生活環境の危急からくる圧迫が、動物相や植物相——我々が今たまたま名指す地質学的時間のこの特定の時点に現存する生物界——を造りだすうえで、同様のしかたで同じようによく作用しなかったことには、何かわけがあったのか？　また、類縁の近い一群の現存種にわたって、同じようなペドモルフォクラインまたはペラモルフォクラインを識別確認することができるのか？

もし読者がかつて私の言いだした〝ばらばらフォーク〟パタンのことを考えてくだされば、そのフォークを横断する一枚の時間的薄片のなかで、時間的に（おそらく空間的にではなく）共存する種がいくつもあることが分かってもらえるはずだ。祖先と子孫が時間的に共存しているかもしれない。もしそれらの間の関係がペドモルフ型かペラモルフ型であれば、いろいろの種の進化のパタンや進化の方向性を推定することができるだろう。

さて、この章を終えるにあたり、何千万年も前の海棲の腕足類からあまり遠く隔たっていないらしい動物をいくつか調べてみよう。いま生きて呼吸をしている、アフリカ南東部産の角《つの》をもつウシ科動物〔レイヨウ類〕のことだ。というのも、テグロリンキアに見られるのと同じ進化の本質的パタンがさまざまなウシ科動物の進化にも行きわたっており、成長過程の速度とタイミングの変化が種の進化方向の決定でこの上なく重要であることを再確認するものになっているからである。

一九九〇年、幸運なことに私はジンバブエにある動物保護区域をいくつか訪れることができた。ヘテロクロニーの生きている実例を探す好機を逃《のが》すという法はない。ほどなく、私がウシ科動物の各種の間に見ていた差異の多く——とりわけ体サイズや角の形とサイズの差異——は、どこにでも遍在するヘテロクロニーの作用を暗示していることに気がついた。例えばインパラでは、若い雄は、角が初めはスタインボックの成獣のようなごく短くて真っすぐな形をした段階、次いでリードバックの成獣のような真っすぐだがもう少し長い形の段階を順々に経過し、そして成熟すると角は独特の優美な螺旋《らせん》形〔ねじれ〕に到達する。このようにインパラの成長の諸段階が他のウシ科動物の成獣の形に似ていることは、ウシ科の多くの系統にわたって見られる、体サイズがより大きいことと角がより複雑な形に発育することとの直接の個体発生的相関の結果である。が、これは必ずしも、インパラ、スタインボック、リードバックの直接の進化的類縁を物語るものではない。

ウシ科動物には、成長するにつれて角がラセン状になる種類がいくつもある。成長期間が長ければ長いほど、あるいは成長が速ければ速いほど、角は大きくなりながら強くラセン状に巻く。このラセン巻きは角そのものの内部の成長速度が差異的である——ある側が他の側より大きい速度で成長する——ことから起こる。トラゲラフス亜科というグループでは、角の周囲にある部分の成長が遅いのに反して、薄い表層の主要部がより大きい速度で成長することによりラセンが生ずる。★06 このような内在的な差異があれば、成長の速度と期間が角の形とサイズに深甚な効果をもたらすだろう。シカ科の動物と同じようにウシ科動物では、群れの中での闘争でも、優位性を確立するうえでも角が大切であるため、これは雄たちにとって格別な重要性をもっている。ウシ科動物の発育に対するヘテロクロニーの影響を突きとめるには、類縁の近い諸種からなるグループを調査する必要がある。やがて私は、このグループがクーズー（*Tragelaphus strepsiceros*）という形をとって、ムササ（*Brachystegia*）やムノンド（*Julbernardia*）の木立ちの間からこちらをじっと見つめているのに出会ったのである。

私がジンバブエの叢林《ブッシュ》地帯で見たあらゆる動物のうちで最も壮観なのはクーズーだった。雄は体重が三分の一トン、体長がほぼ二・五メートルにもなる壮大な動物で、目を見はるようなラセン状に巻いた一対の角を誇示している。成熟した雄の角はそれぞれ二—三回のラセン巻きを生じ、長さが一・五メートルにも達する。こうした角は雄の個体発生の間じゅう伸びつづけ、若い雄では短くて真っすぐだが、成熟に達してからは急速に長くなってラセンの数を増していく。トラゲラフス（*Tragelaphus*）属には形態的にじつに多様な一群の種——クーズーから小さいブッシュバック（*T. scriptus*）まで——がふくまれる。ブッシュバックの雄は体重で一二五キログラムを超えず、体長で一・五メートルに達することはない。これらの両極端の間に、体サイズ、体重、角などの発育限度で異なるうえ棲息地域も違う四種——シタツンガ（*T. spekei*）、ニアラ（*T. angasi*）、マウンテンニアラ（*T. buxtoni*）、レッサークーズー（*T. imberbis*）——がある。トラゲラフス属のこれら全種の形とサイズは、後にもふれるとおり、発育の速度および限度の差異と緊密に結びついている。

だが、進化がどのように起こったのかを、どう解読することができるだろうか？　それはペラモルフォーシスによって、小さいブッシュバックのような祖先種からだんだんと大きい種を経て、ついにクーズーへ発展したのか？　あるいはテグロリンキアのように、サイズと複雑さが一方向性のペドモルフ型減少をおこし、最終的にブッシュバックを造りだしたのか？　それともこれらの種は、独立だが類縁の近い諸系統の現存するメンバーであるのか？　進化におけるこうした極性《ポーラリティ》を突きとめるため、かれらが発展した方向性を解明するのに役立つ化石記録に目を向けることにしよう。

トラゲラフス属のメンバーの化石記録から得られる最古の証拠は、中新世——世界が最後の大氷期にむけて気候の下向き変動を始めるとともに、大草原《サバンナ》が広がり、棲み場所が多様化した時代——にアフリカ東部に突如現れたウシ科の諸系統に見いだされる。ジョナサン・キングドン〔オクスフォード大学〕によれば、最初期のウシ科動物は小形で隠棲的な、目立たない動物だったと考えられる。ウシ科の多くの系統で同じように、早期の種は小さく、後代の種はだんだん大きくなったらしい。生態学的な見方をすれば、新しい棲み場所が開《ひら》けると、それまでより拡大した食物資源は、より大きな体サイズ——より大きな個体数も——を有利にする淘汰選択をもたらす。知られている最初期のトラゲラフス類は、約七〇〇万年前に形成された化石堆積物から出てくる。この種はサイズと形でシタツンガに似ていたが、ブッシュバックより少し大きく、相応に少し長い角——ブッシュバックのように真っすぐではなく軽くねじれた角——をもっていた。一〇〇キログラムのニアラ、二〇〇キログラムのマウンテンニアラ、三一五キログラムの大クーズーなど、もっと大きいトラゲラフス亜科の動物は

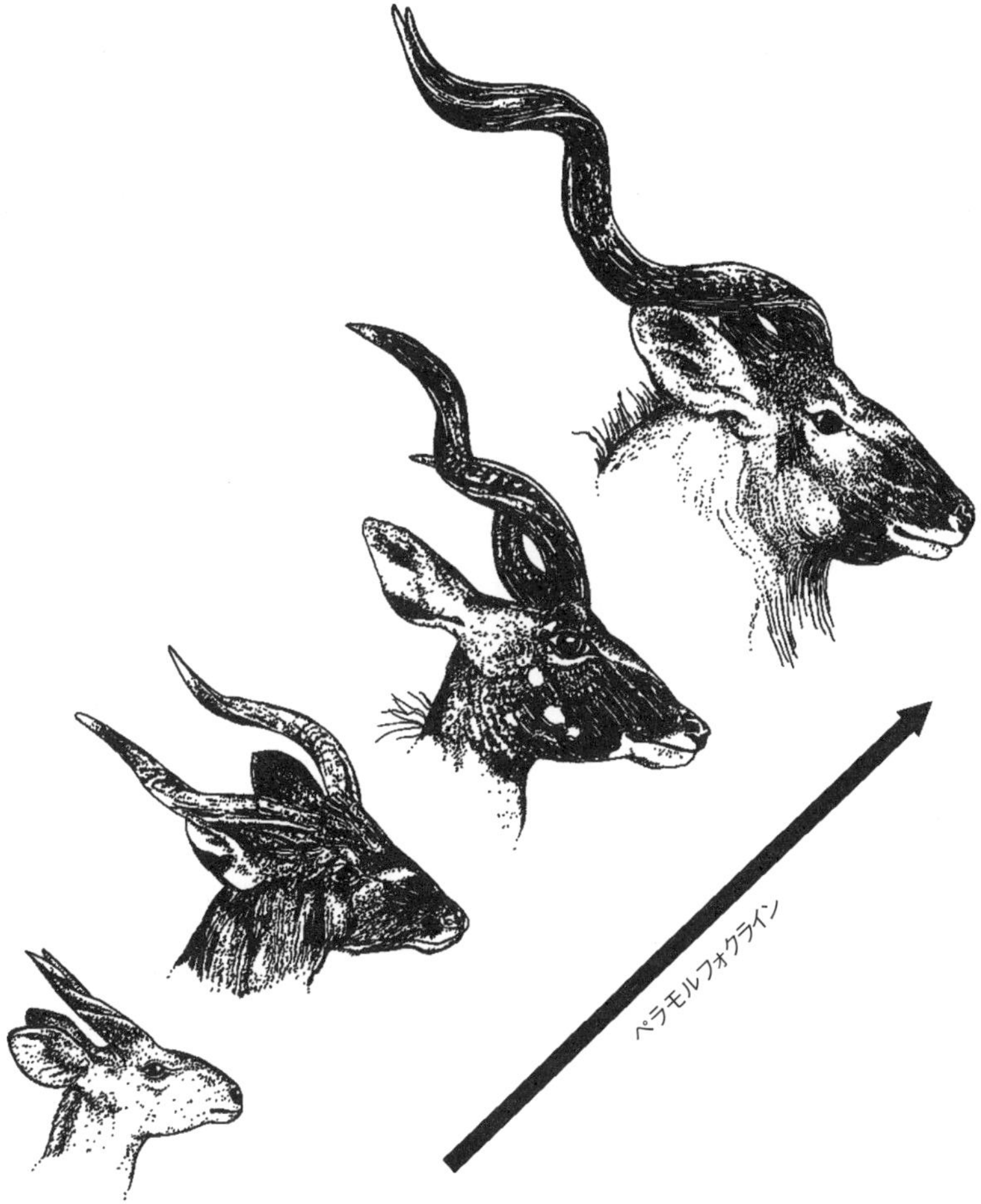

アフリカ産トラゲラフス属の現存ウシ科動物〔レイヨウ類〕のある系列における角の発達。小さいブッシュバック（左下、125 kg）からシタツンガ、ニアラを経て、クーズー（右上、雄は最大 315 kg）まで、体サイズが増大するとともにラセン巻きの程度も増大する。

地質学的にもっと遅く現れた。体サイズが大きいほど角の発達も大きい。だから、角のラセンはニアラでは一回、マウンテンニアラでは二回、クーズーでは二—三回のねじれをもつ。ここに挙げたのは一つのペラモルフォクライン——体サイズがだんだん大きいものへ進化するとともに角のねじれが増加する傾向——である。ところが、レッサークーズー（*T. imberbis*）という種だけはこの整然たる傾向に合わない特徴をしめし、体サイズはシタツンガぐらいなのにクーズーのような角をそなえている。これはたぶん、トラゲラフス属の他の種に比べて、角の成長速度に局所的増大があったことを暗示しているのだろう。

角以外の構造物もこのペラモルフォーシスという一般傾向にそっており、なかでも顔の模様はその一つだ。角のほかに、これらの動物の魅力的な特徴として外面の模様——胴や頸部や顔面の白斑——がある。顔面の模様の発育は一般的なペラモルフ型の傾向と一致するだけでなく、レッサークーズーの角は局所的に増大した成長速度を生じたという見方に支持を与えている。小さいブッシュバックでは、頬にある一個の白斑が唯一の顔面模様である。それより大きいシタツンガでは、両眼の間に不完全∧型の白線、頬に二—三個の白斑がある。つぎに大きい種のニアラでは、∧型白線は雌には無く、幼若—成熟雄に完全な白線として現れる。さらに大きなマウンテンニアラとクーズーでは、∧型白線は成熟した雌雄ともに完全である。これらの大形種では頬に二—三個の白斑が生ずる（それが三個できるクーズーは別）。レッサークーズーについては、顔面装飾はほぼ同サイズのシタツンガと似ていて、不完全∧型とただ二個の白斑がある。

さて、レッサークーズーは別としてこれらの現存種を、体サイズの増大と角の発達に関する一つのペラモルフォクラインの中に配列することができるけれども、クーズーをもってこの系統の進化の頂点と見るのではない。頂点はとうに過ぎているのだ。クーズーは更新世前期に現れたものだが、更新世後期にはもっと大きな種類が生存していた。*T*・ストレプシケロス・グランディス（*T. strepsiceros grandis*）という学名のこの種類〔亜種〕は他のいくつもの大動物と同じ地域に共棲していた。これは体と角のサイズが増大する系統の終末にあったもので、たぶん体重が最大四〇〇キログラム、肩高が一・六メートルにもなり、クーズーよりさらに長くて見事な角をそなえた哺乳類だった。こうした大動物は広大な食草場をもち、現存のクーズーより広い棲み場所を占有していたのに違いないと言われている。

現存のトラゲラフス亜科の種はそれぞれ別の棲み場所をもっている。最も小さく、最も祖先的な特徴を維持しているブッシュバックは最も広く分布し、森林の辺縁部から乾燥した半砂漠《サヘル》地帯にかけて棲みついている。シタツンガはきわめて特殊な水生の棲み場所をもち、足には横に広がった長いひずめ――湿地帯を自由に移動するのに適したもの――を備えている。それより大きいニアラはレッサークーズーと似て大草原《サバンナ》棲息種であるのに対し、最大のマウンテンニアラやクーズーはおもに森林内や丘陵地域に棲んでいる。

ガラパゴス諸島の乾いた叢林《シケット》地帯から何千万年も前のオーストラリア付近の冷たい海域まで、またアフリカ南部の草原《ヴェルト》にいたるまで、この地球上に棲みついているおびただしい種の形成が、個体発生過程の速度とタイミングの変化という同じ内在要因で制御されてきた。これら、また他の無数の例が説明しているのは、しばしば元からある構造形態を利用すること――動物体のいろいろな部分の成長の〝量〟を変えること――によって、ある種から他の種への進化が起こるということだ。種は「それぞれの個体発生を上や下へずれさせる」とでも私が表現したいものによって、新しい形態が進化しうるのであり、それらが新しいニッチを占有させるのであり、またそれらはしばしば環境の勾配にそって進む。個体発生の勾配と環境の勾配がいっしょに作用する結果、進化傾向が生ずる。そして過去一〇年ほどの研究は、進化は両方の方向へ進みうることを示している。ペドモルフォーシスによって形態的に複雑なものからさほど複雑でないものへ、または、ペラモルフォーシスによりさほど複雑でないものからより複雑なものへ。進化はどちらへでも可能な方向へ進むのである。

7 ピーター・パン症候群

内分泌腺に一種の平衡状態がある。そこに突然変異が起こり、それを混乱させる。人は、発育速度をたまたま遅くする新しい平衡状態を得る。人は成長する。が、あまりに成長が遅いため、祖父の親のまた親の胎児のようでなくなる前に人は死んでいる。

オールダス・ハクスリー『幾夏すぎて白鳥は死す』

彼は今ひどく揺れ動いていた。「僕は大人になりたくないんだ」と、彼は熱っぽく言った。「僕はいつも子供でありたくて、楽しく遊んでいたいんだ。だから僕はケンジントン公園へ逃げだして、長い長い時間を過ごしたんだ。……」

J・M・バリー『ピーター・パン』

ロンドンのケンジントン公園にある小さい青銅の台座の上に、サー・ジョージ・フランプトン作のピーター・パンの彫像が立っている。これのほかに同じものが三体つくられた。いささか驚いたことにその一つが、私の勤めているパースのウェスタンオーストラリア博物館から程遠くない、クィーンズ公園の美しい庭園の一角に立てられているのである。妖精、ウサギ、ハツカネズミ、カタツムリ、リスなどの仲間に囲まれて、J・M・バリーのピーター・パンは、永遠の若さ——いつまでも若く、決して成長せず、そしてピーターが言ったように「長い長い時間」をすごすこと——への希求の象徴になっている。

子供のような形をして

これまでのいくつかの章で私は、自然界にあるピーター・パンたちのことを長々と語ってきた。つまり、連れあいの体内で小さな、それでも生殖能力のある幼体として一生をすごす雄のこと、ウォルター・ガースタングの詩では「水は天国、地は地獄」と思っていて「オタマで暮らし、オタマで産み、死ぬまでずっとオタマ」である両生類のこと、腕足類《わんそく》のテグロリンキアやノトサリアの系統が浅い水中の新しい棲み場所へどんどん進出するにつれて、しだいに幼若な外観を示すようになったこと、など。しかし過去一五年ほど、われわれは永遠の若さ——多分われわれ自身のではなく、五億年以上にわたってこの地球上に棲みついてきた動物たちの永遠の幼若さ——へのこうした探究から遠ざかろうとしてきた。スティーヴン・J・グールドが正しいとすると（第二章を参照）、どんな動物のグループでも精密な解析をすれば、ペドモルフォーシスはペラモルフォーシスと同様にありふれたものであることが立証されるはずだ。二十世紀の大半にわたり進化思想に付きまとってきた科学的卑屈さという束縛をほとんど投げ捨て、もろもろの進化的変化をば発育上の複雑さの増大（または、ヘッケル流にいえば要約反復）によって説明するのが今では政策–科学的に正しいのだということを認めさえすれば、ペラモルフォーシスによって複雑さを増した系統がある一方、ペドモルフォーシスによって単純化した系統もあるような世界が見えてくるはずである。

けれども、現実の世界はそれほど公明正大なものだろうか？　ペドモルフォーシスをその他の様式以上に示すようなグループはないだろうか？　ペドモルフォーシスの原因に強く固執したギャヴィン・ド゠ビアのような人々は、それほど盲目だっただろうか？　どのようにすれば我々は、進化学のこうした基本的問題への取り組みに着手だけでもできるだろうか？　そして、ペドモルフォーシスの傾向を示すグループが実際にあるとすれば、長期間にわたって数多くのピーター・パンたちを造り出してきたらしい根源の要因を、我々は解明することができるだろうか？

進化におけるヘテロクロニーの役割に関するギャヴィン・ド＝ビアの解釈は、本質的に、反復説を最後の一片まで粉砕する一方で、ペドモルフォーシスという逆要因を熱心に信奉主張することで成り立っていた。ド＝ビアは、大きな進化的斬新性が現れる際にペドモルフォーシスが特に有効な力になると考えていた。たとえば、脊椎動物、人類、昆虫類、飛べない鳥、空中を飛ぶ魚、種々の甲殻類グループなどの出現に、彼はそれの効果を見いだしていた。[★01]これらはみな、それぞれの仕方でかつての幼若特徴を固定して子孫の成熟体へ伝え、そしてその結果、大きな新しい進化経路を切り開いた。脊椎動物や昆虫類のような少数のグループについては、かれらの進化をペドモルフォーシス以外の何かの方法で説明するのはまだ困難かもしれないが、飛べない鳥などのグループではそれは一役を演じたにすぎない（第八章を参照）。ド＝ビアが怠ったのは、特定のグループの〝内部〟ではたらくヘテロクロニーについて何らかの公平な解析に着手することだった。いくつかのグループがペドモルフォーシスのおかげで存在しているのなら、そのほかにもペドモルフォーシスが支配しているグループがあるだろうか？　それとも、グールドがペドモルフォーシスにもペラモルフォーシスにも同じように賛成論を述べたのは、正しいのだろうか？

一九八六年のこと、私はこれらの疑問の少なくとも一つに答えるべく努めねばならなくなった。過去五億年にわたるいろいろな種類のヘテロクロニーの頻度の問題について、同学者のマイク・マッキニーが、テキサス州サンアントニオで組織していたある国際会議で研究発表をしないかと持ちかけてきたときのことだ。私の記憶ではたしか「どうもありがとう、マイク」というのが、あまり熱心でない最初の反応だった。私は自問したのだが、一体どこからこのような持ちかけの検討に着手できるだろうか？　困難なことがいくらでもあった。まず、それは科学的文献に頼るしかないのだが、どんな種別にせよ記録されたヘテロクロニーの実例の数はどうしようもなく少ない。つぎに、偏見の問題がある。今でも研究者の多くは、ペラモルフォーシスよりもペドモルフォーシスの例を記述するほうに快さを感じている。いろいろな意味でペラモルフォーシスはけなすほうが簡単なのだ。さらに、過去のものの暴威がある。多くの生物学者にとって、かすかにでも反復説の臭いがする立場から進化を説明しようという考えは、彼らを気つけ薬へ走らせるのに十分なのである。当のその説は十九世紀のカビくさい臭いがしているのだ。

化石記録における自然的、つまり人為的ではない偏《かたよ》りについて、何らかの感触が得られそうだと私が考えた唯一の方法は、一九七七年にグールドの『個体発生と系統発生』が出版されたころ以来の文献を調べ上げることだった。それで私は英国ケンブリッジに六週間滞在し、セジウィック図書館に入り浸りになって文献をあさったのである。私はおもに一九七六―八五年に出版された純粋に古生物学の雑誌に集中して例を集め、さらにその他の雑誌に出たことが分かっていた他の例や、ほかの学術誌で見つけた例を何でも加えた。私は、化石記録でのヘテロクロニーに直接言及した論文を一〇〇点ほどと、明らかにヘテロクロニー（この言葉で書かれてはいない）である進化の例を記録した論文を四〇点ばかり見つけ出した。★02

このように総ざらいした結果は二つの意味ではなはだ啓発的だった。第一に、たとえば腹足類《ふくそく》〔巻貝〕や恐竜類などいくつかのグループでは、この問題についてほとんど研究がされていないことが分かった（ただし、ここ一〇年ほどはわずかながら改善されている）。第二に、すべてのグループが均等にペドモルフォーシスもしくはペラモルフォーシスの例を示すわけではないこと。私は、過去のものをめぐる根強い先入観のゆえに、ほとんどの種類でペドモルフォーシスに寄った偏りがあるのだろうと予想していた。ところが、特にある一グループ、両生類がこうしたペドモルフォーシスへの圧倒的な偏りをしめした。その優勢ぶりをもたらす生物学的基盤がなにか——とりわけアホロートルのようなペドモルフォーシスの例がいろいろと現在の動物相から知られているのだから——根底にあるのに違いない、と思われたほどである。太古に絶滅した節足動物の一グループ、三葉虫類ではペドモルフォーシスの頻度は時代とともに変動したらしい。だが何といっても、こうしたペドモルフォーシスへの偏りが起こった要因を追究する機会を提供してくれるのは、何億年にもわたってペドモルフォーシスを優遇してきたようにみえる両生類なのである。

ウェットサイドを歩け

私は第四章であの遅々としてさえないアホロートルのことを紹介した。そして、このようなサンショウウオは二通りある生活史の経路——一つは水生のピーター・パンになる道、もう一つは変態をして陸上で隠退生活をすごす道——のどちらかへ方向転換する能力をもっている、ということを述べた。化石資料が暗示しているのは、この能力が少なくとも三億年もの間なんらかの形で両生類に付きまとってきたことである。私が論文で見つけることのできた化石両生類でのヘテロクロニーの二〇例のうち、一七例まではペドモルフォーシスだった。こうしたばらばらの例ばかりでなく、ペルム紀—三畳紀の約二億五〇〇〇万—二億年前に生存していた分椎《ぶんつい》目の多くの科がまるごとペドモルフ型だったこともわかった。

ペドモルフ型の性格をしめす構造物は頭部にも四肢にもある。サンショウウオ類におけるペドモルフォーシスの最もありふれた表れは体外へのびた鰓《えら》（外鰓《がいさい》）が存続することだ。これは化石に鰓小骨《しょうこつ》、つまり鰓を支えていた骨性の構造物があることで認めることができる。そのほかにこれらのピーター・パン両生類を特徴づける一面は、頭部の形である。ペドモルフォーシスの傾向をほとんど示さないカピトサウルス科などの初期のグループには、成長するにつれて頭骨の形に顕著な変化を起こすものが多かった。幼体の頭部は前後に短くて幅が広く、相対的に非常に大きな眼窩をもっていた。こうした両生類が成長するにつれて、頭部は幅が狭く、かつ異常に長くなった。ペドモルフ型の種類では、体はそれに対応する祖先動物の幼体よりはるかに大きいが、未発達の頭部形態を鰓小骨などの構造物とともに維持するのである。

古生代のブランキオサウルス（*Branchiosaurus*）、ドレセルペトン（*Doleserpeton*）、ミクロブラキス（*Microbrachis*）、テルソミウス（*Tersomius*）などいくつかの属の両生類で体サイズが小さかったことは幼体の成長短縮の結果だったとすれば、こうしたペドモルフ型の種類はプロジェネシス（幼形早熟）によって出現した可能性がある。しかしここで、ヘテロクロニー研究で議論の多い領域の一つ、化石資料から一定の仕組みを説明する仕事に入ることになる。現実の成長速度のデータ（殻や骨に成長線が見られる化石から得られるもの）を持っていなければ、時間の代用物としてサイズに頼るしかない。これは良いガイドになる場合（例えばイエネコはライオンより早い年齢で性成熟に達して成長を止めること）が多いが、絶対の法則ではない。両生類の場合、ミクロブラキスのような古生代の種類は、陸棲の成熟体へ変態した非ペドモルフ型の種類より相対的にずっと小さく、体長三〇〇ミリを超えることはなかった。かれらは側線溝、鰓小骨、骨化しない手根骨や足根骨、小さな四肢、細長い胴など、特徴的なペドモルフ型の構造物を備えていた。成長速度が祖先動物のそれと同様だったと仮定すると、サイズが小さかったことは性成熟が早く始まって成長が短縮したことに帰することができる。しかし他方、このような種類は、全般的に祖先より遅い速度でだが祖先と同じくらいの期間にわたり成長したのだ、とみることもできよう。この場合、その過程はプロジェネシスではなく、むしろネオテニーである。いまでは脊椎動物のもう一つのグループ、恐竜類での骨の発育に関する新しい研究で、成長速度は骨の微細構造から実際に推定できることが明らかになりつつある★03（第九章を参照）。

その他のペドモルフ型の化石両生類は、非ペドモルフ型の種類と同じくらいのサイズだったようだ。こうしたサイズの差異は、ペドモルフォーシスを起こすのに二つの異なる過程が作用しうることを示唆している。また、ペドモルフォーシスの過程における同様の二重性が現存のサンショウウオでも記録されている。ありそうなことだが、小さい化石種がプロジェネシスによって出現した（言い換えれば、かれらは普通より早く性成熟し、そのため大きな体サイズまで到達できず、幼若特徴がそのままこうした早熟な成熟体に固定してしまった）とすれば、非ペドモルフ型サンショウウオぐらいのサイズに成長するペドモルフ型の種類は、別の道をとってそのように成長したのだ。これは、形態特徴の発育速度が低下したのだから、ネオテニーによったことになる。そういうわけで、成熟が達成されたときにも変態は終わっておらず、形態特徴がピーター・パンのように恒久的に固定されているのである。

数多くのペドモルフ型の種類の進化過程で、外在要因もまた決定的な役をはたすことにはほとんど疑いがない。つまるところ、両生類の特色の一つは生活史の二段階性――幼体は水中環境に棲み、成熟体は陸上環境に棲むこと――である。かりに水中に食物源が豊富で、水中にとどまることを排する逆淘汰圧が無かったとすれば、幼期環境のなかで幼若形態で繁殖できるような両生類を有利にする強い淘汰圧がかかっただろう。幼体特有の形態だけでなく幼体期の棲み場所や行動様式も維持されることは、特に重要な意味をもっている（第一〇章を参照）。それは確かだが、両生類のいくつかのグループでは内在要因がペドモルフォーシスのこうした優勢ぶりにおいて、同じように重要だったらしいことを示唆する証拠が増えつつある。現存両生類ではプレトドン科の動物でペドモルフォーシスの例が最も多く認められている。アンビストーマ（*Ambystoma*）、アネイデス（*Aneides*）、ボリトグロッサ（*Bolitoglossa*）、バトラコセプス（*Batrachoseps*）、ノトフタルムス（*Notophthalmus*）など多くの系統では、ペドモルフォーシスを助ける淘汰選択が一群の構造特徴を標的にしてきた。とりわけ意味深いのは、短い尾、細長い体形、みずかきの張った手足などが存続すること、手と足の骨のいくつかが退化または消失していること、頭骨の骨化の程度が全体的に退化していること、などである。側線系、聴覚系、視覚系にもペドモルフ的な退化や単純化がみられる。聴覚系の単純化は、内耳と中耳の構造の退化に表れている。視覚系は、ニューロンの数や、眼の中心的な処理領域の形態的分化の程度で退化を示している。

化石両生類については、いくつかの属の動物で、発育の幼体期の短縮と関連して体サイズが小さかったことにプロジェネシスの作用が表れている。さまざまな生態学的要因がペドモルフ型の種類の淘汰選択に一役を果たしていた。なかでも顕著なのは、温度、食物、個体群密度、棲み場所など、変動する環境諸条件の効果である。こうした全体的なヘテロクロニー的諸変化とならんで、ある特定の構造物だけに影響をおよぼす局部的なヘテロクロニー的変化——その多くは（決してすべてではない）ペドモルフ的変化——の事例が数多くある。

確からしいことだが、かりに両生類の進化においてペラモルフォーシスにまさるペドモルフォーシスの優勢ぶりが真実の現象だとすれば、われわれは、何億年にもわたってペドモルフ型の構造物を淘汰選択のおもな標的にしてきた根本的な内在要因は何なのか、という問題に直面することになる。近年の研究によると、この〃ペドモルフォーシスを生じがちな安易さ〃は内部から、細胞レベルの制約によって駆動されるのではないかと言われている。この研究は、予期されるような細胞の成長速度にではなく、細胞のサイズ、特にゲノムのサイズの変化が

両生類の進化においては長期間にわたりペドモルフォーシスがはびこってきた。ヘビに似た空椎類のフレゲトニア（*Phlegethonia*、左）は約3億年前、石炭紀に生存していたもの。もう一つの空椎類、体長約60cmのディプロカウルス（*Diplocaulus*、右）はナポレオンに似て、非常に幅広い頭骨をもっていた。こうした幅広い頭骨は古生代の多くの両生類の幼体に特有のもので、楯のような大きな突出部はこの領域の成長に局部的増大があったことを表している。（ジル・ルーズ画）

動物体のサイズと形に与える影響に焦点を合わせている。よく知られているとおり、細胞内にあるDNAのかなりの量は細胞のはたらきにとって特別の有用性をもたず、いわゆる〝ジャンク〔くずもの〕DNA〟である。問題は、その他のDNA（二次DNA）が動物の外観をどの程度まで決定するのか、ということだ。もっと具体的にいえば、ゲノム・サイズの差異は形態的発育の速度に対して――したがってヘテロクロニーに対して――どんな意味をもっているのか？

〝ゲノム・サイズ〟とは、複製されていない一つのゲノムにおけるDNAの量――つまりその細胞にどれほどのDNAが入っているのか――のことだと定義される。これはまた〝C値〟とも呼ばれていて、同種内でのC値はきわめてよく一定していることが知られている。しかし、種間にはたいへんな変異がありうる。にもかかわらず、ゲノム・サイズの変異は動物体の複雑性とまったく釣り合わない。それなのに、ゲノム・サイズと発育速度には直接の相関があるらしい。ゲノム・サイズの進化と、これらの変化が成長発育の速度におよぼす影響を説明するのに、異なる仮説が四つ提唱されている。

第一の〝ジャンクDNA〟説は、ゲノムDNAのかなりの量は本質的に余分のものであり、機能的に不活性の塩基配列――遺伝子複製の太古以来の無機能の遺物を表しているだけのもの――から成っているのだという。だから、細胞が大きければ大きいほどこの進化的な〝重荷〟の量は多い。第二の仮説は〝利己的DNA〟説で、二次DNAの唯一の機能はゲノム内のDNAの量を増やす――それによりサイズを大きくする――ことだけだと主張する。このシナリオでは、膨大な時間の経過とともにゲノム・サイズの漸進的増大――それは増大しすぎて動物体に生存上どんな有利性も与えなくなるときにやっと止まるもの（その増大が成長発育の速度を制約するから）――が起こることになる。

第三の仮説は〝ヌクレオタイプDNA〟説とよばれるもので、発育速度は実際に核内ゲノムのサイズによって反比例的なしかたで決定されるのだろうと示唆する。換言すれば、存在するDNAが多ければ多いほど細胞の成長速度は遅く、動物体全体の成長速度は遅いということだ。最後にもう一つ、〝骨格ＤＮＡ〟説というのは、ゲノム・サイズは細胞の体積と核の体積の間に代謝のうえで都合のよい比率を維持するから、それはほとんど適応的な特色であると考える。ゲノム・サイズの進化的変化と発育速度との、一般的な反比例的関係を唱えるのである。

この考え方の指導的提唱者の一人、ティム・キャヴァリア＝スミス〔ロンドン大学〕は次のように書いている。

> 自然淘汰は生物体へ強力に作用して、細胞サイズと発育速度（これらは反比例的関係にある）を決定する。ある生物体の細胞の平均的体積は、大きな細胞サイズと高い発育速度をそれぞれ有利にする、相《あい》対立する淘汰選択の間の進化的妥協の結果である。つまり、ある一定の種に有利になるように達成された一定の妥協は、その種の生態的ニッチと生物としての属性とに依存するものだろう。大きな細胞ほど大きな細胞核を必要とするから、ある一定の細胞体積を有利にする淘汰選択は、それに対応する細胞核体積を有

古生代後期の迷歯類、ブランキオサウルス（*Branchiosaurus*）の成体に鰓弓《さいきゅう》があったことは、この両生類がペドモルフ型だったことを物語っている。（ジル・ルーズ画）

利にするように二次的に選択し、さまざまな生物体における細胞体積と核体積との密接な相関関係をつくりだすだろう。私が言いたいのは、ＤＮＡの基本的なヌクレオタイプ機能は、核体積を決定する核骨格《ヌクレオスケルトン》として作用することだ、ということである。だから、小さいC値は小さい核をもつ小さい細胞に必要であり、大きいC値は大きい核を要する大きい細胞に必要である。したがって、ある生物体のＤＮＡのC値はただ、ある核体積を有利にする淘汰選択の二次的結果にすぎないが、これはまた、細胞サイズと発育速度をそれぞれ有利にする淘汰選択の進化的妥協の二次的結果なのである。★04

さて、入手できる論拠を基にして、ゲノム・サイズとさまざまな形質――細胞の体積と重さ、細胞周期の長さ、減数分裂の持続時間、植物での花粉の成熟時期、顕花植物での一世代の最少時間、両生類で受精から孵化後のおたまじゃくし段階までに要する時間、等々――との間に、直接の相関があることを立証することができる。これまで、大きなC値は淘汰選択の主要な標的になることがしばしばあると言われてきた。が、必ずしもそうとは限らない。例えば、真核細胞でできた動物のうち哺乳類、鳥類、および爬虫類は、ゲノム・サイズの差異をきわめてわずかしか示さない。差異は、他のもろもろの多細胞の動植物では一〇倍ないし一〇〇倍であるのに対して、わずか二倍から四倍にすぎない。したがって、淘汰選択はゲノム・サイズと細胞サイズに焦点を合わせたのだと主張すべきなのなら、それは主として有羊膜類《ゆうようまく》（カメやトカゲやワニの類、鳥類、哺乳類、およびそれらの化石種からなる大グループ）にある小さい細胞サイズに恵みを与えたことになる。

ここで特におもしろいのは、細胞サイズと発育速度の間に顕著な負《ふ》の相関がしばしばあるという意見のことだ。言いかえれば、細胞が大きく、大サイズのゲノムがある場合は、発育速度は細胞がもっと小さい場合よりも低い、ということである。これは、細胞サイズというものが、とりわけ両生類でのようにある型のヘテロクロニー――そこではペドモルフォーシス――への顕著な偏りがあるようにみえる場合、ヘテロクロニーの特殊なスタイルを決定する重要な要因なのかもしれない、ということを暗示している。しかしそれにもかかわらず、ゲノム・サイズと胚発生速度との関係は、例えばカエル類でのように必ずしも単純な相関ではない。スタンリー・セションズとアラン・ラーソン〔カリフォルニア大学、バークリー〕は、これらの動物の発育速度が遅いことは大サイズのゲノムをもっているからだろうと書いている。けれども、小サイズのゲノムをもつカエル類の発育速度はいろいろさまざまである。[★05]

ペドモルフ型のサンショウウオ類は、例外的に大サイズのゲノムと相応に高いＤＮＡ含量をもつことが知られている。[★06] 脊椎動物の大半が一―三ピコグラムのＤＮＡのゲノム・サイズをもつのに対し、サンショウウオではこれは一四―八三の範囲にある。そのうえ、ゲノム・サイズと細胞体積の間に正《せい》の相関があるために、化石資料のなかには細胞体積を測り、それでゲノム・サイズを推定できたものもある。これによって細胞体積の長期的な系統発生的変化が推定できるようになった。先にふれたように、両生類にも顕花植物にも発育速度と細胞体積の間に反比例的関係がある。これはヘザー・ホーナーとハーバート・マクグレガー〔レスター大学、イングランド〕により両生類で確認されたもので、彼らは一八種の両生類でＣ値を測定し、最大のゲノムをもつ種はそれより小さいＣ値をもつ種と同程度の発育状態に達するのにずっと長い（ある場合には最大二四倍も長い）時間を要することを明らかにした。彼らは、自然淘汰で阻まれることがなければ、ゲノム・サイズは長い時間とともに増大する傾向があるのだろう、と考えている。[★07]

これと同じ流れでセションズとラーソンは、二七種のプレトドン科サンショウウオについてＣ値と発育速度を比較した。切除した肢の再生速度を解析するという方法でその比較をしたのである。彼らが取り扱ったすべての種でＣ値は一三・七と七六・二の間で変異し、ほぼ六倍の差異がある。種内変異はどの種でも低かった。さらに再生速度も同じように、最も遅い種と最も速い種の間で約六倍の差異をしめした。これら二つをグラフに表すと、かれらはＣ値と再生速度の間に反比例的関係を呈する。予測どおり、ゲノム体積の大きいものほど再生速度は遅かった。したがって、ヘテロクロニーの観点からみれば、ネオテニー（成長速度の低下）で進化したペドモルフ型の動物がそのように進化したのは、かれらの遅い発育速度が長い細胞周期の産物だったからだと考えることができる。

大きな細胞をもつ動物には呼吸速度の低いものが多い。また、低い呼吸速度を有利にする淘汰選択が、大きな細胞と（したがって）大サイズのゲノムの進化を有利にする基になったという可能性もある。さらに一歩踏みこむと、大きな細胞をもつ動物のペドモルフ的性格は、低い呼吸速度を有利にする淘汰選択――大きな細胞サイズを有利にする直接の淘汰選択ではなく――の副産物のようなものだと、みることもできる。呼吸速度の低いこうした不活発な動物は飢餓状態のもとで長い時間をすごすことが多い。したがって、大きな細胞によって可能になるいっそう経済的なエネルギー代謝が、大きな細胞の淘汰選択を有利にするのに十分なのかもしれない、という可能性がある。相対的に大きな細胞をもつ両生類は、概してかなり鈍重な動物であることが知られている。そのうえ、こうした種類はだいたいペドモルフ型で、空気呼吸をする成体へ変態しないことが多い。キャヴァリア＝スミスは、ペドモルフ型のプレトドン科サンショウウオ――多くは異常に大きな細胞体積をもち、肺をもたず、皮膚を通じて呼吸をする両生類――は、大きな細胞を育てるために肺を失ったのではないかと示唆している。

肺魚類における細胞サイズの進化

魚類で最大の細胞体積をもつのはハイギョ〔肺魚〕類で、かれらは呼吸するのに確かに肺を用いている。両生類と同じようにハイギョ類は低レベルの酸素のなかで生き伸びることができ、これが、淘汰選択は低レベルの代謝に有利に作用して大きな細胞サイズに恵みを与えたという考え方を裏づける。両生類は生活史のいろいろな段階で鰓《えら》や肺を使うのに対して、ハイギョ類はどの段階でも両方の方法を使う。ハイギョ類は、鰓のほかに、消化管の壁の陥没部——祖先であった原始的な硬骨魚類のうきぶくろに由来したもの——から発生する肺を備えている。口蓋が前後に長い口をもっているために、ハイギョは空気を吸い込むことができるのである。

　ハイギョはブラジルに生存していたものが一八三六年に初めて発見され、ウィーン帝室博物館の両生爬虫類《レプティリア》部門管理官だったレオポルト・フィツィンガーが、名残のような肺と上唇の近くに位置した奇妙な鼻孔のゆえに「疑いなく両生爬虫類」として記載した。イギリスの解剖学者リチャード・オーウェンも、西アフリカのガンビア川で捕獲されたハイギョを初めて見たとき当惑したが、彼はそれを魚類だと考えた。いま生き残っている三種のハイギョ——ブラジル産のレピドシン（*Lepidosiren*）、オーストラリアはクィーンズランド州産のネオケラトドゥス（*Neoceratodus*）、アフリカ産のプロトプテルス（*Protopterus*）——のうちどれでも、餌を食べているところを見た人はその光景を忘れることはなかろう。これらの魚は餌を口に取り込むと、それをかれら特有の押しつぶし型の歯板《しばん》で咀嚼《そしゃく》する。それから噛みつぶされた食物をぐちゃぐちゃの棒状のものにして吐き出し、呑み込めるほど柔らかくなるまで何度も何度も噛みなおしをする。

　最早期のハイギョは、北アメリカの三億九〇〇〇万年前のデボン紀前期の岩石から見いだされるウラノロフス（*Uranolophus*）で、現存の種類と似た歯板をそなえ、他のデボン紀の初期ハイギョ類とも同じように、類似のしかたで餌を食べていたと考えられている。[★08] 化石記録が示すところでは、デボン紀のハイギョ類は多種多様かつ豊富であった。しかも、かれらはもっぱら海棲だった。ところが、石炭紀以来かれらは淡水環境に棲みつき、約二億五〇〇〇万年前のペルム紀までには泥の中で夏眠する能力の発達したものも現れた。中生代までのこれらの時代の間に、ハイギョ類には著しい形態変化が生じた。こうした変化は、両生類の進化に深く影響を与えたのと同様のペドモルフ的な仕組みによって起こされたばかりでなく、同じ根本要因——細胞サイズの増大——が基盤になっていたらしいという、化石記録による証拠がある。

　ハイギョ類の進化史全体を通じて、だんだんとペドモルフ型の形態にむかう顕著な傾向がいくつかあった。

そこには、異形尾〔歪形尾〕が消失したこと、前後二枚あったほぼ同サイズの背びれが融合したこと、鰭条《きじょう》〔ひれすじ〕が全体的に減少したこと、外骨格からコズミン質が消えたこと、鱗の形が菱形から円形に変わったこと、全体的に骨化が減衰したこと、などが挙げられる。[★09] また三億九〇〇〇万年の進化史にわたる一連のハイギョ類を計測することにより、骨細胞の体積が着実に増大してきたことを明らかにすることができる。[★10] そして両生類の場合と同じように、この増大は大きな細胞——低い代謝速度を有利にしたもの——をもつ種類に恵みを与える淘汰選択によって起こったのではないか、という可能性がある。古生代後期のハイギョ類には代謝速度の低いものがあったことを、ペルム紀のレピドシレン科の魚に夏眠する能力の発達していたことが示唆している。現存するレピドシレン科の、半数ゲノムあたり一二一ピコグラムのDNAをもつレピドシレンと、同じく一四二ピコグラムのDNAをもつプロトプテルスは、夏眠をしないもう一種の現存ハイギョ、ネオケラトドゥス（DNAは同じくわずか八〇ピコグラム）よりはるかに大きな細胞サイズをもっている。そのうえ、ネオケラトドゥスの骨細胞体積の解析により、過去二億五〇〇〇万年のあいだ細胞サイズは増大しなかったことがわかっている。だから、プレトドン科のサンショウウオ類と同様、ハイギョ類における大きな細胞サイズの進化は、広範なペドモルフ的変化と組み合わさっていたわけである。

我々はいま、ペドモルフォーシス、細胞の体積、ゲノムのサイズ、代謝速度などの諸要因の相互作用を理解するうえで、ほんの表面を引っかきはじめたところだ。他のもろもろの動物グループでの研究をさらに進めることによってのみ、これらの諸要因の錯綜した相互関係を解きほぐし、進化におけるそれらの役割に取り組めるようになるだろう。

では、その他のグループでの細胞サイズの進化的変化はどうなっているだろうか？　たしかにもっと研究されるべきグループの一つは、広範に化石記録が得られている単細胞の原生生物《プロティスト》だった有孔虫類である。第三紀の多くの系統の有孔虫にサイズが大きくなる傾向があったことは、よく知られている。これらの生物は単細胞だったから、全体的サイズの増大はまた細胞サイズの増大をしめすということを、そのことは意味している。しかし、有孔虫におけるこうした細胞的変化と発育速度の相関関係についてはほとんど何も知られていない。両生類やハイギョ類におけるように、これらの原生生物でも細胞サイズとゲノム・サイズが発育速度と間接的に相関していたとすれば、化石記録のなかにペドモルフォーシスの例を無数に見いだすことが期待できるわけである。研究がほとんど行われていないことは、この型のヘテロクロニーは普通のものだという可能性を暗示している。

細胞死とネコの脳の進化

　スペイン中央部の南部にあるシエラモレナ山脈の山奥に進化的な〝しがみつき屋〟のように見えるネコの仲間――むかしヨーロッパ南部に広く分布していた更新世後期の動物相の生き残り――が棲んでいる。かなり大きいが一見ふつうのトラ猫に似ているこのヤマネコは歯並びに特徴があって、大きな犬歯と前臼歯をそなえている。また、イエネコ〔飼い猫〕よりずっと大きな脳をもっている。ロバート・ウィリアムズ〔テネシー大学、メンフィス〕

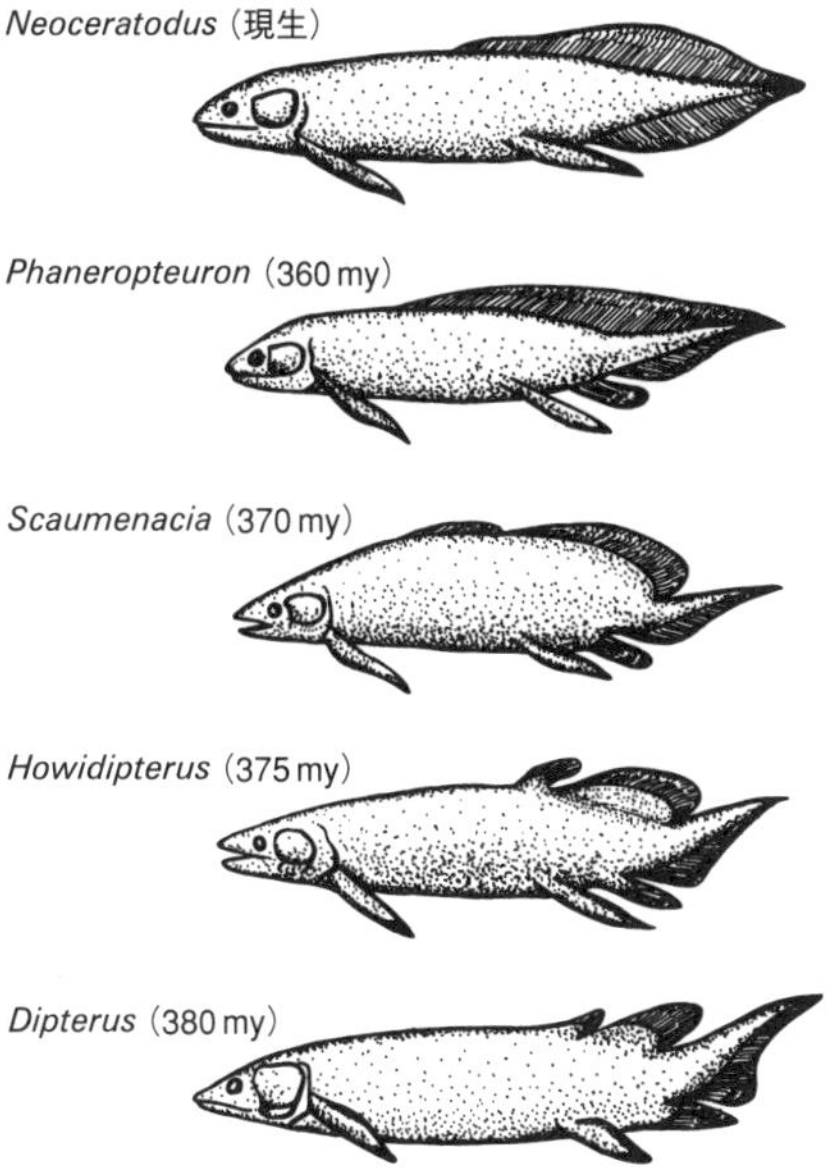

ハイギョ類の進化におけるペドモルフ型の変化のほとんどは、デボン紀の間に起こった。（myは「100万年前」を示す。）

はカルメン・カバダおよびフェルナンド・レイノソ＝スアレス〔マドリード自治大学〕と共同で、このスペインヤマネコ（*Felis silvestris tartessia*）とイエネコ（*Felis catus*）について、進化的変化の範囲、速度、方向、大きさなどを明らかにするために視覚系の進化を比較解析した。★11

形態上、このヤマネコの現存の標本は更新世の標本（約一万五〇〇〇年前のもの）ときわめてよく似ているため、この種類は世界中（アフリカを除く）で多くの大形哺乳類を絶滅させた更新世末の破局を切り抜けたものだと著者らは考えている。実際彼らは、この特異なヤマネコはフェリス・シルヴェストリス（*Felis silvestris*）種に属する他の現存のヤマネコとよりも、絶滅した更新世のヤマネコとの共通点のほうが多いという意見をもっている。イエネコは*F*・シルヴェストリスを根幹とし、更新世後期に*F. silvestris silvestris*や*F. s. lybica*といった野生の亜種をへて、体サイズの縮小によって約三〇〇〇年前に現れたと考えられている。体サイズの減退は家畜化されるより前に起こったもので、二万―一万二〇〇〇年前の更新世末に他の哺乳類に生じた同様のサイズ縮小と並行している。サイズの縮小は氷河期後の気候変化や人類との競争と関係があると考えられている。サイズ縮小の第二段階は家畜化に関連をもっており、脳のサイズや行動の変化をもたらした。ウィリアムズらの研究で特に意味深いのは、イエネコにおける体サイズと脳サイズの縮小の基になったと思われる諸要因を突きとめようとしたことだ。両生類やハイギョ類のように、それは細胞サイズの単純な相対的縮小の一例だったのか、それとも他の諸要因が関係していたのか？　イエネコの体サイズや脳サイズが小さいことは、ペドモルフォーシスの諸過程がはたらいたことを物語っている。しかし何が、細胞レベルでこのような変化を駆り立てていたのか？

これらの二種の間で体サイズと脳サイズの差異の基になった細胞レベルの要因を突きとめるため、ウィリアムズらは眼球の網膜やその他の部分にある細胞集団を解析した。要するに、眼球は脳の一部のようなものだから、眼球の細胞的構築の違いはすべて脳全体にある全般的な差異を反映しているはずだ。スペインヤマネコの脳は最大の雄で三七グラムに達するのに対して、イエネコの脳はずっと小さく、平均二七・六グラムである。脳サイズと体サイズの間にはアロメトリー的関係がある。二種のネコの平均約二倍のサイズ差（ヤマネコは六―七キログラム、イエネコは二・五―三・五キログラム）に対応して脳の重さには二五―三〇パーセントの差があり、ヤマネコの脳のほうが大きい。もっとも、稀に現れる大きな体格をしたイエネコはその体サイズに相応する脳サイズをもっていない。かれらは図体ばかりで、脳は小さいのだ。例えば、ウィリアムズらが調査した九キログラムもある巨大なイエネコは、二八グラムあまりの脳しかもっていなかった。

網膜の神経節細胞の全体的な密度はイエネコよりヤマネコのほうでずっと高く、変異があって五〇ないし一〇〇パーセント近くも多い。このことは、脳サイズに影響するのは細胞サイズではなく、存在する細胞の数であることを物語る証拠になる。つまり、イエネコの進化過程における脳サイズの縮小は細胞数の減少によって生じたことになる。脳重の二五―三〇パーセント減少と同じような、細胞数の減少があったわけだ。ある種の齧歯類《げっし》〔ネズミ類など〕など他の動物では、進化的な急速なサイズ縮小は細胞数の減少と組み合わさっていたことが知られている。が、何百万年にもおよぶ長期的な脳の進化は、少なくともこのグループでは、細胞サイズと細胞タイプの両方の変化を伴ったのである。

しかし、ウィリアムズらの研究から得られたおそらく最も意義深い知見は、違いは細胞数によるだけでなく、その違いを有利なものにする仕組みのためでもあるということだった。面白いことに、これら二種のネコはともに六三日という同じ妊娠期間をもち、出生時体重も同じ（約一〇〇グラム）であった。これらの事実が示唆するのは、細胞の成長速度の違いが脳サイズの違いの原因になるのではなく、じつは両種とも同数の細胞が胚発生の間に造り出されるらしいが、それに続く発育期にイエネコではヤマネコでよりはるかに多くの細胞が死ぬのだ、ということである。ウィリアムズらは、イエネコの網膜での細胞死は出生前後の発育期に特に多く、神経節の全細胞の八〇パーセントもが死ぬことを見いだした。これは、例えばヒトをふくむ霊長類におけるよりはるかに多い。それならば、初めに造り出される大量の細胞はおそらく、もっと大きかった祖先動物からの進化的継承の結果として生ずるのだろう。これは、細胞数の変化が短期的な進化的変化へ作用するのに対し、細胞サイズの変化は、何百万年何千万年というはるかに大きな地質学的時間の広がりへさらに深い影響を及ぼすのだろうという見通しと調和するものである。

小形化へ逃避する

一九八九年のこと、私はオーストラリア南西部、オールバニーの近くにある小さい石灰岩採石場を訪れたことがある。一〇年以上もそこへ行っていなかったが、その時の目的はウニの化石を採集することだった。それまで、同地を訪れたとき幸運に恵まれたことは一度もない。結局わかったことだが、私は見る場所を誤っていたのだ。今回は、思いがけない風のおかげで、私はこれまでに生存した最小のウニの一つをたまたま見つけることになった。

この小旅行には四歳だったわが娘ケイティーを連れていったのだが、彼女は小さなハンマーと自分の化石を入れるビニールの袋を装備していた。さて主目的の採掘場所へ出かけようというとき、一陣の突風が突然ケイティの袋を手からもぎとり、二人が向かうつもりだったのと逆の方向へ吹き飛ばしてしまった。何年も前に採石工が放置していった、ひどく風化した古い石灰岩の堆積の上の着地場所でその袋を拾おうとしてかがんだとき、私は一個のウニを見た。そのあとまた一個、それからもう一個見つけた。私たちは、石灰岩の墓場から見事に洗い出されたウニ化石の宝庫に行き当たっていたのである。

これらの化石のほとんどはエキノランパス（*Echinolampas*）属に分類される、饅頭目《まんじゅう》〔マンジュウウニ目〕のさまざまなウニだった。これらの特異なウニ類は、「ウニ」という言葉で誰もが思い浮かべるもの——人が岩場の台地を不用意に歩くとき、足の裏にその棘《とげ》をなるべく深く突きさすことを生存の主目的にしているように見える、あの棘だらけの球——とは違うのである。そんなものではない。これらのウニは俗にいう〝正形類《レギュラー》〟ではなく、ハート形ウニ類やタコノマクラ類からなるグループで、密生する細い毛のような棘に覆われたいわゆる〝不正形類《イレギュラー》〟なのだ。それまで私が採集していた標本の大半は長径が二〇—三〇ミリのものだった。とくに保存のよい一個の標本を拾い上げようとしてかがんだとき、その表面に米粒ほどの小さなウニが、台座の上に立つピーター・パンのようにちょこんと載っているのを見てびっくりした。私の最初の反応は、これはエキノランパスの幼体ウニだなと思ったことである。その形を見れば、これは筋の通らぬ仮定ではない。

こんなに小さなウニが一個あるのなら他にもあるはずだと思ったので、私は典型的な古生物学的ブラッドハウンド姿勢（鼻を地面につけ、尻を高く上げる）をとり、さっそく他の個体を探しまわった。そうして入手した標本を掃除してから細かく調べてみたとき、それらはエキノランパスの幼体ではないことを知って驚いた。どの標本も四個の生殖孔——成熟体であることの確かなしるし——を誇示していたからだ。私が取り扱っていたのは、楯形目《じゅんけい》〔タコノマクラ目〕という別の目に属する微小なウニの成体だったのである。このことが分かったため、饅頭類のウニに載っていたあの最初の個体を見つけたことがいっそう注目すべきものになった。なぜなら、五五〇〇万年前という（比較的）近い時代に現れた最初の楯形類は、饅頭類のウニからプロジェネシスによって進化したのだろうと、古くから言われているからである。こうした最初期の楯形類と幼若な饅頭類との類似は目を見はるばかりなので、私もはじめは上記のように解釈したのである。

長径わずか四ミリのこのタコノマクラ類は、その繁殖方法でいっそう注目をひくものとなっている。下面にある口の直前にくぼみが二つある。これらの内腔でその個体の産んだ幼生が育てられたのだろう。数多くの海産無脊椎動物と同じく、ほとんどのウニは体外で繁殖する。卵は体外で受精し、幼生は自由遊泳性のプランクトンになる。ところが、少数の種類は大形の卵を産み、卵は親ウニの体表にとどまる——受精の場である棘と棘の間か特殊な育子嚢《のう》の中におさまる——のである。幼いウニはそこで発育し、母体から離れられるほど大きくなるまでしっかり保護される。現在このような〝直達発生〟は、南極大陸のまわりの海域にすむさまざまな型の棘皮動物を含めて、海産無脊椎動物でかなり普通のものになっている。第一〇章でこのことの意義をさらに論ずるつもりである。

微小なフォッスラステル（*Fossulaster*）のような種類は、サイズが小さいこと、棘の数が少ないこと、管足《かんそく》の数が少ないことなど、祖先動物の幼体がもっていた特徴をいくつも維持しており、動物の新しい大グループの出現を引き起こす仕組みとしてのプロジェネシスの重要性を例示している。きわめて単純な体制《ボディプラン》の初期のプロジェネシスと進化が、子孫の成体と祖先の成体の著しい形態的相違を造りだすだけではない。実質的に異なる生態的ニッチへの重要な適応的移行もありそうだ。遺伝的差異は初めはごく小さいだろうが、ニッチの大きな隔たりが遺伝的隔離と系統分岐を確かなものにするのだろう。

ところで、きわめて小さい体サイズと単純な構造の進化に関わってペドモルフォーシスを成しとげるこの方法は、動物の他の新しい大グループの出現をもたらす意味深いプロセスである、と言われている。例えば、サイモン・コンウェイ・モリス〔ケンブリッジ大学〕とジョン・ピール〔ウプサラ大学、スウェーデン〕は最近、ナメクジが装甲をそなえたような、特異なハルキエリイア科の動物――頭部と尾部をおおう小さい殻をもち、五億年以上前に生存していたもの――が腕足《わんそく》類を生みだした可能性があると示唆している。彼らの主張では、これはペドモルフォーシス――中間のナメクジのような体を失って二つの殻をつけた状態に動物体を事実上固定した、初期のプロジェネシス型の成熟――によって起こったのではないかというのだ。★12

ペドモルフォーシスのおそらく最も意義深い役割の一つは、昆虫類を出現させたことである。昆虫類はギャヴィン・ド＝ビアがネオテニーによって現れたと認めたグループの一つだ。一八二〇年代にエルンスト・フォン・ベーアがある種のヤスデ類やムカデ類と成熟昆虫類の類似性を記述して以来、昆虫の進化に関して人気のあった説明は、ある種のムカデ類似の祖先動物が付属肢とともに分節をいくつも失うことによって昆虫類が生じた、というものだった。たとえばグロメリス（*Glomeris*）というヤスデは、孵化したときには、三対の付属肢のある胸部と、その後ろにひどく退化した付属肢のある一一個の分節からなる腹部をもっている。これが成長して脱皮を何度も重ねるうちに、分節と付属肢の数を増やしていく。こうしたヤスデかムカデのような動物から昆虫類が進化した過程で、ペドモルフォーシスが関わっていたのだろう、と論じられる。これはプロジェネシスだったのではないか。その結果として、成熟した昆虫はある点でムカデやヤスデの幼体に似ているのだろう、というのだ。

ところが、クリス・ブリメル〔ウェスタンオーストラリア博物館、ウェスタンオーストラリア州カルバリ国立公園〕の一九九一年の思いがけぬ発見のおかげで、私は同学者のナイジェル・トレウィン〔アバディーン大学〕とともに、別のシナリオが考えられそうだということを唱えるようになった。私たちが主張したのは、昆虫類はじつはユーシカルシノイド類とよばれる絶滅した別のグループの節足動物から進化したのではないか、ということである。ユーシカルシノイド類はいろいろな点で多数の脚を出したゴキブリに似ているため、約三億年前に初めて現れたと考え

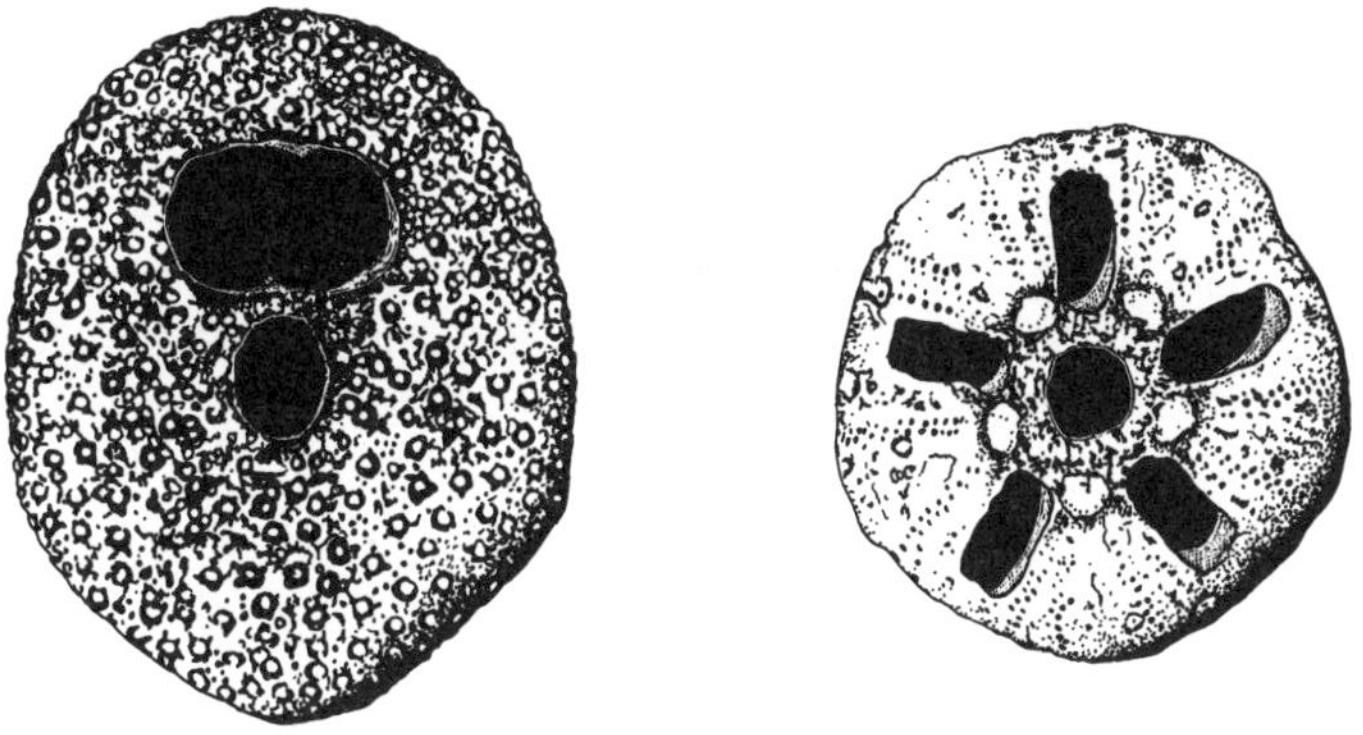

ウニ類のなかには、自由遊泳性でプランクトン性の幼生段階を失い、幼体を直線的に育てる種類がある。幼体を育てる特殊なポケットの発達しているものもある。それらは、4000万—2000万年前の微小なフォッスラステル（*Fossulaster*、左、長径10ミリまで）のように下面中央の口の前に位置することもあれば、3000万—2000万年前の同じく小さなペンテキヌス（*Pentechinus*、右）のように上面で5個の穴になっていることもある。

られていたが、それは私たちのカルバリでの発見までのことだ。カルバリア・ブリメラエ（*Kalbarria brimmel-lae*）と命名されたこの動物はさらに一億二〇〇〇万年も古く、四億二〇〇〇万年前のシルル紀の岩石から出たものである。★13 意味深いことに、ユーシカルシノイド類はこれのために、化石記録のなかではデボン紀前期の堆積物から出る最初期の昆虫の遺物よりも古い時代に位置づけられた。

私の考えでは、ユーシカルシノイド類はムカデやヤスデの類と昆虫類の間の〝欠けた鎖環《ミッシングリンク》〟である。ムカデ・ヤスデ類と同様、かれらも昆虫類より数の多い脚（精確には一一対）をもっていたが、分節数が少なかった点（実際の総数は昆虫類とほぼ同じ）でムカデ・ヤスデ類によりも昆虫類に似ていた。そのうえ、かれらはもう胸部と腹部に分かれた体をもっていた。脚の数が多かったことは別として、ユーシカルシノイド類が昆虫類と違っていた点は頭部と胸部の境界の位置である。ユーシカルシノイド類の頭部では分節が二個少なかったから、昆虫類の頭部の状態が達成されるために起こる必要があったのは二個の分節が頭部に編入されることだった。このような変化は、発生的にはさほど難しいことではない。たとえば、現存の節足動物から類推すると、ユーシカルシノイド類の卵においてある特殊な蛋白質の頭部―尾部勾配にそった濃度を変えれば、頭部と胸部の接合点の位置を動かすことになろう。これと符合して付属肢の数がペドモルフ的に減少し、その結果、昆虫類が進化したのだ。ユーシカルシノイド類の個体発生の細かいことは分かっていないけれども、分節数と付属肢数は脱皮を重ねるにつれて増えたらしい。ホメオティック遺伝子が付属肢形成の活性化の引き金をひくのを一セットの遺伝子がしそこなうことによって、プロジェネシス型の早い成熟が付属肢数のこの減少を引き起こした可能性がある。昆虫類のような大グループの出現は、祖先動物の発育プログラムのわずかな変化だけでも深遠な進化的意味をもちうることを、はっきりと示している。

とはいえ、プロジェネシス型の小形の動物がみな、新しい一つの動物群全体を生み出したわけではない。多くの場合、ペドモルフォーシスに至るプロジェネシスの道――結果として小さい体サイズとさほど複雑でない退化した構造に至る経路——を採ることは、特異なニッチに適した特殊化への道でもあった。極端に小さい体サイズは、過去五億年間に絶滅したもろもろのグループはもちろん、現存する動物グループのほとんど（すべてではない）にも広く見られる。現存動物では、さまざまな蠕虫《ぜんちゅう》〔むし〕、腕足類、軟体動物、蛛形《しゅけい》類〔クモ類〕、甲殻類、昆虫類、棘皮《きょくひ》動物、魚類、両生類、爬虫《はちゅう》類、鳥類、および哺乳類で、そうした例が知られている。また、三葉虫類、アンモナイト類、恐竜類など絶滅した大グループからも例が記録されている。化石の例を調べることの付随的利益は、だんだんとプロジェネシス型になる数多くの種類の連続が進化系統を構成し、より小さく、より単純な構造になっていくのが理解できる点にある。巻頭の「プロローグ」で述べたとおり、スコットランドのカンブリア紀前期の最初期の三葉虫類の間でさえ五億年も前にこうしたペドモルフォーシスの過程がはたらき、主要な進化的プロセスとして機能していたのを見ることができるのである。

　ところで、動物体のサイズが、生物群集のなかでの生態的ニッチとならんで、からだ全体の機能の仕方を

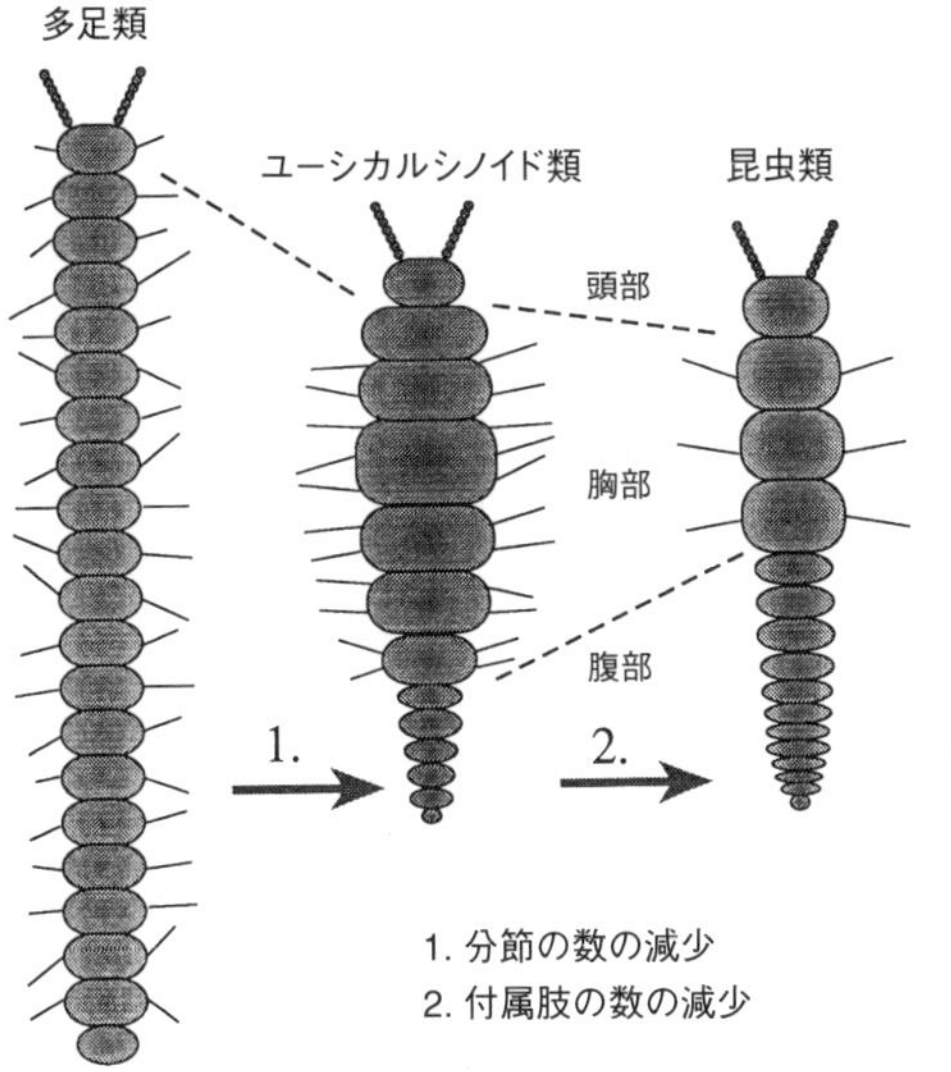

昆虫類は、分節数のペドモルフ的減少と、次いで付属肢の消失によって、ヤスデ類からユーシカルシノイド類のような絶滅した中間的な種類をへて進化してきたのかもしれない。分節と付属肢をともに調節するホックス遺伝子の抑制が、古生代前期にこのような変化を起こさせた可能性がある。

かなり束縛することに疑いはない。サイズ縮小が極端に進むことは、全体的な構造だけでなく、生理、生活史、行動などにも影響を及ぼすだろう。が、どれほど小さければ小さいと言えるのか？　極度に小さいペドモルフ型の脊椎動物には、体長がわずか一〇ミリ、体重がわずか約二グラムという種類もある。無脊椎動物にはさらにずっと小さいものがある。南極大陸付近に棲むある種の二枚貝は長径がわずか一・一ミリしかなく、これと比べると私のフォッスラスケルの化石などは怪物のようにみえるほどだ。じつは、南極大陸の周り一帯は、こと体サイズに関しては大変な違いのある――極端な体サイズの正当な配分をこえて極大種も極小種もかなり普通にいる――地域なのである。事実、二枚貝の六一パーセントは体長一〇ミリ以下で性成熟に達するという文献がある。また場所によっては、小さい動物だけからなる群集――いわゆる間隙《かんげき》動物相や中型底棲動物相《マイオフォーナ》――が存在するところもある。

生活環境とは、完全に尺度《スケール》の問題である。穏やかな波がひたひたと寄せる濡れた砂は、人間にとっては砂のお城を建てるのに適した有用な媒体であるかもしれないが、多くの動物には、砂の一粒一粒が怪物的な大きさ――乗り越えるべき巨岩、下に隠れるべき巨岩、押しつぶされるのを避けるべき巨岩――に見える。水底環境のほとんど、とくに海底にある砂粒の間のすきまに棲みついているのは別の世界、微小な動物たちのリリパット的群集だ。そこには無脊椎動物の大半のグループがふくまれ、ほとんどもっぱらこの間隙環境だけに生存する動物たちのグループがそっくり入っている。世界最小の動物たちが生活するのは、この動物相の中なのだ。たとえば、体長わずか一ミリのヒドロ虫類や体長三分の一ミリそこそこのムシなどもいる。また、その動物相には体長三ミリというジャイアントたちもいる。半ミリないし一ミリという長さが、大半の動物が到達し、しかも効率よく機能することができる体長の下限であるらしい。

この中型底棲動物のペドモルフ的な性格は、体サイズがきわめて小さいことだけでなく、いろいろな形態特徴の数が減少していることに表れている。たとえば、ハランモヒドラ（*Halammohydra*）というヒドロ虫類の触手は、この顕微鏡的世界に棲んでいない他のもっと大きいヒドロ虫類よりずっと数が少ない。それはわずか七本しかないが、祖先的なヒドロ虫類は三六本ももっている。一九五〇年代にベルティル・スウェドマルク〔クリステネベリ動物学研究所、スウェーデン〕が、中型底棲動物相のこうしたメンバーにおけるペドモルフォーシス（彼の呼称では〝ネオテニー〟）の役割を論じたことがある。彼が「〝型外れ〟（ただ違っていること）のプサンモドリルス科多毛類」と呼んだグループのなかで、プサンモドリロイデス・ファウヴェリ（*Psammodriloides fauveli*）という種は非常に小さく、プサンモドリルス・バラノグロッソイデス（*Psammodrilus balanoglossoides*）という別の種の二五分の一しかないことを示した。しかも、その成熟体の構造はプサンモドリルスの幼体に似ている。さらに彼は、このペドモルフ型の種類では細胞数が少なく、非ペドモルフ型のプサンモドリルスの約二五分の一しかないことも明らかにした。その他の間隙性の動物——種々の蠕虫、刺胞類（サンゴ虫類）、橈脚《とうきゃく》〔カイアシ〕亜綱ハルパチクス目の甲殻類、ヒドロ虫類など——はすべて、成熟してからも祖先の幼生の特徴を維持するという。★14

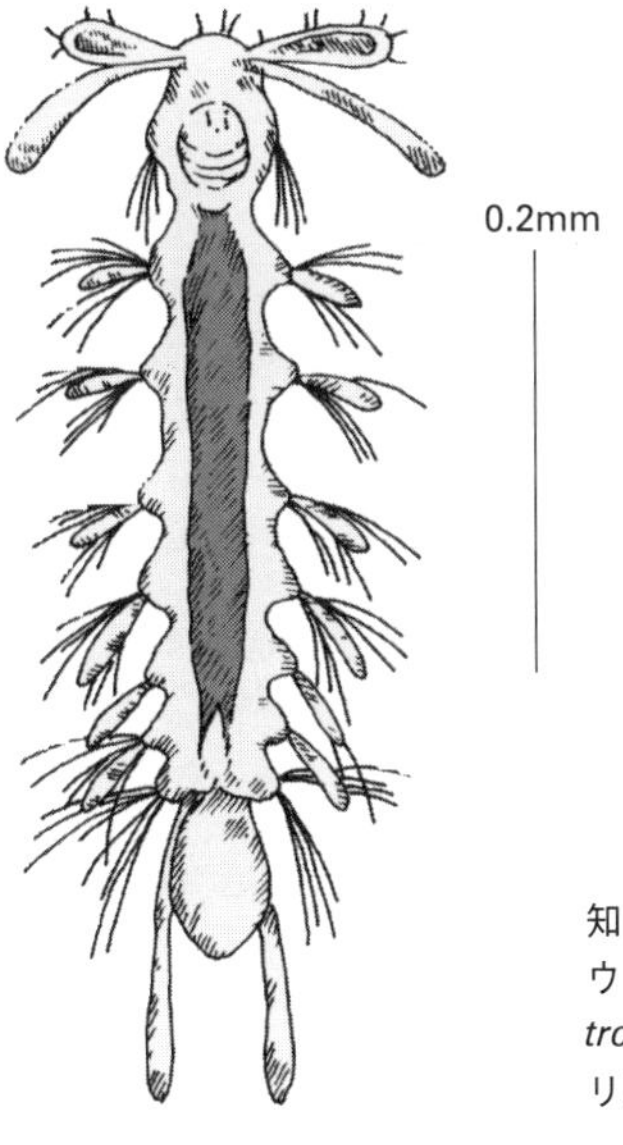

知られているなかで最小の動物の一つ、ネリリディウム・トログロカエトイデス（*Nerillidium troglochaetoides*）という原環形動物は体長が半ミリ以下で、幼生の形を引きずっている。

ヘテロクロニーの観点からいえば、こうした小さなペドモルフ型動物の進化には、プロジェネシスかネオテニーかのどちらかの道がありうる。前者のプロセスでは、早すぎる成熟がほとんど常に小さい体サイズと組み合わさっているものだ。ネオテニーの場合はそれほど単純ではない。プロセスとしてのネオテニー、つまり発育速度の低下は通常、あるいくつかの構造物だけに影響をおよぼす。ネオテニーが小さなペドモルフ型動物を造りだすには、動物体全体の成長しつつあるすべての部分がそれぞれの発育速度を低下させ、サイズの増加量を減少させねばならないだろう。現存動物についてこれら二つの仕組みの相対的頻度を確かめる研究はほとんどなされておらず、化石グループについてはなおさらである。

ペドモルフ型のサイズ縮小の影響は、中型底棲動物に見られるように構造上の複雑さの低下をもたらすことが多い。動物体のあるいくつかの構造物だけが、サイズと複雑さでペドモルフ的減少を示すこともよくある。これは一定の構造物の発達程度の低下（例えば〝アシナシ〟トカゲの四肢）によるか、ヘビ類の付属肢のように構造物の完全な消失によって起こるものだ。一例をあげれば、トリウス（*Thorius*）というサンショウウオの一種では、成体の頭骨にある構成骨の数は、もっと大きい非ペドモルフ型の属がもつ骨より少ない。残っている骨には、あまりに退化しているので他の骨とつながらないものもある。そのため、脳のかなりの部分は頭蓋骨《とうがい》で保護されていない。このようなペドモルフ型の種類が成熟したとき祖先と推定される種類の幼体に似てはいるが、それらは互いにぴったり匹敵するものではない。

ほとんどの構造物が退化する場合にも、比率で相対的に大きいものが少数ありうる。これは、小さな幼体に適した構造物がそれより少し大きくなった成体には適切ではないからだろう。プロジェネシス型の成体は、ごく小さいけれども、祖先の幼体形に相当するのよりいくらかは大きく成長する可能性がある。このようなミニ型ピーター・パンたちが成功するわけ——成熟したとき祖先の成体が占有していたのとはまったく違うニッチを占有する能力のほかに——の一つは、構造上の斬新さはしばしばプロジェネシスの結果として生ずるということだ。たとえば、東南アジア産のファロステトゥス科の小さな魚の雄には、腹鰭《はらびれ》の変形した特異な交尾器が発達している。また別の例では、小さなムクゲキノコムシ〔ハバネムシ〕科の甲虫の成体は、特殊な繊毛をもつ長さわずか四分の一ミリの羽をそなえている。

ところで、現存動物相にも絶滅動物相にもミニ型でペドモルフ型の種類がずらりと現れることは、環境というものが、こうした動物の淘汰選択を引き起こすことに直接的影響力をもちうることを示唆している。砂粒の間で生活している微小な中型底棲動物とならんで、化石記録は、過去のある環境条件のもとで特殊な動物相を小さなペドモルフ型の動物が支配していたことを物語っている。海産無脊椎動物のいわゆる矮小形《ドワーフ》動物相が数多く、四億五〇〇〇万年前のオルドビス紀から現在までの岩石に出る、化石記録のさまざまな部分から見つかっている。これらの動物相はさまざまな腕足類や軟体動物で成っていることがあり、軟かくて不安定な底質の特徴をもつ堆積環境のなかで見つかることが多い。アーネスト・マンシーニ〔アラバマ大学〕は、テキサス州で発見された七〇〇〇万年前の白亜紀後期のカキ類とアンモナイト類の体サイズが小さいことと構造が単純なことを、ペドモルフォーシスで生じたものと解釈した。そしてその要因を彼はプロジェネシスに帰している。また彼は、結果的に生じた小さいサイズから得られる利益は、もっと大きな貝と違って、小さい貝は軟かくて不安定な堆積物を占有できたことにあると考える。★15 同じように、ヨーロッパの白亜紀後期のチョーク〔白亜〕層から出る多数の非常に小さいプロジェネシス型の腕足類は、大形の貝の重さを支えきれないようなごく軟かい堆積物の上で生活していた。これらの腕足類には、肉柄《にくへい》のような祖先的な付着の仕組みをすでに失っていたものが多い。しかし他方、幼体には肉柄の出る小孔があるが、成体——膨らんだ側の殻を下にして軟かい堆積物の上に横たわっていた成体——ではそれが閉じている種類もある。また、同一の動物相から記載された四三種の小さな腕足類のなかには、小形のカイメン類やコケムシ類、あるいは軟かい堆積物の上に積もった貝殻の屑などに付着して生きていたらしい種類もある。★16

ディーター・コルン〔テュービンゲン大学、ドイツ〕は、約三億七〇〇〇万年前のデボン紀後期の動物相では小さいペドモルフ型の動物たち（バルヴィア *Balvia*、リングアクリメニア *Linguaclymenia*、パラウォックルメリア *Parawocklumeria* など）が優占していたことを述べている。これらは非ペドモルフ型のアンモナイト類といっしょに出てくる。ほかには、もっと大きい非ペドモルフ型の種類が優占する動物相もあった。アンモナイト類の現れかたの違いは生態学的条件が違っていたことと関連づけることができる。いくつかの独立した進化系統では、急速なサイズ縮小が特色になっていた。こうした矮小形《わいしょう》の種類は形態上はだいたい祖先動物の幼体に似ているが、普通サイズの祖先の縮小版ではない。コルンは、サイズ縮小はたぶんプロジェネシスによる個体発生の急激な短縮からきたのだろうと、考えている。意義深いことに、きわめて単純な殻の構造を備えたこうした小さなアンモナイト類は、さまざまな殻や外装の特色――ほぼ三角形をなす渦巻き、殻口の突出、背外側の溝、肋条《ろくじょう》をなす種々の模様など――をもつ新しいタイプにつながる、適応放散の基礎になった。[★17]

またコルンは、小さなプロジェネシス型の貝が出てくるのは不安定な環境条件のために起こったのだと言う。アンモナイト類でのペドモルフォーシスは温度変化で引き起こされた可能性がある。デボン紀後期のペドモルフ型動物は、非ペドモルフ型動物より水深が浅く、おそらくやや温かい環境から出てくるからだ。またそれとは違って、プロジェネシス的な出来事は海水面の低下から起こる環境の不安定さ――早熟な成熟で達成される高い生殖速度を必要とするもの――の産物だったという可能性もある。プロジェネシスで起こった急激なサイズ縮小は地質学的にはきわめて高い速度で達成された。コルンが注目したように、より小さい体サイズにかかる淘汰圧への反応はおそらく、わずかな遺伝的変化だけで達成されたのだろう。その結果、祖先の成体の構造と著しく違った小さなアンモナイト類が進化してきたのである。

環境の諸要因はまた、眼や四肢などいくつかの構造物だけが影響をうけるような状況の下で、ペドモルフォーシスが有利になるように淘汰選択をすることもありうる。矮小形《ドワーフ》動物相に関しては、動物体の全体が影響を

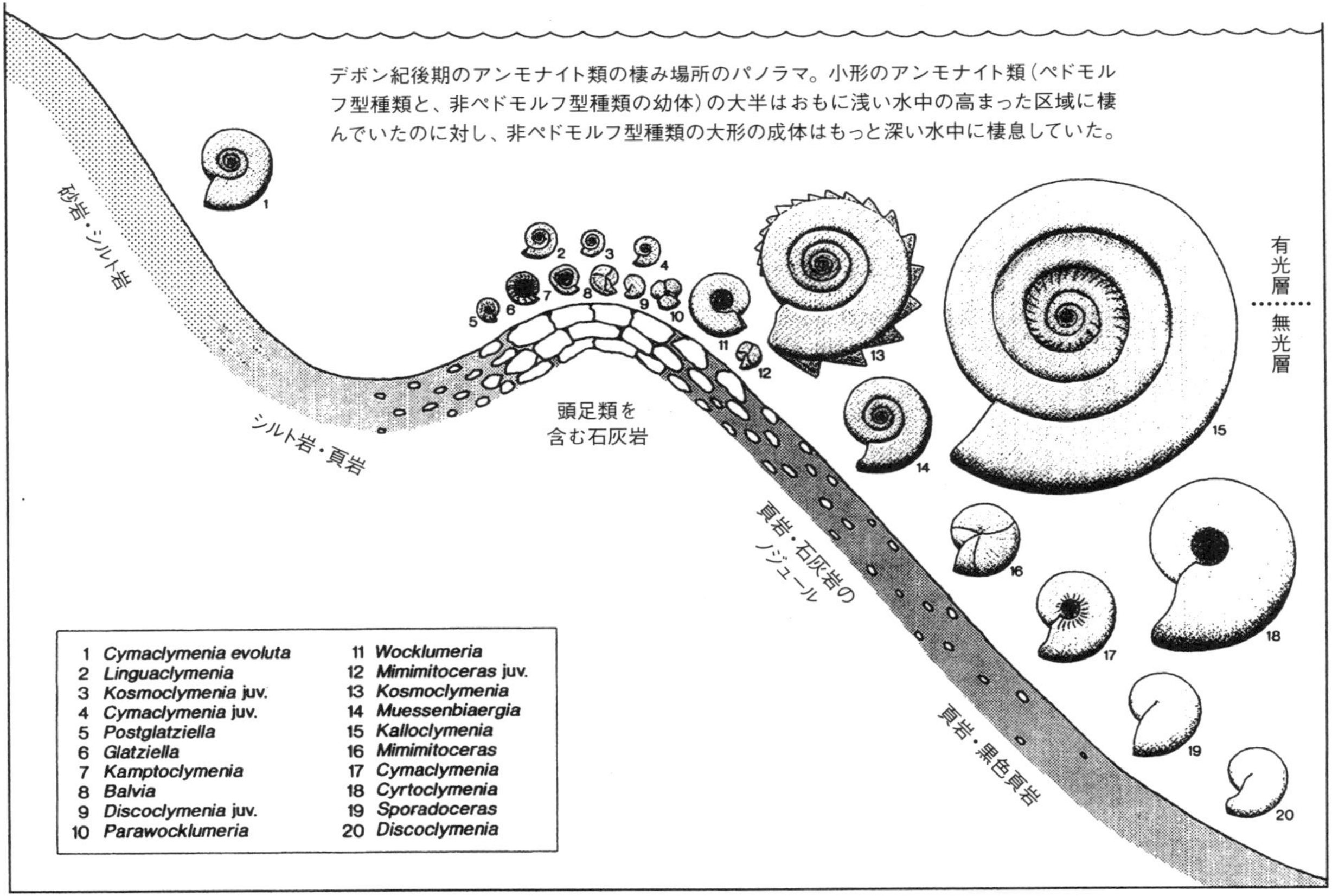

有光層｜無光層

砂岩・シルト岩

シルト岩・頁岩

頭足類を含む石灰岩

頁岩・石灰岩のノジュール

頁岩・黒色頁岩

1	*Cymaclymenia evoluta*	11	*Wocklumeria*
2	*Linguaclymenia*	12	*Mimimitoceras* juv.
3	*Kosmoclymenia* juv.	13	*Kosmoclymenia*
4	*Cymaclymenia* juv.	14	*Muessenbiaergia*
5	*Postglatziella*	15	*Kalloclymenia*
6	*Glatziella*	16	*Mimimitoceras*
7	*Kamptoclymenia*	17	*Cymaclymenia*
8	*Balvia*	18	*Cyrtoclymenia*
9	*Discoclymenia* juv.	19	*Sporadoceras*
10	*Parawocklumeria*	20	*Discoclymenia*

デボン紀後期のアンモナイト類の棲み場所のパノラマ。小形のアンモナイト類（ペドモルフ型種類と、非ペドモルフ型種類の幼体）の大半はおもに浅い水中の高まった区域に棲んでいたのに対し、非ペドモルフ型種類の大形の成体はもっと深い水中に棲息していた。

うけた。しかし洞穴内の環境では、こうした場所での生活への適応をしめす動物の多くがそこで生活できるのは、ある限られた構造物だけが標的になるからだ。洞穴にすむ動物によく見られる奇妙な構造物はこれまで、さまざまな議論の対象になってきた。こうした動物たちはいわゆる〝退行〟進化の産物だと考えられることが多いが、決してそんなものではない。眼など一定の構造物が退化または消失する場合があるけれども、こうした進化は後ろ向きの歩みなのではない。それは、きわめて特殊な環境で生きることを可能にする特殊化なのである。進化の程度を表す形容語句をつくる必要があるのなら、これらの地下の動物は〝高度に進化したもの〟と考えてよいものである。

近年の研究で、深い洞穴内のようなストレスの強い環境に生活することは実際に形態変化を引き起こすらしいことが分かってきている。動物が高水準の環境ストレスに対処する一つの方法は代謝速度を低下させることであり、いろいろな洞穴動物で代謝速度が普通より低いことが知られている。ストレスで起こるペドモルフォーシスによって、新しい棲み場所へ移ることが本当に容易になるかもしれない。このストレスはホルモン産生に直接に影響して発育を遅くし、ペドモルフ型の特徴を造りだすのだ。たとえば端脚類〔ヨコエビ類〕では、光にさらされることが、発育を調節するのに重要な触角腺ホルモンに直接影響を及ぼすことがある。端脚類のなかで最もペドモルフ型なのは、ハワイ州カウアイ島産のスペラエオルケスティア・コロアナ（*Spelaeorchestia koloana*）という洞穴性の種である。暗い落葉落枝層にすむ近縁の種はそれほどではないが、もっと明るい環境に棲んでいたかれらの祖先よりはペドモルフ型になっている。★18

洞穴性の脊椎動物では、プレトドン科の両生類で最もよくペドモルフォーシスが知られている。洞穴性サンショウウオ九種のうち、二種以外のすべてがペドモルフ型で、幼生期の外鰓《がいさい》を終生維持する。これらの動物については古くから幼生的な性格が広く知られている。最も有名な洞穴性サンショウウオのホライモリ（プロテウス、*Proteus anguinus*）は初めて学問的に研究され、記述（一七六八年、J・N・ラウレンティ）された洞穴種なのだが、それよりずっと前から、一〇世紀ないし一一世紀の井戸の上部構造の石にプロテウスの彫刻のあることが知られていた。また、今でもスロヴェニアのポストイナの洞穴に棲んでいるプロテウスのことを、ヨハン・ヴァイヒャルト・フォン・ヴァルヴァゾル（一六八九年記述）は竜の実在を証明するものだと考えていた。彼によれば、洞穴から出る大水はそこに棲む一匹の竜が引き起こすのだという。流し出されたプロテウスは竜の幼体だと考えられていた。

ペドモルフォーシスは明らかに、多数の動物グループの進化過程における重要な傾向であった。進化というものは、たえず構造的複雑さの増大にむかう諸傾向の一つのあり方なのではない。単純化ということも、新しい適応の道を開くうえで同じように有力でありうるのだ。ある動物グループにおけるプロジェネシスのおそらく最も極端な結果は、寄生性の生活様式を採ったことである。そのうちたぶん典型的なのは、鉤頭虫《こうとうちゅう》類とよばれる小さなムシだ。ふつう体長がわずか数ミリのこれらの動物が寄生性の生活様式を獲得したのは、サイモン・コンウェイ・モリスとデイヴィッド・クロ

スロヴェニア産の盲目の洞穴性サンショウウオ、ホライモリ（*Proteus anguinus*）。

ンプトン〔ケンブリッジ大学〕がプロジェネシスによったものだとしている。[★19] 鉤頭虫類は真骨《しんこつ》魚類の体内に棲んでいるのが見つかることが多いが、鳥類、哺乳類、たまには爬虫類や両生類の消化管の奥深くにも棲みついている。自由遊泳性で大形の祖先動物――ブリティッシュコランビア州〔カナダ〕にある、五億三〇〇〇万年前のカンブリア紀中期のバージェス頁岩《けつ》から出るアンカラゴン・ミノル（*Ancalagon minor*）などのムシにたぶん似た動物――から、歯も消化管もない小さな寄生性のムシが、漸進的なプロジェネシスによって中型底棲動物の小形の種を経由して進化してきた、という可能性がある。中型底棲動物相におけるのと同じように、寄生性の鉤頭虫類の進化は小形化と構造の単純化とによって進んだのである。

このような極端な単純化の利点は、サイズが小さいこと（寄生生物にとっては生活機能上の必須条件）にあるだけでなく、生殖器を特殊化させて卵の生産を最大にすることにより、多産性を確保しうることにもある。ここでもまたプロジェネシスが、全体的なサイズとさまざまな形態的構造物の複雑さを低減させ、その一方で他の構造物には増大をもたらすことを、我々は了解することができる。次の章で検討することだが、こうした発育上の〝トレードオフ〟〔交換的な取捨選択〕が進化過程のいくつもの主要な段階で大きな役割を果たしたのだと、私は考えている。

8 過去の姿、未来の形

生命を　もつ有機体、　果てしなき　波の下にて
大海の　真珠のごとき　洞穴に　生まれ育てり。
初めなる　ものは小さく、　虫めがね　にも視《み》えはせず、
泥の上　動き、はたまた　ぬかるみに　潜りて見えず。
かかるもの、続くあまたの　世代へて　栄ゆるうちに、
新たなる　力をにぎり、　大いなる　四肢を身に着く。
その日より　草木の群れの　数しれず　現れきたり、
そしてまた　鰭《ひれ》、脚《あし》、翼《つばさ》、　息づきて　ゐる王国も。

イラズマス・ダーウィン『自然の殿堂』（一八〇三年）

一九九四年の初夏、ウェスタンオーストラリア州の害獣よけのフェンスに沿ってエミューの大群が集まったことがある。ディンゴ〔野生のイヌ科動物〕やアナウサギから農業地帯を守るように造られたこのフェンスに、飢えてやせた何万というこの鳥が、干魃《かんばつ》に見舞われたその州の半乾燥地帯から比較的水の多い海岸ぞいの地方へ

移動しようとして引っかかったのだ。フェンスに到着するまでに、かれらは長い強力な脚でマルガの叢林やスピニフェックスの生える乾いた砂漠を越えて、もう何百キロも歩いてきたのである。こうした脚も、それが支える大きな体も、この種類のメンバーたちにはよく役立っていた。何千万年にもわたって南の諸大陸に棲みついてきた他種の飛べない巨大鳥のメンバーに、それらが役立ったのと同じように。しかし、これらの特殊な平胸《へいきょう》類（飛べない大形鳥類として知られるもの）に進化した脚は、他の対肢《ついし》、つまり翼を犠牲にして発達したのだ。平胸類には、進化史のある遠い段階で三つの形態変化が起こった。体サイズと体重の増大、翼と胸骨《きょうこつ》のサイズの減少（飛ぶことができないまでに）、そして脚のサイズの異常な増大、の三つである。

皮肉なことに、エミューたちがだんだん死んでいく一方で、ワシなど他の猛禽《もうきん》類が頭上に高く旋回し、増えつづける死骸の山を貪欲にむさぼるため舞い降りる前に、かれらにとっては存在しない障害物の上を音もなく滑空していた。かれらの大きな力強い脚はオーストラリアの果てしない叢林ではよく役立ったが、翼を失っていることは、この時この場ではエミューの破滅の原因であることが明らかになった。焼けつくような酷暑のなかでこれら無数の鳥の生命がじりじりと衰えていくとき、目の前を過ぎていった最後の光景は、飛翔力を持っていた大昔のかれらの祖先動物の子孫らが、死のフェンスの上空をすました顔で悠然と舞っている姿だっただろう。

ギヴアンドテイクを少しばかり

現在さまざまな種の飛べない鳥が生存しているが、なかでも抜群に壮観なのは平胸類〔ダチョウ類〕である。このグループに含まれるのは、エミュー（オーストラリア）、ダチョウ（アフリカ）、レア（南アメリカ）、ヒクイドリ（オーストラリアとパプアニューギニア）、それにキーウィ（ニュージーランド）で、比較的近い過去までいたが今は生存しないものにモア（ニュージーランド）、ゲニオルニス（*Genyornis*）などのドロモルニテス類（オーストラリア）、およびエピオルニス（*Aepyornis*、マダガスカル）がある。小さい鳥であるキーウィを除いて平胸類は飛ぶことのできない大形の地上性鳥類で、胸骨が偏平ないかだのような形をしているためにこの名がある。往年の博物学者のなかには、平胸類が南半球の諸大陸に広く分布していることは、かれらがそれぞれ別々の根幹から進化したことを物語っていると考えた人もいたが、プレートテクトニクス〔岩盤構造論〕の理論によると、かれらは中生代にあった南の超大陸、ゴンドワナに共通の起源をもっていたとされる。

平胸類では幾つかの極めて原始的な特徴（現存鳥類の祖先から早い時代に分岐したことを物語るもの）と、高度に発達した、しばしば特異な一群の形質とが組み合わさっている。かつて平胸類は、翼が短いことと関連して胸骨に竜骨突起がないことに基づいて、同じグループにまとめられていた。が、かれらはまた他のどんな鳥にもない特徴を共有している。羽毛の覆いが〝ゆるい〟こと、肩甲骨と烏口骨《うこう》（胸骨と肩甲骨を結ぶ骨）が融合していること、翼が著しく退化していること、後肢が強大に発達していること、などである。チャールズ・ダーウィンをふくめて昔の博物学者の多くは、飛ぶのに用をなさないひどく退縮した翼の原因を〝不使用〟や〝退化〟にもとめた。他方、平胸類の〝退化〟した諸形質は発育期間が短くなった結果だと解釈した人々もいた。

二十世紀に入って要約反復の観念が衰退し、説明原理としてのペドモルフォーシスの有力性が浮上するとともに、平胸類はその考え方を支える〝コーズ・セレーブル〟〔論争の的〕の一つになった。その旗手はギャヴィン・ド＝ビアだった。一九五六年に平胸類に関する重要な論文を書いたとき彼は、「平胸類に、うずくまり姿勢、頭骨《とうこつ》の構成諸骨間に終生存続する縫合《ほうごう》、速顎型《ドロメオナサス》（古顎型）構造の口蓋《こうがい》などが存在することは明らかにネオテニー、つまり、平胸類の祖先において幼期のものであった特徴が二次的に維持される結果（である）」という、確固たる意見をもっていた。[★01] そして二年後、ド＝ビアは著書『胚と祖先』のなかで「ダチョウは、他の鳥類のひなの特色である型の羽衣《うい》を成鳥でも維持する点でネオテニー型であることは……明白である」と述べている。

さらに、ペドモルフォーシス〔ネオテニー〕論者たちを引きつけたのはこれらの鳥の飛ぶことができないという特性だけではなかった。その考え方は翼の問題をはるかに超えて、頭蓋《とうがい》、腰帯《ようたい》〔骨盤〕、羽毛などの諸側面にまでも広げられたのである。平胸類のペドモルフ型性格を主張した多くの研究者たちはそれを〝ネオテニー〟と呼び、本来のネオテニー〔幼形成熟〕と幼若特徴の保持とを同一視する伝統を開いた。これは生物学の文献で定着するようになり、今日でもまだこの用語を記述的な意味で用いて混同している生物学者たちがいるほどだ。こうした幼若特徴の表れは現代では〝ペドモルフォーシス〟〔幼形進化〕と呼ばれるのであり、〝ネオテニー〟という語は、発育速度の低下を生じてペドモルフォーシスに帰着する一定の過程《プロセス》だけを指すのに維持されている。ネオテニーは過程、ペドモルフォーシスは結果なのである。

どんな特徴にも〝ネオテニー〟という拘束服を着せるために生物学者たちが一九五〇年代におかした精神的ゆがみは、平胸類での口蓋の進化に関するド＝ビアの説明にもうかがわれる。平胸類の進化に関する一九五六年の著作で彼はこう書いている。

> 反復説をまだ信じている人がいるなら、彼らにとって、新顎型《ネオナサス》の口蓋はその発育過程で古顎型《パレオナサス》の口蓋の状態を〝反復〟するのだ、だから古顎型は祖先的なのだ、と言いたいだろうことは疑いもない。しかし、平胸類は飛翔性の鳥から二次的に進化したものだという圧倒的な証拠……〔および〕平胸類は他の二つの形質ですでにネオテニーを示しているという事実からみて……平胸類は口蓋において原始的だと考えることはできない。

これを言い換えれば、少数の形態特徴がペドモルフ型だからという理由で、その動物全体をペドモルフォーシスの産物だと見なさねばならないことになる。そして、こうした考え方が、今日の進化生物学の思考のなかでも、大まかにみてまだ根を張っているのだ。現今ではペドモルフォーシスもペラモルフォーシスも、根拠確実なヘテロクロニーの結果であることに反対する人はほとんどいないだろうが、それでもなお動物体はペドモルフ型かペラモルフ型かのどちらかだと見られがちである。ところが、この章と次の章で述べることだが、ほとんどの動物体はペドモルフ型特徴とペラモルフ型特徴のカクテルなのだ。実際、過去五億年来この地球に棲みついている途方もなく多彩な動物を造りだすのに意義深い貢献をしてきたのは、無限に多様な混合比をみせるこの有能な混合物なのである。

平胸類の特徴のうち、いくつかはペドモルフォーシスの産物であることにはほとんど疑いがない。近年、そのペドモルフォーシスの範囲をブラッド・リヴジー〔カーネギー博物館、ピッツバーグ〕がかなり詳しく再調査している。たとえば、平胸類の小さな翼の骨や、頭蓋の縫合がなかなか閉じないことはネオテニーによって進化したのかもしれない。★02 これらの鳥では頭蓋の縫合が閉じるのに多年を要することが知られているのである。この章の後半で論ずるとおり、個体発生のある段階から次の段階へ（ここでは縫合が閉じていない状態から閉じた状態へ）の移行の遅れをしめす多くの例は、ペドモルフォーシスに結果する、とみることができる。成長の早期が子孫動物では延長しているからだ。が、もしこの時期に、他の形質で顕著なアロメトリー的成長が進んでいるとすれば、結果はペラモルフォーシスになるかもしれない。平胸類のもつ他のいろいろな構造特徴の根源は明らかに、成長程度の相対的なペラモルフ的増大にある。そこには、大きな体サイズ（成熟開始の遅れやその鳥の全体的な成長速度の加速で生ずる）や、相対的に非常に大きな脚がふくまれる。平胸類の進化過程で起こったことは教えるところが特に大きいのだが、それは、他の多くの脊椎動物でも起こったこと、つまり進化的なトレードオフ〔交換取引〕とそれが並行しているからだ。もし淘汰選択がある一定の構造物の巨大化をはっきり有利にするのなら、その巨大化は他のものを犠牲にすることがしばしばあるだろう。

結局、ダチョウにとって最も大切なものは何なのか？　進化学者たちの注目を集めた哀れな無用の翼なのか、それとも大きな胴体とか、飢えたライオンの横腹を一蹴りで打ち破ることもできる強大な脚なのか？　後者だと、私は思う。ペドモルフ型の特徴は進化的トレードオフなのであり、平胸類の場合は、翼全体も羽柄《うへい》のある羽毛も弱小化したという特徴がそれだ。成長しつつある動物は、ある一定量のエネルギーしか成長に費やすことができない。かりに、淘汰選択がある一定の構造物に成長を集中した個体を有利にするとすれば、細胞サイズと細胞数の全体的増大がないかぎり、体のいくつかの区域は発育上のトレードオフでは負けるしかない。

つまり、平胸類には、ブラッド・リヴジーが「頭骨、前肢〔翼〕、後肢〔脚〕などのいろいろな所に局在するヘテロクロニー的諸変化の複雑な配置」と呼んだものが見られるわけである。適切な生態的ニッチの利用可能性に左右されて、生態学的必要条件がカクテルの混合材料を決めるのである。たとえば、六五〇〇万年前に恐竜類が消滅した直後の新生代の初めに、大口を開けて空っぽになった、大形捕食者というニッチがあった。が、これはすぐ哺乳類で満たされたのではなく、フォロラクス（*Phororachus*）〔フォルスラクス〕のような大形で飛べない鳥類によって占められた。かれらは大きな胴と強大な脚をもっていただけでなく、巨大な頭部とがっしりしたくちばし——疑いなく祖先動物のアロメトリーを引きずったハイパモルフォーシス的成長（加速した成長）の産物——をも備えていた。

リヴジーの注記によると、鳥類の無飛力性の実例のほ

かつてニュージーランドに棲んでいたモア。飛べない鳥、平胸類の絶滅種。このディノルニス・マクシムス（*Dinornis maximus*）はいくつかあったモアの種のなかで最大のもの。足元にいるのは現存の飛べない鳥、キーウィ。

とんどは体サイズの増大と組み合わさっており、これはたぶん、脚のサイズの増大加速だけでは淘汰選択で十分有利にならないことを示唆している。文字どおりに長大な脚――一五〇キロほどの体重をリンフォード・クリスティより速く走らせることのできる脚――を造りだすのに、体サイズを増大させるという発育上の至上命令があったのだ。大きな胴がなければ大きな脚はない。だから成熟の開始を遅くすることにより、体サイズが増大するにつれて脚のサイズが比率として増大した。たとえば、R・マクニール・アレグザンダー〔リーズ大学、イングランド〕は、絶滅したモアがもっていた巨大で強力な脚は、体サイズの増大にともない、祖先動物の成長アロメトリーをこのように延長しただけで出来たのだと述べている。

同じようなヘテロクロニー的〝ギヴアンドテイク〟が、胸峰類《きょうほう》に属する飛ばない鳥にも見られる。胸骨に大きな竜骨突起をもつため伝統的に〝胸峰類〟と呼ばれる鳥類のうち、数多くのグループが無飛力性の傾向をみせている。その例はツルの仲間、クイナの類（知られている全ての無飛力性胸峰類の約三分の一をしめる）、ペンギンのすべて、カイツブリの仲間、ある種の水鳥、それにウミスズメのいくつかの属などに見られ、さらに飛べないウやオウムまである。たとえばガラパゴスコバネウでは、後肢と体サイズのペラモルフ的増大が、四肢の特殊化における〝埋め合わせ〟的なやりくりと組み合わさって、とりわけ著しい。ウミウのような海鳥が翼をもつことはふつう、餌を捕らえたり、採餌する海域の間を移動したり、営巣場所を決めたりするには有利だが、ガラパゴスコバネウの場合、食物資源はかれらが営巣している島々の近くで年中いつでも得られるものだ。

予測しえない食物資源の異変を引き起こすエルニーニョ現象の効果が、予測しうるかれらの季節的移住を妨げてきた。ブラッド・リヴジーは、五〇〇万年の進化の結果には、翼のペドモルフ的退化によって飛翔力を失ったことだけでなく、脚サイズと体サイズのペラモルフ的増大もあったと論じている。リヴジーが強調するところでは、この四肢の発育におけるトレードオフは彼自身が〝発育の経済〟と呼ぶものから起こる。機能をもつ翼は、このような離島の環境では大きな利益をもたらすものでなかっただろうからだ。そのほか、多数の個体がいっしょに採餌するときには体サイズが大きいほど有利だっただろう。こうした身体特徴は、普通にはない生態的諸条件——食餌が豊富にあり、採餌場所の範囲が限られており、幼体の生残り率が高く、そして発育期間が長いことなど——のもとで発達したものだ。★03 本書の第一二章では、ヒト（*Homo sapiens*）というもう一種の脊椎動物の進化が、驚くばかりの類似性をもってガラパゴスコバネウと並行している有りさまを詳しく調べることにしている。

ドードー——巨大な幼鳥か、超過発育したハト成鳥か

鳥類でのヘテロクロニーを認識した最も古い文献の一つは、一八四八年にH・ストリックランドとA・メルヴィルが書いたもので、絶滅した飛べない鳥、ドードー（*Raphus cucullatus*）に関するものだ。絶滅の象徴にもなっているこの鳥について彼らは次のように述べている。

飛ぶには短すぎて弱すぎる翼、造りが緩くてばらばらした羽衣《うい》、全体的に大きな未熟さを思わせる様相（をもっている）。それについては、ハクチョウほどの大きさに拡大されたアヒル〔カモ〕かガチョウ〔ガン〕の雛を思いおこす以上に、うまい連想は浮かんでこない。それは、一つの種またはその種の諸器官の一部が終生、発育不十分ないし幼期の状態にとどまる……事例の一つを提供する。このような状態は、一定の器官を不要なものにするようなその動物の生活様式の特殊性に関係をもっており、したがってそれらは、大半の動物の成熟年齢を印しづける完全に発育したあの状態に達するのではなく、生涯不完全な状態に維持されるのである。……ドードーは恒久的なひな——羽毛ではなく綿羽《ダウン》に覆われ、飛翔にはまったく役立たないほど短くて弱々しい翼と尾をもつ鳥——なのである★04（というより、であった）。

そんなわけで、一種の要約反復が普通の見方だった時代でさえ、ドードーのペドモルフ的性格は退化した翼や幼鳥的な羽衣《うい》の点ではっきりわかっていた。しかし平胸類と同様に、この〝幼児的〟外観と結びついていたのは、大きな胴、相対的に拡大した脚、がっしりした頭骨というペラモルフ型の特徴であった。この鳥の成鳥にもやはり、この結びつき——体サイズをふくむ他の構造物の拡大と結合した明らかに幼鳥的な特色——がある。現在では巨大な飛べないハトだったとされているドードーに見られたヘテロクロニー的トレードオフは、もう一つの絶滅した飛べない鳥、ソリテア——かつてインド洋のマスカリン諸島に棲んでいた鳥——にも表れていた。ドードーもソリテアも著しい性的二型をしめしたが、これは胸峰類でこれまでに知られているなかでおそらく最も顕著なもので、たぶんその極端なサイズに起因したのだろう。ドードーのいろいろな形態特徴の適応的意義——ヒトがこの種を絶滅へ追いやったことによりその不滅性を確立したときまで、進化と生存に影響を与えていたもの——については果てしなく論議をすることもできるが、いろいろな特徴の特殊なカクテルの説明を助けるため、ここでこの鳥の生活史の諸要素に目を向けねばならない。

私は第一〇章で、ヘテロクロニーと生活史戦略の関係をもっと踏みこんで論ずることにしている。が、ヘテロクロニー的な諸特徴の一定の組み合わせへの淘汰選択が、それらの特色の形態—機能的な意義に反応してではなく、生活史の諸側面の反映として起こったのだ。ここで、そのことに簡単にふれておくのはわるくなかろう。

ある生物の生活史には、寿命、体サイズ、産子数、棲息環境の安定性など、いくつもの要素がふくまれる。ハイパモルフォーシスで進化した動物たちの一つの特徴は、一般にかれらは長い寿命と大きな体サイズをもち、少数の子を生み、安定した環境に生活することだ。これはドードーについても言える。なぜならブラッド・リヴジーの説明では、この鳥はゆっくり成熟したらしく、長い寿命をもち、卵をただ一個だけ産んだように思われるからだ。また、ヒトがやってくるまで、捕食者のいないかれらの環境はよく安定していた可能性が大きい。

そうすると、この変わったハト類のハイパモルフ〔過形成〕型の形態特徴——埋め合わせ的な翼のペドモルフ型退化と組み合わさったもの——への淘汰選択は、おそらく、それがドードーの特殊な生活史戦略を有利なものにしていたゆえに起きたのだろう。けれども、飛ぶことのできない、相対的に小さくて発育不全の翼は不適応的な器官ではなかった。鳥類における飛翔の発達はまず第一に、たぶん捕食圧への反応だったのだろうが、モーリシャスのドードーにとって飛ぶことができるかどうかは大して重要ではなかった。ヒトが捕食者としてその島にやって来るまで、この鳥は捕食圧から免れていたはずだからである。このペドモルフ型の器官はたしかに淘汰選択の標的ではなかっただろう。平胸類と同じように、ドードーはペラモルフ型とペドモルフ型の両特徴の特異なカクテルであった。しかし、ペラモルフ型の特質の重要性は、役に立たないペドモルフ型の翼の意義よりはるかにまさっていた。

鳥類における飛翔の進化

平胸類の鳥は大きな体サイズと脚をペラモルフ的に進化させたことによって、捕食圧に打ち勝ったのかもしれないが、まず鳥類が飛ぶようになったのは、逆説的だが

絶滅した巨大な飛べないハトの仲間、ドードー。翼はペドモルフォーシス型の形質かもしれないが、大きな体サイズはペラモルフォーシスの産物である。

翼のペラモルフ的進化によってであった。しかし、平胸類でと同じように、これは翼以外の構造物のペドモルフ的退化と結びついて起こった。多数の動物グループにこうした大きな進化的斬新さ——新しい生態的ニッチの探求を可能にしたもの——が現れたのは、ヘテロクロニー的なトレードオフによって、つまりペドモルフ的—ペラモルフ的カクテルを適切な割合で、適切な場所に、そして適切な時期に混ぜ合わせることによって、生じたのである。

鳥類は獣脚類に属した恐竜から進化したことにはほぼ合意ができているけれども、獣脚類の中のどの特定のグループが鳥類に最も近縁だったかについては、まだ論争がある。いちばん有望な候補はコエルロサウルス類に属したデイノニコサウルス類だ。トニー・サルボーン〔クイーンズランド大学〕は、鳥類はいくつかの点からペドモルフ的な獣脚類恐竜だと考えられると、提言している。[★05] この推定の根拠として彼は、最初の鳥類〔ドイツのジュラ系から出るジュラ紀のシソチョウ *Archaeopteryx* や中国の同時代の岩石から出るコウシチョウ *Confuciusornis*〕のサイズが小さいことのほか、獣脚類の幼体は羽毛をもち、断熱の覆いとして使っていたのではないかという考えをあげている。中国では近年、羽毛の跡をしめす恐竜も発見されている。

シソチョウが獣脚類の幼体に似ていたもっと具体的な点がある。最もはっきりしているのは頭骨《とうこつ》と眼窩《がんか》の形だ。コエロフィシス（*Coelophysis*）などの若い獣脚類では眼が相対的に非常に大きかったが、個体発生が進む間に相対的サイズが減少した。シソチョウの成体は相対的に大きな眼窩を維持していた。同じように、脳頭蓋《のうとうがい》はシソチョウに似て獣脚類の幼体でも相対的に円く膨らんでいた。歯が退化し、後代の鳥類でついに消失したことはもう一つのペドモルフ型形質で、歯の形もそうである。近年、モンゴルのゴビ砂漠でマーク・ノレルと協力者たち〔ニューヨークのアメリカ自然史博物館、モンゴルの科学アカデミーと自然史博物館〕が発見した、ドロメオサウルス科の二個の胚期の頭骨——ヴェロキラプトル（*Velociraptor*）のものと考えられる——をふくむ恐竜の卵の集団は、初期の鳥類の歯の形がやはりペドモルフ型だったことを暗示している。こうした胚期の恐竜の歯は、

成体のもっと複雑な歯とちがって単純な杭《くい》状の器官なのだが、初期の原始鳥類がもっていた歯とよく似ている。[★06]

トニー・サルボーンはまた、シソチョウの相対的に長い手の諸骨、前肢、脚の諸骨もやはり獣脚類の幼い特徴だと主張している。それでも、獣脚類の幼体と比べると手と腕の諸骨はずっと大きく、局在的なペラモルフ的拡大が生じていたことがうかがわれる。これは飛翔が発達するうえで大きな意義をもっていたのだろう。それがなければ、どのようにして翼と飛翔が進化してきたのかを想像するのは難しい。翼竜類やコウモリ類と並行して翼が進化したこともやはり、手の指の骨の成長のまさにこのような局在的加速によって起こったのである（第九章を参照）。

ラリー・マーティン〔カンザス大学〕は、とくに性的成熟のタイミングの決定に関連して、鳥類の進化におけるヘテロクロニーの重要性の問題を提起した。[★07]現存鳥類の成長は有限性であり、成長の大部分は翼が機能を発揮する時期に完了し、足根《そっこん》骨は脛《けい》骨や中足《ちゅうそく》骨と癒合してしまう。言い換えれば、ひなは巣の中で急速に成長するが、巣立ちするときには成長が実質的に止まっている。成鳥のサイズがより大きくなるのは、祖先と比べて成長が加速することによるか、または幼体の急速な成長期間が伸びることによるか、またはこれら二つの過程の組み合わせによるか、のどれかである。シソチョウでは骨格どうしの癒合が現存鳥類の成体でより少なく、鳥類の進化過程で骨格癒合のペラモルフ的増大が起こったことを物語っている。マーティンが示したところでは、シソチョウでの癒合しない、または癒合の弱い骨要素のリストは、現存鳥類にみられる幼期の骨のカタログのようなものだ。これが示唆するのは、ジュラ紀の鳥類のその後の進化、鳥類進化の全般的傾向はペラモルフォーシスの一種だったということである。たとえば、恥骨の反《そ》り、腸骨の伸長、骨格癒合の増加などいくつかの形質が、個体発生におけるのとほぼ同じ順序で化石記録に現れてくる。中生代の鳥類の成体には現存鳥類の個体発生の早期に現れる諸形質——頭骨の縫合線がはっきり維持されることなど——が見られる。シソチョウでは胸骨、間鎖骨、肋骨の鉤《かぎ》状突起などの諸骨は骨化しないが、現存鳥類の幼体にはこれと同じ状態がある。シソチョウと次の白亜紀の鳥類——アパトルニス（*Apatornis*）、イクチオルニス（*Ichthyornis*）、ヘスペロルニス（*Hesperornis*）など——との違いは腸骨、座骨、および恥骨〔骨盤をつくる三骨〕に見られる。これらはシソチョウでは明らかな縫合で分かれているが、白亜紀の鳥の成体では癒合している。こうしたパタンは、鳥類進化の全体におけるペラモルフォーシスという全般的傾向——獣脚類に始まる鳥類進化をもたらした初めのペラモルフ的—ペドモルフ的カクテルとは異なるもの——を反映しているのである。

前進の第一歩

生物の主要な多くの門《ファイラム》が出現したカンブリア紀の爆発いらい、過去五億年の進化史における最も重要な一歩をあげよと求められたら、私はたぶん動植物が陸地に棲みついたことを推したい。陸上に生命体が存在したことを示すらしい最初の証拠は、アリゾナ州の一二億年前のチャート〔角岩〕から化石化した細菌類や藻類《そうるい》のマットの形で見つかっているが、不明瞭ながら足がかりになる植物を物語る証拠は、ジェーン・グレイ〔オレゴン大学〕がリビアの四億七〇〇〇万年前のオルドビス紀の岩石から発見した胞子によって明るみに出された。これらは維管束《いかんそく》をもたない、現存のいわゆる下等植物——蘚苔《せんたい》類（コケ類）やシダ類など——の胞子を強く思わせるものだ。今までのところ陸棲動物をしめす最古の証拠はグレグ・レタラックとキャロリン・フリークス〔オレゴン大学〕により、ペンシルベニア州の約四億五〇〇〇万年前のオルドビス期後期の化石化した表土から発見された。この証拠は間接的なもので、たぶんヤスデのような土壌動物が残したとみられる、直径二—二一ミリの深い縦穴の形で見つかっている。維管束植物（いわゆる〝高等〟植物）と動物をともに示す最初の直接的証拠は近年、イングランドとニューヨーク州にわたる広い地域で、約四億年前のシルル紀末期の岩石から発見された。これらの岩石から化石の余計部分を慎重に除去してみると、クックソニア（*Cooksonia*）などの単純な植物だけでなく、さまざまな節足動物——小さなクモ類、クモに似たトリゴノタルビ類、ダニ類、ムカデ類など——の遺物が出てきた。★08ウェスタンオーストラリア州のマーチソン地溝にあるさらに古い約四億二〇〇〇万年前の岩石からも、多様なもっと大きい節足動物――広翼類、ユーシカルシノイド類、サソリ類、ムカデ様《よう》の動物など――が出ており、これらはすべて水から出て平らな砂の上を歩いていたものだ。

こうしたほとんど水陸両棲の動物たちのすぐ後に続いて四肢動物――原始両生類の形をとった最初の陸棲脊椎動物――が現れた。知られている最古の、両生類の実態を示す化石がグリーンランド東部で発見されている。前肢にも後肢にも指を八本ずつ備えていたアカントステガ（*Acanthostega*）と、★09その近縁種で指を七本もっていたイクチオステガ（*Ichthyostega*）である。これらの化石は、魚類から両生類への進化的移行は順調で整然としていたことを物語っている。この移行過程では機能的変化が三つ起こった――鰓《えら》を失って空気呼吸をする肺を獲得したこと、頭骨の形と構成が機能的に変化したこと、そして、水の外で体重を支えるのに必要な四肢が変化したこと、である。アカントステガやイクチオステガは、水の外で体を支えることのできる四肢は空気呼吸用の肺より前に発達していたことを示している。これらの初期両生類はまだ鰓をもっていたからだ。頭骨と四肢の変化は、分裂したヘテロクロニーの役割をしめす最高の、しかしほとんど知られていない実例の一つである。つまり、陸上の生態系がすんなりと受け入れたほど強い一杯の飲み物として組み合わさった、ペラモルフ型構造物とペドモルフ型構造物のカクテルなのだ。しかし、大進化の基になる二つのヘテロクロニー的過程のこうした組み合わせの重要性をただ叙述すること以上に、動物の全体的特徴の変化のこうしたカクテルが個々の構造物に作用したときにはどれほど決定的だったかを、四肢動物の進化は実例によって物語っている。

およそ四億七〇〇〇万年前に生存していた最初期の魚類は、対《つい》をなす鰭《ひれ》をもたずになんとかやっていた。が、こうした初期の顎《あご》をもたない魚類、無顎《むがく》類のなかには、やがて胴体の両側に簡単な鰭ヒダを獲得したものがあった。これらが胸鰭と腹鰭――高等脊椎動物の前肢と後肢の先駆体――になった。胸鰭を支える肩帯《けんたい》〔肩甲骨など〕を内部に進化させた最初の魚類は、装甲をそなえた骨甲《こっこう》類だった。かれらの胸鰭の中軸は骨化していなかったらしく、単純な軟骨性の鰭条《きじょう》〔ひれすじ〕だったようだ。筋肉の制御は不十分で、ただ簡単な上下方向の移動ができただけだったのだろう。肩帯骨格の進化は顎骨《がっこつ》の進化につづいて起こった[★10]。

顎骨をもつ最初の魚類、顎口《がっこう》類は甲皮《こうひ》類と棘魚《きょくぎょ》類であった。どちらも肩帯と腰帯《ようたい》〔骨盤〕をもっていた。胸鰭がどのようにして標準的な脊椎動物の前肢になるべき構造物へ進化したのかは、軟骨魚類から原始的な条鰭《じょうき》類へ、さらにフサ状の鰭をもつ総鰭《そうき》類へ、最後には四肢動物にいたった進化的連続体のなかで見事に説明されている。この進化的傾向を助けた進化の仕組みは、いくつかの骨のペラモルフ的拡大と他の骨のペドモルフ的退化とが結びついた分裂ヘテロクロニーであった。平胸《へいきょう》類の鳥の場合と同じように、ある構成要素を犠牲にした特定の構成要素の発育的トレードオフが深甚な解剖学的（したがって機能的）変化をもたらし、遊泳から歩行へ――水中から陸上へ――という根本的なニッチ変化を生じさせたのである。

軟骨魚類の原始的な胸鰭は多数のしっかりした鰭条で支えられていた。その鰭の基部には三つの区域があり、前縁部には前鰭《ぜんき》軟骨、中央部には中鰭《ちゅうき》軟骨、後縁部には後鰭《こうき》軟骨があった。総鰭類のフサ状の鰭の出現をもたらしたヘテロクロニー的な出来事は、前鰭軟骨と中鰭軟骨のペドモルフ的消失――存続した後鰭軟骨の補償的なペラモルフ的精巧化と結びついた消失――であった。オステオレピス類のような進歩した総鰭魚類では、第一後鰭骨は上腕骨《じょうわん》ともよばれ、後世のすべての四肢動物の上腕部を支えるようになる骨〔上腕骨〕と同じものだ。ずんぐりした上腕骨の先に関節でつながっていたのは四肢動物と同じく橈《とう》骨と尺骨だったが、いずれも相対的に小さいものだった。

脊椎動物の進化生物学における大きな論争点の一つは、尺骨から伸びていた多数のばらばらの鰭条がどのようにして、四肢動物で手や足の諸骨と指をつくる諸骨との複合体に置き替わったのか、という問題である。この変形は目ざましいものだが、エウステノプテロン（*Eusthenopteron*）のような総鰭魚類の上腕骨、尺骨、橈骨と、初期の両生類アカントステガの同じ諸骨との違いはごく小さかった。四肢動物の手や足の構成要素がどのように進化したのかを理解するさいの第一の要点は、〝後鰭骨軸〟と呼ばれるものの解明にある。これは軟骨性凝集《ぎょうしゅう》でできた足と手を通って伸び、それにそって足と手の諸骨が発育する中心的な軸である。

かつては、魚類の鰭の放射軟骨と四肢動物の指とは相同の要素――手や足の中央に伸びる直線軸の両側から発育するもの――だと考えられていた。ところが、ニール・シュービンとペレ・アルベルチ〔当時、ハーヴァード大学〕が、四肢動物の後鰭骨軸は遠位の手根骨を通って前方へ強く曲がるもので、そのため指はすべてこの軸から後方へ分かれ出るのだということを明らかにした。[★11] 誰でも自分の手を前に挙げてみるとよい。後鰭骨軸は腕の中央にそって、手首の中心を通って伸び、それから親指の基部の下で側方へ強く曲がる。それはそうだが、シュービンとアルベルチは、人がこのページをめくるのに使う指は原始的な魚類の鰭の後部放射軟骨と相同であると主張した。このようなシナリオでは、我々は分裂ヘテロクロニーの役割に助けをもとめ、要素骨の〝数〟のペドモルフ的減少――残った少数要素の補償的なペラモルフ的拡大をともなう減少――があり、そして指へ進化したのだと考えることもできよう。ああ、事がそれほど単純であればいいのだが!

この問題の解決は、パオロ・ソルディーノ、フランク・ファンデルフーフェン、およびドニ・デュブール〔ジュネーヴ大学、スイス〕が科学誌『ネイチャー』に最近発表した論文のなかに提示された可能性がある。[★12] ソルディーノらが説いたのは、指は鰭条と相同なのではなく、まったく別の進化的に斬新なものであるということだ。それなら、我々の単純明快なヘテロクロニーによる説明は窓から飛んでいってしまう。しかし、ある構造物における構成要素の数のペドモルフ的減少――残った要素の相《あい》対応するペラモルフ的増加と組み合わさった減少――のこうしたモデルは、平胸類の進化についてさきに述べた発育的トレードオフのもう一つの変形版であるが、この場合それは、動物体の中のいろいろな構造物にではなく、特定の一構造物に影響を及ぼすのである。

私は以下に、このようなプロセスが大進化においてどれほど重要なものかを説明しよう。指の発育に関するソルディーノらの過激なモデルは、いっそう興味深いヘテロクロニー的なシナリオ――種々さまざまな動物で突然あらわれ、三葉虫からヒトにいたる無数の動物の進化過程で重要な役を果たしてきたもの——を説明している。四肢動物の進化の場合、それはいろいろな型の骨の誘導発生のタイミングの変化に関係をもっている。

さて、貝殻をそなえた腹足類〔巻貝〕や、しっかりした外骨格をもつアリ類やクモ類のこととは違って、われわれは筋肉や皮膚で何層にも包まれた自分の骨格のことをあまりよく知っていない。われわれのこうした骨格を内骨格という。が、外骨格——頑丈な装甲をそなえた甲皮類など初期脊椎動物で優勢だった骨性〔または硬組織〕の外被——のわずかな残存要素のことならもっとよく知っている。ヒトでは、口にたくさん生えた歯が外骨格を表しているのだ。脊椎動物の進化における強い傾向の一つは、内骨格と引きかえに外骨格の形成が衰えたことであり、これはソルディーノらが唱えた四肢動物の指の進化モデルにも表れている。

しかし、このモデルを吟味する前にまず、四肢動物の手足の進化過程でのヘテロクロニーの役割に関する過去のいろいろな解釈を理解しておくことが大切だ。四肢の共通のプランを共有することが、すべての四肢動物をつなぐリンクだからである。この四肢プランは、一個の近位の骨（前肢では上腕骨、後肢では大腿骨《だいたい》）、その先に関節する各二個の遠位の骨（前肢では橈骨《とう》と尺骨、後肢では脛骨《けい》と腓骨《ひ》）、さらにその先に連結する手根骨《しゅこん》または足根骨《そっこん》（それぞれ手首または足首の諸骨）、および最後にこれらにつながる各指の諸骨から成り立っている。シュービンとアルベルチの指摘では、「〔種々の〕動物体が由来《ディセント》の共通性のゆえに同様のパタンを共有する」。つまり、四肢動物は共通の祖先を共有しているということだ。

個体発生の研究は相同性を決定するうえで極めて重要なものだ。換言すれば、例えばわれわれの腕や両生類の前肢にあって上腕骨とよばれているものは実際、発生的には等価〔相同〕の構造物なのだということを信じなければならない。それができなければ、進化的類縁関係を理解しようとする試みはすべて無駄だろう。一八二〇年代にドイツの偉大な発生学者、フオン・ベーアが定式化した発生学上の最高の概念の一つは、祖先の類縁関係の探究は発育初期のパタンのなかに求めるべきだというものだった。異種動物の間でこうしたパタンが似ていればいるほど類縁関係は近い、という。この概念はある思想的な学派により、いろいろな四肢動物の間の類縁関係を理解するのに使われてきた。もうひとつ別の考え方は、発育初期のパタンを他種の動物のもっと後の発育段階と比較するという、第一級のヘテロクロニー的原理に基づいていた。そういうわけで、かつては、四肢動物の手足の発育初期のパタンが成熟した総鰭類や肺魚類の鰭と比較された。この図式では、発育初期のパタンは同じだが、後期のパタンは最後にもっと複雑な新しい構造物が付け加わることによって多様になるのだ、と推定された。四肢動物の手足の起源に関して疑問を呈した比較解剖学者のほとんどは、要約反復という権威あるヘッケル流の理解方法を採った。そして実際、魚類の鰭から両生類の四肢へ、さらに爬虫類や哺乳類の四肢へという、このシナリオ全体が反復論者の信条のための砦《とりで》になっていたのである。

解剖学者のなかには、四肢の進化は骨格要素の数からみて単純なものからより複雑なものへ進んだと主張した人も少数いたが、もっと多くの人たちは同じものを逆に単純化だった――四肢動物はその魚類状の祖先より数の少ない要素をもっているゆえに（残っている骨はより大きく、より複雑になっているとしても）――と解釈した。それでもなお、これを要約反復の見地から説明する傾向があった。が、四肢動物の手足の発育過程の細部とその基盤をなす遺伝的制御にとくに焦点を合わせた最近の研究で、こうした単純すぎる考え方は信用をなくした。しかし諺《ことわざ》に言うように、赤ん坊を行水の湯といっしょに捨ててはいけない。根底にある制御はやはりヘテロクロニーによるのである。

とはいえ、パタンはいずれも、はるかにずっと複雑である。サンショウウオ、カエル、ニワトリのひな、マウスなどの四肢の発生比較に関するこのような最近の研究、とりわけリチャード・ヒンクリフ〔ウェールズ・ユニヴァーシティ・コレッジ、アベリスウィス〕による仕事が明らかにしたのは、発生過程というものはある種の生物学的な〝レゴ〟〔組み立て建築玩具〕のように、新しい要素の漸進的な融合や退化、あるいは付加などで成り立っているのではないことである。そうではなく、発生はただ個々の要素の分化的成長と特殊化――それぞれが独自の個体発生的運命にしたがう――によって起こるのだという。つまり、例えば、肩帯《けんたい》、前肢の上腕骨や後肢の大腿骨《だいたい》、および前肢の橈骨《とう》―尺骨や後肢の脛骨《けい》―腓骨《ひ》のサイズと複雑さのペラモルフ的増大ということが、四肢動物の陸上征服のために決定的だったのである。それは、鳥類での前肢〔翼〕の発達――それによってある種の初期の恐竜が飛翔力をもって空中へ逃れることができた――と同じようなものだった。また、コウモリ類で手の指がやはり爆発的なペラモルフ的成長をとげて体を支える飛膜が発達できるようになったとき、哺乳類が独立に空中を征服したことも同様である。

四肢の発育には三つの基本的な成長パタンが関係している。第一は構成要素が新たに現れる場合で、たとえば脊椎動物の進化の初期に大腿骨や上腕骨が出現したこと。第二は、既存の単純な一個の要素が二個の要素へY字形に分かれる場合で、たとえば橈骨と尺骨が上腕骨の遠位にできること。第三は、ある一個の要素が遠位に一個の凝集《ぎょうしゅう》を生ずることで、もとからある一個の要素から一個の新しい軟骨の凝集が出芽するか、または一個の棒状の前軟骨が二個の別々の要素へ分裂するかによる。シュービンとアルベルチによれば、「四肢の骨格の形成は、さまざまな軟骨性要素の継起的な決定と分化の過程の結果である」。言いかえれば、いろいろな部分が次々に形成され、続いてそれらが差異的に成長するということだ。ここでもまた、各要素の二叉分岐や発生誘導の相対的タイミングの変異、祖先動物にあった等価〔相同〕の構造物や同類動物と比べたときの各要素の成長速度の変異、そして成長が止まる相対的時期の変異が、限りなく多様なデザインを進化させるのである。

こうした特異な進化的カクテルのうちのどれかが好結果につながるか否かは、それの有用性、機能、および、それにより新しいニッチが占有できるかどうかにかかっている。したがって、動物の各種がほとんどの場合に〝ペドモルフ型〟であるとか、〝ペラモルフ型〟であるとか言えるものでないのと同じように、特定の手や足が〝ペドモルフ型〟か〝ペラモルフ型〟かを決めることはできない。事実上すべての場合、手足はペドモルフ型であり同時にペラモルフ型でもあるだろう。変異しうる諸要因が発育的カクテルの混合材料になるだろう。四肢動物の

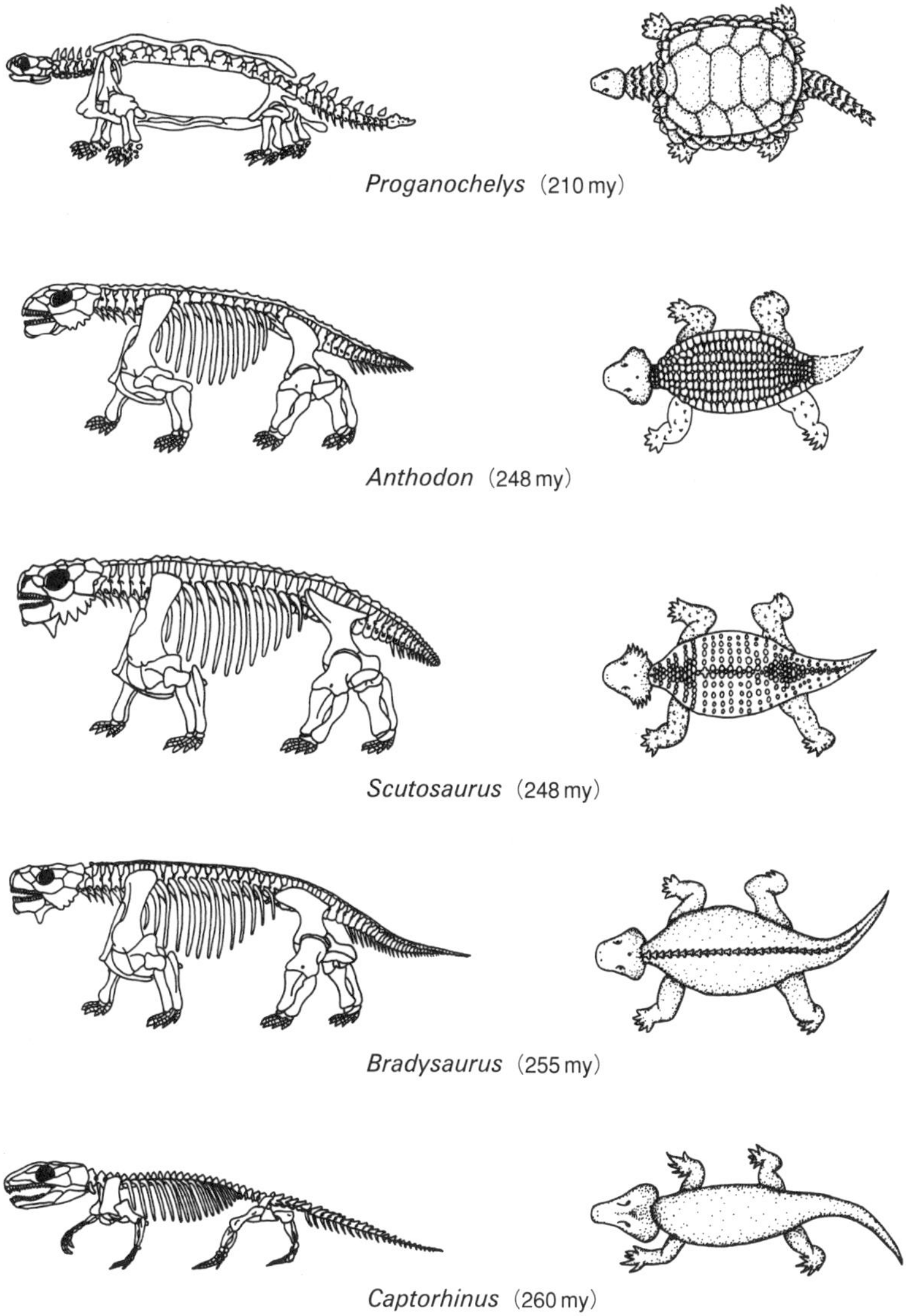

カメ類（最上段）について示唆されているパレイアサウルス類以来の進化。myは「100万年前」を示す。（マイク・リーの原図に基づく）

進化過程には、構成要素の数のペドモルフ的減少にむかう一般的傾向があるが、残存する要素の相対的な形とサイズにはペラモルフ的増大の傾向がある。このようなパタンは進化過程でかなり頻繁に起こるものらしく、プロジェネシスで生ずる小形化とならんで大進化における主要なプロセスの一つであるように思われる。

カメ類の進化

カメ類の進化過程は、ペドモルフ型およびペラモルフ型の諸形質が適切な組み合せで生ずる場合には、新しい進化の道をひらく力をもっていることを示す絶好の事例である。マイク・リー〔シドニー大学〕は、カメ類は、進化史上たしかに最も醜悪な動物グループの一つであったペルム紀のパレイアサウルス類という爬虫類から進化した、という見方を述べている。★13 五〇〇〇万年にわたる中間的なパレイアサウルス類の系列をへて、約二億一〇〇〇万年前に生存した最初の〝真正〟カメ類のプロガノケリス（*Proganochelis*）は祖先より小さい頭部、数の増加した頸部の椎骨（五―八個）、逆に減少した背中の椎骨（一四―一〇個）をもっていた。しかし、背中の椎骨は相対的により大きかった。ここにも、数は少ないがサイズの大きい構造物の例がある。節足動物での分節数の変化と同じように、頸部と背中の椎骨数の変化は、胚発生の早期に設定された基本的分節の数の、ホメオティック遺伝子の制御による変更で生じたものだ（第三章を参照）。

リーの考えでは、典型的なカメ類の甲羅の進化は、ある構造物が長大な時間のあいだにその機能を変えた好例である。二億五〇〇〇年前のブラディサウルス（*Bradysaurus*）など早期のパレイアサウルス類は、背中の正中線にそって一列に並ぶ連結していない骨板をもっていた。もっと後のパレイアサウルス類ではこれらの骨板が背中全体に広がり、サイズも拡大した。二億四八〇〇万年前のアントドン（*Anthodon*）のような後期の種類は、モザイク状にはまりあう骨板をそなえていた。これからプロガノケリスへの移行は比較的簡単で、個々の骨板が互いに結合して一個の堅固な盾《たて》になった。もとは一列の支持構造として進化した骨板がつながり合い、からだ全体を覆う盾になったことは機能の変化を伴い、防護のはたらきをもつようになった。他のあまたの動物グループと同じように、カメ類はヘテロクロニー的な諸形質のモザイクなのである。数の増えた要素もあれば減った要素もあり、サイズや複雑さの増した解剖学的構造物もあれば退化や単純化を生じた構造物もある。

指を指しめす

意義が深いのにほとんど認識されていないもう一つの進化過程は、私が〝継起的《シクエンシャル》ヘテロクロニー〟と名づけた現象である。私の考えでは、これは特に重要な大進化的プロセス、動物体に対する遺伝的撹乱を最小にしつつ基本的な新構造を急激（地質学的な意味で）に発達させるプロセスである。四肢動物での指の進化を説明するソルディーノと協力者らのモデルは、こうした実例の一つだ。真骨魚類であるゼブラフィッシュ（*Danio rerio*）の鰭の胚発生を調べた際、ソルディーノらは、鰭原基の細胞の最初の凝集は中胚葉細胞集団の肥厚と成長で形成されることを見いだした。これらの集団は外胚葉の層で取り囲まれており、四肢動物の手足の原基で起こるのとほぼ同じである。ところが、外胚葉はきわめて急速に突出してきて折り重なるようになる。そのヒダが遠位方向へ移動するにつれて、皮骨《ひこつ》性骨格〔外胚葉起源の骨〕がそのヒダの内側に現れる。これは間葉細胞の生成が急に衰えるのと一致している。この移行時期が内胚葉性骨格の相対的範囲（外胚葉性骨格と比較して）を決定するのであり、鰭条〔ひれすじ〕が形成されるのは外胚葉性骨格からである。

ゼブラフィッシュの腹鰭では、この移行が発生学的にきわめて速く起こるため内骨格はほとんど無いくらいで、外骨格だけが鰭条を形づくる。ところが、四肢動物ではこの移行がまったく起こらず、手足は完全に内骨格の形成によって発生してくる。各要素が一つまた一つと継起的に形成され、最後に内胚葉細胞の連続増殖によって指が内骨格の最終的な表れとして造りだされるのだ。それゆえ、指は鰭条と相同のものと考えることはできない。太古のエウステノプテロン（*Eusthenopteron*）のような総鰭魚類にみられる中間状態では、内胚葉から外胚葉の表れにいたる中間的な移行時期がある。普通の鰭をもつだけの魚類にある祖先的状態に比べると、総鰭魚類には外胚葉の皺《しわ》よりが始まるタイミングに遅れがあったので、内骨格をもっと多く生成する時間が十分にある。そのため、四肢動物のある種の骨格要素が形成されることになる。ところが一方、外胚葉の形成が遅く始まることが、これらの内胚葉性の諸骨から鰭条が出芽する原因になる。つまり、ある中間的な移行時期が中間的な構造を造りだすのである。

いま多くの発生生物学者が特に興味をもっているのは、四肢の全体的形態、とりわけ手足の個々の骨格要素の数と配置を決定する諸要因のことだ。信号を発する作用因、とくにレチノイド（第三章を参照）が、脊椎動物の〝ヘッジホグ〟とよばれる蛋白質とならんで、個々の骨格要素の成長開始の相対的タイミングを制御するうえで重要である。この蛋白質は手足の全域にわたり骨格要素の同一性を決定するもので、ある指が、例えば親指になるか他のどれかの指になるかを確定する要因なのである。繊維芽《せんいが》細胞成長因子が、手足の原基を伸びさせてその先端にむかう骨の継起的形成を編成させる信号を発する。このような成長因子の生成タイミングの変異が、骨の数やサイズに影響をおよぼすらしい。

細胞分化は、〝形質転換《トランスフォーミング》成長因子〟という名の蛋白質が発する一連の信号で制御される。マウスの四肢の発生に関する研究によると、ある種の骨《こつ》形成蛋白が形質転換成長因子より前に生成されるらしい。最近は、いろいろな型の骨形成蛋白が骨格のいろいろな部分ではたらくと言われている。ヘテロクロニーの見地からみると、発生途中におけるある特定の蛋白の故障が四肢のサイズの退化をもたらす可能性があるのだ。短肢症とよばれるこうした突然変異で、指の骨が普通より少ないうえに短い四肢と小さな手足をもつマウスが育つことになる。これが起こるのは、その突然変異が特定の骨格要素をつくる創始者《ファウンダー》細胞の数の減少をおこし、骨の短縮をもたらすからだ。発生生物学者たちが骨格の成長の分子的基盤を解明する動きは、進化過程で解剖学的変化がどのように起こるのかを厳密に説明するのに寄与する、長い道のりを歩んでいくことだろう。

発育のある段階から次の段階への移行の遅れ――各成長段階の延長をもたらすもの――の根本原因はおそらく、正常な発育コースを編成する他種の蛋白からなる、特定の成長因子の生成の遅れにあるのだろう。もともと私がこの考えを定式化したのは脊椎動物によったのではなく、オーストラリアはクイーンズランド州のカンブリア紀中期（約五億二〇〇〇万年前）の岩石から出る三葉虫化石について、一九八〇年代初期に行った仕事に基づくものだった。[★14] クシストリドゥラ科の三葉虫にみられるペドモルフォーシスの研究をしていたとき、ガラヘテス（*Galahetes*）という小形の属が、クシストリドゥラ（*Xystridura*）属の普通の種に比べてかなりの範囲におよぶペドモルフ型特色――いくつかの面でクシストリドゥラの幼若段階の特徴を思い出させるもの――をはっきり示すことを知って、私は困ってしまった。

　この属もクシストリドゥラ科のなかの最小のもので、そのため私はそれがプロジェネシス型の種類だと仮定することになった。言い換えれば、成熟が早く始まったことがその成長期間を短縮させていた、ということだ。それまでに私は、この例のようなプロジェネシスをカンブ

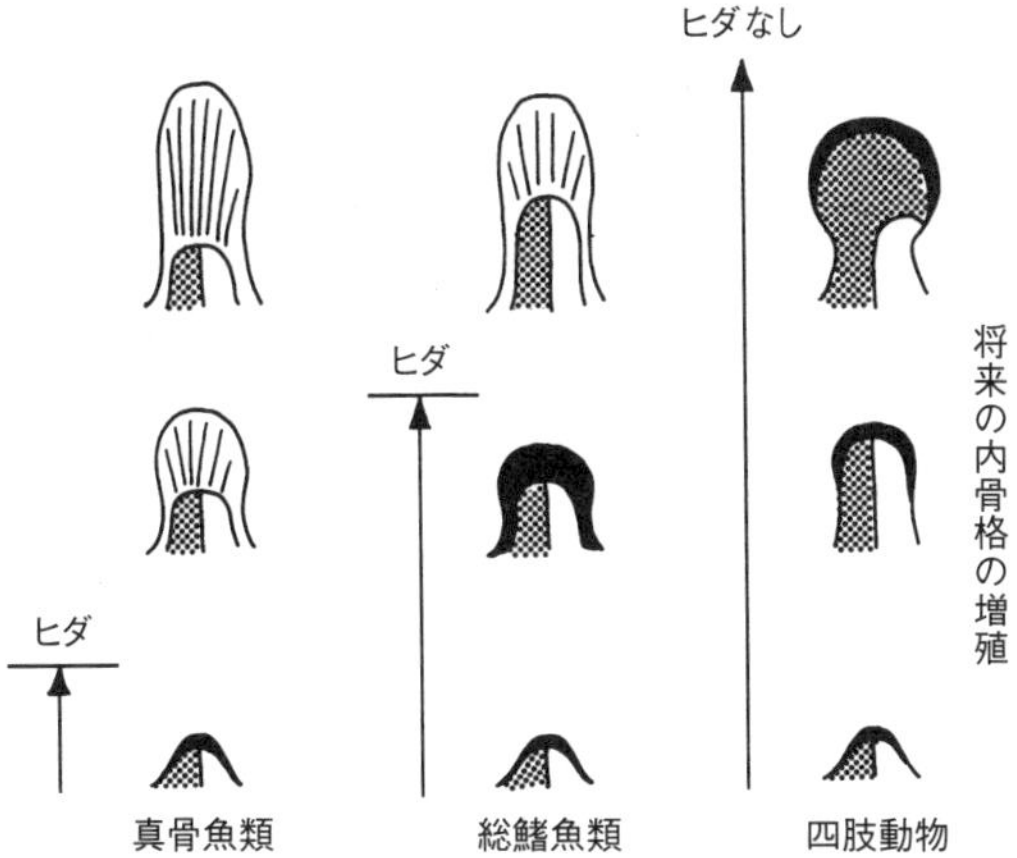

四肢動物における指の進化の試案。外胚葉の皺《しわ》よりの漸進的な遅れから生じた、皮骨《ひこつ》性骨格から内骨格への移行の漸進的な遅れが、鰭ではなく指の発達の原因になった。真骨魚類では、外胚葉がごく早い時期に皺よりを生ずることが、皮骨性骨格を広範に成長させ、鰭条《きじょう》を形成させた。四肢動物では皺よりがまったく起こらなかったため、内骨格だけが発達して指を造りだした。総鰭《そうき》魚類の中間的状況は、たとえば前肢で上腕骨や尺骨や橈《とう》骨ができたのだが、外胚葉の皺よりの後にこれらから鰭条が出芽してきたことを物語っている。

リア紀の他のいくつもの三葉虫——私が初めてヘテロクロニーに興味をもつきっかけになったスコットランド産のオレネルス科三葉虫をふくむ——で記録していた。しかし、ガラヘテスとの大きな違いは、他のすべてのプロジェネシス型だと思われる三葉虫とは異なり、この種類は分節をすべて完備していたことだ。ところで、三葉虫が卵から発育したとき、かれらは節足動物だったから何回かの脱皮を経過しつつ、成熟に達するまで分節をしだいに増やしながら成長した。だからスコットランド産のプロジェネシス型三葉虫では、成長が早熟に終わった場合に期待されるとおり、ペドモルフ型の小さい種は数の少ない分節をもっていた。ところが、ガラヘテスはこの見事なパタンの通りでなかったのである。私がこの種類は小形だったこと、脱皮をすべて経過して祖先がもっていた分節数に到達したこと、しかし他のほとんどの点ではペドモルフ型だったことなどを調べてみたところ、成長がただ早く終わったのではなく、脱皮間の期間がいずれも早熟に短縮していたことが分かった。ある脱皮から次の脱皮までの時間が短かったのだから、形態の変化は小さかったのである。

ペドモルフォーシスを生ずるこうした別の方式を、私は〝継起的《シクエンシャル》プロジェネシス〟と名づけているのだが、これは、次の段階にいたる脱皮が早熟に始まる——成長の最終段階だけが早熟に始まるのではなく——ことを意味している。そして幼若期の最後の段階から成熟段階にいたるこの最後の移行を〝終末《ターミナル》プロジェネシス〟と呼んでいる。これの帰結は、〝継起的《シクエンシャル》ハイパモルフォーシス〟——成熟前のいくつもの発育段階が長くなること——と〝終末《ターミナル》ハイパモルフォーシス〟——幼若期から成熟期への移行だけが遅くなること——が存在した、ということだろう。その後にわかったことだが、これら二つのハイパモルフ的現象は、それらのプロジェネシス的な対応現象と同じくらい（より以上にとは言えないが）普通にあったかのようにみえる。そして、継起的および終末ハイパモルフォーシスが組み合わさる場合、大進化への影響が深甚になりうるのであり、それについては最後の章で論ずることにする。

終末ハイパモルフォーシスの効果はペラモルフ型の子孫を造りだす——つまり成長期間が伸びて体をより大き

くし、いろいろな面で形態をより複雑にする――ことにあるのだろうが（第九章を参照）、逆説的なことに継起的ハイパモルフォーシスは何らかの付随的なペドモルフ的効果を生ずるようである。この現象が認識されていないことが、控えめに言っても、多くの動物、特にヒトの進化をもたらしたヘテロクロニーの仕組みへの説明にかなりの混乱がおこる基になった（第一二章を参照）。継起的ハイパモルフォーシスは成長のある段階の終了《オフセット》の遅れを物語るものだが、それはまた、次の段階の開始《オンセット》の遅れ（ヘテロクロニー用語では後転位）だとみることもできる。このように考えると逆説が解消するのは、後転位は三つあるペドモルフ的プロセスの一つだからだ。それゆえ、四肢動物の手足の場合、内胚葉性から外胚葉性への骨格形成の移行の始まりの遅れは、総鰭類では四肢の早期の発育状態がもっと後の幼若発育期まで続くのに対して、四肢動物ではこの祖先的な早期の幼若特徴が成体まで持ちこすのだ――つまり典型的なペドモルフォーシス――ということを意味している。しかし、骨格の内胚葉性段階の発育程度の面からみると、それはより長い成長期間をもち、複雑さの増

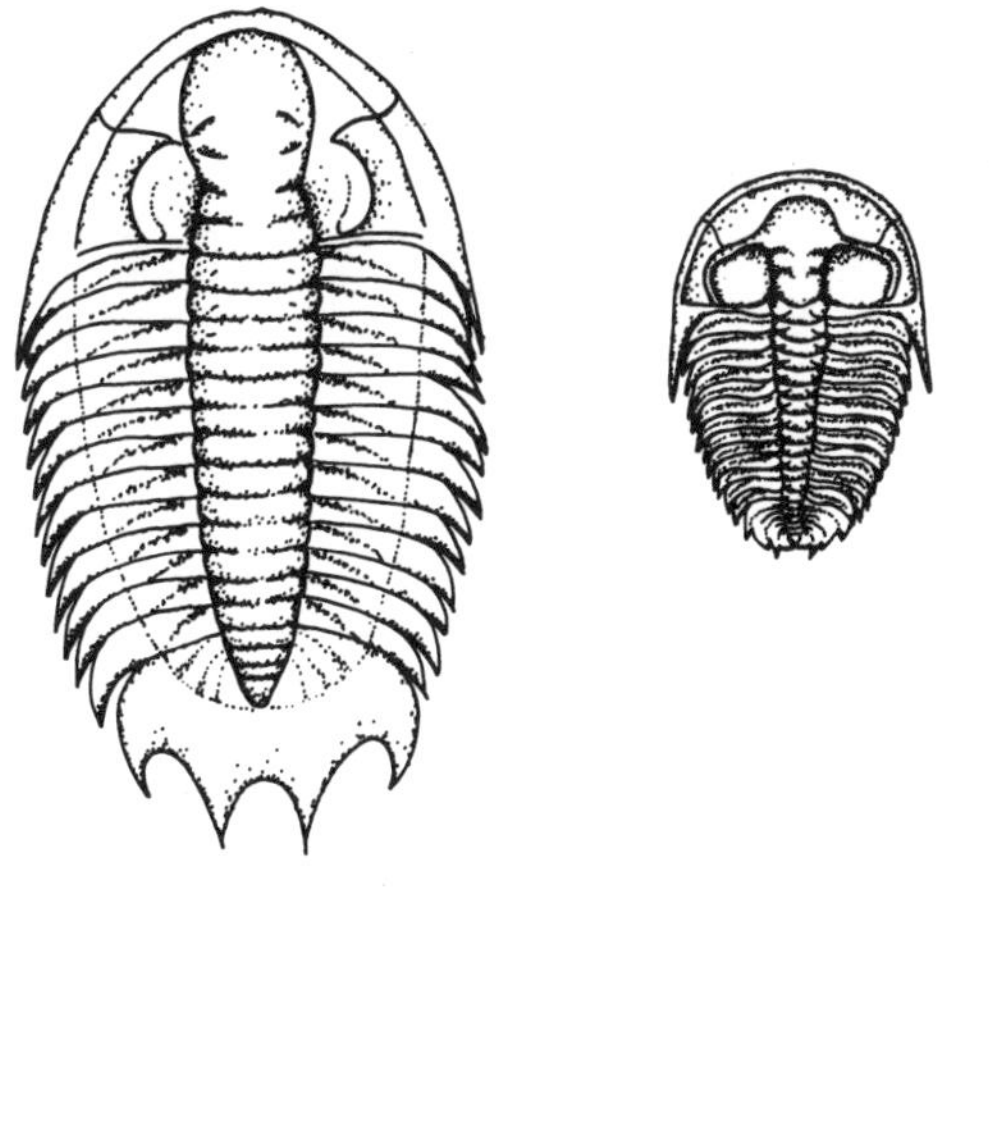

カンブリア紀中期の三葉虫、クシストリドゥラ（*Xystridura*、左）とガラヘテス（*Galahetes*、右）。小さいガラヘテスはペドモルフ型特徴をいくつも示しながら、クシストリドゥラと同数の体節をもっている。このことは、ガラヘテスが継起的プロジェネシスの産物だったのであり、脱皮間の時間と各体節の形成が縮小していたことを物語っている。

大を生じ、さらに全く新しい骨格要素の凝集を引き起こすのである。

五億年にわたり、生態学的に地球上のほとんどすみずみにまで進化した生命界の豊かな多様性は、上に述べてきたような発育的トレードオフの産物である。生物の大半は、かれらの祖先に比べると、より大きい、あるいは小さい個体発生的発達をへた諸部分の万華鏡なのだ。その結果、全体的構造の各部分には、原形より〝複雑〟なものもあれば、同一体のなかで発育程度が低下したために原形より〝単純〟なものもある。数が原形より増えている部分もあれば、減っている部分もある。生物体に備わるこうした発育的可塑性のゆえに、進化しうる潜在的な（また、途方もない地質学的時間にわたって確かに進化してきた）生物種の数は膨大である。

多数の進化生物学者が、ある生物種——その形態や行動——の範囲を限定する要因として〝発育の拘束〟を論じている。しかし、進化が現実に表しているのはこうした拘束の崩壊なのだ、ということを述べる人はほとんどいない。発育の〝整然〟たる進行を調節する遺伝的プログラムが何らかのしかた——成長ホルモンがちょっと多いとか少ないとか、成熟や成長段階移行の時期がちょっと変わるとか——で変化するとき、そこに生物界の多様性を解きあかす手がかりがある。発育上のギヴアンドテイクが、まったく新しい進化的展望を開きうる底深い形態的斬新性を生みだすのだ。脊椎動物が陸上に棲みつくのを可能にした四肢動物の手足はおそらく、その最大事例の一つであった。

9 形をさらに進化させる

なぜイヌは十四歳で年寄りになり、オウムは百歳でも元気なのか？
なぜ雌〔女〕のヒトは四十歳代で不妊になるのに、雌のワニは
三世紀目に入っても卵を産みつづけるのか？　いったいなぜ、
カワカマスは老化の様子を見せもせず二百年も生きられるのか？

オールダス・ハクスリー『幾夏すぎて白鳥は死す』

何十億年という規模で測られる地質学的時間の想像もできないような長大さから眺めるとき、生物界は全体として、だんだんと大きい体サイズを達成してきたとみることができる。この増大は、サイズの小さい種類を犠牲にしたのではなく、体サイズの多様さが全般的に増したことを表している。最初の生物形態だった微小な原核生物の細菌類――その痕跡は今でも変化していない三五億年前の岩石の中に発見される――は、ミクロン〔マイクロメートル、一ミリの一〇〇〇分の一〕の単位で測られる。約一五億年たって最初の真核生物が現れるとともに、その複雑さとならんで細胞サイズは、長さが一ミリ内外という相対的に〝巨大〟な原生生物《プロチスト》へ一〇〇〇倍も増大した。さらに一〇億年後、多数の細胞がいっしょになって最初の多細胞動物たち――形のあいまいなクラゲ状

やムシ状の動物からなる軟体性のエディアカラ動物相〔オーストラリア、ニューサウスウェールズ州〕――を形成するとともに、体サイズはまた一〇〇〇倍も増大した。それから現代にいたる五億年間、地球上の動植物が爆発してとてつもなく多様化するうちに、体サイズの増大はかなり減速して控えめの一〇〇倍程度となり、高さ一〇〇メートルものセコイアオスギで頂点に達した。だが一方で、この間ずっと、細菌サイズの生物――三五億年前の祖先とほとんど同じもの――が地球表面のすみずみにまで潜んできたことが知られている。

大きく、実に大きくなる方法

恐竜が子供たちに(われわれ少数のペドモルフ型古生物学者にも)強い感銘を与えるのは、かれらが大きかったこと、本当に大きかったことによるのはまず疑いがない。仮に恐竜のサイズがニワトリぐらいまでだったとすれば、恐竜熱が今のように世界中をわがものにしたとはとても思えない。私が自分の経験からわかるところでは、腹を空かせたニワトリは他の個体へ意地悪いつつきをすることがあるけれども、映画『ジュラシック・パーク』で子供たちが巨大な、獰猛《どうもう》なヴェロキラプトル(*Velociraptor*)によって台所に閉じ込められる場面は、こうした大動物が雄鶏《おんどり》ほどのサイズだったとすると、人心をとらえる強烈さをもっていなかっただろう。

では、誰が誰を狩り立てていたのだろうか? 我々はみな、恐竜類、あるいは少なくともその多くは体が大きかったことを知っている。が、かれらはどのようにしてそうした成長を達成したのか? 奇妙なことに、この大きな体サイズの根本原因をつきとめようとする、恐竜類における進化傾向の研究はほとんど行われていないのである。恐竜類の種々さまざまな系統が大変なサイズの増大を起こし、広範囲におよぶ海棲や陸棲の多様な型の動物によって化石記録で明らかになる他の諸パタンと並行している。たとえば、トニー・ハラム〔バーミンガム大学、イングランド〕は、彼が調べたジュラ紀の二枚貝とアンモナイトの多くの系統(合計五六)のほとんど全てにおいて、成体のサイズは新しく現れた若い種で増大したことを明らかにした。★01 同じように、有孔虫類の多数の系統もだいたいはサイズの増大をしめす。テネシー大学の古生物学者マイク・マッキニーが霊長類から原生動物、哺乳類から軟体動物にまでわたる広範囲の生物における体サイズの傾向を調べて整理したところ、九五種はサイズの増大、三〇種は減少を起こしており、この三〇のうちの一九はある一グループ、すなわち更新世の哺乳類のものだった。化石記録から明らかになる、長い地質時代にわたってサイズ増大が優勢だったようにみえることは、十九世紀のアメリカの大古生物学者エドワード・ドリンカー・コープにちなんで〝コープの法則〟〔体大化の法則〕とよばれている。

個体の生活史という見地にたって一個の細菌から一頭のゾウにいたる壮大なスケールで眺めるなら、一般的に言って、生物体が大きければ大きいほど寿命は長い。たとえば、長さが数ミクロンしかない細菌の世代時間が分単位で測られるのに対して、高さが一〇〇メートル近くもある樹木の世代時間は一〇〇年単位で測られる。動物についても同様のことが言える。イエバエは一か月も生きられれば幸運なほうだが、ゾウは七五年ほど生きると見込んでよい。根本的に考えれば、動物体が大きければ大きいほど、生産されるべき細胞の数は大きい。より多くの細胞を獲得しうるのは、一定時間内により多くの細胞が生産されるように成長速度を増すこと（〝加速〟というヘテロクロニー的過程）によってか、もしくは、より長い活発な成長期間が生物体に与えられること（ハイパモルフォーシス）によってである。ほとんどの動物は有限の成長をする。つまり、かれらは早い時期に成長スパートをしめし、その後ある最適サイズに達すると死ぬまでほぼそのままとどまる。成長速度はふつう成長ホルモンが全身を活発に循環する発育過程の早期に最高であり、幼若期の発育が進むにつれて少し低下し、成熟の始まりとともに減退してゼロに近づく。性ホルモンが産生されるにおよんで成長ホルモンは減衰する（ただし霊長類の特殊な一種、ヒトにおける青年期の成長スパートは例外）。

細胞サイズも体サイズに影響を及ぼしうるものだ。ショウジョウバエの諸種の細胞サイズを、羽に生えた毛の間隔（一細胞に一本の毛）、複眼中の個眼のサイズ（一レンズに一光受容細胞）、あるいは脚の剛毛の間隔（一細胞おきに一剛毛）などに基づいて推定することにより、体長二ミリの小さなハエは直径一五マイクロメートルの細胞をもつが、体長八ミリの〝ジャイアント〟は直径二五マイクロメートルの細胞をもつことが明らかにされている。[★02] これをどこまで採り入れるかには明らかに限度がある。ゾウがセンチメートル単位で測られるような細胞をもっていないのは確かだが、上記のショウジョウバエの仲間のような類縁の近い諸種の間では、まちまちな全体的な体サイズごとにこうした細胞サイズの違いがはっきりしている可能性がある。

恐竜類の成長

これまでいくつかの章で私は、体の各部の間の比率は、成長の諸段階を経過するうちに互いに他と比べて変化すること、いわゆるアロメトリー的変化のことを述べた。ヒトでは体サイズに比べて頭部が相対的に小さくなる（劣成長）のに対し、脚の長さは相対的に増大（優成長）をしめす。成熟開始の遅れによって成長期間が多少でも伸びると、その結果、達成されるべき体サイズだけではなく体のさまざまな〝部分〟の全体的な形とサイズにも、深甚な影響が生ずることになる。そして恐竜類は、こうした体サイズの増大がかれらの形態の他の側面——ティラノサウルス・レックス（*Tyrannosaurus rex*）は、あの哀れなほど小さな前肢をいったい何のために使っていたのかといった奇異な特色——に影響を与えたことの好例の一つになる。あるいはまた、トリケラトプス（*Triceratops*）はどのようにして、あの角《つの》だらけの頭部を造り上げたのか？

今から一〇年ほど前までは、恐竜類について知られていたこと——形とサイズのたいへんな多様性、行動のしかた、進化的な類縁関係など——の大半は、数少ない完全標本と大量の断片的資料から集められたものだった。これら太古の爬虫類版キングコングを復元するのに使われた化石は、ほとんど例外なく成熟体の標本であった。そのため、恐竜類の進化的関係をどのように認めるかは、だいたいはこうした巨大な成熟体の形態特徴によって色付けされていた。発育に関するデータが無視されたために、恐竜類の形とサイズの非常な多様性の生成につながった根本的な進化プロセスはわずかしか理解されなかったのである。

ところが過去一〇年ほどの間に恐竜類の発育史に対する関心が高まっている。大まかに言えばこれは、胚を見事に保存している卵の化石や、おもに北アメリカのあちこちで恐竜の幼体の化石が時おり発見されたことで活気づいたものだ。こうした成熟前の資料が記載公表されるにつれて、さまざまなグループの恐竜の個体発生の全体像を復元することができるようになる。そしてここから、かれらの進化過程における主要な傾向への理解を始めることもできるのである。

進化史がこれまでに生みだした最大の陸棲捕食動物は獣脚類に属した恐竜類であった。アルゼンチンのパタゴニアで発見されて近年記述された化石遺物から、一億年前、この類の一つで体長は約一二・五メートル、体重は六—八トンという種類（最近ギガノトサウルス *Giganotosaurus* と命名）が生存していたことが知られている。[★03] こうした巨大な獣脚類やもっとなじみ深いティランノサウルス類は、おそらくヘテロクロニーで生じたと思われる派生的特徴をいくつかそなえていた。[★04] どっしりした体サイズは別として特に目立つのは、体サイズと比べて頭部が大きいことだ。それでも、巨大な成熟体の頭蓋《とうがい》を孵化後すこし経ったときの繊細な獣脚類の頭蓋と比較したとき、目につくことの一つは、幼体の頭蓋はからだ全体に比べて小さくて優美だということだ。これは体サイズが増大した数多くの系統に共通する形態特徴で、その特徴と大きな体サイズとのアロメトリー的比例増減《スケーリング》が問題なのである。つまり、体の他の部分と比べて、頭蓋の成長の相対的程度のほうが大きかったのだ。だから、体が大きければ大きいほど頭蓋は相対的にいっそう大きくなる。しかし、頭蓋のなかでもアロメトリーはさまざまだった。つまり、頭蓋を構成するようになるいろいろな骨や下顎骨のすべてが、互いに相対的に同じ程度に成長したのではなかった。成長は前後方向よりも背腹〔上下〕方向に大きく、その結果、頭部は発育が進むにつれて相対的に細長い形からもっとがっしりした、奥行きの詰まった形へ変化した（〝モーフィング〟は二十世紀末期のコンピューター・プログラマーの発明ではなかったのだ）。

ティランノサウルスで頭蓋の形を指図したアロメトリー的比例増減と同様のペラモルフ的効果がおそらく、ティランノサウルス科でも特に大形の種類のどっしりした後肢の進化を説明している。もっとも、特徴的な非常に小さい前肢と手（指が二本しかない）はペドモルフ型構造である。こうした腕がどのように使われたのかをめぐって多くの人々が長年にわたり激しく論争し、それらの機能的意義を説明しようとしてきた。ある人が立てた説では、その動物がつまずいて転んだとき起き上がるのにこの腕を使ったのではないか？　交配期に求愛中の雌雄が興奮の最中に相手の上に倒れ込むのを止めるための、引っかけ鉤《かぎ》だったのではないか？　おそらくこのような説明はみな間違いである。ティランノサウルスはたぶん、その貧弱な前肢で鼻を掻くことさえしなかっただろう。その前肢は、何であれ機能的用途をもっていなかったという単純な理由からだ。ヒトは誰でも虫垂《ちゅうすい》〔盲腸の〕をもっているが、これは価値があるよりも厄介なものだ。同じように、無飛力性の鳥のほとんどは何の役にも立たない翼でじゃまをされている。ペンギン類はその数少ない例外の一つである。こうした構造物は進化的な重荷であり、壮大な発育的トレードオフのなかで負けてしまった屑物《くずもの》にほかならない。ティランノサウルスの腕もたぶん同じようなものだったのだろう。

かりに淘汰選択が、どっしりした体、御馳走になりそうな餌の動物より速く走ることのできた強大な脚、頭部、頸部、筋肉、それにとても美味《おい》しいハドロサウルス類を切れぎれに引き裂くことのできた歯列《しれつ》などによって、ティランノサウルス類を有利にしたのだとすれば、腕などは必要だっただろうか？　鳥類は腕をもたずに餌を採ることを大変うまくやっているが、ティランノサウルスもそれと同じだった。淘汰選択が、祖先の獣脚類の特徴を〝超えて〟発達していたこれらのペラモルフ型特徴を有利にしたとき、そこで進化の福引で負けた構造物が、腕だったのである。だいたいの定義によればこれらはペドモルフ型の形態特徴で、おそらく獣脚類の胚がもっていた弱々しい腕と似たものだったのだろう。この特殊な進化的カクテルでは、〝発育過剰〟の構造物が圧倒的に強い香味であり、小さな腕はグラスの中の一滴にすぎなかった。

ティラノサウルス類の骨の構造が解析された結果から、他の多くの恐竜と同様、獣脚類の成長速度は相対的に高かったことがうかがわれる。そのため、この仲間におけるペラモルフ的特徴は、大形の種類においても全面的に性成熟の始まりの遅れと相関したものだったのではなく、いろいろな構造物の成長の加速によって生じたものでもあった可能性がある。おそらくここに、多種多様な恐竜グループが達成した大きな体サイズを何が制御していたのかを解明する手がかりがある。つまり、加速された成長、それと組み合わさったハイパモルフ的な成熟の遅れという、これら二つが中生代において特別に有力な混合体をなしていたのだ。

この急速な成長という考え方は、デイヴィッド・ヴァリッキオ〔ロッキー山脈博物館、モンタナ州〕によるいろいろな発見で支持される。彼がトロオドン（*Troodon*）という獣脚類の骨を薄片《セクション》にして調べたところ、恐竜は若いときに三つの成長段階を経過したらしいことを見いだした。このことは、彼が骨の微細構造のなかに認めた諸変化で裏付けられた。骨の薄片には、成長の止まった時期をしめす線があることが分かったのである。ヴァリッキオの考えでは、これらの線はその恐竜が生活していた気候の季節的変化を反映しているのではないか、という。つまり、骨は食物の豊かな季節にはよく成長し、乏しい季節にはほとんどあるいは全く成長しない。これが事実だとすれば、そこから実際の成長速度に関する手がかりが得られ、性成熟が始まる時期を突きとめる糸口になるのかもしれない。このデータを基にしてヴァリッキオは、自分が研究していたトロオドンの種は三年ないし五年後に体重約五〇キロで成熟に達したのだろうという結論を出している。★05

骨の微細構造に関する他の同様の研究も、大きな恐竜ほど成熟に達するのに長くかかるという見方に支持をあたえる。アヌスヤ・チンサミ〔南アフリカ博物館、ケープタウン〕は骨の微細構造に基づいて、二〇キロの獣脚類シンタルスス（*Syntarsus*）は七年後に成体サイズに達したのに対し、ずっと大きい原竜脚類のマッソスポンディルス（*Massospondylus*）は一五年以上かかったと考えている。その他の恐竜で骨の微細構造について同様の解析を進めることにより、将来いつか、恐竜類の進化に関係した実際のヘテロクロニーの仕組みを説明できるようになるかもしれない。

面白いことに、ティランノサウルス類には恐竜におけるペドモルフォーシスの数少ない明らかな例の一つが見られる。この仲間の動物で格段に小さいのはナノティランヌス（*Nanotyrannus*）とマレエヴォサウルス（*Maleevosaurus*）であった。幼若期の独特の成長パタンの結果、かれらは成熟後にも、もっと名高い近縁種*T*・レックス（*T. rex*）が維持したのよりずっとほっそりした頭蓋を持ちつづけた。これら白亜紀後期のティランノサウルス類は体長が〝わずか〟約五メートルしかなかった。ペドモルフォーシスの効果は小さい体サイズや細い鼻口部だけでなく、大きな円い眼窩にも認められる。ところが、ナノティランヌスさえ小規模ながらペラモルフ型になった。ボブ・バッカー〔コロラド大学、ボウルダー〕は、ナノティランヌスの成体で眼の上に突出する繊細な涙骨《るいこつ》の〝角《つの》〟ができた一因として〝ネオテニー〟を示唆したけれども、それが角も膨らみもない祖先の状態から生じた可能性が大きいということが、ペラモルフ的起源を暗示しているように思われる。若いティランノサウルス類にはこの〝角〟の発達が見られないからである。★06

草食性恐竜類のうちハドロサウルス類は、驚くばかりに奇怪な〝とさか〟がさまざまに発達していた点に特色がある。これらは個体発生の遅い段階で生じた異様な形態特徴だ。したがって、性成熟が始まって成長が止まる時期がわずかでも変わると、頭頂部のとさかの発育程度に大きな影響が生じうる。近年、ジャック・ホーナー〔ロッキー山脈博物館〕がモンタナ州北部で発見したハドロサウルス科のマイアサウラ（*Maiasaura*）やヒプシロフォドン科のオロドロメウス（*Orodromeus*）の幼体と胚の標本は、これら両グループの恐竜における胚発生の実態に新しい光を投げかけた。わけてもホーナーとフィル・カリー〔ティレル博物館、ドラムヘラー、カナダ〕が行った、ハドロサウルス類のヒパクロサウルス（*Hypacrosaurus*）の胚や巣立ち前の幼体骨格の骨構造の解析は、かれらはティランノサウルス類と同じく猛烈な高速度で成長したことを示している。この小さな恐竜の骨の薄片から、それが豊かな血管系をもち石灰化軟骨を多量に備えていたことが判明したが、これは早期の成長が非常

に速かったことを物語っている。★07

ヒプシロフォドン科のドリオサウルス（*Dryosaurus*）における個体発生的変化を調べることにより、成体で発達する長い鼻口部は、頭蓋《とうがい》の鼻骨《びこつ》や前頭骨《ぜんとうこつ》の成長の相対的増大でおこるペラモルフ型特徴であることがわかるが、これはハドロサウルス類に見られるのと同様だ。テノントサウルス（*Tenontosaurus*）はドリオサウルスよりさらにペラモルフ型で、成体の鼻口部はより長く、眼窩はより小さく（幼体では相対的に大きかった）、前顎骨《ぜんがくこつ》には歯が無かった。ティランノサウルス類と同じように、テノントサウルスには指の退化と変形、前腕《ぜんわん》部のサイズ縮小が起こっていた。テノントサウルスが大きな体サイズ（最大七・五メートル）に達した成長の増大（ヒプシロフォドン類のサイズはふつうこの半分以下）は、指や前腕部のサイズ縮小を説明するものかもしれない。これらの部分は、体サイズの増大にともなう頭蓋の諸形質の全体的なペラモルフ型傾向から逸《そ》れたものだったのである。

初期ケラトプス類（最後のメンバーにトリケラトプス *Triceratops* を含むグループ）に属したある種の恐竜に関する最近の研究から、個体発生の過程で体の各部の比率と構造物の成長にかなりの改変があったことが明らかになった。そうした各部の成長の相対的な程度を調べると、ここでも圧倒的な傾向はペラモルフォーシスである。系列をなした各種が個体発生の間にだんだん大きく成長するようになった。プシッタコサウルス（*Psittacosaurus*）のような最初期のケラトプス類の頭蓋を見ると、それが長さわずか二センチほどから約二〇センチまで成長する間に変化はあまり顕著でなかったことがわかる。眼球がおさまっていた眼窩《がんか》は相対的にやや小さくなり、鼻部はいくらかくちばし状になった。しかし、連続したケラトプス類の系統をくだるにつれて、体サイズの増大のほか、頭蓋がだんだん多くの変化を生ずるようになる。孵化したばかりのブレヴィケラトプス（*Breviceratops*）はもっと古いプシッタコサウルスによく似ていたが、ブレヴィケラトプスの成体は長さが二〇センチほどの頭蓋をもち、これは明瞭なくちばし、相対的に小さい眼窩、成長が増大して顕著なへり飾りになった後頭部という特徴をしめした。これらの傾向はプロトケラトプス（*Protoceratops*）、そしてついにトリケラトプスでいっそう強調された。それでも、孵化したばかりの小さなプロトケラトプスは、どう見ても遠い祖先のプシッタコサウルスの幼体に似ている。体サイズが増大するとともに成長の諸傾向も継続し、もっと後のケラトプス類で派手なへり飾りや角が発達したのだ。後世のある日、この現象は要約反復《リカピチュレーション》と呼ばれることになり、今日われわれはそれをペラモルフォーシスと呼んでいるのである。

馬鹿さわぎをする

さて、進化のもう一つの象徴的偶像を再訪する時になった。第六章で私は、〃ダーウィン〃フィンチの進化は外側、つまり外的な適応の見地からと同じく内側からも眺める必要があることを述べた。ウマ類についても同じことが言える。この有名な進化の実例をそのように特徴づける形態の多くは、さまざまな恐竜におけるのと同様、広範囲におよぶペラモルフ型発育にその起源をもっているからだ。

自然科学的な展示物を少しでも持っている博物館で、

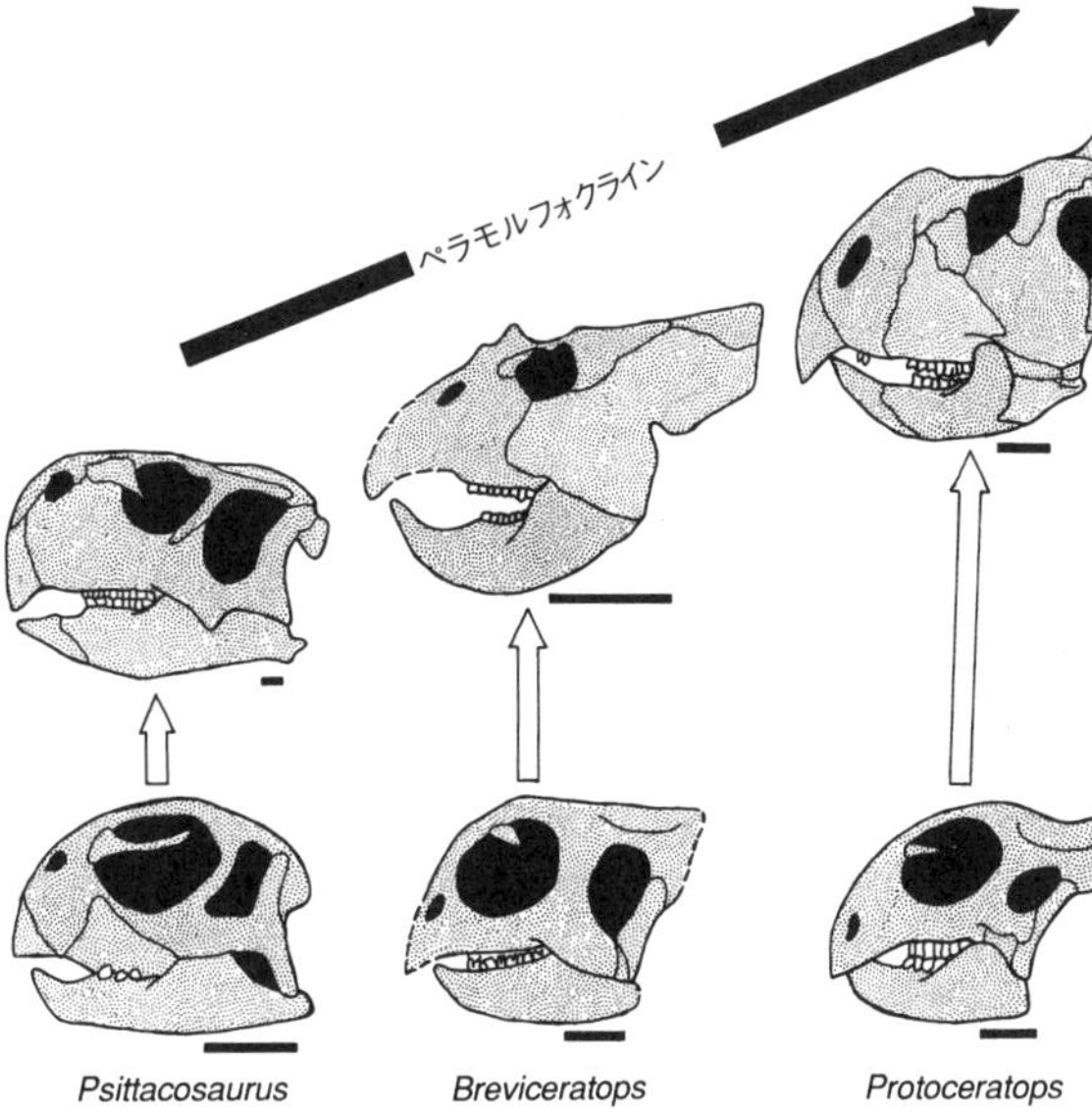

プロトケラトプス類に属した恐竜類のペラモルフ的進化。

ウマ類の進化を呼び物にしたことが一度もない所はほとんどないだろう。多くの場合《ケース》（だじゃれで失礼）、こうした展示物は二〇年間も変わらない。そこでこれらはほの暗いケースのなかに潜んでいて、〝超特級〟の進化傾向の色あせた画像が第三紀の間に五つの型のウマ類がいたことを物語っている。ヒラコテリウム（*Hyracotherium*、エオヒップスともいう）はメソヒップス（*Mesohippus*）へ進化し、これはまたメリキップス（*Merychippus*）、プリオヒップス（*Pliohippus*）へ、それからエクウス（*Equus*、現存のウマ）へ進化した、というのだ。そして説明文には、これらの化石ウマ類は、進化がじつに見事な整然たる方向へ――ただ一つの進化傾向を示しつつ複雑さと形態的洗練を増大させる方向へ――進んださまを例証している、と書かれている。説明図は二つの主だった傾向を図解するように描かれているだろう。各足の指の数が初めの四本から、競走馬でも荷馬でも現在のウマで胴体を支えているただ一本へ減少した傾向と、歯が歯冠《しかん》の低い単純な形から歯冠の高い複雑な構造になった特性の変化とである。これらの変化は、典型的な適応主義の観点――ウマ類が樹木の若葉を常食にした森林地帯での生活から、硬い草を食《は》んで活力をたくわえ、草原地帯を疾駆する生活へ移るとともに進化した適応構造であるとする見方――から説明されているだろう。

このような説明はいろいろな点からみて人を誤らせるもので、そこには粗雑な単純化のしすぎと、ウマ類すべての進化が純粋に一方向性だったという仮定が少なからず含まれている。実はそうではなかったのだ。しかし幾人かの古脊椎動物学者たち――なかでも最近の旗頭《はたがしら》はブルース・マクファデン〔フロリダ州立博物館〕――のおかげで、ウマ類の進化的放散に関するわれわれの理解は、はるかにもっと複雑なパタンと、適応的意義そのものと同じくらい解剖学的変化の裏にあった諸要因にもよるパタンがあることを明るみに出した。ウマ類の進化に影響を及ぼした可能性があるのは個体の発育程度の変化だけではなく、体サイズの増大の効果も決定的な役をはたしたことを論証することができるのである。★08

約五五〇〇万年前の始新世前期、北アメリカの森林地帯を駆けまわっていた初期のウマ類は普通のイヌぐらいのサイズで、成熟時の最大体重は二五キロほどだったと推定されている。こうした初期のウマ類は、指を前肢に四本ずつ、後肢に三本ずつもっていた点に特徴がある。その後、中新世までの三〇〇〇万年間に進化した一〇種のウマ類では、体重が二倍になっただけだった。これは、体重の控えめな増大だけでなく歯の高さの増大も生じた、唯一つの系統だったと考えられている。そのうえ、漸新世に入るまでに前足の第四指が消失していた。ついで、約二五〇〇万年前になって爆発的な進化的放散がおこり、さまざまなウマ類の群がり——大きな種、小さな種、漸新世のウマと同サイズの種など——を生みだした。本当のことだが、その大半は中新世より前の祖先よりずっと大きく成長し、多くは体重で一〇〇キロを超えた。一〇〇〇万年前までには四〇〇キロにも達したものがいた。そうした進化的なサイズ拡大が起こったにもかかわらず、まだ七〇キロという軽量の小形種も生存していた。またある系統では、体サイズが増大するとともに歯が高さを増した。おかげでかれらは、地球が最後の氷期に突入して大陸が乾燥しはじめたころに現れてきた、歯をひどく磨耗させる草本植物にも耐えることができたのである。

ウマ類の進化過程における三つの段階。右下はキツネほどのサイズだった5500万年前のヒラコテリウム、右上は2000万年前のミオヒップス、左は現存のエクウス。

中新世のウマ類は三本指の足で駆けまわっていたのだが、後代にはもっと大きなウマ類で、前後肢とも内外両側の指のサイズにいっそうの縮小が生じた。が、中央の指——現存のウマの蹄《ひづめ》になる指——は重くなった体重を支えられるほどサイズを増した。中新世に入るまでにウマ類はすべて、いま蹄と呼ばれている大きくなった一本の優美な中央指をそなえ、体重は半トンにも達していた。ここでもまた、進化は発育上のトレードオフで賭金《かけきん》を分散防護していたのだ。指の数のペドモルフ的減少と、他方で、残った一本の指のサイズのペラモルフ的増大、である。

ブルース・マクファデンは、五五〇〇万年のウマ類の進化史全体にわたり、二つの種のペアの間で、体サイズに関するいろいろな進化傾向を解析した。彼が見いだしたのは、識別できた二四の系統のうち一九系統は実際に体サイズの増大を示したことである。彼は体サイズと寿命とを関連させて、より長い成長期間（ハイパモルフォーシス）が進化したことは体サイズを増大させただけでなく、同時に歯の高さと蹄のサイズの増大を伴ったと、主張している。中新世のもっと小さいウマ類には、後代のウマ科動物より早く性成熟に達したものがあったという証拠もあり、後代のウマ類にハイパモルフォーシスがはたらいたことを示す明らかな根拠になる。つまり、後代のある系統に生じた成熟開始の遅れによってより大きな体サイズが達成されたのであり、これがまた、歯や足の形態など一定の構造物に比率の変化を引き起こしたのだ。手足の内外両側の指が離脱したことは、ペドモルフ型退化をへてついには消失する過程をたどった。しかし、まれに小さい番外指が余分の対《つい》をなして発生する先祖返りの現象によって、両側の指を造りだす遺伝信号がまだウマのゲノムの深いところに潜在していることを示す証拠があばき出されるのである。

より大きくなるのはなぜか

生物学においてかなり広く信じられていることの一つは、動物たちが大きなサイズに達するのはただ、より長い期間にわたって成長する（つまり、ハイパモルフォーシス）からだというものである。広い意味では、こうした〝マウス〜ゾウ〟式の比較は確かに当たっている。しかし、ある系統では、これはサイズ増大をおこす唯一の仕組みではないのかもしれない。ブライアン・シア（ノースウェスタン大学）は何種類かの霊長類において、類縁の近い種は、より小さい種と同じ期間にわたりより早く成長（加速）するだけで、より大きいサイズに達する場合が多いことを明らかにした。[★09] またジョン・ギトルマン（テネシー大学、ノックスヴィル）が食肉類について行った、体サイズと比べての成熟時期の研究では、大形の種類の大半はこのようなより速い成長速度を示すことがわかった。[★10]が、それはしばしば成長期間のハイパモルフ的延長と結びついている。恐竜類の進化もたぶんこのようなものだったのだろう。

　加速によってより速く大きな体サイズに達することには、生き残るうえで明らかな有利性がいくつかある。なかでもその一つは、最適獲物サイズの範囲外にある獲物動物にとってはより短い時間しかかからないことだ。かりに読者が一頭の恐竜だとして、卵から孵化した後ゆっ

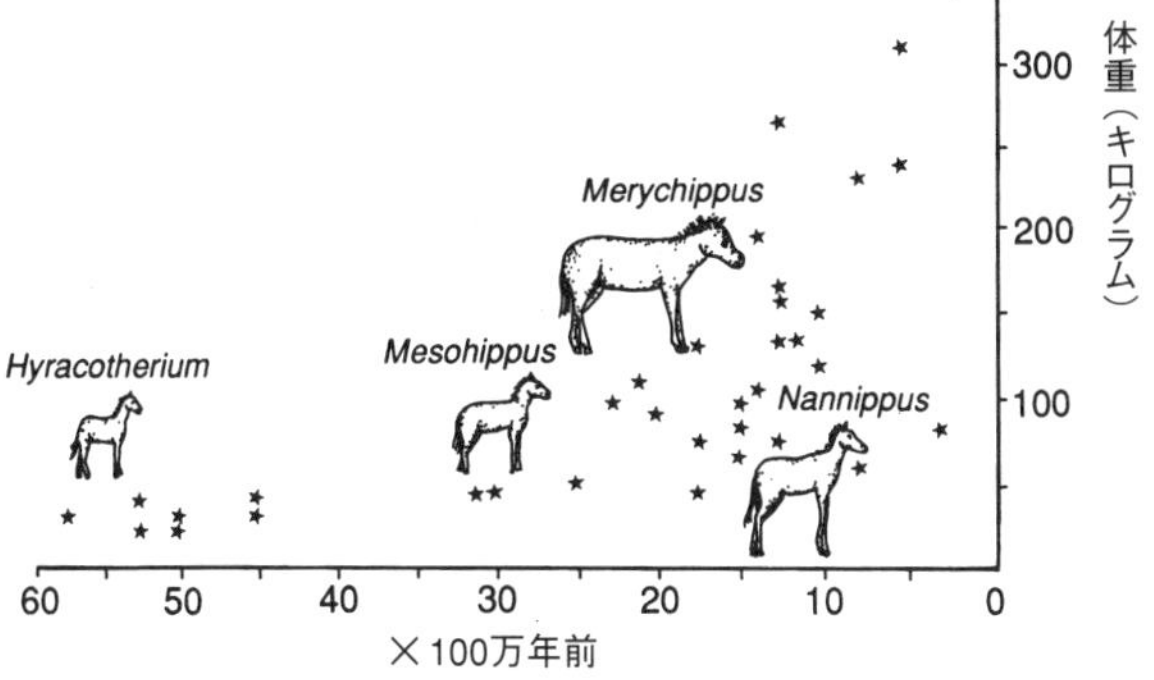

ウマ類はほぼ4000万年もの間、サイズに著しい変化を起こさなかったが、かれらの進化史の最近2000万年間には体サイズの多様性にたいへんな増大があった。

くりと成長し、そのため長い期間にわたって小さいままでいるとしたら、飢えた捕食者の顎《あご》に捕らえられる見込みは、かりに読者がより速く成長し、いっそう大きくなり、そして生き残りの見込みを高めていたとした場合よりちょっと高いだろう。恐竜類がとっていたらしい幼体期の非常に高い成長速度は、高い捕食圧に対する反応として生じた可能性がある。もし読者がティランノサウルス類の子どもだとしたら仲間の恐竜のメニューに書き加えられたかもしれないが、その一方で、読者はできるだけ短い時間でできるだけ大きくなることにより形勢を逆転させることもできただろう。体が大きくなればなるほど捕食されるのを避けられる見込みが増すのだが、自分が上首尾な捕食者になって交配し、その遺伝子を次の世代へ伝えるのに十分なほど長く生きのびる見込みも増す。このことの裏側にあって、加速する成長速度に最も効果的にブレーキをかけて体サイズを制約する要因は、代謝である。体が大きくなりすぎると、エネルギー入力もそれだけ大きくならねばならない。大形の動物は、何を食うかについてあまり厳しくならない——小形動物より広い範囲の食物をとる——ことによって、この問題をある程度うまく回避している〔好例の一つは霊長類たるヒト *Homo sapiens* で、これは例えばレムール〔キツネザル〕に比べると驚くべく広範な食物内容をもっている〕。ある進化系統にそってたえず増大する体サイズについては、エネルギーの出力が入力を超えるとき限界に達するのだろう。これは体サイズの成長増大に対する正真正銘の緩衝装置なのだ。

急速成長をする幼体期を長びかせることの有利性はほかにもある。第一二章で多少くわしく述べるつもりだが、ヒト〔霊長類で二番目に大きい種〕では成長期が長くなったことが学習期間を長びかせ、この動物種の進化的成功におけるおそらく最重要な要因になっている。類縁は近いが体サイズがかなり違う二種の間にあるもう一つの有利性は、体サイズが棲み場所分離〔棲み分け〕を引き起こすことだ。ロバート・マーティン〔ベリー・カレッジ、ジョージア州〕は、大きなサイズを進化させつつあるコトンラット（*Sigmodon*）のおもな有利性の一つは、それが攻撃性の増大という行動上の変化を生ずる点にあると指摘している。このことの効果は、サイズの異なる二つの種は、同じ微小棲息域に共存するのを不快に感ずるということにある。もし共存すれば、大きいコトンラットはその棲み場所に入り込んできた小さい種を食い殺してしまうだろう。短期的には、これは小さいほうの種を別の棲み場所へ駆逐するという効果をもつかもしれないが、結局それの絶滅をもたらす可能性もある。コトンラットの進化傾向を長期的に調べつづけることが、体サイズの増大の優勢さを明らかにするのだ。

進化における〝コープの法則〟の普遍性は、増大したサイズは何らかの点でその動物種にとって有利なのにちがいなく、たしかに適応不良ではないはずだということを物語っている。多くの場合、体サイズが他より大きいこと（もしくは、それと関連した行動上または生活史上の諸要因——第一〇章を参照）は淘汰選択の第一の標的になり、形態上の諸特徴はそれに引きずられ、何らかのしかたでその動物種の〝適応度〟に寄与する可能性が大きい。しかし、ある一時期に進化的成功であった一つの特徴が、次の時期に大きな環境上の混乱が起きたときには適応不良となり、その動物種の破滅の基になるかもしれない。体サイズは環境変動の気まぐれから特に影響されやすいものだ。さきにも述べたとおり、大きな体サイズのために支払う代価は、大きなエネルギー入力のため、もしくはエネルギー出力を最小にするように代謝速度を低下させるための必要物なのである。

にもかかわらず、ある体サイズも、一定の環境諸条件のセットに対して確立している代謝の平衡も、環境悪化の時代には不適当になるかもしれない。一般に、大きい動物は小さい動物より多量の食物を必要とする。そのため、環境の状況がきびしくなるときにまず被害をこうむるのは大形の種である。これの著しい実例には、白亜紀末期（体重が一—一〇トンの恐竜の全盛は白亜紀末期にあった）に起こった恐竜類の絶滅や、あちこちの大陸で更新世後期におきた脊椎動物の陸棲巨大動物相の破局的消滅がある。後者は気候の大規模な悪化と、ホモ・サピエンスという形をとった重大な新しい捕食者の登場とが組み合わさったことから起こったものだ。

比較的小さい環境変動も体サイズに影響を与えることがある。その一つは気温である。〝ベルクマンの法則〟と呼ばれているもので、温血〔定温〕動物で体サイズが大きいことは低い気温と正の相関をもつらしい。ところが冷血〔変温〕動物は、温暖な気候のなかでサイズが増大するという逆の関係をしめす。体温をより長く維持できるのでそれだけ長く活発でいられるからだ。この関係は、中生代に恐竜類が到達した大きな体サイズを説明する一論拠として使われてきた。その時代には地球全体の気温が高かったと考えられているが、二酸化炭素のレベルもそうで、これは一億二〇〇〇万年前には現在のレベルの五倍以上に達していた。比較的短い地質学的時間にわたるベルクマンの法則が、ビェルン・クルテンにより、最近の五〇万年にわたるヒグマ（*Ursus arctos*）での体サイズの進化の研究で論証されたことがある。体サイズは、地球全体の気温低下による大きな氷河前進の期間中には増大し、それらにはさまる間氷期には減少した。面白いことに、同じ時代の長毛《ウーリー》マンモスは更新世後期の温暖だった亜間氷期にサイズ増大を起こしたのに対して、オオツノジカ〔"アイリッシュエルク"〕（*Megaloceros*）は気温変動からなんの効果も受けなかったらしい。体サイズの変化はおそらく、環境諸要因の複雑な相互作用に影響されるのだろう。

もっと大きな時間尺度では、気温以外の環境要因が体サイズの増大に寄与した可能性がある。時代をこえて体サイズが全般的に増大したようにみえないグループは、昆虫類だ。かれらが最大サイズを示したのは約四億年前のデボン紀前期に昆虫類が出現してからまださほど経っていない頃のことで〔第三章を参照〕、昆虫進化史上のジャイアンツたち——翼幅が七〇センチにも達したトンボ類など——が三億年ほど前、石炭紀の間に現れた。コンピューターモデルによれば、この時代には大気中の酸素量が最高水準まで増大していたという（大気中に約三五パーセント、現在は二一パーセント）。酸素レベルの増大が代謝を高めたのではないか、とも言われている。★12 そのうえ、大気圧も高かったはずだから大きな体でも軽く持ち上げられただろう。高水準の酸素が体サイズに影響をあたえることを支持する資料が、翼手竜類の最後のものから得られている。とてつもないケツァルコアトルス（*Quetzalcoatlus*）——翼幅が推定一二メートルもあった爬虫類——が白亜期後期に生存していたが、これも酸素レベルの高まった時代であった。

二者択一を迫られて

化石記録に見られるペラモルフ的進化の実例のうち最もよく知られた二例は、体サイズの増大と角《つの》のサイズの驚くべき増大との組合わせに関係したものだ。およそ四五万年前から一万一〇〇〇年前までの更新世のあいだ、ヨーロッパと西アジアの大半にわたって放浪していたのは、これまでに生存した同類で最大のシカ科動物だった。これがオオツノジカ〔アイリッシュエルク〕と呼ばれているのは、壮大なこの動物の頭骨や枝角《アントラー》がアイルランドの湿地から引き出された頻度が高かったためだが、このメガロケロス・ギガンテウス（*Megaloceros giganteus*）はアイルランドだけのものではなかったし、エルク〔オオジカ〕でもなかった。これは本質的に、非常に大形のアカシカの一種だった。この巨大シカは肩高で一・八メートルまでも成長し、横幅三・五メートルにおよぶ枝角を振りかざしていた。★13 最後の氷期の末にこの種が絶滅したのは長らく、その巨大な枝角の適応不良の性格のためとされていた。論議によれば、これらの角は当の動物の利益のためには大きく育ちすぎ、木々の枝に引っかかっただろうという。メガロケロスの絶滅については、ほかにもいろいろな説明が行われてきた。一六九七年にトマス・モリヌーは、アイルランドの〝アイリッシュエルク〟の絶滅は「空気の悪い組成」に起因する「ある病気の流行」で起きたのだろうと書いていた。またモーンセル大執事は一八二五年、「かれらは何らかの圧倒的な大洪水で滅ぼされたのに違いない」と考えた。ドクター・マカロックという人は、かれらの化石は鼻を高く上げて直立したまま、起こっていたノアの洪水に抵抗する最後の姿勢で発見される、とまで信じていた。それでも一八三〇年という早い時期には、人間の影響があったことはまだ疑われていた。ある観察者は、「もし人類が、野生動物のあらゆる種類をあちこちの地方で絶滅させる点で、ペストと同じほど恐るべきものであることが判っていなければ、その影響は疑わしい」とみていた。

ところが、メガロケロスは巨大な枝角をもっていたことによる進化的失敗作だったどころか、ほぼ五〇万年間も豊かな進化的成功を謳歌したのである。そもそもこの種が進化したこと自体が、仮に枝角がこれらの動物に適応上の大成功を与えなかったにせよ、かれらは適応不良だったのではないことを意味している。少なくとも、かれらはただ非適応的だっただけなのだ。体サイズも枝角サイズも、この種のほぼ五〇万年の進化史にわたってだいたい一定していた。エイドリアン・リスターによると、起こった変化は枝角の向きの変化や歯のサイズの増大ぐらいのものだった。

長らく続いているある論争は、このような動物の進化における淘汰選択は、何を主たる標的にしたのかを突きとめることに集中している。体サイズだったのか、枝角サイズだったのか、それとも両方だったか？　非適応的特徴とは、その動物に機能上の有利性をなにも与えないようにみえる特徴のことだ。が、それはまたどんな種類の不利性も与えない。メガロケロスの場合、スティーヴン・J・グールドは、淘汰選択の第一の標的は体サイズだったと主張している。長い時代にわたり淘汰選択がより大きい体サイズを有利にすると（もっと小さかったと思われる祖先のことはほとんど知られていないが）、優成長で育つ構造物はどれも比率的にだんだん大きくなるだろう。このようなシナリオでは、壮大な枝角が進化したことはその優成長の付随的効果――延長した成長期間に伴うもの――にすぎないと考えられるだろう。おそらく、この種は広大な地理的分布域にわたってかなり成功しながら生存したがゆえに、枝角は非適応的な構造物だとみられるだろう。が、シカ類の枝角は毎年脱落してまた再生するものだから、こうした構造物を生成するのに要するエネルギー入力はそれだけの価値がなければならない、ということを思い起こす必要がある。

けれども、毎年一回巨大な枝角を再構築するのに必要な大きなエネルギーが投入されたのなら、有用な適応的〝目的〟がそれらに全くなかったとは思えない。枝角のサイズが、他個体への誇示の面でも現実の威嚇や闘争でも、性淘汰において重要な役をはたすという現生シカ類での証拠がたくさんある。実際、枝角がしめす優成長は性淘汰からみて大きな適応的特徴だった可能性がある。が、大きな角を育てるシカ科動物にとっては、体サイズはそれ自体が重量を支えるのに機械的に必要であるうえ、物質代謝からみても必要な付属物なのである。大形の動物だけが、毎年この大きな構造物を育てるのに十分な栄養を取り入れることができるはずだ。シカ類における配偶行動では、より大きな枝角も大きな体サイズもともに決定的な役を演ずる。一般的に、体サイズが大きければ大きいほどその動物は強いし、枝角が大きければ大きいほど雄は魅力的であるか、あるいは雄同士の威嚇や闘争で効果が大きい。これらの二つは同一歩調をとるのだ。結局、メガロケロスの衰亡をもたらしたのは巨大な枝角だったとは思えず、その大きな体サイズだったのだ。メガロケロスは巨大動物相――更新世後期の環境変化からきわめて深刻な影響を受けたもの――を構成していた多くの種の一つにほかならなかった。食物供給の低下が原因だった可能性も大きい。有蹄《ゆうてい》類全体〔現生群では奇蹄類と偶蹄類〕として、体サイズの変異は植物の生長季節の質からも長さからも深く影響をうけるのは確かである。

　メガロケロスの体サイズが大きかったこと、そのため枝角が巨大化したことは、ハイパモルフォーシス、

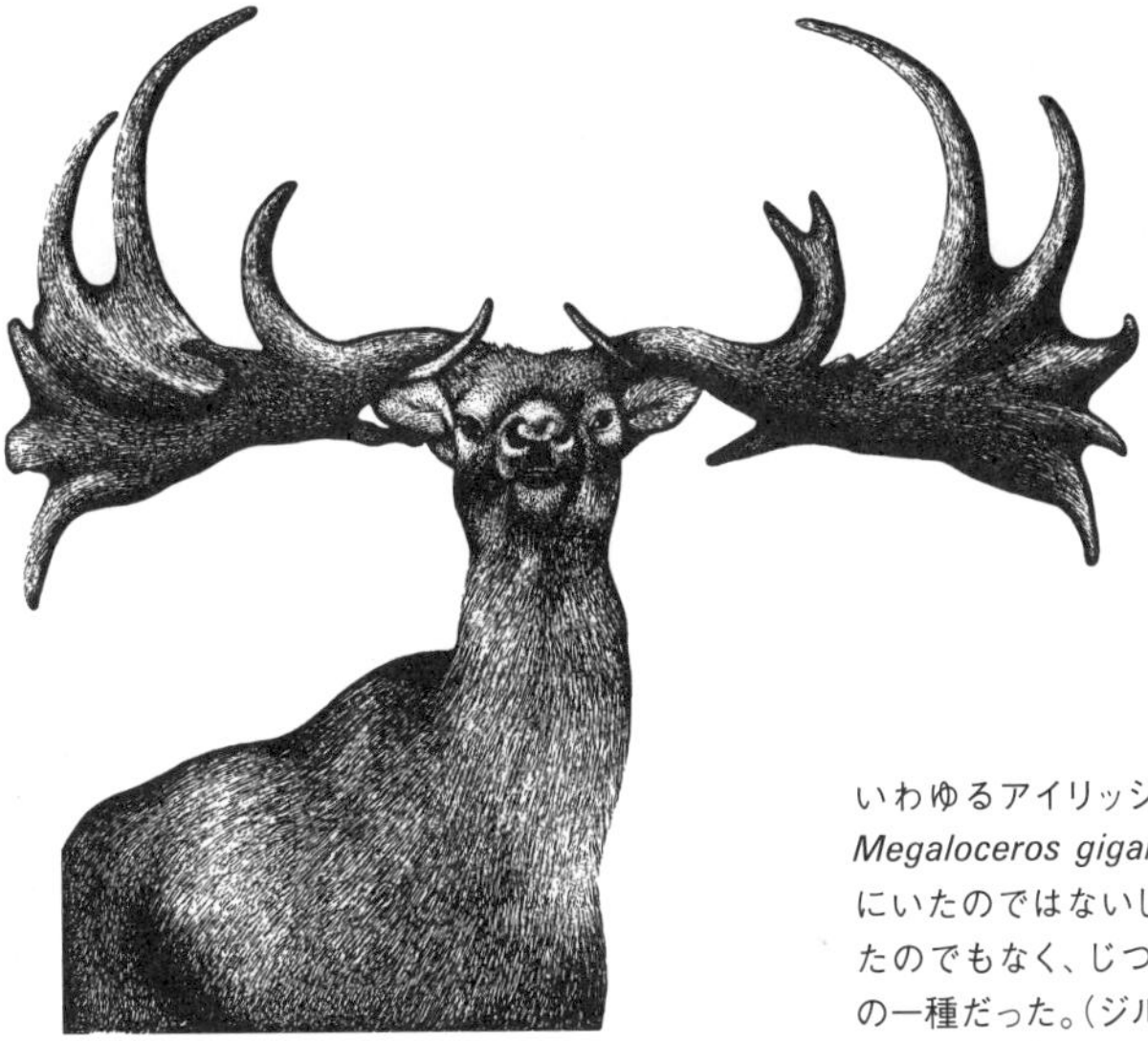

いわゆるアイリッシュエルク（オオツノジカ、*Megaloceros giganteus*）はアイルランドだけにいたのではないし、エルク〔オオジカ〕だったのでもなく、じつは非常に大きなアカシカの一種だった。（ジル・ルーズ画）

つまり成熟開始の遅れによって生じたと推定されてきた。各個体の年齢は枝角の基部の周囲を計ることから推定できるが、成熟が始まる年齢を明らかにするのは不確かなものだ。しかもその祖先については、もっと小さかったのか、もっと大きかったのか、同じくらいだったのか、あるいは成熟の時期など、何もわかっていない。したがって、メガロケロスでは成熟前の成長期間が伸びていたのかどうか、何も言うことができない。ジョン・ギトルマンの論証によれば、より大きな体サイズも実際の成長速度の加速の結果として起こりうるという。もし全身的な体サイズが加速されたなら、枝角の優成長は大きな枝角がより高い速度で造りだされることを意味するだろう。ハイパモルフォーシスおよび加速という二重の役割、あるいはそれら両方があのがっしりした頭骨や枝角――アイルランドのあちこちの豪壮なホールを飾っているもの――の生成に寄与した程度を解明するのは、とても難しい課題でありそうだ。それとは別に、多数の祖先と子孫を識別しうるもう一つのずっと古い哺乳類グループが、いろいろなヘテロクロニー的過程がペラモルフォーシスを引き起こした際の相対的役割を突きとめる、もっと好い機会を提供してくれる。そのグループとは、ティタノテリウム類である。

大形で角《ホーン》をそなえた、これらの第三紀前期の哺乳類は、始新世―漸新世（五〇〇〇万―三〇〇〇万年前）に北アメリカに広く分布していた。始新世前期にいたエオティタノプス（*Eotitanops*）のような最初期の種類は、体サイズが小さくて角をもっていなかったが、ブロントテリウム（*Brontotherium*）など漸新世の諸属は肩高が三メートルちかくに達した。そのうえ、かれらは前頭部に突出した頑丈な角をそなえていた。始新世後期のプロティタノテリウム（*Protitanotherium*）のような中等度サイズのティタノテリウム類は、角の芽生えだけをもっていた。体サイズと角サイズと複雑さが増大する傾向は一九三四年に初めてA・H・ハーシュにより、体サイズ――彼はそれを淘汰選択の標的だったと考えた――の増大から起こった、祖先における角サイズと体形の間の優成長関係の延長として説明された。しかし、マイク・マッキニーとロバート・ショックが近年行った再解釈では、後にもっと大形の漸新世の諸属に発達した大きな角を造りだすにはハイパモルフォーシスだけでは不十分であることが示された。彼らがかなりの数の頭骨から得た計測値は、角の成長も、加速と（もっと大形のティタノテリウム類では）なにか他の特性によって生じたことを物語っていた。漸新世のアロプス（*Allops*）、ブロントテリウム（*Brontotherium*）、メノードゥス（*Menodus*）、それにブロントプス（*Brontops*）などの属では、角の成長に前転位が見られる。言い換えれば、始新世にいたかれらの祖先に比べて、角の発育は個体発生のもっと早い段階で始まったのだという。

つまり、前転位と加速とハイパモルフォーシスが組み合わさって、漸新世には比率としてずっと大きな角を造りだしたのである。実際、マッキニーとショックは、もしこれが起こっていなければ、角の長さは頭骨の長さの約三分の一——現実に達成されたのは約二分の一——にすぎなかっただろうと見積もっている。これら三つのペラモルフ的プロセスがすべて作用したことは、角が淘汰選択の標的だったことを裏付けている。より大きな角の機能的重要性は、それらが耐えられたストレスの程度を考慮することによって評価することができる。このような角が耐ええたストレスは力／面積で表されるが、体サイズの増大は影響の力の増大をもたらすだろう。これを補償する最も効果的な方法は、負荷が分散するように角サイズを増大させることである。ハイパモルフォーシスだけでは不十分だっただろう。[★14]

各部分の成長

もし私がこの本を十九世紀後期に書いていたなら、メガロケロスの進化をば、要約反復の普遍的性格を論証する絶好例——成長期間の終わりに幼若成長期の延長が付け加わったようにみえる場合——として述べていただろうと思う。確かに、今日われわれがペラモルフォーシスと呼んでいる現象は、祖先に比べて子孫における〝より大きい〟成長程度——お望みなら、より大きい複雑性といってもよい——を説明するものだ。が、ティタノテリウム類からもわかるように、ペラモルフォーシスの進化はいくつもの異なるプロセスの相互作用の複合した事柄であることが多い。要約反復を基本原理とするヘッケルの生物発生原則は、動物体というものを全体的に、祖先を〝超えて〟進化し、あれやこれやの〝前進〟した諸特徴を誇示するものだと見ていた。しかしヘテロクロニーに関する今日の現代総合説は、ペラモルフォーシスもペドモルフォーシスも同一の動物体のさまざまな形態特徴に、全体ばかりでなくただ一つの構造物にさえ、影響をおよぼす可能性があることを示している。したがって、いろいろな構造物が別々の道をとってそれぞれ固有のペラモルフ的な進化史をたどる一方で、他の構造物はペドモルフォーシスによって退化していくかもしれない。

　形態的斬新さと重要な進化的突破を生み出すものとしてのヘテロクロニーは、ド＝ビアの時代いらい、とりわけプロジェネシスを決定的過程とするペドモルフォーシスに主として焦点を合わせてきた。ところが、前章で論じたように、ペドモルフ的およびペラモルフ的な諸特徴の混合体が同じようによく大進化的な斬新さを押し進めることがある。局部的なペラモルフォーシスも同じで、ただ一つの決定的な形態特徴だけに影響をおよぼす。ある一群の骨だけのペラモルフ的加速が形態、行動、および生態のうえで底深い影響をあたえ、新しいニッチへの進入に引金をひき、新しい進化経路を開くのである。これの目ざましい一例が、二億三〇〇〇万年前の中生代三畳紀に生きていた爬虫類の絶滅群、プロラケルタ類に見いだされる。これらの動物の特色は信じがたいほど細長い頸部にあり、その長さはキリンの首も色あせるほどのものだった。

　カール・チャンツ〔ツューリッヒ大学、スイス〕は、このグループは水棲だったと考えている。彼は、プロラケルタ類がその進化過程で頸部の長さを増大させたことを示した。これは、各頸椎《けいつい》の長さのペラモルフ的増大と、同時に椎骨の数のペラモルフ的増加によって達成された。プロラケルタ（*Prolacerta*）など最初期の種類は椎骨を八個もっていた。頸部の最も極端な長さが到達されたのは、地質学的に最も若いプロラケルタ類のタニストロフェウス・ロンゴバルディクス（*Tanystropheus longobardicus*）である。この種類では頸部は体の全長の半分以上を占めたが、わずか一二個の頸椎から成り立っていた。しかし、それぞれの頸椎が極端に長かった。したがって、各椎骨の成長の加速と組み合わさった、椎骨の数の増加がそれまでにあったわけである。プロラケルタを祖先として進化したタニストロフェウス属の最初期の種、*T*・アンティクウスは九個の非常に長い頸椎をもっていたので、頸部の増大はあたかも、最初はすでにあったものが伸長したことにより、次いで新しい椎骨が加わったことによって起こったかのようにみえる。頸部が相対的に短かったマクロクネムス・バッサニイ（*Macrocnemus bassanii*）のような初期のプロラケルタ類でさえ、頸部の長さについては驚いたことに平均より高いアロメトリー係数と、地質学的にもっと若い*T*・ロンゴバルディクスと比べて大きな変異をしめす。この短頸型の種は体長がわずか一メートルだったのに対し、*T*・ロンゴバルディクスは体長六メートルにも成長した。[★15]

T・ロンゴバルディクスにおけるアロメトリー係数の変異の相対的減少は、その大きな体サイズの関数なのかもしれない。チャンツは、*T*・ロンゴバルディクスの相対的に長い頸部はいくらか、成長期間を延長させたハイパモルフォーシスのためだった可能性があると論じている。時代的にもっと若い種におけるアロメトリ

中生代三畳紀（2億3000万年前）のプロラケルタ類の爬虫類、タニストロフェウス・ロンゴバルディクス（*Tanystropheus longobardicus*）。頸椎のペラモルフ的進化を例証している。

ー的変異の相対的減少は、おそらく機能上の必要性からだったのだ。仮に*T*・ロンゴバルディクスの頸椎が*M*・バッサニイと同じ速度で成長し、この動物がやはり六メートルまで成長したとすれば、それがもつはずの頸部はとほうもなく長くて機能的に無用なものになり、適応上は足手まといになっただろう。その動物が獲得した成長速度——体の全長の約半分におよぶ頸部を造りだしたもの——は適応の限界にあったものだ。それを超えては、たぶん頸部筋肉系の発達が追いつかないため、長い頸部の進化は適応不良になっただろう。そういうわけで、ペラモルフ的な進化——このグループの進化史において異なる時期に作用した二つのプロセスによる進化——が、これらの水棲爬虫類のために、当時ほかの脊椎動物には例のなかった生活様式を拓いたことになる。

　ところで、植物体の基本単位《モジュール》的構築は、葉、若枝、花、果実、種子、根といった局部的な成長の場が互いに独立に、ヘテロクロニー的変化を起こしうることを意味している。けれども、ある基本単位に起こる発育の変化が、一種の〝将棋倒し〟効果によって他の基本単位へ直接影響を与えうることを示唆する証拠もある。その一例は種子のサイズの進化だ。種子サイズと生育場所には強い相関関係があるらしい。たとえば、森林地の草本植物の種子は一般に、もっと開けた場所に生育する種の種子よりも大きい。これは、乾燥度や日陰度のさまざまな状況を占有することに対する適応現象だと考えられている。大きな種子が日陰の多い乾いた場所に見られるのは、それらのもつ貯えが大きいゆえに完全でない環境条件でも根を下ろすことができるからだ。エド・ゲラント〔オレゴン大学〕は、ある一つの基本単位、または一組みの基本単位のたどる発育経路が、他の基本単位に直接影響を及ぼしうることを力説している。種子をふくむいろいろな植物器官のサイズは、それらが発育する基になった分裂組織のサイズと関係があることが古くから知られている。同様に、植物の〝基本単位〟のさまざまな組み合わせの間に緊密なアロメトリー的関係が存在しうる。つまり、葉の長さ（それ自体が当の植物の樹高と正の相関をもつ）は、種子の長さと相関する。同じように、種子サイズは樹上のその高さと直接に相関することが知られている。[★16]

特別に大きな種子を発達させる植物には進化的な弱点が一つある。種子サイズが大きいことは、発芽率が低いことや、若木の相対的成長速度が意味ありげに低いことと結びついている場合が多い。[★17] これらの要因は、直接の適応的重要性をもつのではなくて、種子サイズよりも淘汰選択の現実の標的であるのかもしれない。種子サイズと花サイズとの、あるいは葉の長さと樹高との緊密な相関関係は、これらの特色には背中におんぶされていくものがあるらしいことを物語っている。淘汰選択の真の標的を解明することは多くの問題を伴うけれども、それは、植物におけるいろいろな基本単位の相対的な成長速度と成長の持続期間を理解することの、決定的な重要性を説明するのである。

ペラモルフ的増大がある一つの基本単位に集中することは、動物に見られるのと同じような発育的トレードオフとして、他の基本単位を犠牲にして起きている場合がある。植物におけるこの現象のあきれるような一例は、スマトラ島やボルネオ島の多雨林に育つ巨大な寄生植物、ラフレシア（*Rafflesia*）属に見られる。葉や茎や根の成長は、これらがほぼ完全に消失したほどペドモルフ的に退化してしまった。この極端なペドモルフォーシスは発育上のトレードオフとして進んだもので、花はペラモルフ的に育ち、直径が一メートル以上にも達する。今後、花の成長の持続期間と速度に関する研究によって、大きな花サイズが生成する際のハイパモルフォーシスと加速の相対的重要性がはっきりしてくるだろう。もっと小さい種には直径がわずか二〇センチの花をもつものもあり、生成期間が短いか、あるいは成長速度が低いことを反映している。

指に翼をそなえて

若いコウモリが飛ぶことを覚えるときの経験はいろいろな問題をはらんでいる。せまく限られた空間で他の何千という若い仲間といっしょに自分の翼を曲げようとすることは別として、かれらの発育中の大きな問題の一つは翼の形が急速に変わることである。毎日、かれらの翼の形とサイズは前日とはかなり違ったものになる。人が車の運転を習いはじめたとき、運転席に座る日ごとにペダルの位置が変わっていて、ハンドルのサイズが違っているような場合を想像してみれば、若いコウモリが直面する難題が分かるはずだ。それが飛ぼうとするたびに、体と比べての比率や形が、驚異的な速度で変わっていく翼の構造にうまく対処せねばならなくなる。これは、前肢の一定の指――繊細な皮膜でできた翼をささえる指――の成長速度の非常な加速から起こるのである。コウモリの翼をささえる支柱になるべき骨は、形でも数でも相対的位置でも、ヒトの腕や手にある骨と同じだ。違っているのはそれらの形と比率だけである。どうして比率がそれほど急激に変わりうるのかを理解するには、コウモリの胎児を詳しく調べなければならない。ここに、哺乳類における飛翔の進化を解く鍵があるからだ。

コウモリの翼にある骨は、長く伸びた前腕《ぜんわん》部と極端に長い指の骨から成り立っている。ただ親指だけは伸びていない。コウモリが生まれたときには翼は相対的に短くて成体の翼幅の二〇パーセントにすぎず、それを使って飛ぶことはできない。かれらが生後四週間で空中へ初めて進出を試みるときまでに腕と指の成長が加速し、翼幅は成体でのサイズの約六〇パーセントに達する。完全な翼サイズは生後四〇―五〇日で達成される。他の骨格と比べて腕と手の骨が成長する猛烈さを調べるため、リック・アダムズ〔ウィスコンシン大学、ホワイトウォーター〕とスコット・ペダセン〔カリブ医科大学、モントセラト〕は発生中の軟骨と骨を別々の色素〔青と赤〕で染め分けた胎児の標本を精査した。コウモリは子宮内で五〇―六〇日を過ごすのだが、骨格の成長における重要な出来事は受精から三五日ほど経ってから始まる。この時期には骨格の大半はまだ軟骨性で、石灰化〔骨化〕はただ顎骨《がっこつ》と鎖骨《さこつ》で始まっているだけだ。手や腕はほぼ同じ発育段階にある他の哺乳類のそれらと違うようには見えず、手のサイズは頭部の約三分の一である。ところが、妊娠後四〇日ほど経つと指の成長が急速な加速をおこし、他のすべての骨格を引き離すようになる。こうした成長の加速は出生の直前まで続き、指の長さが前腕の長さを超えるまでになる。[★18]

知られているなかで最古のコウモリの骨格は北アメリカの五五〇〇万年前の岩石から発見された。このコウモリ、イカロニクテリス（*Icaronycteris*）は現在のコウモリと極めてよく似ていて、翼をささえる諸骨は現生コウモリのそれらと同じくらいの長さをもっていた。[★19] 実際、始新世のころには、コウモリ類は哺乳類の諸グループのなかで最も特殊化したものであり、もう極めて現代的な水準に達していた。かれらの進化はたぶん、わずか八〇〇万年ほどの間にかなり急速に進んだのではないかと言われている。コウモリが自分の飛翔範囲内にある物体を感知できる特性、反響定位《エコーロケーション》の能力はこうした最初期のコウモリ類に早くも備わっていたらしい。その根拠は最古のコウモリの蝸牛《かぎゅう》〔内耳の一部〕の構造から得られる。翼をささえる諸骨の発育加速によるコウモリ類の急速な進化は、かれらの直接の祖先が反響定位をしていたことと結合してはじめて起こった可能性がある。近年、こうした祖先は森林に棲む小形で夜行性の滑空動物だったという説が出されている。[★20] コウモリ類は、翼を進化させるのに加えて、〝自己防音〟（ふつうは弱い信号をかき消すような強い信号を低くおさえる能力）を最小限にする適応特性とともに、反響定位システムを改良しつつ発達させたのだろう。薄い膜のような翼面や祖先伝来の反響定位

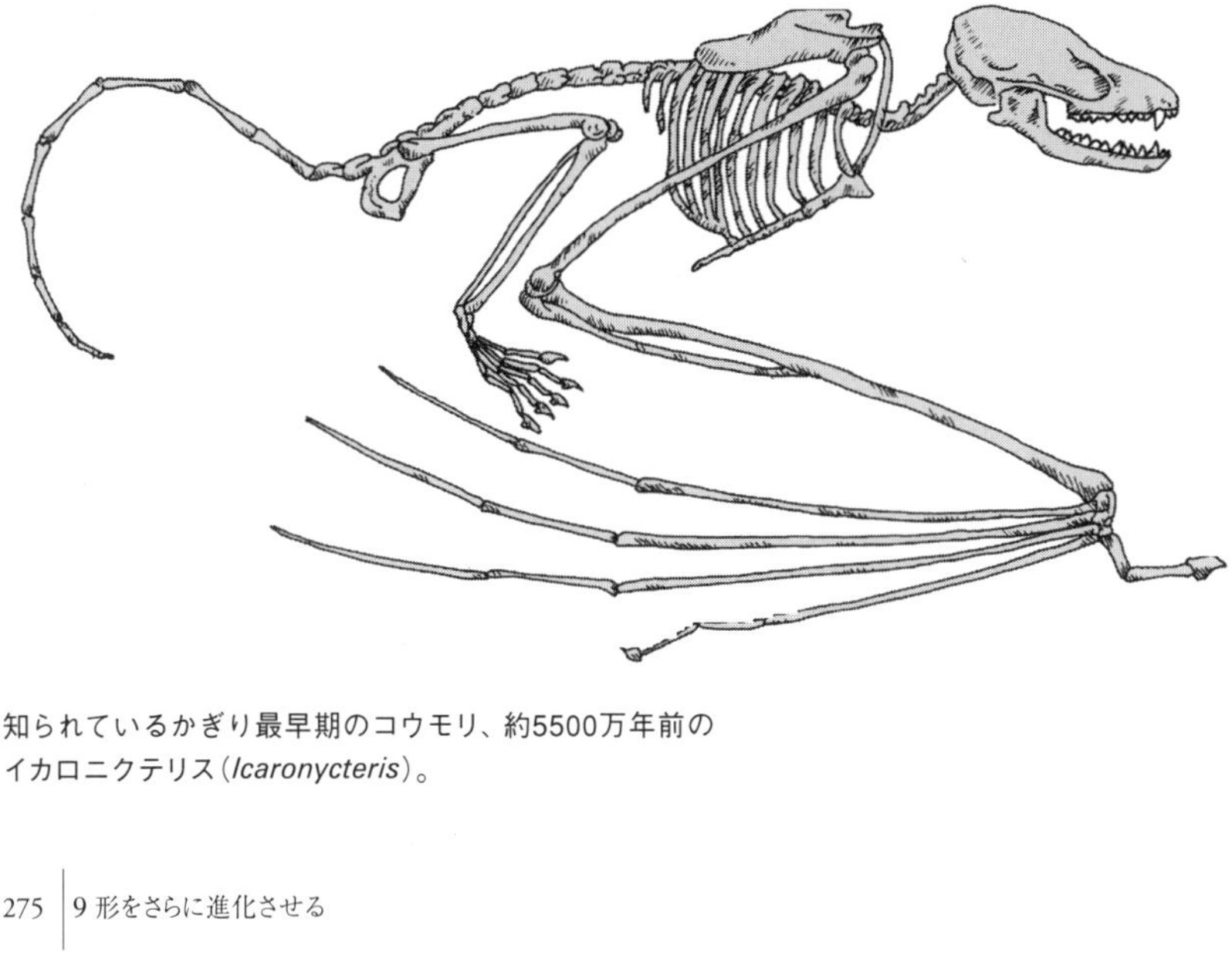

知られているかぎり最早期のコウモリ、約5500万年前のイカロニクテリス（*Icaronycteris*）。

と組み合わさった、手の指の局部的なペラモルフ的成長のおかげで、かれらは空棲で昆虫食というニッチを獲得することができたのである。

　コウモリ類は脊椎動物として初めて空中をわがものにした動物ではなかった。その功名は空を飛ぶ爬虫類だった翼竜類のものだ。コウモリ類のすばらしく繊細で細長い指骨の進化はたしかに、生物学的エンジニアリングの最も印象深い成果の一つなのだが、翼竜類が同じことをやりとげた仕方に比べると、色あせて無意味になってしまいそうだ。飛翔ということは、哺乳類でよりはるかに早く（約二億二〇〇〇万年前の中生代三畳紀後期に）爬虫類に現れただけではなく、もっと数の少ない骨格要素の成長加速によって生体力学的に達成された。

　約八〇〇〇万年前の白亜紀後期にテキサス州の景観の上を空高く飛んでいたのは、これまでに進化した飛翔動物で最大の翼竜類、ケツァルコアトルス（*Quetzalcoatlus*）だった。この動物の翼幅は一二メートル、体重は六五キログラムあったと推定され、小型の軽飛行機よりも大きかった。しかし、壮大な翼をささえる前腕と四本の指の成長加速ではなく、翼をささえていた骨格要素は他の翼竜類と同じく、驚くべきことに第四指だけだったのだ。肩帯《けんたい》〔肩甲骨など〕には強力な飛行用筋肉を付着させる多少の変形が見られるが、上腕《じょうわん》骨は相対的に短い。尺骨も橈《とう》骨も特に長くはなく、初めの三本の中手《ちゅうしゅ》骨、つまり指の根元の骨も長くない。すべてが第四指にあった。第四中手骨は非常に長くて太く、その指の四個の指節《しせつ》骨も同様だ。ケツァルコアトルスは、これまでに出現したあらゆる動物グループのなかで最も長い第四指をもつものとして、たしかに歴史に残るにちがいない。この一本の指だけがたぶん五メートルもの驚異的な長さに達したのである。知られている最初の翼竜類、三畳紀後期のプレオンダクティルス（*Preondactylus*）で翼をささえていた第四指は、もっと後の翼竜類におけるよりも相対的に短かった。そのうえ、胴から最も遠く離れた骨格要素で伸長がいっそう顕著だったことを、指の骨の相対的サイズが物語っている。

　翼竜類のような絶滅グループでの成長速度に関する情報を集めるのは、たしかに極めて難しい課題である。

指の長さのペラモルフ的加速はコウモリ類でと同様のしかたで起こったようだ。近年は、特にクリストファー・ベネット〔カンザス大学〕の仕事をはじめとする研究例の増加のためと、チリで翼竜類の〝集団繁殖地《ルッカリー》〟が発見されたことから幼体の資料が得られているためもあって、若い翼竜類の成長の研究がさかんになっている。マイク・ベル〔チェルトナム・アンド・グロスター・コレッジ、イングランド〕が見つけたこの堆積物では、若い個体の何千という骨が、チリ・アンデスの高い所にある厚さ二メートルの礫岩《れきがん》の層から発見された。ケヴィン・パディアン〔カリフォルニア大学〕が行ったこれらの赤ちゃん翼竜の骨の調査で、発育過程の早い時期に形成された骨は血管を含んでいることが明らかになった。これは初期の発育が非常に急速だったことを示唆している。この堆積物に成体の骨が見られないのは、第一に、翼竜類は多数が群れをなして営巣したこと、第二に、これらの幼い爬虫類は飛ぶことができなかったことを暗示している。岩石と骨とのごたまぜはおそらく、鉄砲水のような洪水でできたものだろう。そのとき、成体は飛び去ることができたのではないか。幼体も飛べさえすれば逃れることができたはずだ。が、化石化した遺物はかれらが飛べなかったことを物語っている。

　ベネットは、ジュラ紀のランフォリンクス（*Rhamphorhynchus*）や白亜紀後期のプテラノドン（*Pteranodon*）など他の翼竜類で、同じように血管系のよく発達した骨の構造を観察している。[★21] 彼は自分で調べたランフォリンクス・ミュンステリ（*R. muensteri*）の多数の標本から、翼竜類はサイズではなく形態特徴によって三つの齢集団に分かれることを明らかにした。未熟な幼体は、まだ癒合していない多数の骨格要素や骨化の不完全な骨を提示している。やや齢の高い幼体には癒合した骨がいくらかあり、骨化がもっと進んだ骨もある。翼幅が一・八メートルと推定される最大の標本では、骨はすべて骨化していた。しかもそれらは血管のない硬い外層で覆われており、これは翼竜類が有限成長——たぶん性成熟とともに止まる成長——をしたことを示唆している。ベネットは、彼が識別した三つのサイズ集団は齢集団を表し、各化石サンプルは集団死亡を表す、と考えている。このことから彼は、性成熟が達成されて成長が止まる齢は三年だったと解釈した。これらの動物が死んだときの年齢を推定するのに使える、サイズ以外の特徴を突きとめることにより、種間の形態上の違いを引き起こすヘテロクロニー的過程の解明に手をつけることが可能になるだろう。

ベネットが行った、ランフォリンクスの翼にある上腕骨《じょうわん》に対する指の長さの解析から、指は幼体では上腕骨の長さの一〇倍以下だが、亜成体では上腕骨の長さのほぼ一〇倍になることがわかる。コウモリ類と同様、外見ではこの指は出生後にたいへんな伸長を起こしたことになる。その指が卵内にある間に発育した範囲はせまく限られていただろう。孵化したばかりの翼竜は飛ぶことができなかったにちがいない。幼い翼竜は捕食される可能性が高かったことからみて、翼のこの指の成長が速ければ速いほどその動物は早く飛びはじめただろう。

翼であれ花びらであれ、もろもろの構造物の進化は直接の適応的有利性を伴っている。その形、あるいはそのサイズ、あるいはその形とサイズの組み合わせには、なんらかの仕方で個体または個体のグループに生き延びるうえでの有利性を与えるもの、生活の運不運のなかで生き残るためにかれらの有効性をわずかばかり高めるものが、多分あったのだろう。しかし、何であれ形とサイズの進化的変化が、その動物の行動の変化につながることがしばしばある。新生代暁新世《ぎょうしんせい》にいた夜行性の滑空動物はまさにそれが出来たのかもしれない——木から木へ飛び移ることが。しかし、飛翔力をもう発達させていた次の始新世のコウモリはまったく別の領域にいた。それと同じく、性成熟の始まる時期を操作することが、操作の方向しだいで少し小さい、あるいは少し大きい体サイズを造りだすだろう。そのこともまた、行動に影響をあたえる場合が多い。小さい種は大きい種よりうまく隠れることができるが、大きい種は捕殺者としてそれだけ効果が高いかもしれない。特定の構造を有利にする淘汰選択は、機能の変化にと同じくらい、行動の変化、あるいは生活史戦略の変化への反応に関係をもつことがよくある。

次の章では、サイズ、形、行動、および生活史戦略からみて、変化する個体発生過程の結果が複雑に絡まったパタンを結び合わせる仕事を追究することにしよう。

10 生活の仕方を進化させる

「犬は発育しきっていない狼だ。犬は成熟した狼によりも、狼の胎児に似ている。そうじゃないか？」

ピートはうなずいた。

プロプター氏は続けた。「言い換えると、犬が従順で扱いやすい動物だというのは、大きく成長しても獰猛《どうもう》にならないからだ。このことは進化的発育の仕組みの一つだと、考えられないかね？」

オールダス・ハクスリー『幾夏すぎて白鳥は死す』

北アメリカの砂漠ではカンガルーマウス〔トビハツカネズミ〕やカンガルーラット〔カンガルーネズミ〕を見かけることがある。これらはむろん有袋《ゆうたい》類ではなく、ホリネズミ上科に属する齧歯《げっし》類の動物だ。どちらも相対的に大きな頭部、巨大な後肢、大きな眼、それに長い尾をもっている。こうした解剖学的諸特徴は古くから、砂漠での生活に対する特殊な適応形態だと認められてきた。その大きな頭は、夜間の涼しい大気のなかで大きな眼であちこち広く食物を求めて、舵《かじ》のような長い尾で方向を変えつつ、砂をこぐ鰭脚《ひれあし》のような大きな足である目的をもって跳躍するときに、からだ全体のバランスをとるのだと見られていた。むろん、典型的な適応論的説明は、どの構造物にも一つの目的があり、それぞれの目的のために一つの構造物がある、というのである。

しかし、動物体は単なる生物学的〝レゴ〟〔組み立て建築玩具〕の構築物より以上のものだ。かれらの進化のしかたは、その体を造っている諸構造と同じくらいにその生活のしかた、繁殖のしかた、生みだす子孫の数、代謝の速度、それに行動のしかた、などと関係をもっている。カンガルーラットやカンガルーマウスは、体の構造の各部分を特定の目的のために使っているのか？　それとも、ある人々が論じたように、これらの特色のなかには進化的な重荷――かれらが今はたぶん引きずっているだけだが、昔はいつかどこかで何らかの有用性をもっていた構造物――のようなものがあるのか？　かれらの生活様式についてはどうなのか――かれらの寿命、生殖方法、成長速度など、進化しながらこれらの齧歯類に深甚な影響を及ぼしてきたさまざまな要素は？　それらもやはり、かれらの足のサイズや体毛の色ほどには、淘汰選択の標的ではありえないのか？　そうだとすると、かれらの生活史と行動のこうした諸要素はどのようにして進化するのか？　果てしなく起こる個体発生過程の改変が何らかの影響を及ぼしえたのか？

原生生物の生活様式

海洋生物相の重要な構成要素の一つは浮遊生物《プランクトン》である。もしサイズが千倍ほども大きければ、悪夢の要素そのものになりそうな、微小な怪物の顕微鏡的世界。浮遊生物の多くは、棘皮《きょくひ》動物、サンゴ類、二枚貝類、腕足《わんそく》類など、海棲無脊椎動物の浮遊性の幼生（動物性プランクトン）であり、かれらの親との類似性をほとんどもっていない。が、その他のものは本来、完全に成熟した成体である。多くは動物ではなく、〃原生生物《プロティスト》〃――動物に似たもの（原生動物）や植物に似たもの（黄金色植物や渦鞭毛虫類）をふくむ微小な単細胞生物――なのである。原生動物で最もよく知られているのは有孔虫類だろうが、それは多分、しばしば自力で外被の殻を造る――炭酸カルシウムの殻を分泌するか、あるいは自分の体のまわりを砂粒だらけにして造る――能力をもつためだ。有孔虫は硬部を備えているので化石になりやすく、そのため化石記録が豊富にある。これらはふつう膨大な数で見つかるもので、あちこちの堆積岩の中でありふれた構成要素になっており、生層位学ではとくに重要な意味をもっている。有孔虫類は浮遊生物であるから広く分散し、急速に多数の系統へ種分化した。

多くの有孔虫類の系統に共通する一つの特色は、サイズの増大にむかう傾向である。だが、このことの淘汰選択上の有利性はどこにあるのか？　われわれはサイズそのものの有利性に注目するのか、それとも、いろいろなサイズが差異的に進化する基になった諸条件をもっと注視すべきなのか？

サイズと複雑さのこうした変化はヘテロクロニー的な諸過程に制御されている。クォ＝イェン・ウェイ〔イェール大学〕は、浮遊生物である有孔虫類のグロボロタリア（*Globorotalia*）属の、草むらのように進化しつつある諸種でのサイズと形の変化を明らかにした。過去三〇〇万年にわたってペラモルフォクラインが優勢だったが、それは初期には前転位で起こり、後には、その有孔虫がだんだん複雑になるにつれて加速によって進んだ。また他の諸系統では、各種が時代とともにしだいに大きくなるにつれて、形態の複雑さが増すとともに、ハイパモルフォーシスによるペラモルフォーシスが認められる。が、なかには別の道をとり、ペドモルフ的傾向をしめした系統もあった。ウェイはこれらの変化を環境条件の変動、わけても古海洋学的な出来事――当の種に有利性を与える特定の形やサイズを淘汰選択したというよりも形態の変化を調整した出来事――に結びつける。

このような有孔虫類の諸系統に起こったヘテロクロニー的諸変化の特質は、どんな動植物のヘテロクロニー的変化とも同じように、成長速度のみならず成熟開始時期の変化に関係をもっている。★01　こうした諸要因は〃生活史戦略〃と呼ばれてきたもののなかで重要な役をはたすのである。そこには、出生時のサイズ、成長速度、成熟年齢、造りだされる子孫の数やサイズや性、寿命の長さ、などが含まれる。これまで、諸特徴のセットを類別しようとする企てはいくらかの成功をおさめている。最も意義深い試みは〃r—K連続体〃と呼ばれているものを生みだした。これは環境と、その環境に生きる生物の生活史特性の、両方の記述子《ディスクリプター》である。

r選択がされる環境は予測不可能で、束《つか》の間《ま》のものであることが多い。そこには、成熟が急速で、したがって寿命が短く（だから世代交代が速く）、体サイズが小さく（急速な成熟、つまり典型的プロジェネシスの結果として）、そして子孫数の大きい動物を有利にする、強い淘汰圧がある。砂漠で大雨の後に一時的にできる湖水のような環境では、物の豊富な短い期間と期間のあいだに物の乏しい長い期間がはさまっており、その時期には生物の死亡率が高い。こういう環境では、淘汰選択は、生殖が速くて大量の子孫を生みだすプロジェネシス的なペドモルフ個体に恵みを与える。一世代の時間が短いことは、短くても好適な期間——次の世代の再生産ができるほど豊かに資源が供給される期間——には長く生きのびられる可能性を高める。淘汰選択が焦点を合わせるのは、特定の形態特徴にではなく動物の速く生殖する能力に、なのだ。小さい体サイズとか特殊な形態的特徴に、副作用があるかもしれない。が、それらが当の動物にとって適応不良のものでないかぎり、それらは大きな進化的重荷として——その重荷があまり重すぎないかぎり——持ち続けられていくことになる。もし重すぎるなら、過剰な重荷にかかる代価が当の動物を悲運へ、そして絶滅へ引きずり込むことになる。

それに対して、K選択をされる個体群は、安定していて予測可能な環境に棲息する動物たちだ。環境のでたらめな変動がほとんどないため、サイズのかなり一定した混み合った個体群がある。雄たちの間では競争が激しい。こうした環境で生活する動物の特色には、体サイズが大きいこと、生殖の始まりが遅れること（ハイパモルフォーシスによる）、成長速度が低いこと（ネオテニーによる）、少数の大形の子を生むこと、などがある。これまで幾人もの研究者が、r—K連続体というのはあまりに単純化のしすぎだと主張している。たしかに個体群レベルでそれを有効ならしめるのはなかなか難しいが、動物たちがなんらかのr特徴やK特徴をもっている場合がある。しかし高い分類階級では、r–Kパタンが有効であるようにみえることが多い。ペドモルフォーシスの諸過程のなかでは、プロジェネシスはr選択されるさまざまな特徴と、またネオテニーはK選択される特徴と結びついているのが分かる。ペラモルフォーシスの諸過程ではハイパモルフォーシスが、K特徴が淘汰選択されるのを可能にする主要な仕組みなのだろう。したがって、ある動物を主としてペドモルフ型、もしくはペラモルフ型の特色をもつものと認識することは、その動物をなにか特定の生活史戦略に近寄らせるものではない。ヘテロクロニーのいろいろな仕組みこそが重要なのだ。

このように考えると、顕微鏡的な有孔虫類のようなグループに見られるヘテロクロニー的な傾向には、こうした生活史モデルの枠のなかに適合させうるものがある。ミシェル・キャロンとピーター・ホームウッド〔フリブール大学、スイス〕は有孔虫類で調べた形態変化のさまざまなパタンを、rおよびK選択の観点から説明した。環境ストレスのある期間には、ペドモルフ的な種は、r選択がされる環境である海洋の表層水中に進出する。言い換えると、膨大な数の、形態的には単純な小形の種類が花盛りとなる。これらの種類は生活環が短く、したがって構造が単純（またキャロンとホームウッドが面白いことに「あまり進化していない」と表現したことであり、あまり複雑でないことを指す）だから、環境条件がさほど予想可能でない浅い水中に棲息する。もっと深い水中にいる種はK選択されるもので、生活環がもっと長く、相対的にハイパモルフ型であり、比較的大形で、より複雑な構造をもっている。特徴のある形とサイズによって、化石堆積物から過去の海水の深さが理解できるばかりではない。変化する海水面レベルの影響が、環境の安定性の変化に駆り立てられ、ヘテロクロニーで活力を供給されて、進化傾向を束縛してきたのだろう。海水面が高い時期には大陸棚の上の海の深さは大きく、そのためK選択される種類が優勢となる。海洋は温かく、冷たい深海水の湧昇《ゆうしょう》は低調で、環境は全体としてかなり安定している。海水面の一滴は、下がった温度、水塊の混じり合い、それに深海からの冷たい水の湧昇などと組み合わさっていることが多い。これらはみな、生活環の短い日和見《ひよりみ》主義的、プロジェネシス的な少数の種が、不安定でストレスの強い環境に適応して花盛りとなる基になる。[★02]

底生生物《ベンソス》である大形の有孔虫類の進化も、生活史の特徴から同じように深い影響を受けてきた。しかし、ジョナサン・ブライアン〔オカルーサ＝ウォルトン・コミュニティ・カレッジ、フロリダ州ナイスヴィル〕は、こうした動物では〝ストレス選択〟という、生活史の別の一面が重要な役を果たしてきたという説を唱えている。[★03]ストレス選択というのは、安定してはいるが同時にストレス〔心理的緊張〕の強い環境のなかで起こるものだ。このような条件の下では、その環境は成熟の遅れる個体（ハイパモルフォーシスの作用による）と成長の非常に遅い個体（ネオテニーによる）の淘汰選択に恵みを与える。これら二つのプロセスは、ネオテニーのいろいろな定義にはネオテニー型の個体はしばしばその祖先より大きいという事実が含まれたほど、いっしょに起こることが多い。厳密に言えば、そうであるはずはない。大サイズの種類が現れるのは、ハイパモルフォーシスがネオテニーと同時に進行するからである。つまり、成長速度の減速があるだけではなく、成熟開始の遅れがあるのだ（人類の進化へのその影響については第一二章を参照）。ストレスの強い環境で作用するこれらのプロセスの一例はジャイアントパンダにみられ、その成長が遅いのはタケという常食物の栄養価が低いこと（緊張）――食物の供給は（近年になって人間が介入するまで）安定していたのだが――に起因すると言われている。[★04]

大形で底生の有孔虫類の場合には、水深が浅くて高エネルギー／高照度（有孔虫はある種の藻類《そうるい》と共生関係をもって生活する）の所から水深が深くて低エネルギー／低照度の所にわたる環境勾配にそった諸傾向に、成長速度と繁殖タイミングの違いが見られる。浅い所では、成長は速いけれども環境条件が束の間《つかま》のものではないから、早期に繁殖させる淘汰圧はない。成長期間は長びき、繁殖時期は遅れ、大きな体サイズがハイパモルフォーシスで現れる。こうした種類はもっと深い所の種類とくらべて*K*選択的である。

水深の深い所にすむ種類では低レベルの光が藻類の生活効率を低下させるので、淘汰選択は、共生生物の豊かな原形質を親から受けついだ大形の幼体を有利にする。成長はハイパモルフォーシスによっても長くなるが、成長速度は低下する（ネオテニー）。なぜなら、弱い光とそれゆえに乏しい栄養がストレス選択の基になるからだ。そんなわけでここに、環境諸要因の緊密な絡みあいと固有の成長速度および成長持続期間が、その種を形づくるさまを見ることができるのである。

四千万年の道のり

ヘテロクロニー的な諸変化を生活史戦略からみて環境勾配に関連づけようという初めての試みは、マイク・マッキニー〔テネシー大学、ノックスヴィル〕によって始められた。フロリダ州で出る始新世のウニ類の多数の系統における個体発生の解析を基にしたものである。マッキニーが見いだしたのは、一七系統のうちの一五系統が、だんだんと深い所へ進化していくにつれてサイズ増大の傾向を示したということだ。これは緩慢なネオテニー的成長によってか、またはハイパモルフォーシスによって生じたものだった。このことは、マッキニーがもっと安定した深い水中の*K*選択がされる環境への進化に関係づけた諸要因を、淘汰選択が標的にしていた、ということを暗示している。マッキニーの考えでは、サイズの増大とそれに伴う形の変化はモザイクをなすヘテロクロニーの諸過程によってもたらされたもので、形の変化は、たいていは特定の生態学的戦略を有利にする淘汰選択の偶発的副産物なのだという。★05

私自身、オーストラリアで出る新生代第三紀のウニ類での進化傾向を研究していたとき、マイク・マッキニーの所見を自分の資料で再確認してみようとした。私はそれまでに、いろいろなウニの系統でいくつかの傾向を認めていたからだ。何年間も私は、深い水底にすむ系統における、サイズ増大とハイパモルフ的ないしネオテニー的特徴にむかう諸傾向のパタン——フロリダ州のウニ類にははっきり認められるパタン——に相当するものが、オーストラリア産の資料には見つからないことに当惑した。地球のある片側ではたらく生態学的な諸パタンが、他の片側では起こらないはずはないと思われたのだ。

ところが、これら二つの地域の環境には根本的な違いが一つある。北アメリカの当の地域は第三紀のあいだほぼ同じ緯度にとどまっていた。それに対して、オーストラリア側の地域はたいへんな旅をした。何が起こっていたのかを理解する鍵が、何千万年にもわたり漂移する大陸に載った大旅行にわれわれを連れていき、そして特定の生活史特色を有利にする淘汰選択のもう一つの側面を持ち込んでくる。これには幼体が採る生態学的戦略がかかわっているが、それらは発育のまさに始めに——終わりにではなく——起こるヘテロクロニー的諸変化によって決まるものである。

地球の反対側にいた同じグループの動物で、特定の生活史戦略の淘汰選択パタンがまったく違っていたことを理解する手がかりは、育仔嚢《いくしのう》をもつ型（直接抱卵型）の小さなウニ——私がオーストラリア南西部の四〇〇〇万年前の始新世の岩石の中で見つけたもの（第七章を参照）——にある可能性が大きい。ウニ類は、ヒトデ類のような他の棘皮動物と同様、成体はたがいによく似ていても幼体期には多様多彩な生活様式を見せるものだ。典型的なウニ（そんなものがあるとして）は受精したあと胚を形づくり、そののちプルテウス幼生に発育する。これは、浮遊生物《プランクトン》になって泳ぎつつ単細胞藻類《そうるい》を常食にする、まったくウニらしく見えない浮遊生活段階である。この幼生はやがて海底の底質へ下りていき、変態をおこして成体ウニの小さなひな型に変わり、幼生とはまったく違う仕方で摂食するようになる。その後はただ大きくなるだけだが、棘《とげ》と管足《かんそく》の数は増やしていく。このような生活史戦略は〝原始型〟だと考えられている。

しかしウニ類には、浮遊生物性の幼生段階を欠失していて、摂食せずに浮遊生活をする幼生、もしくは、成体によって育てられる幼生をつくりだす種類も多い。このような小さな成体のひな型は、成体の防衛用の棘と棘の間にひそむか、あるいは成体の殻にある特殊なポケット、育仔嚢の中におさまっている。不摂食性（卵黄栄養性）の発育様式をもつウニが産む卵は、摂食性・浮遊性・浮遊生物栄養性の幼生をもつウニの卵〔七〇―二五〇マイクロメートル〕よりずっと大きい〔三五〇―二〇〇〇マイクロメートル〕。グレグ・レイ〔ニューヨーク州立大学、ストーニーブルック〕によれば、大形の卵はペラモルフ型の卵形成で生ずるもので、長時間かけてか、または高い速度で発生する。★06 大形卵は不摂食性の幼生に栄養を供給するのに必要なものだ。こうした幼生が変態するには、浮遊生物栄養性の幼生よりはるかに短い時間ですむ。起こるのは、幼生の構造物には消失したか、または著しく退化したものがあることだ。口や消化管は必要がないので発生しない。成体の構造物も、卵黄栄養型の幼生では相対的に早く現れる。したがって、これは継起的《シクエンシャル》プロジェネシスの作用なのであり、その結果、成体形質の早期出現と一定の幼生特徴の消失がおこる。レイは、発生初期におけるこれらの変化が、ウニの生活史戦略の進化を決定するうえで中心的な役をはたすのだと論じている。幼生期間の短縮と大形卵を産むことのトレードオフの一つは、生殖能力の低下と母親の投資の増大――とりわけ幼生を育てる種での増大――ということである。また、ウニにとって浮遊生物的な幼生段階を欠くことの有利性を説明するのに挙げられる理由の一つに、死亡率がきわめて高いのはこの時期だということがある。直達発生〔明らかな変態のない発育〕をする動物は、分布上の分散があまり広くないという意味で負けるかもしれないが、死亡率が低いという点では勝つのである。

現在、直接抱卵型のウニ類の大半は南極海に分布している。たとえば、育仔嚢をもつウニとして知られる現生の二八種のうち、二五種が南極大陸のまわりに棲んでいる。古くから、この型の幼期発育はきわめて冷たい水中で生活することへの特殊な適応だったと言われている。この説明は、化石記録に現れる抱卵型ウニ類の多様性を用いて、過去の海水温度を理解する一方法として利用された。育仔嚢をもつ抱卵型の種は化石資料のなかでたやすく見分けることができる。地質学上どんな層準でも、育仔嚢種がたくさん出るのは当の堆積物が沈積したとき海水温が低かったことを意味する、と解釈されていた。

オーストラリア南部の第三紀の岩石は世界で最も豊かな育仔嚢ウニの動物相（一八種中の一二種）を擁しているため、私は四〇〇〇万年前から現在までに沈積した堆積岩を通じた、これらのウニ類の多様性の変化を解析してみることにした。そこで私は、なにかはっきりした相関があるかどうかを調べるため、これらの変化と別々に集められた古海水温データとを比較してみた。この解析でわかったのは、育仔嚢ウニ類の多様性の大きさと海水温度の低さとにはまったく相関がないということだった。しかし、その多様性がかなり変化したのは確かである。育仔嚢ウニの最初期の種――ウェスタンオーストラリア州オールバニーに近い採石場で私が四〇〇〇万年前の始新世後期の岩石から発見したもの――からこのかた、二〇〇〇万年にわたって育仔嚢ウニの種数はだんだん増加し、その後しだいに減少した。現今では、オーストラリア南部近海に育仔嚢ウニが一種だけ棲息しているのが知られている。ただしこの衰退は、地球が最後の氷期に突入し、南極海の海水温度が急激に低下したときに起きたことである。★07

ところで、育仔嚢をもつ種の多様性の変化を何が制御していたのか、また幼期の発育様式の型に何が大きな影響を与えたのか、これらに対する答えはオーストラリア大陸の地球的規模の漂移に見いだされる。古地理学的にみて、オーストラリア大陸は過去四〇〇〇万年にわたって大変な旅をした。四〇〇〇万年前、南極大陸はオーストラリア大陸南岸の沖合に横たわっていた。現在、オーストラリアの南海岸線はおよそ南緯三五度の内外にあるが、そのころには南緯五五度の辺りにあった。このことは、四〇〇〇万年前、オーストラリア大陸は現在ある場所より二五〇〇キロほど南の、南極海に深く入った位置にあったことを意味している（当時この地域は現今のように寒くはなかったのだが）。

アンドルー・クラーク〔英国南極調査局、ケンブリッジ〕は、南極海にいま生存している多数の無脊椎動物を研究している。彼の主張によると、直接抱卵型の無脊椎動物にはこうした高緯度の水域に分布するものが多いが、それは低水温のためではない。かれらが生存しているのは、高緯度での生活にうまく対処するのに必要な生活史の反映なのだという。幼生の生活史戦略は、直達発生のほかに、発育速度が遅いこと、期待寿命（平均余命）が長いこと、それに子孫数が少ないことなどの特色をもつ。ネオテニー的特徴とハイパモルフ的特徴が組み合わさった結果、南極海域の無脊椎動物の多くは大形になる。巨大な等脚類〔ワラジムシ類〕のグリプトノトゥス・アンタルクティクス（*Glyptonotus antarcuticus*）を一べつしてみると、これは体長一〇センチほどまで成長する。それは、緯度の高いところほど体サイズは大きいという一般的傾向を表しているのだが、冷たい水中での生活に対する適応とは関係がない。それより多分、高緯度でストレス選択が作用しているのだろう。このことはまた、継起的プロジェネシス――これにより一定の幼生段階が失われて抱卵型の直達発生が現れる――の作用にも表れている可能性がある。

南極近辺の海洋環境は実際にはよく安定しており、とくに食物供給に関しては予測可能なものだ。水温は年間を通じてほとんど一定している（年間約二度だけ変動）。食物の供給は、極端に変動はするものの、きわめて規則的である。ここにストレスが生ずるのかもしれない。つまり太陽光が二四時間あって明るさのレベルの高い夏期には、植物性プランクトンが大発生をする。これが動物性プランクトン個体群の爆発を引き起こすとともに、クジラ類が夏に南極海へ移動してくる原因にもなる。膨大な量の栄養物が海水中へ放出され、そして、この海域に生きるすべての動物がこの短い（八―一〇週間）饗宴に各自の生活を合わせるのである。その年の残りの期間、食物はほとんど無い。この環境は安定してはいるが、ストレスが強い。そんなわけで、食物供給のこうした季節的変動のゆえに、幼生の発育は栄養物生産の短期間の盛り上がりと一致するように時を合わせている。その季節的変動の規模は海域が高緯度（南緯）ほど大きく、低緯度ほど小さいことが知られている。

だから、オーストラリア大陸が一年に六センチ（ヒトの頭髪が伸びるくらいの速度）の割りで北方へ漂移したとき、この大陸は季節的特性がさほど顕著でない――したがって食物供給がさほど予測可能でない――地帯へ移動したことになる。食物は年間を通じて手近にあるかもしれないが、制御のとぼしいあり方をしている。ストレス選択はさほど重要ではなくなっただろう。鮮新世のあいだに直接抱卵性のウニ類は大きく衰退し、替わって、浮遊性だが不摂食性の幼生をもつ不抱卵性の種類が興った。現在はこれらがオーストラリア南岸ぞいのウニ動物相のなかで優勢になっている。その他の種類は、浮遊性かつ摂食性の幼生をもつ。面白いことに、最もよく研究されている一対の種は、浮遊性の幼生をもつヘリオキダリス・トゥベルクラータ（*Heliocidaris tuberculata*）と卵黄栄養性のH・エリトログランマ（*H. erythrogramma*）からなっている。これらはまったく違う幼生ルートを経て変態にいたるのだが、成体は外見で非常によく似ていて同じニッチを占めるようになる。

環境勾配と特殊な生活史戦略の話に戻ると、フロリダ地方の緯度的位置は過去四〇〇〇万年にわたって実質的に変わらなかったのに対して、オーストラリア大陸がした北方への大移動は海洋環境にたいへんな影響を及ぼしたことが明らかになる。私は、漸新世／中新世の境界のころにできた、南極大陸をかこむ海流の始まりが約二〇〇〇万年前に生じた効果についてはまだ触れてもいない。実はこれが、オーストラリア周辺の海洋生物相にとてつもない影響を与えたのである。そのためオーストラリア近辺では、ウニ類での傾向を環境勾配や生活史戦略に結びつける単純明快な模式図を描くようなことはできない。模式図はもっとはるかに複雑なものだ。それでも、ウニ類やその他の海棲無脊椎動物は、発育のいろいろな段階で生じたヘテロクロニー的変化のおかげで、ある一定の環境の中でなら生存することができたのである。

ヤツメウナギの食べすぎ

もう一つの地味な動物グループの生活史には、幼期に成長のある段階の長さが変わることも深甚な影響を与えてきた。かれらが高い知名度を要求できる権利はおもに、ある国王の死に際して果たした役割にからんでいるようだ。西暦一一三五年一二月一日、イングランドの王ヘンリー一世はフランスのリヨンで死んだ。その死因は、動物界でさほど重要ではない一員たるヤツメウナギに帰せられている。この王は、顎《あご》をもたず骨ももたないこの脊索《せきさく》動物——四億五〇〇〇万年前の脊椎動物進化の黎明《れいめい》期からの生き残り——を食べるのが大好きで、ある豪勢な饗宴でそれを食べすぎたために死んだと言われている。それでもこの一件は、あまり目立たないこの魚に対する英国王の偏愛をやめさせることはなかった。かつては何世紀にもわたって毎年、ヤツメウナギをたっぷりあしらったグロスター市の〝ロイアル・パイ〟が国王に献上されていた。ヴィクトリア女王へ届けられた重さ二〇ポンドのパイは、フランスショウロや黄金の串に刺したイセエビで飾られていた。頂上には黄金の王冠と笏《しゃく》が載っており、底部には四頭の黄金のライオンやグロスター市の盾型紋章を表した旗《バナー》が置かれているという、すごいパイだった。★08

グロスターとの結びつきは、この都市がイングランド南西部のセヴァン川河口に位置することから始まる。ある種のヤツメウナギ——ランペトラ・フルヴィアティリス（*Lampetra fluviatilis*）など——は、四年半ほど河川で幼魚（アンモシーテスと呼ばれる）として育ったあと、寄生動物になる成魚の形に変態して下流へくだり、そして海へ出る。そこでかれらは吸い付きに適した吸盤状の口で他の魚の体に付着し、その宿主の体液や組織を吸い取るのだ。これは、眼をもたない浮遊物食《サスペンション》の幼魚として泥に埋もれて過ごす幼魚期の生活とはまったく違う。第七年目になるとかれらは河川にもどってきて産卵し、その後すぐ死んでしまう。ただし、ヤツメウナギ類のすべてがこうした寄生段階を経過するのではない。ある種と、類縁の近い他種とが対《つい》をなす場合（*L*・フルヴィアティリスは*L*・プラネリ *L. planeri* と対）がいくつも知られており、一方は寄生性で、他方は寄生性でない。

非寄生性の種がまったく違う生活様式をもっているのは、成体に達するまで変態を遅延させるためでもある。*L*・フルヴィアティリスの幼魚が自由遊泳性の成魚になる時期に、非寄生性の*L*・プラネリはまだ幼魚として泥の中の生活を続けている。かれらは七年目までそうして過ごし、ここでやっと成魚段階への変態をしはじめ、最後には対をなす他種の成魚とそっくり同じような形になる。もっとも、非寄生性の種には吸いつき用の吸盤状の口がまったく発達せず、成魚になってからの短期間（八—九か月）には食物をとらない。かれらが成体生活の間にするのは産卵〔と授精〕だけで、そのあと死んでしまう。

対をなす二種のうち、寄生性の種は祖先の状態に近いと考えられ、非寄生性のほうは寄生性から進化したものと解釈されている。いくつかの種のヤツメウナギがどれほど長く、〝水棲チスイコウモリ〟のような習性を採ってきたのかはわからない。この仲間は長い進化史をもっており、起源はもうろうたる悠遠の古生代前期――魚類がすべてまだ顎骨をもっていなかった脊椎動物進化の夜明け――にまでさかのぼる。対の片方で、まったく異なる生活習性をもつ非寄生性の種が現れたのは、ただ幼魚段階が長くなることだけで進んだ。これは寄生相を完全に閉め出すという効果を生じた。なぜなら、対をなす二種で産卵時期は同じだからだ。卵が独立可能になるまでに約二年かかるから、寄生相では卵の成熟はゆっくり進むわけである。他方、非寄生種の卵は独立可能になるのにずっと短い期間しか要せず、その卵はきわめて急速に成熟して寄生種の卵とほとんど同じサイズに達する。ところが成魚には、この継起的《シクエンシャル》ハイパモルフォーシスに起因するような明らか

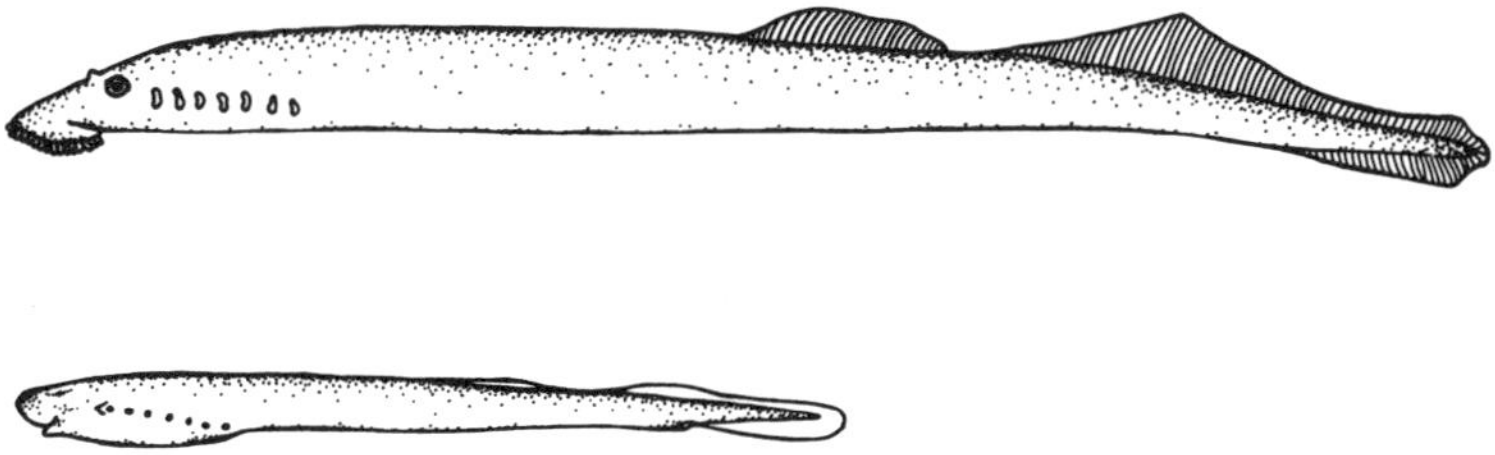

寄生性のヤツメウナギ（上）とその幼魚。

な形態的影響はほとんどなく、これは幼魚相の延長である。にもかかわらず、そのことは二つの種の生活史に大きな影響を及ぼし、一方を底泥の中での生活へ、他方をはるかに活発な状態——動きまわる魚類版ドラキュラ——へ縛りつけているのである。

齧歯類をもう一度

この章の始めに私は、カンガルーラットやカンガルーマウスの形態特徴の適応的な意味を説明しようという難題と、これが淘汰選択の標的がもつ真の本質を覆い隠している可能性について話した。これを整理するには、類縁関係の近い複数の分類グループの生態学的戦略を比較する必要がある。そうすれば、生活史戦略と比べて、解剖学的な諸特徴の相対的重要性を淘汰選択の的として引き出すこともできよう。

マーク・ハフナー〔ルイジアナ州立大学〕と彼の兄弟ジョン〔オクシデンタル・カレッジ、ロサンジェルズ〕はカンガルーマウス（正しい属名はミクロディポドプス *Microdipodops*）とカンガルーラット（ディポドミス *Dipodomys*）について、まさにこのことを試みている。齧歯類《げっし》ホリネズミ上科に属するこれらのネズミはいずれも、相対的に大きい頭部、大きな後肢、大きな眼、それに長い尾をもっている。が、ハフナー兄弟の主張によると、これらの特徴は砂漠での生活に対する適応形態なのではなく、淘汰選択が当の齧歯類の生態学的戦略を現実に標的にしているのだという。これら二種の齧歯類の外見はよく似ているけれども、生活様式は大きく違っている。[★09]

カンガルーマウスはプロジェネシス型であり、r選択をうける動物に期待される諸特徴——小さい体サイズ、短い寿命、大きな一腹仔数《しすう》など——をみな備えている。しかも、かれらは束《つか》の間に変わる不安定な砂漠環境のなかで生きている。ところが、カンガルーラットはまったく違った生活様式をもち、かれらのペドモルフ型特色は緩慢なネオテニー型成長の産物である。かれらは緩慢な発育のほか、長い寿命、長い妊娠期間、大きな脳、それに少ない一腹仔数をもっているが、どの特徴も、安定した環境に棲息するK選択をうける動物に結びついたものだ。ハフナーらは、淘汰選択の第一の標的だった可能性が大きいのはこれらの生活史戦略——特殊な形態特徴ではなく——なのだ、と主張する。たしかに彼らは、二種の齧歯類の形態特徴には適応的な意味がないとは言っていない。むろん、意味はあるのだ。彼らの主論点は、これらの齧歯類の構造の特徴は、淘汰選択の標的として生活史戦略ほどには重要でないらしいということにある。

もっとも、カンガルーラットの特徴がすべてペドモルフ型なのではない。頭骨の下面にある大きく膨らんだ有対の構造物（耳胞）や長い尾は相対的にペラモルフ型であり、他の諸特徴に生じたような発育速度の低下に支配されたものではない。面白いことに、カンガルーマウスとカンガルーラットはそれぞれの長い尾をまったく別のしかたで進化させた。カンガルーラットの尾椎は、カンガルーマウスに比べて数は少ないが各骨が大きい。これは、個々の椎骨の成長速度に加速があって、長い尾を造りあげたことを示唆している。それに対して、カンガルーマウスはもっと多くの椎骨をもっているから、発生の早期に尾のなかに形成される椎骨の実際の数で加速をお

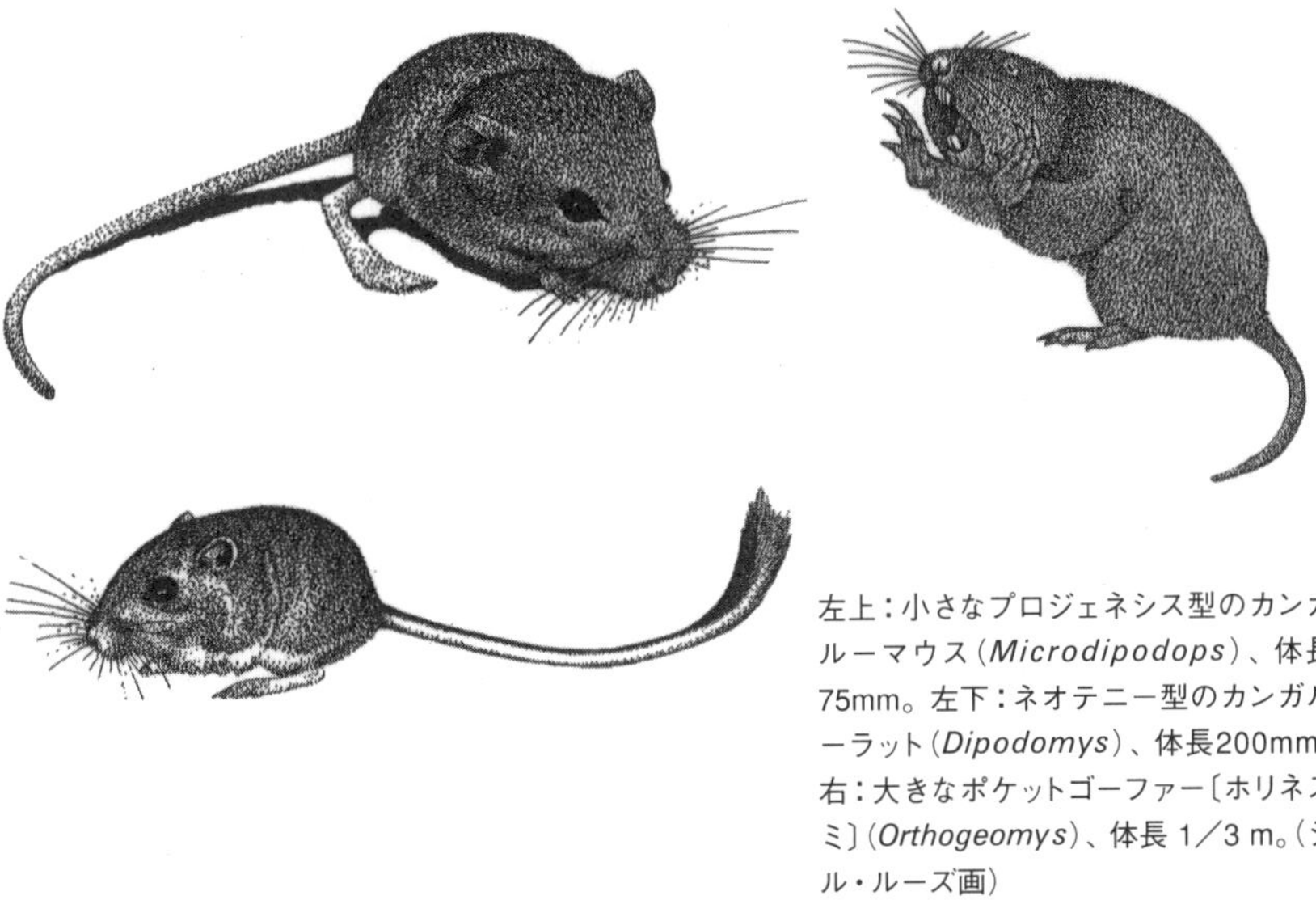

左上：小さなプロジェネシス型のカンガルーマウス（*Microdipodops*）、体長75mm。左下：ネオテニー型のカンガルーラット（*Dipodomys*）、体長200mm。右：大きなポケットゴーファー〔ホリネズミ〕（*Orthogeomys*）、体長 1／3 m。（ジル・ルーズ画）

こしたのに違いない。

齧歯類ホリネズミ上科の進化において生活様式がこのように重要な要因だったことを裏づける証拠は、齧歯類の他の諸属からも得られる。驚くべきことではないが、それらのすべてがペドモルフ型なのではない。ハフナー兄弟は、なかには明らかにペラモルフ型の種もあり、これらは性成熟開始を遅くすることによって、初期の急速に成長する期間を引き伸ばしたのだということを強調した。その結果が、大きな齧歯類である。

こうした種類で最も目ざましいのは、ポケットゴーファー〔ホリネズミ〕(*Orthogeomys*)――まさしく齧歯類界のアーノルド・シュワルツェネガー――である。このハイパモルフ型齧歯類は頑丈に骨化した骨格、強固に癒合した頭骨、そして大きな体サイズに恵まれており、齧歯類中の戦車ともいうべきものだ。この動物は、一般型の齧歯類が達成した普通の形とサイズを〝超えて〟進化した。その生活様式からみれば、ポケットゴーファーはカンガルーラットと同様、*K*戦略の環境に適応している。ところが、この動物はまったく別のしかたで――全般的に成長速度を低下させるのではなく、性成熟の開始を遅くして幼期の成長期間を引き伸ばすことによって――そこに到達したのである。

たとえば、小さくて繊細なペドモルフ型のカンガルーマウスと、大きくてたくましい、ペラモルフ型のポケットゴーファーとのヘテロクロニー的差異からくる明らかな結果は、かれらの生活史戦略にだけではなく行動上の基本的な違いにも表れるだろう。行動の進化に対するヘテロクロニーの影響はたぶん、進化学のなかで最も認識されることの貧しい領域の一つなのだが、にもかかわらず最も重要なものの一つなのである。

イヌ類の飼い馴らし

北アメリカ、アジア、それにヨーロッパの大半にわたって覆いを広げた、大陸氷床の大前進の支配を地球が振り落とそうとしていたころ、いまイスラエル北部になっている地方に住んでいた一人の男が死んで、埋葬された。

が、この男は一人だけで埋められたのではなかった。一万一〇〇〇年ないし一万二〇〇〇年ほど前のことだが、彼といっしょに一匹の子犬が葬られた。それがイエイヌの子だったのか、それともオオカミの子だったのかははっきりしない。しかしその動物は、そのころヒトが狩猟採集生活をやめて、植物を栽培したり自分の動物を飼育するために定住しはじめていたこと、現在のイエイヌのオオカミ様《よう》の祖先とヒトとのつながりが出来つつあったことを物語っている。ヒトが自分の物質的必要性――食物として利用するほか、毛皮で身を包んだり、道具を作るのに骨を使ったりする――以外の目的で他の動物と連携しはじめていたことを示す証拠から、イヌ類のような動物のいわゆる〝家畜化〟が実際どのように進化したのか、という問題が生じてくる。

ダーシー・モーリー〔テネシー大学、ノックスヴィル〕は、こうした野生動物の大昔の家畜化が理性的な決定によったのかどうか、という疑問を呈している。★10 多くの先史学者たちが論じたように、それはヒトによる他の生物の征服の一例にすぎなかったのか？　このような太古のヒトは、野生動物を選抜して飼育するという意識的決断をし、自分たちにとって利益になる特徴を強めつつ望ましからぬ特徴を弱めること、つまり人為淘汰を企てていたのか？　それともモーリーが主張したように、われわれはイエイヌの進化（これはまさにその通りで、現在カニス・ファミリアリス *Canis familiaris* という独立種にされている動物のわずか一万年余りの進化）をば、人為淘汰ではなく自然淘汰による進化のもう一つの実例にほかならないと見るべきなのか？　仮にそうだとすれば、大形で凶猛なオオカミから（ほとんどは）従順で愛想のよいワンチャンにいたるこの急激な変貌は、どのようにして、地質学的な意味でこれほど急速に進んだのか？　そして、一定の形態特徴に対する淘汰圧は、オオカミの諸種に比べて、イエイヌの行動にどんな影響を及ぼしたのか？

直観的にはありそうもないことだが、意識的な決断――「おいゴグ、ついさっき俺の腿《もも》にグサッと牙《きば》を打ち込みやがったあの恐ろしく悪質な狼を捕まえて、奴をほかの同じような嫌な狼といっしょに飼い馴らして、俺を晩飯に食らうのじゃなく、俺の膝《ひざ》の上に載るような可愛いチビが取れないかどうか、やってみようぜ」――ではなかったとすると、何頭かのオオカミがヒトに結びつくことから多少の淘汰選択上の有利性を得た、その背景は何だったのか？

考古学的発掘の現場から出るイヌ類の骨の遺物は、およそ一万四〇〇〇年前にさかのぼる。そのころ生きていたヒトはまだ狩猟採集民であった。他方、イエイヌがオオカミ（カニス・ルプス *Canis lupus*）から進化したことに異論はほとんどない。現在のイエイヌにおけるＤＮＡの塩基配列の研究で、遺伝子的にはイエイヌとオオカミの間に差異はほとんど無いことがわかっている。これらの二種は交雑して繁殖力のある子孫をつくることができる（このことは、イエイヌは本当にオオカミと別の種だと考えるべきなのか、われわれは実はオオカミを家庭のなかに囲っているのではないのか、という疑問を突きつけてくる）。形とサイズと行動における根深い違いは、ひとえに発育過程でのタイミングと成長速度の乱れの結果なのである。

このような後氷期の狩猟採集民とオオカミはともに同じ動物たちを狩っていたのだろうから、かれらは互いに接触することがしばしばあっただろう。オオカミ——特に子オオカミ——もやはり日和見《ひよりみ》的に餌を探すだろうから、かれらとヒトとの接触はそれだけ緊密になっただろう。モーリーは、子オオカミがヒトの群れの中に実質的に取り込まれたのだろうというシナリオを考えている。イヌ類における社会形成の研究から、これが最もよく達成されるのはイヌの一生の初期、生後三週から一二週までの間だということも知られている。[★11] こうした初めの何週間かが、基本的な社会的きずなを確立するうえで決定的なのだ。ヒトとの接触（およびヒト側の優位性）に馴れやすい子オオカミは、それだけ栄える可能性がある。ヒトとの結びつきをしなかった子、あるいは攻撃的行動をみせた子は、打ち殺されたか追い払われただろう。幼体期の行動特性が、狩猟採集民によって無意識のうちに淘汰選択されたのだろう。

〝家畜化〟されたこうしたオオカミは、どこかの段階で、身体でも行動でも変わりはじめたのだろう。いくつもの考古学的な発掘現場で得られたイヌ類の骨格をモーリーが調べたところ、イヌ類はだんだん小さくなったことがわかった。とりわけ鼻口部が短縮し、顔面の短いイヌ科動物――急に高まる前頭部と相対的に〔長さに比べて〕幅の広い頭部をもつ種類――が造りだされた。つまり、私がさきに第四章でふれたのと同じ変化――時代とともにだんだん小さくなるペドモルフ型のイヌ品種の淘汰選択――があったわけだ。しかし、過去何百年かにわたりいろいろな品種のイヌで、人為淘汰がペドモルフ型特色にもペラモルフ型特色にも向けられてきたが、イヌの進化の初期には、自然淘汰はペドモルフ型特色を有利にしたのである。

　こうした幼体的な特色の淘汰選択を有利にした要因について、さまざまな論議が行われている。おそらくそれは、いっそう〝かわいい〟幼体的な外見、あるいはいっそう小さいサイズだったのだろう。たぶん他のいくつかの特徴も、無意識に淘汰選択されていただろう。モーリーはこの動物の生活史戦略のもっと一般的な側面、すなわち小形でペドモルフ型のイヌをつくりだす生殖のタイミングと体サイズを特に挙げている。他方、考古学的な発掘現場で得られたイヌの頭蓋《とうがい》諸形質の計測値は、それらがだんだんと幼体オオカミに向かって収束したことを

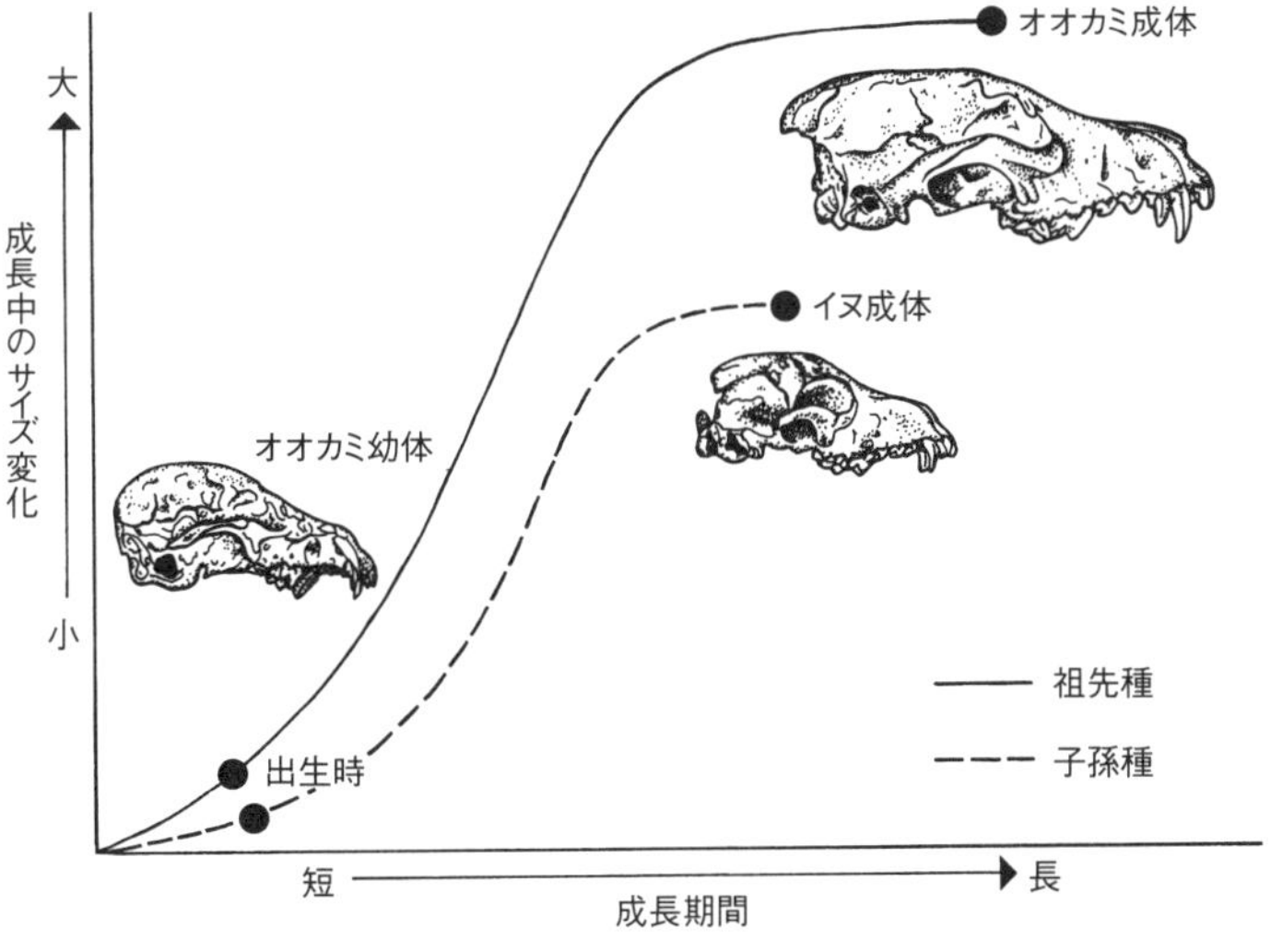

イエイヌがペドモルフォーシスによってオオカミから“進化”したありさま。

物語っている。

モーリーが強調したように、オオカミに比べれば成熟したイヌは幼体のように見えるばかりでなく、幼体のような行動をとる。かれらは卑屈な振るまいをし、作り笑いをし、くんくん鼻を鳴らし、遊びを好み、そしてよく吠える。従順さは本質的に服従的行動であり、幼体の特性である。幼体的な行動特徴がおそらく無意識に淘汰選択されていたのだろうという論議を支持するもう一つの根拠が、一九六〇年代にソ連の遺伝学者D・K・ベリヤエフが商業的農場で飼われていたギンギツネについて行った実験からも得られる。ベリヤエフは、ギンギツネのほとんどは人間を非常に恐れるが、約一〇パーセントはそれほど恐れないということを見いだした。このようなおとなしい個体を二〇世代ほどにわたって飼育した結果、ヒトとの接触を積極的にもとめる――ヒトの手をなめる、くんくん鳴く、イヌとそっくりの仕方で尾を振るなどする――キツネができた。意味深いのは、キツネの繁殖周期が年間一回からもっと頻繁になるという変化があったことだ。[★12] オオカミは一年に一回繁殖するだけだが、イヌはもっと頻繁にする。

こうした実験で強まるのは、生理の変化と行動の変化が緊密に絡み合っているということだ。しかもこれらの二つは、根深い遺伝的激変によってではなく、発育の速度とタイミングの比較的単純な変化により、相《あい》たずさえて変わっていく。更新世後期に狩猟採集民がイヌを積極的に淘汰選択した、と想定する必要はないのだ。当時の人々の生活様式、彼らが自分たちのために造っていた生態的ニッチは、イヌ自身も利用しえた――ただし、イヌ科動物の幼体の特徴を成体へ進化させることだけによって利用しえた――ニッチだったのである。

行動を変化させる

イヌ類の進化は、行動の変化パタンは体構造と生活史戦略の、進化的変化の直接の結果である場合が多いことをしめす一例にほかならない。体構造と同じように動物の行動は、別々の変化の系列によって、あるいは徐々に、成長に伴って変化する。両生類の動物では、行動上の個々の個体発生的変化が、水棲の幼生段階から陸棲段階へ移行するときに変態に伴っておこる。重大な解剖学的改変がおこるだけでなく、行動上の変化も大きい。発育のいろいろな段階で起こるこれらの異なる行動は、解剖学的変化ばかりでなく、脳のサイズ増大に伴って神経系の違いが生ずることの直接の結果である。だから例えば、一匹のおたまじゃくしにとって有用な行動のリパートリーは、成熟したカエルやサンショウウオが場合によってはやりそうな諸行動よりかなり少ないだろう。しかし、アホロートルでのように、幼生期の解剖学的特色や環境の特色がペドモルフ的に維持されることにもやはり、何らかのペドモルフ型の行動特徴が伴う。

もっとも、これは不可侵の法則ではない。例えば、ペドモルフ型の形態上の退化の証拠をいろいろと示す現生のサンショウウオは、それ相応に単純化した行動を見せるわけではない。多くのサンショウウオが肺や喉頭《こうとう》を失っていることは、カエル類とは違って、音声による交信の複雑なシステムを持たないことを意味しているのだが、他方かれらは、非常に精妙なフェロモンによる交信を採用することで弱点を埋め合わせている。

そういうわけで、構造と同じように行動も、体の発育のタイミングと速度の変化に影響されうるものだ。もしある動物種の個体発生がその祖先に比べて長くなると、それに関連した行動上の結果が生ずる可能性がある。もし個体発生が短くなると、祖先の幼体期の行動パタンが子孫の成体に維持されるかもしれない。同様に、個体発生過程での行動の変化速度が加速または減速されることがあり、つまり構造上とまさに同じように、行動上のある段階から次の段階への移行が遅く、または早くなることがありうる。したがって、ヘテロクロニーに三グループある諸過程は、構造の進化に対するのと同じように行動の進化にもよく当てはまる。こうしたヘテロクロニー的変化は当の種に対して大きな影響を及ぼす力をもっているうえ、淘汰選択の第一の標的にもなる力をもつと言えるだろう。

ある動物種の行動のリパートリーは、解剖学的な複雑さと組み合わさった神経系の発達程度からくるものだ。

一般的にいって、神経系および解剖学的な複雑さの程度は相《あい》たずさえて進むものだから、行動の複雑さも同じように進む。行動は、〝低水準〟つまり遺伝的にプログラムされた諸反応（反射的行動、本能的行動など）と〝高水準〟の行動（学習や推理など）の混合体でできている。低水準行動の変化は、成長のタイミングと速度に影響する遺伝的な諸変化ときわめて固く結びついている。たとえばアリ類では、行動の複雑さと頭部のサイズ（脳のサイズを反映する）の間に正《せい》の相関がある。脳が大きくて複雑であればあるほど、その行動は複雑なのだ。★13 同じことが哺乳類についても言える。

アリ類では、脳の〝有柄体《ゆうへいたい》〟とよばれる部分が、運動プログラムの選別や行動様相（学習など）の形成に際して重要な役をはたす。成長にともない、脳全体のサイズが増大するにつれてこの領域のサイズも増大する。そのため、より大きな頭部を進化させ、したがってより大きな脳をもつ種では、より大きな有柄体がいっそう錯綜した行動パタンをしめす能力を生みだすのである。頭部の成長速度の増大か、もしくはその成長期間の延長を起こさせるような進化的プロセスはいずれも、より複雑な行動をみせる能力をもつ種が進化する基になるだろう。たとえば、小形種のアリでは大形種よりも行動カテゴリーが少ないことが知られている。大形のアリは大きな脳をもっているから、そこにあるニューロンの数も多く、いっそう広い範囲の行動を見せることができる。

そこで問題は、大きな脳と大きな体サイズをもつアリの進化は、かれらがより広い範囲の行動をみせる能力をもつので、小さいアリより多少優位にあるがゆえに起こったのか？ということだ。多分そうだ。が、アリ類で大きな体サイズを有利にする淘汰選択はまた他のもろもろの要因——巣のサイズ、潜在的な捕食者または競争者、食物の型、コロニー個体群のサイズなど——からも影響をうける。ただし、一定の体サイズ、脳サイズ、したがって行動リパートリーの範囲などの進化に影響を与える要因はみな、まったく同じである。

もっとも、頭部サイズが体のその他の部分以上にいくらか増大するとすれば、淘汰選択は一そろいの特徴に対して作用する可能性があり、それらのうちの一つが行動なのだ。このような行動の違いは異種動物の間に見られるだけではない。多型性――兵アリや働きアリのように同一種内に型の異なる個体ができること――という現象が、発育時期の違いの結果生ずることがときどきある。例えば、成虫へ変態しつつある幼虫の成長遅延が、より早く変態する小さい働きアリへではなく、大きな兵アリへ発育する個体をつくりだす。体サイズが大きければ、より大きな脳とより精妙な行動がそれに伴う。

学習や推理にかかわるもっと複雑な行動パタンも、同じくヘテロクロニーから影響をうける。そのことはとりわけ、ある動物の個体発生の拡大や縮小が成体の脳サイズの変化につながる場合に、当てはまる。これが、情報を記憶させたり処理したりするニューロンの数の変化を引き起こすだろうからだ。幼体期の成長の持続期間が変わることはまた、学習期間の長さが変わることを意味する。つまり、性成熟の開始時期にハイパモルフ的遅延があれば、それは幼体期間の延長、霊長類のような〝高等〟哺乳類では親による養育の期間――幼体が成体からより複雑な行動を学習する期間――の延長をもたらすことがよくある。だが有利性は、学習期間が長びくことにあるのみならず、長びいた学習期間を最も効果的に利用できるための、さらに多くのニューロンを発育させられることにもある（第一二章を参照）。

行動の個体発生的変化は、多くの動物グループをみても格別よく研究されてはいない。ただし、鳥類だけは例外である。初期のすぐれた研究に、ハーバート・フリードマンが企てて『香雨鳥《こううちょう》』（一九二九年）という著書にまとめた仕事がある。フリードマンは、この寄生的な鳥〔ムクドリモドキ科〕では求愛ディスプレイが、成熟にむけて成長するとともに変わっていくさまを明らかにした。いくつかの種での求愛行動は、類縁の近い別の種においてもっと早い個体発生段階で起こる求愛行動と本質的によく似ている。南アメリカ中央部産のクリバネコウウチョウは求愛ディスプレイをまったく示さない。同地方産のナキコウウチョウや南米の大半に分布するテリバネコウウチョウは、名ごりのような求愛ディスプレイをもっていて、羽毛をふくらませながら翼を弓なりにして頭を前へ下げる。ところが、北アメリカ産のホクベイコウウチョウはこれらをするほか、さらに頭を下げるときほぼ一八〇度の弧をえがく。フリードマンが二羽の若いホクベイコウウチョウを飼っていた間に発見したのは、これらは成熟に近づくにつれて、南米産の諸種が到達した各段階を通過したことだった。

同じことがコウウチョウのさえずりにも当てはまる。クリバネコウウチョウのさえずりは無構造なのに対して、ナキおよびテリバネコウウチョウはもっと複雑な（ホクベイコウウチョウほどではないが）さえずりパタンを発達させる。色彩からみても、クリバネの羽衣《うい》は他の種より原始的である。寄生性の程度も種によって違う。寄生性の最も弱いものを祖先状態に近いと見なすなら、ここでも、クリバネ—ナキ—テリバネ—ホクベイという序列が、ペラモルフォーシスで生じた特殊化と複雑さの増大を反映することになる。クリバネは抱卵するために他種の鳥の巣を利用するのだが、これは自分で孵卵し、自分でひなを育てる。たまには自分で巣を作ることもある。テリバネもさほど目立たない寄生行動をもっていて、やはり、ときには巣を作ろうとすることがある。ところがホクベイコウウチョウは完全に寄生性〔托卵性〕で、他種の鳥の巣に産卵するだけでなく、自分のひなの養育を巣作りした鳥に任せてしまう。[★14]

さて、こうした寄生性は最初どのようにして始まったのかについて、何年にもわたっていろいろな憶測が行われている。が、二十世紀初めの一〇年という遠い時代にF・H・ヘリック教授という人が、本質的に行動のヘテロクロニーであるものに基づく説明を提示したことがある。彼の説は、ヨーロッパ産カッコウや北アメリカ産コウウチョウの寄生性は、産卵と巣作りの現れるタイミングの相対的変化から興ったのだろう、というものだった。彼は、非寄生性のハシグロカッコウでは、これら二つの行動のタイミングが一致することを発見した。しかし、寄生性のヨーロッパ産カッコウではこれらは同時に起こらない。ヘリックはこう書いている。「したがって初めの段階では、産卵の間隔が不規則であってもなくても、産卵の加速、あるいは営巣本能の減速が普通のことになればいつでも、門戸は寄生性に対して広く開かれているのである」。[★15]

その他の営巣行動も、個体発生上の事象の普通の序列が変わることから始まる。共同で巣作りをする鳥の営巣行動が、早熟に給餌行動を引きおこす効果をもつことがある。★16 そこで起こるのは、幼鳥または繁殖期に入っていない若い成鳥が、巣の中にひな鳥がいることのゆえに、発育過程のより早い時期に給餌、世話、巣作りなどの反応を開始する場合があることだ。例えばヤマセミ〔カワセミ類の一種〕は、繁殖期にある一番《つが》いのうちの少なくとも一方の鳥の息子である幼鳥または若い成鳥は、自分より若い子孫に餌を与える手助けをすることがよくある。こうした共同営巣をする種類では、ヘルパーの個体は給餌、巣作り、縄張り争いの解決などを手伝うのである。ふつう、これらは成鳥の行動なのだが、ヘルパーは繁殖期にない成鳥であったり、亜成鳥であったり、いろいろな発育段階にある幼鳥であったりする。

よく知られている事例の一つは、オーストラリアムシクイについて記録されているものだ。この種類の雄は、幼鳥時は褐色だが一年目の終わりごろに青い尾羽を伸ばしはじめ、それから完全に青一色になるという、羽衣《うい》の個体発生的変化を起こす。二年目には、繁殖期でないほぼ半年の間はこの青色は失われる。が、三年目から四年目にかけては青い羽衣がもっと長く残存し、四年目にはそれが恒久的となる。共同生活の巣では、ふつう一羽の雄だけがこの完全に青い体色を呈する。一緒にいる褐色の鳥の多くは雌（青い羽衣がまったくできない）ではなく、若い雄たちである。かれらはいつまでもヘルパーであり、ひな鳥たちへの給餌や世話といった繁殖期の成鳥の行動を引きうける。ただし、卵を抱いて孵化させるのは、ふつうは繁殖期の雌だけだ。実際、繁殖期にない雄や繁殖期の雄はそこに留まり、雌が卵を孵《かえ》したあと他の場所で再び営巣するべく離れているあいだ、ひな鳥の世話をする。このような共同生活の行動があるからこそ、条件が好適なら何度も営巣できることによって、個体群の急速な成長が可能となる。★17

オーストラリア産ツチスドリ類もこれに似た〝手伝い〟行動を見せる。そのうち、オオツチスドリは四羽ないし八羽のグループをなして生活している。未成熟鳥は巣に留まっていることが多く、あまり上手ではないが巣作りの手伝いをする。これらの若鳥はまた、ひな鳥への給餌や他の巣立ち可能になった鳥への給餌を手伝うこ

とがよくある。★18

成鳥の行動が早熟に始まるもっと極端な事例はオーストラリア産のコシジロアナツバメに見られるものだ。巣の中に産みつけられる卵は複数なのだが、親鳥はふつう一個だけを孵《かえ》す。そこから出てきたひな鳥はすぐ親鳥の行動をとり、他の卵を孵すのに取りかかるのである。こうした行動はホルモンに制御されていると考えられており、おそらくは、アナツバメではひなの期間が異常に長く、養育のために長大な時間――親鳥が提供できるのを明らかに超える時間――を必要とするゆえに進化したものだろう。★19

このような行動の変化の遺伝的基盤は、野鳥のガンと家禽《かきん》のガン〔ガチョウ〕が交配したときのさらに意外な結果によって説明される。これは、二つの型のガンで、性成熟に達するまでの時間が異なる――ガチョウのほうがガンより早く成熟する――という事実から起こるものだ。これら二つの型の交配でできた子にとってかなり不幸な成りゆきは、かれらが自分の母親と交配しようとすることである。この〝オイディプス〟行動を生みだす倒錯は、家禽である親から受け継いだ早熟開始によるのだが、野生の親から受け継いだ母親追従行動の開始の遅れと結びついたものでもある。そのため、閉じ込められている雄ガンは母親に忠実に追従しようとするのだが、成熟が早く始まるために、間近にいる雌ガン――不運にもこの場合は自分の母親――と交配するしかないことになる。

行動に対するヘテロクロニーの効果のもっと複雑な例の一つに、鳥の鳴き声の進化がある。レベッカ・アーウィン〔ミシガン大学〕は、ある鳥の個体が成長していく過程、および別種間の両方で、鳴き声がどのように異なるかを調べた。若鳥が育つにつれて、その囀《さえず》りはいくつもの〝アリア〟の定型連続を経ながら変わっていく。アーウィンはスズメ類の三種についての研究で、ひな鳥は連続した囀りを発するが、それは成鳥に近づくとともに別々の囀りに変わることを見いだした。幼鳥ではリパートリー内の区別がはっきりせず、囀りの音節はほとんど構造をもたないのに対し、成長が進むにつれて無数の囀りからなる構造をもつようになる。しかし、こうした個体発生的変化がおこる程度は三つの種で異なる。例えば、ミヤマシトド（*Zonotrichia leucophrys*）という種〔ホオジロ科〕の成鳥では、幼鳥が発するいろいろな囀りがただ一つの囀り方にまとまる。他の二種——ともにメロスピザ（*Melospiza*）属のメンバー——では、成鳥になった後もいろいろな囀りを発するという幼鳥の行動を続ける。★20

いくつかの種の鳥が維持しているもう一つのペドモルフ的特徴は〝物まね〟で、ふつうは幼鳥の特色である。これらの鳥は、他種の成鳥の〝結晶化〟した囀りを我がものにすることは決してない。かれらはいつまでも新しい囀りを学習する一方で古いものを忘れていくのであり、ある特定の囀りを持ちつづけることはしない。囀りはその鳥の一生にわたってゆっくりと発展し、死ぬまで変わりつづける。ただし、ヨーロッパヨシキリでは、囀りの結晶化は近縁種よりも早い齢でおこり、その後に別の囀りが学習されることはない。

ふつう幼鳥の囀りであるものが維持されることが、明らかな適応的有利性をもつ場合もある。鳥類学者のロン・ジョンストン〔ウェスタンオーストラリア博物館〕が私に説明してくれたところによると、オーストラリアカッコウは、その幼鳥が占拠している巣の主《ぬし》である、他種の成鳥に給餌をさせる引き金となる幼鳥コールをもっている。カッコウの声は成熟するとともに変わるけれども、空腹時にはまだ幼鳥コールを発することがある。さらに、カッコウの成鳥が、渡りをする途中で幼鳥コールを利用し、〝ただ飯〟を提供する反応を他種の鳥に起こさせているのが観察されたこともある！

形態のヘテロクロニー的変化を調べ、それらを当の動物の機能形態論の立場から理解すればするほど、形やサイズや生活史におけるこうした諸変化の最終結果は行動の変化であることがはっきりしてくる。約五億年前に海中で泳いでいた小さなプロジェネシス型の三葉虫は、かれらの祖先の幼体の習性を維持し、海底をはいまわるという成体の習性を失うことによって自由遊泳の能力を進化させた。形の変化とならんで、サイズの進化的変化が行動の変化をもたらすのだ。神経系の発達を進化的に操作することが、鳥の囀りやアリの攻撃的行動を変えうるのである。

ふつう幼体の状態であるものが少数の成体に維持されることに起源をもつのかもしれぬ、ヒトの奇妙な行動をひとつ紹介して、この章を終えることにしよう。ロシアの二人の作曲家、リムスキー＝コルサコフとスクリャービン、それにフランスの作曲家メシアンは、共感覚《シネステジア》と呼ばれる心理状態をもつ稀な人々に数えられている。これらの人たちには感覚の混同があるのだ。ある音がある色もしくはある味をもつことがあり、またある色がある味をもち、ある形がある音を連想させるらしいのである。その混同の程度が甚だしい場合もある。私の娘がベラ・バルトークのピアノ曲でかなりの不協和音を弾いたときに思わず「ウワー、苦い！」と叫んだことがあるが、これよりずっと劇的な体験をする人々もいる。

ダフニおよびチャールズ・モーラーは彼らの著書『新生児の世界』で、特定の一個人について三〇年以上にもわたって続けた研究の結果を述べている。この人物は、ピッチの高い振動は花火に似ているように感じ、色のある幅の細い筋はざらざらした感じで、塩辛いピクルスの味がし、8という数字は石灰のような乳青色に見えたという。★21 生後三―四週の乳児たちでの実験によると、こうした感覚の混同は新生児では〝正常〟である可能性が大きい。乳児たちは明るい光と大きな音とを同じに感ずることが知られている。神経系の普通の発達――こうした混同が急速になくなっていく過程――がごく少数の人たちでペドモルフ的に幼いまま維持されることがあり、幼児期特有の神経系の伝導経路が成人になってからもずっと持続するのである。ヒトにおいて、また他の動物種において、行動上の他のどんな違いが発育上の変化に起源をもっているか、誰にわかるだろうか？

11 生物学的軍拡競争に活力を

地球の大昔の時代には
無数の種類の生き物が死に絶えて
同じ種類をもはや生み出せなかったのに違いない。
いま不可欠のものを食って生きている生き物はすべて、
初めてその種類が現れて以来、狡猾さか勇猛さか駿足さかで
生き延びてきたのに違いないのだから。

ルクレーティウス『物の本質について』第五巻（前五五年頃）
（A・D・ウィンスピア英訳）

誰かにウニの話をすると彼らはただちに、海にいる動く〝針山〟――針を内むきではなく外むきに立てている山――というイメージを思い起こす。つまり、どうみてもフォートノックス軍用地〔合衆国金塊貯蔵所、ケンタッキー州〕のように難攻不落らしく見える動物だ。誰でも、これらの恐ろしい棘《とげ》を無数にそなえたウニ、毒をもつ種類もあるウニは他のどんな動物にも劣らず捕食される恐れがない、と思ってしまうのは無理もない。だが、こ

うした防衛用の棘が、捕食に対抗する他のさまざまな戦略と同じく過去一億年間にウニ類で進化したのは、理由のないことではなかった。

簡単に言ってしまえば、ウニはすばらしい御馳走である。無数の人間がスプーンに一杯ほどのウニの生殖巣に固執するほか、このかわいそうな動物は他の多種多様な捕食者――他種のウニ、ヒトデ、腹足類、甲殻類、魚類、カメ類、鳥類、ラッコ、さらにはホッキョクギツネまでも含む動物――の餌になることが知られている。さまざまな捕食対抗戦略――改良された装甲や捕食者から身を隠す能力などを含み、しかも当のウニには摂食をさせて効果的に生活させる方法――の進化は、いろいろなヘテロクロニー的プロセスによって活力を与えられる。が、ウニ類（およびその他もろもろの動物グループ）での進化傾向の方向の裏にある駆動力は、捕食圧なのである。

傾向を決定する

長期間にわたる化石記録というものは、もろもろの進化傾向――何百万年も持続することのあるサイズや形の指向的進化の傾向――の歌をわれわれに聴かせてくれる。こうした傾向は、ある動物種のなかで、その種が何万年もの間に徐々に変わっていくとともに生ずることが多い。それとは違って、何かの特徴で指向的な傾向をしめし、断固としてある一つの方向へ変わっていく種もたくさんある。これはときどき急に動く、段階的なしかたで起こることもある。ある種が何百万年もほとんど変化せずに続いたあと、比較的急速な移行で新しい別の種に置きかわるのだ。このパタンはいくつもの種を経過しながら繰り返されるのだが、それはある一定の形態的方向にむかってである。

しかし、それぞれの種も、多くの種からなる系統も、なんらかの内在的目的をもっていることはありえない。それらはでたらめなしかたで進化するのではなく、ある一定の時期に一定の方向へ進化するのだ。これは、進化というものが、指向性を与える一要素となる個体発生の軌道によって厳しく縛られている――確かにそれは決してランダムではない――ことが多いからである。進化はまた、もう一つの指向性の要素、一定の進化傾向が従っていく環境の勾配によっても縛られている。しかしまず第一に、これらの傾向を一定の方向へ、一定の勾配に沿って進ませるのは何なのか？

私は、化石記録がしめす進化傾向に自分が長らく興味を抱いてきたことを認めざるをえない。読者がご承知のとおり私は、化石化した遺物が世界各地の堆積岩からしばしば見つかる動物の一グループ、ウニ類に特に興味をもつようになった。こうした資料に対する私の興味などは、どうでもよいもののように思われる向きもあるだろう。が、化石ウニ類は私のほか少数の古生物学者だけをではなく、私が知っている他のどんな資料よりたぶん長く、多くの人々を魅了してきたのだ。私にとってこれらがもつ魅力は、それらが進化の秘密について教えてくれる内容にあるのだが、約七万年も前に生きていたウニと同時代の太古の人類――今は化石になっているウニに加工して道具を作ったヒト――にとっても、これらは魅力あるものだっただろう。あちこちの考古学的遺跡、わけてもヨーロッパ北部の遺跡から化石ウニが出土している。首飾りとして使われたのか錐《きり》で穴があけられている例もあるが、不正形類のウニ、とくにハート形ウニが埋葬堆積物で発見されることが多い。

おそらく最も痛切なのは、一八八七年に考古学者ワージントン・G・スミスがイングランド、ダンスタブルの近くで発見した青銅器時代初期の女性と幼児の遺体だろう。彼らの周囲には二〇〇個以上もの化石化したウニが並べられていた。また他の埋葬場所では、同様の標本が遺体の重要な部分に置かれているのが見つかっており、ウニには祭祀《さいし》上の重要な意味が与えられていたことを暗示している。イングランド南部の鉄器時代の遺跡で、火葬後の骨壺のなかに斧《おの》の頭部といっしょにウニが見つかっていることは、北欧神話の一部にもなっている。つまり、ウニも斧の頭部も、雷雨のときに雷神トールが怒り心頭に発して地球へ投げつけた雷石だったのだ。ケルト族の神話ではウニはヘビの卵だとされ、大きな魔力をもつものであり、毒に対する強力な解毒剤として中世にいたるまで珍重されていた。しかし現代では、これらの物のもつ力は、薬効があると言われたその特性にではなく、進化の仕組みについてそれらが語りうる内容にある。

中新世における殺戮と破壊

ほとんどの動物と同じく、生きているウニのその日その日の関心事は、生きつづけることである。かれらが生きつづけ、しかもなんとか繁殖できるのなら、それは結構なことだ。かれらは餌を食い、捕食されるのを避けることによってこれを達成している。過去一億年ほどにわたってこの動物グループに進化した、形と生態的戦略の目くるめくばかりの多様さを眺めてみるとよい。今日、ウニに襲いかかる貪食な捕食者の大群を観察するのはさほど難しいことではないが、いま我々は化石記録に目を向け、ウニ類が食われることから逃れて捕食者に一歩先んずる戦略をどれほど多様に進化させたかを調べなければならない。

殻《から》（専門用語では被甲《テスト》）を構成する多数の板《プレート》や、棘《とげ》の数とサイズの日和見《ひよりみ》的な成長速度のおかげで、ウニはさ

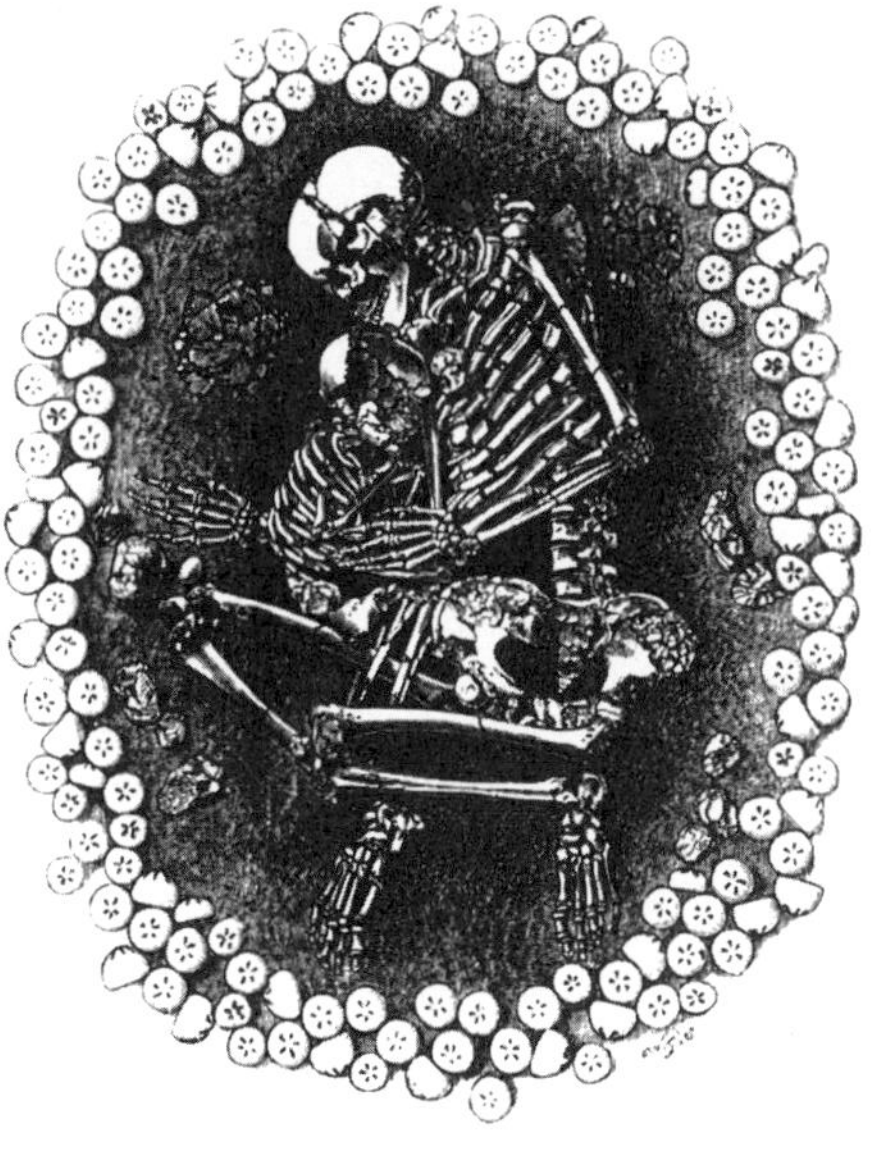

太古のウニの魅惑。1887年、イングランドのダンスタブル付近でワージントン・G・スミスが発掘した青銅器時代の女性と幼児の墓。化石化したウニも多数見つかった。ワージントン・スミスの『人間――太古の蛮人』（1897年）収載の著者による版画。

まざまな捕食対抗戦略を採ることができた。化石ウニ類のような動物が捕食されていたことを示す証拠は、魚類の歯やカニ類のハサミによる破壊の跡、捕食性の巻貝類によって開けられた穴などから分かることがある。高い捕食圧のもとで被食者にはたらく淘汰選択は、捕食の影響をなるべく小さくする形態や行動を進化させた種類を有利にするだろう。被食者は体サイズをかつてより小さく、あるいは大きく進化させることがある。体サイズが小さければ、潜在的被食者はそれだけうまく隠れることができるし、捕食者の食餌サイズの範囲外にいることもできる。他方、体サイズが大きいことは、殻が厚いことや移動速度がそれだけ大きいことを意味する。殻が厚ければ、被食者はやはり捕食者の食餌範囲の外に出てしまい、捕食者にとって大きな餌《えさ》動物と格闘することはエネルギー的に効率の悪いものになる。捕食者にはたらく淘汰選択は被食者に〝追随〟する傾向があるものだ。つまり、淘汰選択がより大きな被食者を有利にするのなら、それに後れて、より大きな捕食者を有利にする淘汰選択が追っていくのである。

ところで、ヘテロクロニーにより活性化された顕著な進化傾向をしめすウニ類のある系統は、ハート形ウニのロヴェニア（*Lovenia*）に属する三種――二五〇〇万―一〇〇〇万年前にオーストラリア南部の近海に棲んでいたもの――から成っている[★01]。岩礁帯に棲んでいる棘《とげ》だらけの典型的なウニ類とは違って、ハート形ウニ類（およびタコノマクラを含む他のグループ）では一般に棘は、サイズが著しく縮小しているが数が非常に多くなっている。これらの特徴のほか、下面の前部の近くにある口、呼吸や摂食や粘液の分泌にはたらく特殊化した管足《かんそく》などという特色はすべて、これらのウニが堆積物の中へ潜りこむのを可能にしてきた構造物である。ロヴェニアはかなり典型的な、浅潜伏性のハート形ウニなのだ。しかしこの動物は、ハート形ウニとして普通のことではないが、ロヴェニアを含む諸属の小グループに見られる形質を一つもっている。大きな防衛用の棘を備えているのである。これらの棘――典型的な祖先型の正形類ウニを飾っていたのと同様の棘――は、個体発生中での成長速度の変異から生じ、過去およそ六〇〇〇万年間に何度も〝再進化〟したものと考えられる。そして、ウニの進化に影響を及ぼした種々の変化を理解する手がかりを提供するのは、捕食圧の変動と結びついた、ロヴェニア系統におけるこれらの棘の密度と分布の変化なのだ。

この系統の最古の種ロヴェニア・フォルベシ（*Lovenia forbesi*）は、サウスオーストラリア州マナムに近い、マレイ川の岸にのぞむ黄色石灰岩の崖《がけ》から出てくる。この地方の穏やかな美しさは、その地が二〇〇〇万年前に海底にあったときに起きたと思われる大殺戮《さつりく》の出来事とは裏腹のものだ。そこの岩石には何百万ものウニ化石が含まれていて、その多くは死因の直接証拠を示しているからだ。ウニの多くはどうみても冷静に暗殺されたかのようで、殻には、小さい弾丸でできたのとそっくりのきれいな孔《あな》が一つ貫通しているのである。ところが、現生ウニの捕食者のうちで最も犯人くさいものを調べてみると、暗殺者はすばやい殺し屋からは程遠いものだったらしい。それどころか、これらのウニの死は、逃れられる見込みの小さい、だらだらと長びいた過程だったようだ。殺し屋が海産巻貝のトウカムリガイ科のメンバーだったことは、ほぼ確かである。

現生するこの同類の巻貝はほとんどもっぱら、非潜伏性と浅潜伏性の両タイプにわたるウニ類を常食にし、被食者を殺すきわめて特異な方法をもつことが知られている。かれらがウニを探しているときは、水管や触角を殻のすこし上に伸ばしている。ウニに近づくと、水管も触角も最大に伸ばされる。この貝が襲おうとしている相手に接触すると、〝切り裂きジャック《リッパー》〟のように急にその餌動物の上へ足と足弓を上げ、それから餌じきの上にかぶさる。貝は吻を伸ばし、それから死の接吻をはじめる。吻の先には歯舌《しぜつ》があり、ここには切開用の歯がずらりと並んでいる。ウニの殻から円盤をきれいに切り取るにはこれらが使われるのだ。この過程を助けるのに、貝はそのとき酸を分泌するのかもしれない。そのあと致命的な武器が孔から体内へ差し込まれ、ウニの生殖巣が吸い取られるにつれてゆっくりと死が進む。忍び寄りの期間につづく最初の襲撃はわずか数秒のことだが、この摂食過程が終わるには一時間もかかることがある。この仕事を急ぐ必要はとくにないものの、あらかじめ餌動物をすばやく押さえておくことが肝要である。ウニがトウカムリガイに襲われて逃走する場合はいつも、ウニのほうが貝より足が速い。なおトウカムリガイは、海底に潜らない正形類のウニも完全に潜ってしまうハート形ウニも、ともに襲う性質がある。

現生の大形トウカムリガイ類（前後径三五センチまで）は強靱な足をもっているため、ウニに林立する恐ろしい棘も防衛の役に立たないのだが、オーストラリアの中新統から出る化石ウニ類がそなえていた棘は実際、もっと小さい襲撃者から身を護るのをある程度は助けていた。これは、ロヴェニア・フォルベシに開いた孔の分布状況をグラフにしてみることから推定されたものだ。ウニの殻の上面の大半——棘が生えて覆っていたところ——では、その他の部分でより孔が少ない。トウカムリガイ科のいくつかの種がオーストラリアのこの地の中新世の岩石から出てくるが、これらがウニに死をもたらした犯人だったらしい。現生トウカムリガイ類のデータによれば、貝殻のサイズと、貝がウニの殻に開ける孔のサイズとには密接な相関のあることが分かる。*L*・フォルベシと共存していたセミカッシス属（*Semicassis*）の長さ三〇ミリの種など、小形のトウカムリガイ類は直径約二ミリの孔を切り開けたのだろう。そしてこれが、化石ウニに見られる孔のサイズなのである。何百もの標本の解析から、その約三〇パーセントはトウカムリガイ類に捕殺されたらしいことが分かった（もう一つのハート形ウニで、ロヴェニアと共存していたエウパタグス属 *Eupatagus* では、トウカムリガイ類の捕食による死亡率はほぼ五〇パーセントに達した）。

ロヴェニア・フォルベシは中新世前期の末に絶滅し、もう一つの種がそれに代わった。*L*・フォルベシの成体は殻に一〇列ある間歩帯のうち八列に防衛用の棘を備えていたのに対して、この中新世中期の種では棘は六列にしか生えていなかった。*L*・フォルベシの幼体は六列だけに棘のある段階を通過した。ただし、これらが出てくる場所ではいつも密集して見つかる。それに、この種類は穴を掘る棘を体の下面にもっと数多く備えていた。トウカムリガイ類に捕殺された個体は比較的少なく、約二〇パーセントだけだった。

この系統でいちばん若い種はメルボルン近郊の中新世後期の地層から出るもので、他の諸種に見られる傾向を持ちつづけていた。つまり、防衛用の棘が少ないこと（四列に生えるだけで、中新世前期の種の初期幼体にペドモルフ的に類似）、および穴を掘る棘がさらに密集して発達程度のペラモルフ的増大を反映していること、である。この種では、約八パーセントだけがトウカムリガイ類に捕殺されていた。そのうえ、この種のウニでは殻に切りあけ孔が治癒した跡がきわめて頻繁に見られ、この新しい種を襲ったトウカムリガイ類は、餌動物を始末するのが大昔の同類ほど手際よくなかったことが推察される。

そうすると、こうした棘がウニの防護装甲でそれほど重要な部分だったのなら、防衛用の棘の少ない種が捕食された証拠が多くないのはなぜか？　それらのウニが生きていた堆積物を詳しく調べてみることから手がかりが得られる。年代的に最も古くて、激しく捕食された種が潜りこんだ堆積物は比較的粗粒だったので、この種は浅水の環境に生活していたことがわかる。年代の新しい種ほど、だんだんと細粒の堆積物に棲むようになったのだが、このことは、かれらがその祖先よりも水深の深い、概して静かな水中状態のなかで生きていたことを示唆し

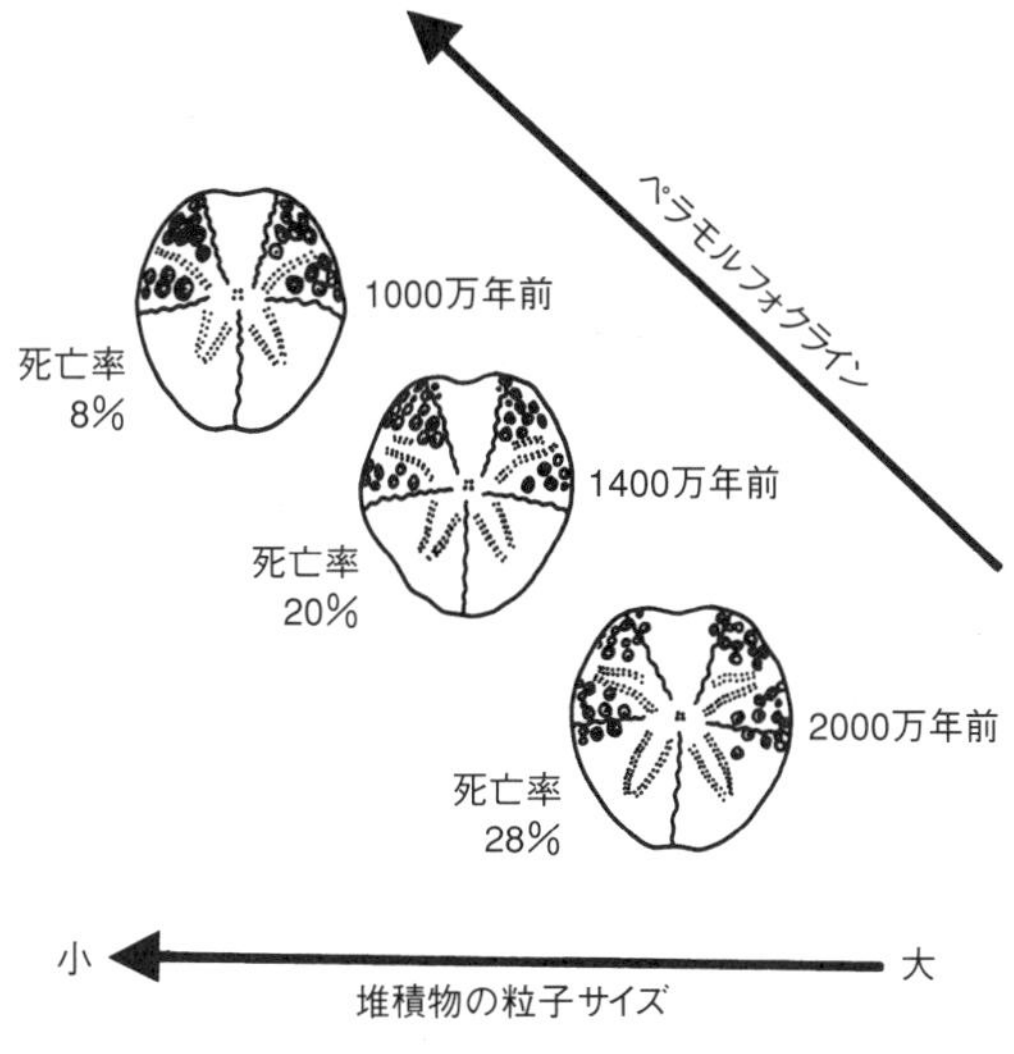

ロヴェニア属（*Lovenia*）のウニ類がオーストラリア南部付近で進化したとき、防衛用の棘がペドモルフ的に減少した。しかし、同系統の3種が深海のもっと細粒の堆積物に棲むことにしだいに適応するにつれて、穴掘り用の棘がペラモルフォーシスによって増加した。巻貝による開削孔の数が減少したことは、捕食圧によって、捕食者の少ない深海底へだんだんと追いやられた進化を物語っている。

ている。

現在のオーストラリア近海におけるトウカムリガイ類の棲息深度分布を調べてみると、水深が深くなるにつれて種の多様性は急速に低下する。高潮線―一〇〇メートル間の二〇種から二〇〇―四〇〇メートル間の五種へ、さらに五〇〇メートルを超える深度でのただ一種へと落ちてしまう。中新世のもっと深い海底堆積物から出るウニ類にトウカムリガイ類のいわくありげな捕食孔が見当たらないことは、中新世の深海底にはトウカムリガイ類が同じように稀だったことを暗示している。したがって、まず初めのころ、厳重に棘をそなえたウニを有利に淘汰選択したのは浅海底での強い淘汰圧だった、と考えることができる。このようなウニは初めのころ、個々の小さい棘の成長速度の局在的なペラモルフ的増大によって進化した。それに続いて、穴掘り用の棘が増加したおかげで、より深い海底のもっと細粒の堆積物に棲むことのできる種類が優遇的に淘汰選択された。捕食者が数少ないこうした環境では、多数の防衛用の棘をもつ個体群を生みだすような淘汰圧は低かったのである。

これと同じようなパタンがロヴェニア属の現生種にも見られる。ウニの棲んでいる海底が深ければ深いほど、防衛用の棘は浅海底に棲む種類より疎らである。こうした現生種のなかには、中新世いらい他の捕食対抗戦略がこの属でどのように発達したかを示すものもある。かれらはより大きくなったのだ。ところが、トウカムリガイ科の現生種のほうも大きくなった。共進化する捕食者と被食者のこうした〝軍拡競争〟――ロヴェニア属にはトウカムリガイ類が捕食できないほど大きくなった種もある――は、大きくなったトウカムリガイ類を有利にする、相対応《あい》する淘汰選択と釣り合っていたわけである。中新世オーストラリア近海のトウカムリガイ類は長さが七〇ミリもない（餌動物の二倍ほど）ものだったが、現生種はほぼ二五〇ミリにもなる。一方、ロヴェニア属の現生種は中新世オーストラリアにいた最大種の三倍の長さがあり、一二〇ミリにも達する。

オーストラリアの中新世のロヴェニア系統に生じた、沿岸からしだいに沖合へ遠ざかる傾向は孤立した事例ではない。ハート形ウニ類の他の多くの系統も、多分やはり捕食に追い立てられて（ただしいずれもヘテロクロニーで活《かっ》を入れられて）同じような傾向をしめすのである。これらのうち多くの系統では、ロヴェニアでと同じように、ある一つの種が別の種へ段階的に置き代わっていくという類似のパタン――いわゆる改善進化《アナジェネシス》的な種分化――が認められる。このような進化過程には、種の多様性の全般的増大がないかわりに、当の系統における全般的な形態の現れ方のずれと、しばしば一定の環境から別の環境への進出（この場合はより深い海底への移行）がともなう。

　白亜紀以来、この沿岸から沖合へという傾向は、ハート形ウニ類ばかりでなく、ウニの多くの基本的グループにおいてもっと高い分類階級で起こった。デイヴ・ヤブロンスキ〔シカゴ大学〕とデイヴ・ボティア〔サザン・カリフォルニア大学〕が行った、古生代以後のウニ類の一三目《もく》における沿岸―沖合パタンの解析によって、一三目のうち七目が沿岸環境から沖合環境への移住傾向をしめすことが分かった。沖合への移住は二つの様式で進んだことが考えられる。つまり、いくつかの種類はより深い海底へ広まったが、浅い海底に留まったものもいたという場合、または、種類の入れ代わりがあって沿岸性のものは消滅したという場合である。[★02] オーストラリア産の系統は入れ代わりの一例だけれども、ロヴェニア属は全体としては広まりの事例を表している。沿岸性の同属の種が今も生存しているからだ。

　化石記録での最高例の一つはハート形ウニ、ミクラステル（*Micraster*）属のなかでの進化である。八〇〇〇万―九〇〇〇万年前にヨーロッパ北部のチョーク〔白亜〕性海底に棲んでいたこれらのウニに生じた進化的変化は、これまで、海底堆積物に深く潜ることへの適応として説明されることがよくあった。過去六〇〇〇万年の間に、何種類ものハート形ウニがペラモルフ的変化に助けられ、深い穴に棲むことのできるような形態特徴を発達させた。スキザステル（*Schizaster*）やブリッソプシス（*Brissopsis*）のように、泥質堆積物に棲むのにこの能力を使った種類もある。特殊な適応の一つは粘液を分泌する管足《かんそく》が発達したことで、これらはウニの本体を海底表面へつなぐ管道の内面を固めることができる。また、長い管足を使って、栄養物に富む海底の表層から集めた食餌をこの粘液でまとめ、スパゲッティのようなヒモ状のものにする種類もある。これらのヒモは穴の中へ引き込まれて食物になる。捕食圧はまた、不適な環境の中でこうした奇妙な構造物が進化するのを有利にした淘汰選択圧でもあったのかもしれない。

ジュラ紀―白亜紀のウニ類の進化の早期に、おもに魚類や甲殻類から普通の棘だらけの正形ウニ類にかかった捕食圧が、私の考えでは、穴を掘る不正形ウニ類の進化の裏で主要な駆動力になった。それに加えて、約一億年前の白亜紀には捕食性の海棲巻貝類が出現した。ウニ類にとっては、海底に掘る穴は捕食者の魔手から逃れられる安全な隠れ家だ。ところが新生代始新世になって、巻貝の一グループ、トウカムリガイ類が現れた。これらが登場すると、潜伏性のウニは居心地のよい小さな穴にいても安全ではなくなった。この巻貝も同じように穴を掘って潜る能力をもっていたからだ。それで淘汰圧は、トウカムリガイ類の探索用触角が届かないほど深く潜り込むことのできる種類か、もしくは、トウカムリガイ類が生活できない（たぶん泥質堆積物ではうまく潜ることができないために）もっと深い海底で生きる種類を有利にする結果となった。

それでは、ウニ類のなかで最も栄えてきたタコノマクラ類（楯形《じゅんけい》類）はどうだろうか？　これらはウニ類の主要なグループの最後に進化したもので、最初の種類が現れたのはせいぜい五〇〇〇万年ほど前のことである。この仲間は新生代に入ってから大きな進化的放散を起こした。だが、こうしたグループの出現は、ただの偶然と、重要な適応上の敷居を踏みこえて新しいニッチに入ったことのお陰だ、としてよいのだろうか？　あるいは、重要な新しい体形（この場合は非常に偏平な形）が進化したのは、捕食圧を最小限度にすることに根源を求めてよいのだろうか？

最初期のタコノマクラ類はマメウニ科とよばれるペドモルフ型の小さな種類だった。これらは今日でも、砂粒の間に潜んで生存している。これほど小さいウニが進化したのはたぶん、やはり捕食圧に反応したものだったのだろう。なぜなら、よほど大きくなることは別として捕食から逃れるもう一つの方法は、極めて早く成熟するか、あるいは成長速度を著しく低下させることによって非常に小さくなることだからである。これは潜在的な捕食者から隠れるのに役立つだけではない。一時に一匹しか餌じきを捕えられないトウカムリガイ類のような捕食者にとって、こうした小物の餌にかかわっても無意味なのだ。

このように小さなマメウニ類から、後代のすべてのタコノマクラ類が進化したと考えられている。かれらの偏平な形がなぜそれほど上首尾だったのかについては、いろいろな説がある。一つは、その形のためにウニは、堆積物と水との界面に近い栄養に富む層で摂食しながらお潜伏していられた、というものだ。これは事実かもしれないが、偏平な形はきわめて効果的な対捕食者装備でもあったことを示す証拠が、オーストラリア中新統の岩石から得られている。

これらの岩石の中では、タコノマクラ類はトウカムリガイ類の興味をまぬがれたように見えるウニの唯一のグループであり、そのなかでモノスティキア（*Monostychia*）属というのがありふれたメンバーである。私が調べた何百もの標本のうち、トウカムリガイに開けられた孔をもつのはただの一個体だった。タコノマクラ類が口に合わな

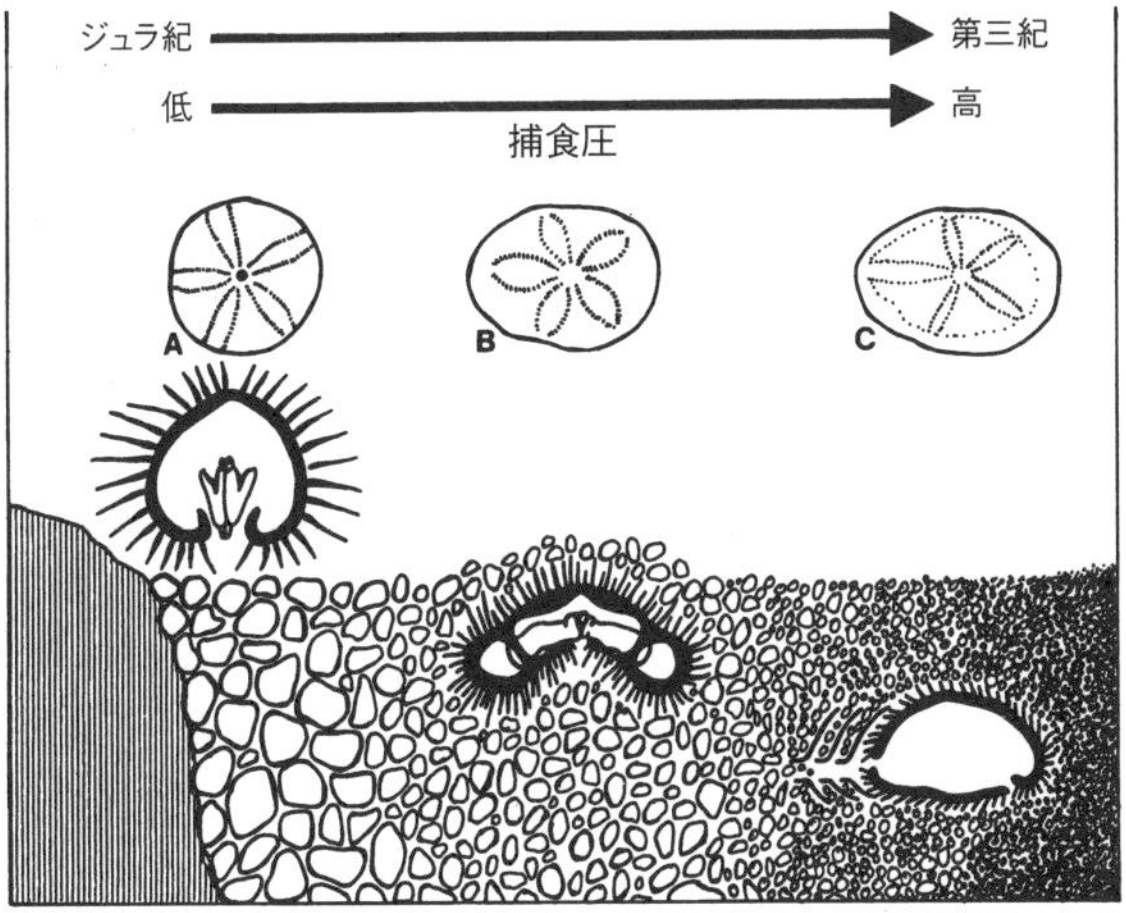

ウニ類の進化の全般的傾向は、より深い海底の堆積物により深く潜り込むことだった。それはおそらく、沿岸の浅い海底における激しい捕食に駆りたてられたものだろう。

かったのは、かれらの内部構造にわけがあるのかもしれない。殻の中には内腔をささえる多数の支柱がある。トウカムリガイがこの殻になんとか孔を開けても、その奥まで入り込もうとするとすぐ邪魔物にぶつかる。だから、好物の生殖巣までたどり着くのに費やしたエネルギーはおそらく、御馳走で満腹した後でも取り戻せなかっただろう。

ウニとトウカムリガイとの果てしない軍拡競争から、これら二つのグループの進化史が各グループの利益のために冷酷に結びついているのがわかる。しかも、それはウニの型に広範な多様性があることの一因となり、かれらの多彩多様な海洋環境への進展をもたらした。そしてこの多様性そのものがまた、広範囲にわたるトウカムリガイ類の出現につながったのである。

屈折性のある殻をもっていた古生代のウニ類が消滅したことや、硬直性の殻をもつ種類が主としてそれらに取って代わったことも、いくらかは捕食圧の影響を受けた可能性が大きい。同じように、古生代より後に、ウニ類、腹足類〔巻貝〕、および水底堆積物に潜る二枚貝類などの多様性が開花したのは、捕食性腹足類の多様性が増したことに対応することが知られている。いろいろな種類のウニが、堆積物に深く潜りつつだんだん深い海底のニッチへ移ることにより、隠れた棲み場所を採ったことは、捕食性腹足類の適応放散に対する直接の反応として起こった可能性がある。

新生代に入ってから不正形ウニ類に形態の著しい多様性が発展したことは、ヘテロクロニーの優勢な効果に帰せられているが、内的要因とならんで外的要因も一役を果たしたのにちがいない。捕食圧が中心的な外因だったことを、証拠物が物語っている。

捕食者らと格闘する

捕食圧というものは様々な環境のなかで様々なしかたで作用するものであり、標的にされる——優遇的に淘汰選択される——構造物ごとにきわめて特異的なものである。その絶好の事例は、トゲウオ類のガステロステウス（*Gasterosteus*）属にみられるものだ。この仲間の魚は海中にも淡水中にも棲んでいる。ふつうは体長がわずか七五ミリほどで、背中に前後三本の棘《とげ》、体側に並ぶ数枚の骨板、強固な腰帯《ようたい》〔骨盤〕など、捕食者を阻むのに役立つ解剖学的装置をそなえている。

ガステロステウス属のうち淡水の棲み場所に進出したいくつかの種には、はっきりした形態的分化が生じた。海棲の個体群では、捕食者脊椎動物に対抗するきわめて効果的な防衛用構造物の一つはよく発達した腰帯で、強固な後方突起とつながった顕著な棘をそなえている。海棲種では、この棘は個体発生の間に強力さを発達させるのである。ところが、淡水産のある種類ではペドモルフォーシスが起こり、防衛用の棘の消失と強固な腰帯の退化をもたらした。マイクル・ベル〔ニューヨーク市立大学、ストーニーブルック〕はこの変化をば、淘汰圧の変化に対する反応だと解釈している。★03 海中での主な捕食者は脊椎動物、とくに他種の魚類だ。腰帯の棘や突起があることは、トゲウオを呑み込もうとする他種の魚に対抗する効果的

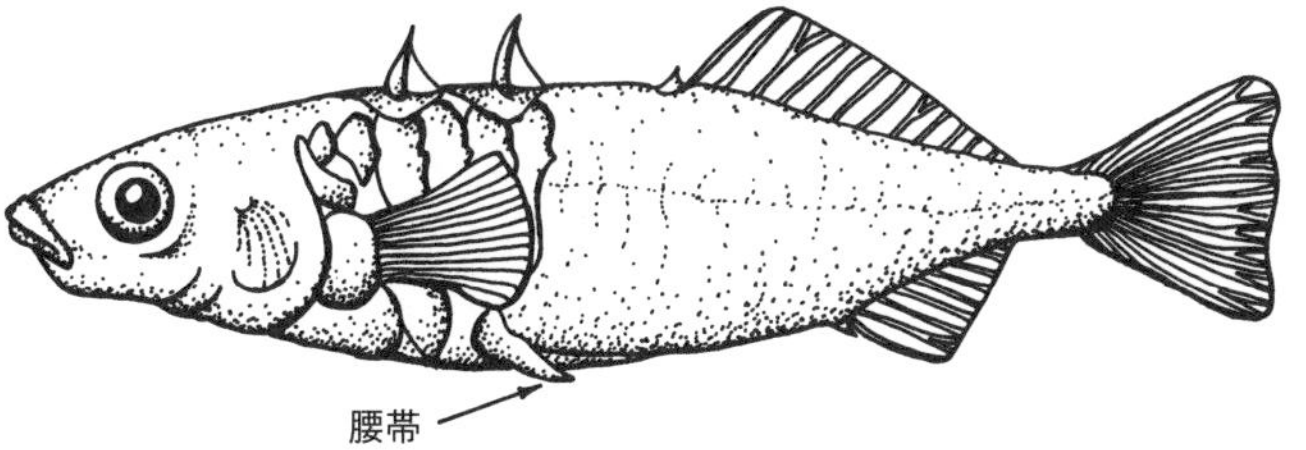

背に棘を3本もつトゲウオ（*Gasterosteus*）は突出した腰帯をそなえており、これが開けた海洋環境に適応するのに役立った。

な防御手段になる。そのため、頑丈な腰帯をもつことを有利にする強い淘汰圧がある。

ところが淡水中の棲み場所では、捕食圧の基は脊椎動物から無脊椎動物、おもに水棲昆虫類へ移っている。腰帯の棘や突起は捕食者脊椎動物に対して効果のある抑止装置であるけれども、淡水中では、同じ構造物が明らかに不利なものになる。それらは捕食性昆虫にとってははなはだ有用だからだ。かれらは棘をつかまえ、魚体をしっかり捕捉するのにそれらを利用するのである。その結果、捕食性魚類はおらず捕食性昆虫がいる淡水の棲み場所では、淘汰圧は、腰帯の発達程度でペドモルフ的低下をしめすトゲウオの種類の進化に恵みを与えることとなった。

トゲウオ類とかれらへの捕食者との軍拡競争には長い歴史がある。ベルが研究した中新世の一一万年にわたる堆積物の連続地層では、ガステロステウス・ドリスス（*Gasterosteus doryssus*）の化石標本が腰帯のペドモルフ的退化を示している。ベルはこの連続地層を通じて、種内でのペドモルフォクライン〔幼形進化勾配〕を見いだした。つまり、よく発達した腰帯をもつトゲウオ類が衰退するとともに、痕跡的な腰帯をもつ中間的な種類が現れ、ついで腰帯の構造物をまったく失った種類が出現した。ペドモルフ型の腰帯をもつ種類が出てくるこれらの層準には他の魚類は見られない。このことは、ベルの主張によると、よく発達した腰帯をもつ種類を抑える淘汰圧が、水棲昆虫による高水準の捕食のために高まったことを示している。

動物のなかには、一生のあいだに棲み場所を変えるものが少なくない。捕食者を避けるためや、いろいろな型の棲み場所から資源を獲得するために、場所を変えることが多い。ある一つの戦略ないし棲み場所の型から他の型への移行が起こる時期が、当の動物のサイズと成長速度に直接関係している場合がしばしばある。個体の発育期間中に、その食物や棲み場所利用のしかたがなだらかに変わることもあり、もっと急激な突発的変化（両生類における水中生活から陸上生活への移行など）が起こることもある。こうした個体発生的な棲み場所移行が起こる時期は、とりわけ異なる捕食者にさらされるという面からみて、当の動物の生活史戦略にとって決定的に重要なものだ。

ブルーギル〔ブルーギルサンフィッシュ〕(*Lepomis macrochirus*) という淡水魚は成長するにつれて、棲み場所の移行を何回も行う。湖沼の縁のごく浅い水中の植生間での生活から開水域での自由遊泳の棲み場所へ移動することを、一生の間に何度も繰り返すのである。★04 この魚は浅い沿岸帯で孵化したのち、沖の開水域へ移動して動物性プランクトンを食する。それからまた浅い所へ戻り、何年か無脊椎動物を常食にする。そして体サイズがかなり大きくなったとき、ふたたび開水域へ移動することがある。しかし、オオクチバス〔ブラックバス〕という他種の魚によるブルーギルへの捕食の強さが、棲み場所移行の起こるときの体サイズに影響を与える。いろいろな湖沼で、ブラックバスの密度は棲み場所移行のときのサイズと正《せい》の相関をもち、捕食者の密度が高いほど転換が起こるときのサイズは大きい。

ブルーギルにとっての捕食の危険性は開水域でのほうがはるかに高い。他方、浅い沿岸帯の植生は密度が高いために捕食の水準が非常に低くなっており、ブルーギルは濃密な水生植物の間で身を隠すことができる。開水域はそこよりはるかに敵対的な棲み場所なのだが、ブルーギルが一生のある段階で、大きくなった体サイズを維持するべく十分な食物が摂れるように、このいっそう危険な環境へ移動するのはエネルギー上は不可欠なのだ。捕食されることの危険性と食物を十分に得ることとのトレードオフという、強力な一要素がはたらくようになる。ブルーギルが大きくなるにつれて食われる危険性が低下する一方で、大きくなった体サイズで棲み場所移行をおこすことで淘汰選択上の有利性が高くなる。これは、体サイズに関係した棲み場所移行のタイミングはほぼ完全に、おもな捕食者であるオオクチバスの存在にかかっていることを意味している。この魚のいることが、小さいブルーギルを植生の豊かな浅水帯に効果的に閉じ込めるのだ。

開水域で捕食者の密度が高いことのもう一つの効果は、ブルーギルが浅水帯でいっそう長い期間をすごす原因になることである。そのため、捕食者の水準が著しく違う二つの湖沼では、棲み場所移行の時期における体サイズが大きく異なる。ある湖では、体長約五センチのとき棲み場所移行をおこすブルーギルは沿岸で二年間だけ過ごす。これに対して、捕食者の密度がもっと高い他の湖にいる同じ魚は、沿岸で約四年間すごしてから体長八センチあまりの体サイズに達して初めて、移行をおこす。このこと自体が成長速度に直接影響を及ぼすことになる。浅水帯の植生域に閉じ込められる年齢クラスが多くなればなるほど、個体群密度は増大し、成長速度を低下させる結果になるからだ。これが、ブルーギルが棲み場所移行のための最適サイズに達するのに要する時間がさらに引き延ばされる原因になるのである。

捕食圧が成熟時期に影響する

ピーター・パンは生きていられるために、フック船長と闘うのに彼の長びいた幼少期のかなりを費やしたようだが、多くの動物にとって捕食圧を最小にして生きつづけるための一つの方法は、成熟に達するまでの時間を変えることである。多くの動物はブルーギルのように、それぞれの生活史のいろいろな段階で、さまざまな水準の捕食に曝されるからだ。したがって幼体が、成体の占有している棲み場所とは別の、捕食圧が成体の経験するものよりずっと低い場所で生活するのなら、淘汰選択は、危険性のより高いこの成体期により短い時間をすごし、幼体でいっそう長く留まるような個体を有利にする傾向があるだろう。これが達成される方式は二つありうる。成熟開始を遅くする（ハイパモルフォーシス）か、あるいは成体段階を短縮するか、である。

寿命の短いカゲロウは一生の大半を幼体として過ごすので、成体のいくつかの形態特徴が発達するだけの時間が十分にない。そのためかれらは機能のある口器をもたず、消化器系のほとんどが発達しそこなうのである。こうした昆虫では、成体段階を犠牲にして、幼体段階の相対的延長がおこる。かれらの祖先に比べて成熟開始の時期が遅くなっているのだが、寿命の全体は変わっていない。カゲロウが三億五〇〇〇万年ほど前のデボン紀に現れて以来、かれらの進化過程で優勢だった傾向の一つは幼体の成長期間がだんだん延びることにあった。

これはまったく成体段階を犠牲にして起こったのであり、成体段階が相応に延びることは起こらなかったのだ。だから、非寄生性のヤツメウナギ（第一〇章を参照）のように、最後にくる成体段階は生活環からほぼ完全に締め出されている。そしてこのことは、成体にかかる強い捕食圧に対する反応として生じた。

カゲロウ類の多くの科で、成体段階は容赦なく切り捨てられ、ついには当の動物の寿命全体の小さな一部になってしまった。二年の寿命のうち、成体は二時間以内をしめるだけのことが多い。ドラニア・アメリカーナ（*Dolania americana*）という種のカゲロウの場合には、一四か月の寿命のうち雄は成体として約一時間生存するのに対して、雌はわずか半時間だけ成体期にある。★05 これは、成体段階が当の動物の寿命全体のわずか一万分の一をしめるに過ぎないことを意味する。仮にこれが第一四回誕生日で成熟に達したヒトに起こるとすれば、われわれは同じ日の正午に早くも死んでしまうことになる！

カゲロウは幼体期には水棲で捕食性である。が、かれらが成体になるときには、立場が逆転する。夜明けごろにカゲロウが変態したあと集団交配をする間、雌雄ともさまざまな動物——鳥類、コウモリ、他の昆虫、クモなど——による極度に高水準の捕食にさらされる。捕食は水面でも空中でも起こり、水面では甲虫《こうちゅう》類が羽化したばかりでまごまごしている成虫に襲いかかる。そんなわけで、これらのカゲロウの成体段階に集中する非常に強い捕食圧が、その段階の著しい縮小——継起的《シクエンシャル》ハイパモルフォーシスによるヤツメウナギでのような縮小——をもたらした。

そんなわけで、ある動物がどれほど捕食をこうむるかには、その体サイズが強い効果をもつのは明らかである。捕食者は〝最適採餌戦略〟と呼ばれているものに支配されて活動する。★06 つまり、捕食者は一定のサイズ範囲内にある被捕食者を標的にするものだということである。その結果、この戦略は小さい体や大きい体をもつ動物への捕食圧を効果的に低下させ、最も激しい捕食はその中間のどこかで起こることとなる。体サイズの小さい被捕食者の場合、捕食者がそれを襲うときに費やすエネルギーは、そのエネルギー投資に対して十分高い収益を生まない。また、被捕食者の体サイズが大きすぎると、捕食者はその投資に対して妥当な収益を得るのに大きすぎるエネルギーを費やさねばならない。大きな被捕食者を捕えようとするときには、基本的な物理的問題もある。捕食圧がかかっているとき、淘汰選択は、早い時期に小さいサイズで繁殖する種類や遅い時期に大きなサイズで繁殖する種類を有利にするだろう。捕食者にとっても被捕食者にとっても、成長速度の加速によって急速に大きな体サイズに達することには有利性もある。それのおかげで、被捕食者なら最適被捕食者サイズの範囲からすばやく抜け出せるし、捕食者ならかれら固有の捕食者範囲の中へいっそう早く入ることができる。

例えば、アイルランド、ダブリン湾の浅い水域に棲んでいる小さな二枚貝ヌクラ・トゥルギーダ（*Nucula turgida*）では、あるサイズの個体だけが捕食される。この貝が殻長で一〇ミリ以上に育つことは稀なのだが、これに孔を開けて捕食する巻貝がたまにそれより小さい個体を捕えることがある。[★07] この二枚貝は生後三―五年、殻長五―七ミリで繁殖することが最も多いので、これより大きい貝が捕食されることは被捕食者間の競争を軽減させ、最大の繁殖能力をもつやや小さい個体を有利にする。したがって、淘汰圧は相対的に早く繁殖しうるものを有利にしてきたわけで、結局、比較的小さい殻をもつ種が進化することになる。

以上のように、ウニ類から魚類、さらに二枚貝類にわたる多数の事例で、いろいろなレベルでの捕食が自然淘汰に強い影響を及ぼしうることが分かる。なぜなら、生き延びている動物は何であれ、たぶんそれが持っている何らか――形態でも生態でも、あるいは行動でも――の特殊な性質のゆえに、優遇的に淘汰選択されているのだから。高水準の捕食というものは実際、動物の各個体群にかれらの成長速度や成熟時期を変えさせるように直接に影響を与え、それにより成熟体のサイズと形に間接に影響を及ぼしうるのである。

このことは、イングランド東部の七か所で採集されたミジンコの一種、ダフニア・マグナ（*Daphnia magna*）について実験的に示されたことがある。この実験では、除去法によって捕食者のはたらきが模擬された。体サイズの全範囲を一一クラスに分けたのち、ある一グループから下のサイズクラス０―６と、他の一グループから上のサイズクラス7―11が、何度も取り除かれた。下のサイズ範囲の除去はその実験期間中にこれという変化を起こさなかったのに対し、上の大きいサイズ範囲の除去は、後の多くの世代の個体が生みだした同じ範囲の個体数に着実な減少をもたらした。いずれにせよ、子孫らの個体群における個体発生的発育の程度は、その祖先らに起こったことから実質的に影響を受けつつあったのだ。子孫らはより大きな生き残りの可能性を、まだ生まれていないその子孫たちへ効果的に伝えようとしていたのである。

除去の期間が終わったときに個体群の構造が著しく変わっていたのは、成長速度と繁殖開始のタイミングがともに変わっていたからである。長い期間にわたって大サイズの個体が個体群から除去された後では、クローン〔無性生殖生物〕たち（このミジンコは単為生殖で繁殖する）は以前よりゆっくりと成長した。しかも、かれらは別の処理方法で得られたクローンたちより小さいサイズで繁殖し、死んでいった。また、かれらはちょっと早い時期に繁殖した。つまり、大サイズの個体が除去された後、残されたクローンたちは初期の成長段階のあいだ、以前よりもゆっくり成長したのに対して、小さい個体が優先的に除去された処理方法では、残ったクローンたちは同じ初期の成長段階のあいだ急速に――大サイズ除去の方法で残ったクローンたちの約二倍の速度で――成長した。

こうした人為的捕食実験が行ったのは、結局、危険性の高いサイズ範囲のなかになるべく短い時間だけ留まったクローンたち――できるだけ早く立ち去ったものたち――を淘汰選択したということだ。除去が小サイズのクラスを標的にした場合には、淘汰選択されたクローンたちはこの段階のあいだ、以前より速く成長した。他方、大サイズのものが除去された場合は、クローンたちは危険度の高いこの段階に達するのに以前より長い時間をかけた。かれらは自分たちの生活史において、危険度が高まるはずの段階に入るのをまったく急がなかったことになる。得られた結論は、サイズを特定した除去は成長速度と成熟時期に遺伝的な分化をもたらすらしいということだ。ミジンコがいちばん生き延びられそうなときに、捕食される危険性の高い期間から脱出す

ることが、ヘテロクロニーによって達成されるのである。★08

捕食者がその被補食者の発育史に直接影響をおよぼす実例で驚くばかりに見事なのは、オクラホマ州の湧水起源の小川に棲む小さな淡水性巻貝、フィセラ・ヴィルガータ（*Physella virgata*）に見られるものだ。というのは、この場合、その貝のホルモン系と生活史に変化を引き起こすのは、格別に幸運な成長速度や成熟時期をもつ種類を有利にする自然淘汰だけでなく、被捕食者に対する直接の生化学的攻撃もあるからだ。トッド・クラウルとアラン・コヴィッチ〔オクラホマ大学〕が行った実験で、この貝が到達するサイズ（成熟に達するのに要する時間で決まる）とかれらの一生の長さは、捕食性のザリガニが存在するかしないかに直接影響される、ということが明らかになった。この巻貝は、生活環が短いこと、若齢で成熟すること、それに繁殖期間が短いことに特色をもっている。捕食者の活動からまぬがれて生活する個体群は殻の長さが四ミリになるまで急速な成長をしめすが、この時期に生殖が始まり、成長速度は著しく低下する。そして、三―四か月間だけ生存する。自然環境でこれらの貝はさまざまな型の動物――魚類、昆虫類、鳥類、それにザリガニ類――に捕食される。この巻貝が占有している小川にザリガニが棲んでいるなら、貝は成熟開始を遅くし、それでより大きいサイズ（殻長一〇ミリ）まで成長する。結果として、その個体らは普通より長く（一一―一四か月）生きる。

クラウルとコヴィッチはなぜこのようになるのかを解明するため、貝だけが棲んでいる小川の水と、貝もザリガニも共に棲んでいる他の小川の水を採取して実験を行った。それから彼らは、これら別々の川にいる貝の二つの個体群を飼育したところ、現にザリガニがそこに潜んでいなくても、ザリガニのいた小川から取った水に生活する貝は、ザリガニのいなかった川の水で飼育した貝より長く生存し、より大きく成長する、ということを突きとめた。クラウルとコヴィッチからみれば、このことは、ザリガニからある化学的な信号が水中へ出されていたことを示す確かな証拠である。これを貝が感知し、性成熟の始まりを遅くする結果になった。その効果は、これらの貝は幼体期の高成長速度の時期に普通より長くとどまり、繁殖を始める前にいっそう大きい体サイズに達する、ということだった。ザリガニは気むずかしい捕食者であって、小さい貝しか求めようとしない。殻長一〇ミリを超えるものには手を出さない。したがって、できるだけ急速に、より大きいサイズに成長することは貝にとって有利なのだ。ザリガニが出した化学的信号に起因するこうした巻貝の成熟達成時期の変換は、かれらのホルモン系に直接はたらきかけるのに違いないというわけである。★09

捕食が大進化を駆動する

椅子に深く腰をおろし、過去五億年間にあった進化過程の大きな諸段階について考えめぐらすときに、ふつう答えられないまま残る厄介な問題は次のようなものだ。——そうした大きな前進が起きたとき、何がそれらを起こさせたのか？　進化はなぜ、特定の方向へ進んだのか？　進化をある一定の方向へ駆り立てた根本的な原動力は、厳密にみて何だったのか？

古典的なダーウィン流の「生き延び《サバイバル》のための苦闘」とか「最良個体《ベスト》が勝ち残る」とかいう言葉は、同一種の個体間の競争や、一団の遺伝子たちが他の一団を打ち負かそうとすることを表現しただけものではなく、超一流の「最適者《フィッテスト》の生き延び」を表したものでもある。生殖ができるほど長く生き延びることは、大多数の種の無数の個体にとって大変な闘いなのだ。一匹の海ガメが産む何百もの卵と、繁殖するまで生き長らえるごく少数の子孫のことを考えてみればよい。多種多様な無脊椎動物についても同じことが言える。私が第五章で述べたクモの子らのうちでは、わずかな一部だけが生き延びるはずだ。個体群を激しく縮小させるのに共謀する要因が二つあり、第一は食餌の欠乏、第二はなにか他者の餌じきになってしまうことである。潜在的な被捕食種（大半の種がこれだ）にとって、生存ゲームの目的は捕食者を出し抜き、だまし、追い越すことにある。なにか他者の食物になるのを避けることが長くできればできるほど、自分の遺伝子を次の世代へ伝えられる可能性が大きい。

さて、〝カンブリア紀の爆発〟——今日ある動物の主要な門《ファイラム》の基本的体制《ボディプラン》のすべてが一斉に（進化過程で落伍していったいくつかの門とともに）出現した地球史上の驚異的な事件のことで、期間はわずか一〇〇〇万年ほど——は、捕食圧によって駆動されたと言われている。そのころ現実に何が起こったのかを考えてみよう。この進化的な爆発のなかで最も意味深い出来事の一つは、地質学的にはほとんど同時に多種多様な動物たちが体表に固い外被——ヨロイとして役立った甲羅——を分泌する能力を獲得したことだ。この時代の最古の堆積物——中国南部の雲南省昆明《クンミン》に近い澄江《チョンチャン》の驚くべき化石産出地など——にさえ、アノマロカリス（*Anomalocaris*）のような大きな捕食性動物が見つかっている。体長が一メートルもあり、円い顎——パイナップルの輪に似ていたが短剣を並べた万力《まんりき》のようにはたらいた——に生える一組みのものすごい〝歯〟で武装した、こうした動物は海の王者だったのだ。三葉虫の化石についた明らかな咬《か》み跡が、外被の殻をもっていても捕食が日常的に起こっていたことを示す直接の証拠になる。咬み跡の形には、アノマロカリスの〝口〟にぴったり一致する場合があるとも言われている。

カンブリア紀前期には三葉虫のタイプが著しく増えたことが知られており、体長（数ミリから約半メートルまで）と胸部分節の数（二から五〇超まで）にはかなりの変異があった。発育を制御する遺伝子の調節の範囲はおそらく、あまり厳しく制限されていなかったのだろう。そのため、無数の種類が出現する進化的爆発が起こり、自然淘汰がはたらく雑多な対象物が現れる結果となった。

カンブリア紀の三葉虫については、プロジェネシスの例が少数だが記録されている。★10 スコットランド北西部の採石場で私が見つけた小さな三葉虫——どうみても成長しすぎた幼体のようだが、それでも成熟体であるちっぽけな三葉虫——は、その特殊な形態的特質のゆえに進化していなかったのかもしれない。ここで考えられることは、早熟は自由遊泳生活につながったがゆえに、いろいろな新しい捕食者が登場しつつあった環境では早く成熟することが有利だったのかもしれぬ、ということだ。追い越し車線での生活は、選り好みからではなく、成体になるまで生き延びて生殖をする必要から現れたのだ。上記の澄江《チョンチャン》にあるような堆積物やカナダのブリティッシュコランビア州にあるバージェス頁岩《けつがん》などが提供する驚くべき〝窓〟――五億年以上前の生物界がかいま見られるところ――が、節足動物の紛れもない標本展示場を現出している。そして、そのなかには捕食者だったらしい種類が含まれているのである。

　カンブリア紀の海底をはいまわっていた、知られているかぎり最初期の動物の多くは頑丈な装甲を備えていた。またそれらにはごく小さいものが多かった。サイモン・コンウェイ・モリス〔ケンブリッジ大学〕の表現では「装甲を着けたナメクジとそっくり」に見える、謎のような小さなトンモティア類。同じように不可解なウィワクシア類――見方によっては、何本ものステーキナイフを直立させた多数の剃刀《かみそり》ワイヤの列のような外被で武装した、軟体動物か多毛類のような動物。そして、なにかのムシのようなハルキエリイア類――頭部と尾部に幅広い盾《たて》と鎖カタビラの外被をそなえ、外観全体が他のもっと大きい、敵対する動物から自分を守るという進化的必要性を表している動物。コンウェイ・モリスの指摘によると、カンブリア紀中期のバージェス頁岩には捕食性動物や腐食性動物が驚くほど豊かに含まれている。彼の主張では、

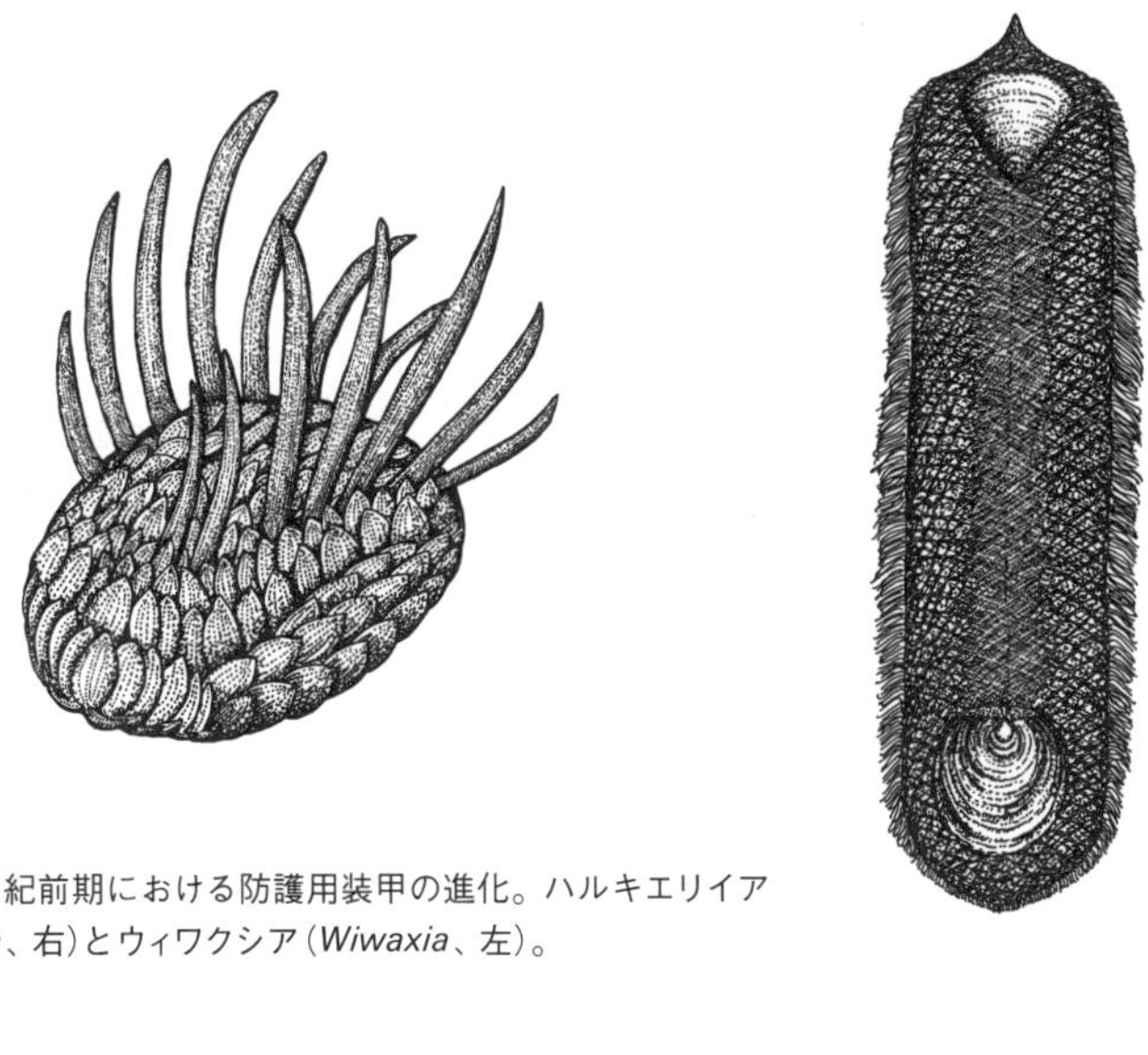

カンブリア紀前期における防護用装甲の進化。ハルキエリイア（*Halkieriia*、右）とウィワクシア（*Wiwaxia*、左）。

口器の形や消化管の内容物の実態が、この時代に捕食者が存在したことを示す証拠を見せつけているという。節足動物の棘《とげ》状の付属器官がこれを物語っているのだが、大形の節足動物シドニイア（*Sidneyia*）の消化管内容物に見られる、噛み砕かれた腕足類や円錐形の殻を備えたヒオリテス類も同じことを暗示している。コンウェイ・モリスはまた、プリアプルス科〔吻虫類〕のムシ、オットイア（*Ottoia*）もヒオリテス類をそっくり取り込んでおり、しかも共食い性だったようだ、と指摘している。★11

かなりの重要性があったもう一つの進化的飛躍は、古生代前期に動物たち――まず節足動物、次いで四肢動物――が陸上に進出したことである。歩き跡の化石から得られる間接的証拠は、少なくとも四億三〇〇〇万年前に最初の試みの段階が起こっていたことを示している。第八章でもふれたことだが、こうした歩き跡はたぶん、サソリに似た巨大な広翼類のような捕食性の大形節足動物がつけたものらしい。本物の実体化石で最古のものは、イングランドのシュロップシァ州にある四億一五〇〇万年前の珪酸質の岩石から出るものだ。ここでは、ムカデ類、クモに似たトリゴノタルビ類〔パレオカリオノイデス類〕、それにダニ類などの見事に保存された遺物が見いだされる。ニューヨーク州にあるこれより少し新しい化石産地は、捕食性や腐食性の節足動物が居心地のわるい陸上での生活をやりくりしていた、同じような状況を示している。植生の被覆は貧弱だったにちがいないから豊かな土壌はなかっただろうし、だから風食が激しかっただろう。たぶん、砂あらしが普通に起こっていただろう。

かりに、川や沼に棲んでいた初期の陸棲節足動物が水陸両棲生活の能力をもっていたとすれば、さまざまな捕食者がいた湖沼の水中から出て地上に留まっていられる時間が長ければ長いほど、生き延びられる可能性が大きかったことになる。前にもふれたように、最初期の昆虫は非常に小さかったらしい。かれらの進化はたぶん、脚をただ三対だけ造るという節約とはあまり関係がなかっただろう。かれらが捕食者からうまく身を隠すとか、さまざまな大形節足動物の摂食戦略の範囲の外にいられたのは、おそらく体サイズが小さかったからに違いない。

動物たちが新しい生態的ニッチへ進化したことを説明するのは、私が〝スタートレック〔宇宙大作戦〕症候群〟——ある動物種が「これまでどんな種も進出したことのない所へ大胆に進出」しはじめる時のような状況——とでも呼びたいものに悩まされることがよくある。言い換えれば、空白の生態的ニッチがあるのならそれは満たされねばならないのだ。私の考えでは、動物が重要な新しいニッチへただ受動的に流されていったのではなく、進出は、捕食圧という形をとる駆動力によって起こった可能性のほうがずっと大きいと私は考えている。初期の節足動物やその直後に現れた最初の四肢動物の場合、進化が起こるべき空白のニッチがあったことと、大きな重力、低水準の酸素、一昼夜の激しい温度変化、いつもある乾燥の危険、などの効果に対処するのに必要な構造的、生理的な諸適応を発達させることとは、別の事柄だった。構造と生理の不可避の諸問題が克服されていたとしても、また環境が好適だったとしても、まったく異なる新しいニッチへ動物たちを追いたてる外からの淘汰圧が必要だったのだ。

およそ四億年前に四肢動物が初めて陸上に現れたのは、同じように捕食者に駆り立てられた結果だった可能性がある。広翼類など捕食性節足動物や、頭足類〔イカ類〕など捕食性軟体動物が水中環境で増えていたほか、そのころ魚類の多様性が著しく高まって捕食圧のもう一つの根源になった。短時間にせよ水から出ても生存する能力のある奇妙な魚の変種がいれば、それは生存の運不運に勝ち残るチャンスに恵まれたかもしれないのである。

私はこれまでの章で、昆虫類、爬虫類、鳥類、それに哺乳類における飛翔の進化過程でヘテロクロニーが果たした重要な役割に触れたことがある。確信をもつことはできないけれども、これらの動物がこの重要な新しい、空中のニッチへ進出したことの最もありそうな動機は捕食の影響だった、と提言するのは筋の通らぬことではない。かりに読者が小形の獣脚類の恐竜だとすれば、大形の獣脚類に食われるのを避ける何らかの手段をもつのは有用なことだろう。空中へ逃れ、顎をぱくぱくさせて空気をのみこんでいる大きな動物を見下ろしてあざ笑ってやることができれば、それ以上に結構な方法があろうか？　平胸類《へいきょう》〔ダチョウ類〕のようなグループにとって、やがてこれらの巨大な鳥が飛ぶ能力を失ったことは、最大の捕食者さえ多くはあきらめるほかないほど大きな体と強力な脚によって十二分に埋め合わされた。が、ニュージーランドとマダガスカルでは、無飛力の鳥の大敵は捕食者の脳であり、体力ではなかった。ヒトがかれらを狩り立てて絶滅へ追いやったのだから。

穴掘り性の不正形ウニ類のようなグループの進化の原動力は、中生代に多種多様な捕食性腹足類〔巻貝〕が現れたことにあったのかもしれない。隠れるのに適したニッチへの進出は、ジュラ紀のウニ類——進化しうる形態の範囲をそれまで束縛していた構造的制約を解消した種類——における、成長パタンのヘテロクロニー的変化によって可能になった。ウニ類では、グループの全体にわたり、動物界に発達した捕食対抗戦略のさまざまなタイプが見られる。深海底のような捕食者がほとんどいない領域へ進出するという棲み場所選択、改良された棘などの護身用構造物を発達させる防衛強化の戦略、海底の泥に潜ったり効果的なカムフラージュを発達させることにより潜在的捕食者から隠れる隠蔽の戦略、潜在的捕食者を撃退する強力な化学物質を出すある種のウニに進化した化学戦の戦略、などである。

ヘテロクロニーによって形態特徴を進化させる能力のおかげで、動物たちは新しいニッチを占有でき、新しい戦略で捕食圧を低く抑えることができる。もし新しいニッチの占有を許すような形態特徴が進化しなければ、あるいは好適なニッチが存在しなければ、結果は絶滅である。被捕食者の種が捕食者に一歩（あるいは一ニッチ）先んじて有利な立場にいるかぎり、その種は生き延びることができる。ひとたびこの有利性が失われるや、死神《グリムリーパー》がぎらぎら光る大鎌を振るってその種を永久の絶滅へ葬り去るのである。

12 幼児の顔をした超類人猿

「成長する時間が十分あった類人猿の胎児だ」と、ついにオビスポ博士がどうにか言った。「こりゃ出来すぎだ！」またも笑いが彼を襲った。「ちょっとあの顔を見てみな！」彼はあえぎつつ、鉄棒の間から指さした。顎と頬を覆うもつれた毛の上で、洞穴のような眼窩から青い両眼が見つめていた。眉毛はない。が、額のきたないしわだらけの皮膚の下に、棚のように突き出た大きな骨の隆起が……。

オビスポ博士はしゃべりつづけた。発育速度の衰え……進化の仕組みの一つ……類人猿は歳《とし》をとるにつれてだんだん愚かになり……老衰とステロール中毒……コイの腸管内植物相《フローラ》……第五代伯爵は自分の発見を予見していた……ステロール中毒はなく、老衰はなく……死はなく、たぶん事故によるのは別として……が、そうするうちに類人猿の胎児は成熟することができた……。それは彼が知っていたなかで最高の洒落《ジョーク》だった。

第五代伯爵は座っている所から動きもせず、床に尿をたれた。

オールダス・ハクスリー『幾夏すぎて白鳥は死す』

架空のゴニスター第五代伯爵の運命の最後を語るオールダス・ハクスリーの記述には、ヒトの進化を駆動してきた二つの基本的要素として、いろいろな機会にさまざまなしかたで表現されてきたものが含まれている。

一つは「発育速度の衰え」であり、換言すれば、ペドモルフォーシスに帰着するネオテニーである。この解釈を受け入れるとするなら、それは、われわれヒトは発育しそこなった類人猿のようなものだ、ということを意味する。もう一つは「類人猿は歳をとるにつれてだんだん愚かになり」で、これは、今も生存する他のすべての類人猿の種と比べて、また我々がこれまでに生存した他のすべての類人猿を知っているかぎりで、ヒトははるかに長く生きるものだという事実を認めていることになる。ハクスリーは、ペドモルフォーシス〔ネオテニー〕が何でも説明するように思われていた時代〔一九三〇年代後半〕にこれを書いていた。

したがって、仮にヒトがだんだんと長く生きて、その発育速度を遅くすることにより独特のペドモルフ的状態に到達したのだとすれば、論理的帰結は、もしヒトの個体発生がさらにもっと延びるなら、ヒトはさらにいっそう幼体的になり、退歩して、成長しすぎた胎児のようなものになるだろう、ということである。しかし、ヒトの進化は本当にそれほど単純なものだったのか？　また、ヒトは本当にそれほど愚かなのか？　動植物界のその他すべてと同様に、われわれの進化の道程のなかでヒトもまた一つの種として、祖先たちの発育の速度とタイミングの変異によって造り上げられてきたのだ。それだけははっきりしている。しかし、多くの人たちが論じたように、駆動力は、だんだん若くなる特徴をつくりだすペドモルフォーシスだったのか？　それとも、ヒトは逆の方向へ発展してペラモルフ型になり、自分たちの成熟を遅くし、祖先動物たちを〝超えて〟発育するのか？　その一方で、他のもろもろの種と同じく、ヒトはさまざまな特徴の特異なモザイク――ある特徴は加速され、別の特徴は減速され、三五億年の進化史がなんとか調合した強力なカクテルを生みだすモザイク――なのだろうか？

ヒトはどのようにこれらに当てはまるのか

ここ二〇年ばかり生物学者や古生物学者の間には、ペドモルフォーシスにもペラモルフォーシスにもふつうは同等の機会があるのだという、比較的平穏な黙認がある。そのことを考えると、ホモ・サピエンスはどんなふうにこれらに当てはまるのかをめぐって起きた、かなり激しい議論はいくつかの意味で驚くべきことだ。私の想像によれば、われわれ進化生物学者たちは深く腰を下ろし、各自が研究対象にしている特定の種を造りだした仕組みはこれだったとか、あれだったとか論じ合って楽しんでいる。が、問題がいちばん大事な種のことになると、とたんに慎重になってしまうのだ。私の予感では、この本で、ある特定の種でのヘテロクロニーの役割を検討するのにまる一章を費やしたりすると、いささか偏りがあるのではないかと非難されそうな気がする。

しかし、これまでにも述べたことだが、発育過程の諸変化が進化において決定的な役を果たしたとすれば、それらがヒト自身の進化には寄与しなかったという理由はない。実際私が主張したいのは、ヒト自身の進化史を十全に理解するには、ヒト科動物《ホミニッド》の発育プログラムが過去四〇〇万年ほどにわたってどのように変化してきたかを考慮に入れる必要がある、ということだ。なぜなら、いろいろな意味で、われわれヒトを形づくったヘテロクロニーの影響がこれまでに述べたもろもろの要因を包含しているため、ヒトは、発育プログラムの変化がヒト自身の進化にとっていかに重要だったかを示す好例の一つになるからである。

さて、ヘテロクロニーは進化の研究でないがしろにされてきたけれども、人類進化におけるそれの役割には十九世紀前期いらい多少の関心が持たれてきた。しかし見方は大きく分かれ、ある者はペドモルフォーシスの観点から論じ、他の者はペラモルフォーシスの視点から主張した。現代での展望を公平に評価するには、ほぼ二〇〇年にわたり、進化におけるヘテロクロニーをめぐる見方の変遷がヒトの構造の進化に対する我々の考え方にどのように影響してきたかを回顧することが有用である。こうした変わりやすい流行では、〝裸の王様〟的な因子がはたらきだすものだ。どちら側の論者も、それぞれの主張の根拠となるなんらかの形態上または発育上の特色を見ているが、他方、それに反するものは表面的にはまったく存在しない。ある人にとっては顔のまん中にある鼻のように明らかなものが、他の人には見えないのだ。誰でも、見たいと思うものを見るのである。

ヒトは本当に類人猿の赤子なのか

十九世紀には〝反復説〟の強いしばりが続いていたけれども、成熟したヒトの解剖学的特徴と類人猿の幼体のそれとの意外な類似性に注目した、興味深い考察がいくつか行われた。なかでも最も目をひくのは、類人猿幼体の頭部とヒト成体の頭部の外形がよく似ていることである。スティーヴン・グールドが著書『個体発生と系統発生』で述べているところによると、一八三〇年代という早い時期にフランスの先験主義の形態学者、エチエンヌ・ジョフロワ＝サンチレールは幼いオランウータンとヒトとの類似から非常に強い印象をうけた。彼は「若いオランの頭部にはヒトの子供のような優美な特徴が見られる」ことを認め、これを成体オランの頭部と対比して「成体の頭骨を考えれば、われわれは不愉快きわまる獣性をしめす真に恐怖すべき特徴を見いだす」と書きとめている。★01

ジョフロワ＝サンチレールや後継の先験主義者たちは、すべての動物体は本質的にただ一つの構造プランに従っているという〝存在の鎖〟の概念を信じていた。これは反復説にもしっかり取り込まれた。だからジョフロワ＝サンチレールにとっては、オランウータンは一つの型外れ《アノマリー》にすぎないということ以外に説明はありえなかった。実際、グールドの論議では、〝鎖〟で下位にある他の種で、成体と幼体が外見上似ている同様の事例が見られたときはいつも、同じこうした姿勢が十九世紀の間じゅう続けられた。結局のところ、ホモ・サピエンスは万物創造の頂点ではないのか？　どうしてヒトは類人猿より発達程度が低いというのか？　十九世紀の真面目な人々にとって、そのアイディアは非常識なものだったのである。われわれ古生物学者の大先輩、エドワード・ドリンカー・コープが同時代の多くの人々と同じようにみていたところでは、「人間は脊椎動物の頂上〔にいる〕」だった。それでも彼は「手足や歯列」では、ヒトは「四肢や手足に特殊な変形を起こした哺乳類の未成熟の段階」に似ているようだ、ということを受け入れざるをえなかった。同じようにコープは、頭部の形（特に、隆起した前頭部、直立した顔面、および退縮した上下顎）は「減速」〔遅滞〕の産物なのにちがいないことを認めた。ところが彼は、「重要」な特徴（神経系、循環器系、生殖器系の大部分など）については、これらは「加速」の産物であり、したがって反復説のモデルにうまく合うものだと論じた。★02

しかし、生物発生原則が信用を落とし、進化におけるきわめて重要な駆動力たるペドモルフォーシスの考えが取って代わると、ヒトのペドモルフ的起源を強く主張する人たちが抑えられなくなった。そのなかで先頭に立った主唱者はアムステルダム大学の人体解剖学教授だったルイス・ボルクで、彼の「胎児化」という概念は近年グールドが上記の著書で擁護したものである。ボルクは、ヒトの成体に見られる多数の解剖学的形質は類人猿の幼体だけがもつ諸形質に似ている、と考えた。じっさい彼は、ヒトとその他すべての霊長類とを区別するのは「恒久化した胎児の諸状態」であると信じていた。そこでは次のような諸項目が挙げられた。★03

1　顔面が平たいこと
2　他の霊長類に比べて、ほとんど毛がないこと
3　皮膚、眼、毛に色素が乏しいこと
4　外耳の形
5　大後頭孔が頭蓋底の中央に位置すること
6　脳の重さが相対的に大きいこと
7　手と足の形
8　骨盤の構造

もっと近年になって、人類進化論のペドモルフォーシス派〔ネオテニー派〕の人々、なかでも一九八〇年代のア

シュリー・モンターギュは、彼らがペドモルフ的〔ネオテニー的〕だと認めたヒト成体の多くの特色をそこに付け加えた。つぎのようなものだ。★04

1 眉弓《びきゅう》〔眼窩上隆起〕がないこと
2 頭蓋骨が薄いこと
3 歯が小さいこと
4 歯が相対的に遅く生えてくること
5 親に依存する幼児期間が長びくこと
6 成長の期間が長びくこと
7 寿命が長いこと
8 体サイズが大きいこと

私の考え方では、これらのうち5—8は甚だしく誤表現、誤解釈、誤理解されたものである。じつは、これらは全くペドモルフ型のものではない。にもかかわらず、それらのなかに、ヒトの個体発生と進化史との関係を解明する手がかりがあるのだと言ってよい。これら二つは不可避的に結びついているからだ。

ボルクの主張は、〃遅くなった発育〃から〃胎児的〃成長速度が生じ、それが〃減速〃〔遅滞〕を起こすというもので、彼の論旨全体がこの前提のあたりに基礎をおいていた。彼は、他の霊長類に比べてヒトはきわめて緩慢に成長し、最終形態に達するのにはるかに長い時間を要する、とみていた。そうだとすれば、ペドモルフ型だとされた上記の特色はすべてネオテニーの産物であるはずだ。生涯の過程がきわめて緩慢なテンポで進むというボルクの見方は、ヒトとヒト以外の霊長類とを比べてみることで容易に検証することができる。ブライアン・シア〔ノースウェスタン大学〕は、ペドモルフォーシスが人類進化の主要な駆動力だとみることに強く反論している一人である。キャスリーン・ギブソン〔テキサス大学、ヒューストン〕など他の人たちと同じく、彼が指摘したのは、チンパンジー（要するに遺伝子的にはほぼ九九パーセントまでヒトと同じもの）の成長速度と比べてみれば差はまったくないことがわかる、ということだった。★05 ヒトは他の種よりゆっくり成長するわけでは全くないのだ。ただ一つ〝緩慢化〟（このように表現してもよいなら）するのは、個体発生が進むにつれてある解剖学的段階から次の段階への移行――ヒトが性成熟に達し、それに伴って成長が衰えてやがて止まる時期などの面をもふくむ移行――ということだけである。

人類進化におけるヘテロクロニーの役割をめぐって生じた考えの混乱は、複数の原因によるところが大きい。われわれは、反復説（それに、結果としてヒトは最も複雑であり、ゆえに最良であるはずだという反復説からくる仮定）にありそうな言外の意味からできるだけ距離をおきたいだけではない。ある成長段階から次の段階への移行の遅れと成長速度の低下とが同一視されたところに、基本的な誤りがあったと私は考えている。これらはそんなものではないのだ。ヒトがネオテニー的な低下した成長の産物であるのなら、われわれはまったく違う動物――背の低い、四肢の短い、そして意味深いことに、脳の小さい動物――になっていただろう。ある成長段階から次の段階への移行の遅れとネオテニーとは経験的にみて別のプロセスであり、根本的に異なる結果を生みだすものだ。ヒトの場合、延々と長びく成長の諸段階を特徴とする発育パタンの産物はペドモルフォーシスの結果では全然なく、ペラモルフォーシスに支配される結果なのである。いろいろの重要な意味で、ヒトはその祖先たちと他のすべての霊長類を〝超えて〟発展してきた。が、心配することはない。反復説の亡霊をよみがえらせる必要はないのだ。後述するとおり、ヒトのペラモルフ的本質は個体発生過程の終わりに何かが付加しただけではなく、それをはるかに超えた産物だからである。

グールドは彼の画期的な著書『個体発生と系統発生』（一九七七年）のなかで、ヒトはペドモルフ的な動物だと強く主張している——「ヒトが〝本質的〟にネオテニー型だというのは、私が重要なペドモルフ型諸特徴のリストを列挙できないからではなく、発育の全般的な一時的減速が人類進化の明らかな特徴であるからだ（強調はグールド）」。したがってこの見方では、ある状態から別の状態への変化（歯が生える時期など）の開始の遅れや成熟そのものの開始の遅れも〝減速〟であり、だからそのこと自体、ペドモルフォーシスであると見なされることになる。しかし、ヒト以外の動植物に広く当てはまるヘテロクロニーの現代的総合は、こうした諸変化をば、ハイパモルフォーシス——ペドモルフ的ではなくペラモルフ的な、広範な進化過程を造りだすもの——とか後転位のような他の別の仕組みに、かなり容易に合わせられるようになっている。

それでは、ヒトの〝幼児のような顔〟や幼い類人猿のように見える外観は、どうみればよいのか？　グールドの著書には、チンパンジーの成体と幼体が並ぶ、複写を重ねた写真が掲載されている。私は自分の知人の大半が頭部全体の形でその成体によりも幼体のほうに似ていることを認めはするが、この一要素だけがこれ

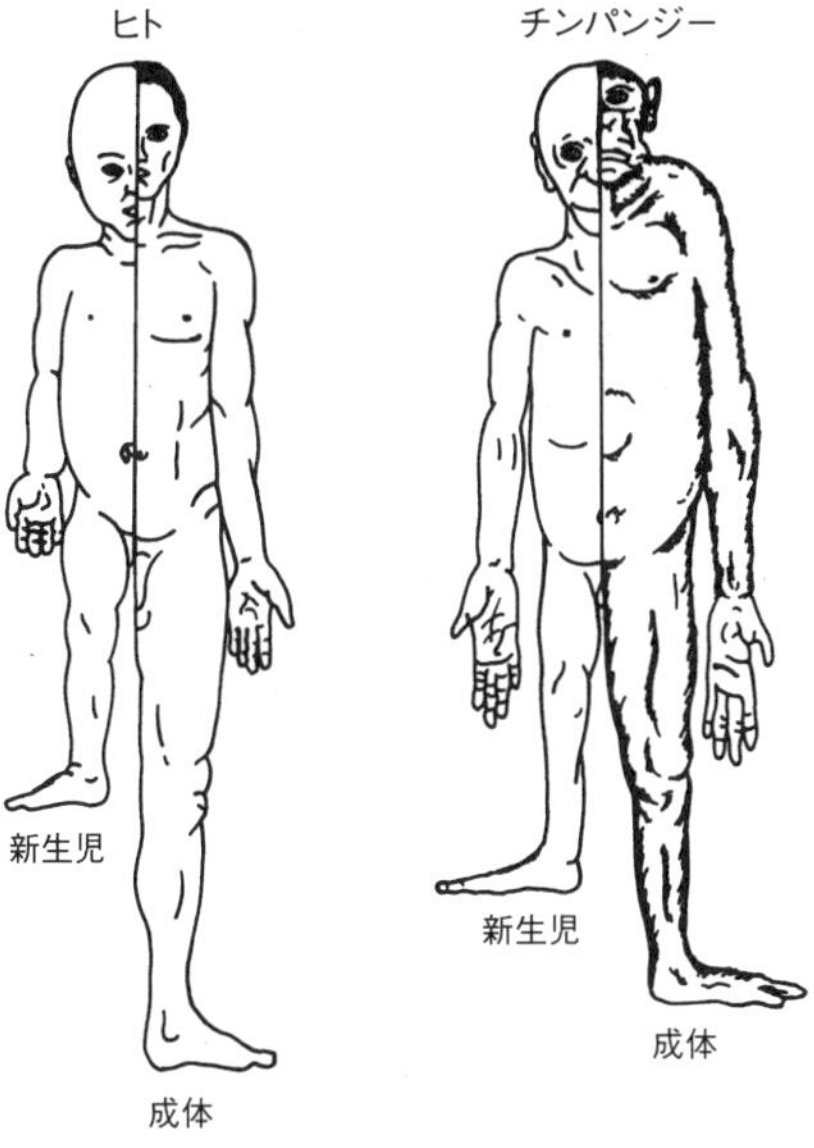

ヒトとチンパンジーの比率の成長の違い。座高を同じにして縮小してある。

までのように、人類進化への見方の全体に影響を与える資格を持っているのだろうか？　それは真実に、ヒトは成長しそこなった類人猿であることを意味しているのだろうか？

　チンパンジーの発育について幅広く研究をしてきたキャスリーン・ギブソンは私に、上記の写真にある幼いチンプの直立した気高いほどの横顔は、大きな誤解をまねく実に不自然な姿であることを教えてくれた。が、その横に並ぶ成体チンプの写真は典型的な、猫背の類人猿らしい姿勢で示され、幼体と成体との明白な違いを見せつけている。私がこれまでの章で論じたとおり、完全ペドモルフ型とか完全ペラモルフ型とかいう種は、あるとしてもめったに無いものだ。みな、いろいろな要素のカクテルなのであり、加速されている面もあれば減速されている面もある。そして、ヒトもそうなのである。

　さて、決着をつけねばならないのは、それら二つの事柄の相対的重要性だ。現在のヒトの頭部の形を祖先のヒト科動物のそれと比べると、頭骨各部の相対的比率に変化のあったことがわかる。ごく一般的に言えば、頭骨全体と比べて、顎《あご》〔顎骨〕のサイズに相対的縮小があったのだ。頭蓋《とうがい》そのものはホモ・サピエンスにおいて、他のすべての霊長類よりも顕著な成長をするようになったのに対し、顎の発育程度は脳の拡大と歩調を合わせていない。あとで詳述することだが、脳サイズ（したがって頭蓋サイズも）の増大は、他種の霊長類と比べて、ヒトの成長期間が長くなったことの論理的帰結であり、本質的にヒトのハイパモルフ的発育をしめすものだ。ところが、顎は別の成長様式をとり、他の霊長類と比べてわずかな相対的増大を起こしたにすぎない。だからヒトは、発育上のトレードオフの一例をダチョウやティランノサウルス類と共有していることになる。脳サイズは鰻《うなぎ》のぼりに増大した。それは顎（および、後述するように、他の諸器官）を犠牲にしての増大だった。このことの結果が、チンプ幼体の頭部とヒト成体の頭部が全体的に似ているということである。が、これは、頭部の各部分に作用するいろいろなヘテロクロニー的戦略の複雑なモザイクから起こるものだ。それは単に、〝成長量〟のネオテニー的減少の一事例ではない。

奇妙なことに、ヒトはペドモルフ的〔ネオテニー的〕な成り立ちをもつと今なお主張している人たちが、幼少期の成長速度がずっと後の段階まで長年つづくという理由で、幼少期の成長速度が長びくことをペドモルフォーシスの基だと考えている。このことの結果、さらにもっと大きな、もっと複雑な構造物——発育の遅い段階では祖先動物の幼体にあった同じ構造との類似がほとんどないもの——が出来るかもしれないのだが、論理の奇妙なねじれのために、今でもこれはペドモルフォーシスであるとみられている。そのため、頭骨の縫合《ほうごう》が閉じる時期の遅れ（そのおかげで頭骨は大きなサイズに達することができる）のような特性は「ネオテニー」だと書かれることになるのだ！　ところが、ある段階から次の段階への移行（この場合は縫合が開いた状態〔骨と骨との境界が明白〕から閉じた状態〔骨と骨とが癒合して境界が不明〕への変化）の遅れは、〃速度〃〔率〕の特色ではまったくない。こうした遅れは、非常に意味深いのにほとんど無視されている人類進化の一側面——継起的《シクエンシャル》ハイパモルフォーシス——であって、成長のある段階から次の段階への移行がだんだん遅れることが、発育期間全体を引き延ばすことになる。このことは単に意味論の一事例なのではない。なぜなら、継起的ハイパモルフォーシスは根本的に異なる結果を生みだし、それによって形態上、生理上、また行動上の種々の重要な特徴——類人猿の幼体の特徴では全くない特徴——を造りだすものだからだ。そんなものではなく、これらの特徴は、過去に生存し、あるいは現存しているどんな類人猿をも超える、ヒトの発育のしかたをもたらしたのである。

ここで、ボルクのリストにあるもう一つの〃ペドモルフ型〃〔ネオテニー型——ボルクのいう胎児化〕の特徴、つまりヒトの足の形を調べてみよう。ボルクは、これは典型的なペドモルフ型特徴だと主張したかったのだ。要するに、ヒトの胎児の足は、類人猿の胎児のそれとよく似ている。それぞれの種が発育成長（ヒトははるかに長く）するにつれて、類人猿の足指は、ヒトの足指（かなり高い速度で成長する親指だけは例外）よりも相対的に長くなる。だから、短い指はペドモルフ型形質であることを意味しており、したがってヒトの足は明らかにペドモルフ型であるという（ＱＥＤ——そのことは立証必要）。しかし、どんな解剖学的形質も、その成長を隣接する諸要素から切り離して理解することはできない。要するに足は、踵《かかと》の骨など足そのものを構成する多数の骨からできている。これらは、ヒトの発育過程では、他種の霊長類におけるより相対的にずっと高い速度で成長する。このことが相対的により大きな足の表面積を造りだし、それで他種より大きなヒトの体重が支えられる。ここにもまた、発育上のトレードオフがある。木によじ登るには長い足指のほうが有用だろうが、相対的に大きなペラモルフ型の足は、直立して二足歩行のできる霊長類が歩くのにも、その体重をささえるのにも適しているのである。

もう一つ、ペドモルフ型だとされた形質は〝頭蓋底《とうがいてい》屈曲〟と呼ばれるものだ。一言でいえば、これは頭部の前後軸と胴の長軸とがなす角のことである。類人猿の胎児や幼体の頭骨に関する研究によれば、ヒト成体の頭蓋底屈曲とその他の霊長類での状況とにはうわべの類似があるけれども、ヒトの状態にははっきりした違いがある。ブライアン・シアの示唆によれば、その違いはヒトが他の霊長類とまったく異なる発育経路をとることから起こる。この収斂《しゅうれん》〔うわべの類似〕は、舌と喉頭の顕著なペラモルフ型の生後成長から生ずる、喉頭上間隙を増大させる機能的必要性の結果なのだという。舌と喉頭は、ヒトでは個体発生の間に他の霊長類におけるよりずっと多量の成長をとげ、それで発声、次いでしゃべりと言語に関する斬新な変化が可能になる。

同じように、類人猿の幼体のようにみえる成人の顔面は、幼少期の成長パタンがただ保持されることによるのではない。ヒトの顔面の進化に関する研究によれば、顎顔面部《がくがんめん》の成長を現生ヒト、チンパンジー、初期ヒト科動物（特にアウストラロピテクス・アフリカヌス *Australopithecus africanus*）、およびその他のアウストラロピテクス類の間で比較すると、現生ヒトの顔の成長様式は特異な成長パタン——顔面中央部の大半にわたる骨の多少の吸収にいくらか関係をもち、他の霊長類の成長パタンとの類似がほとんどないもの——の帰結である。[★06]

最後にヒトの脳を取り上げよう。ヒトの脳の相対的サイズは祖先動物の幼体のそれと同様だと言われている。が、この言い方ははなはだ人を誤解させるものだ。ヒトの脳だけを切り離して発育をながめるとき、それは他の霊長類よりも長い期間にわたって成長することがわかる（ハイパモルフォーシス）。それはずっと大きな全体サイズに達するうえ、神経の増殖とか、言語能力、情報処理、精神的構築技術などに関与する皮質の各部分のような特殊化した諸領域の発達などの面からみて、はるかに複雑なものだ。ヒトの頭部、とりわけヒトの脳の本質はペドモルフ型だというのは一種の作り話である。ヒトは霊長類のなかで最大の、神経による情報処理能力をもっている。たしかに、全体的にヒトの体はいくつかのペドモルフ型形質——例えば、ヒトのもつ毛は他の霊長類（および、おそらくヒトの祖先も）より少いこと、ヒトの足指や顎は他種より小さいことなど——を見せているけれども、実はこれらは巨大な進化的躍進の基になるような素材ではない。裸で、足指が短く、顎の小さい霊長類に、淘汰選択が強く照準を合わせたとは考えにくい。そうではないのだ。ヒトの体構造には、進化的〝成功〟に大きく貢献した基本的要素が三つある。（1）個体発生過程で他の霊長類よりもっと発育をとげる大きな足の諸骨に支えられ、長くて強力な両脚で直立歩行ができること、（2）複雑なしかたでのコミュニケーションを可能にする大き

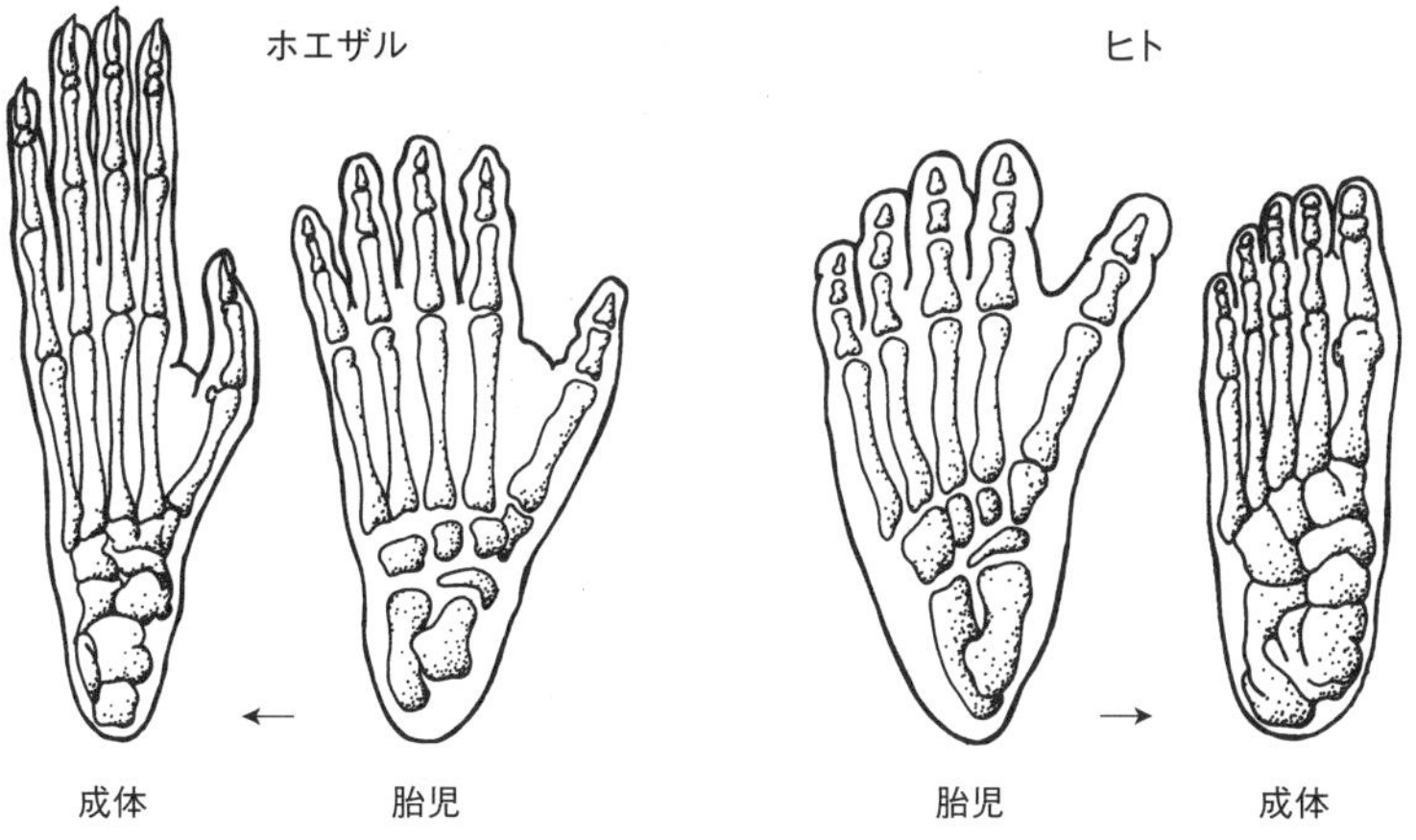

ホエザルとヒトにおける足の諸骨の相対成長。ヒトの足では指骨は相対的にペドモルフ型だと考えてよいが、その他の骨はより大きく成長をとげ、ペラモルフ型である。

な脳をもっていること、そして最後に（3）ヒトは長びく幼少期――長い学習期間があって大量の情報を吸収することのできる期間――に恵まれていること。これらの特色に、ペドモルフォーシスの産物は一つもない。それどころかこれらは、ヒトの成長の各段階を他のどの霊長類でよりも引き延ばしたペラモルフ的過程によって生みだされたものであり、そうして造りだしたのが、超類人猿《スーパーエイプ》なのである。

超類人猿の興隆

ヒトのごく初期の祖先で四五〇万年ほど前まで生存していた霊長類、ヒト科アウストラロピテクス亜科の動物は我々よりずっと小さかった。エチオピアの四五〇万―四三〇万年前の地層から出た最初期のヒト科動物、アルディピテクス・ラミドゥス（*Ardipithecus ramidus*）はおもに頭蓋の一部や特に歯をふくむ一七個だけの破片で知られているものだ。この種類は、アウストラロピテクスに属する後代のメンバーより原始的な形態の歯をもっていたことが知られている。体サイズなどいろいろな面でこれはチンパンジー〔オランウータン科〕に似ていたようだが、ずっと小さい犬歯や頭蓋底の形でそれはヒト科の動物だったことがわかる。腕の骨の破片からその体サイズは後代のある種の小形アウストラロピテクス類――体重はおそらく三〇キロほどのもの――と同じ程度だったことが判明した。★07

今から三八〇万―三四〇万年前に生存していたアウストラロピテクス・アファレンシス（*Australopithecus afarensis*）はこれより少し大きく、体重は三〇―四五キロほどだった。かれらの体構造と、三個体の小群が残した足跡――タンザニアのラエトリで積もってまもない火山灰の上をかれらが歩いたときに残したもの――から、かれらは樹上生活をしていた祖先の類人猿のように前かがみの姿勢ではなく、少なくとも多少の時間、直立して歩いていたことが知られている。かれらの脳は現生ヒトの脳よりはるかに小さく、体積は約四〇〇 cc（我々の脳は約一四〇〇 cc）だった。★08 しかし、これらの初期人類が我々より小さかったからとて、そのことはかれらが早い年齢で成熟したことを意味するのだろうか、あるいはかれらの成長速度は我々のそれより低かったのだろうか？

アウストラロピテクス類については、成体の化石だけでなく幼体の化石も発見されている。霊長類における進化の仕組みを理解するうえで決定的に重要なのは、かれらの歯のことだ。幸いなことに歯というものは非常に堅固なもので、一般に脊椎動物の体の構造物では、長期間保存される唯一の部分であることも多い。ヒト科動物の進化のパタンやプロセスを推論するのに歯を利用する際、大きな意味をもつ要素の一つは、それぞれの歯が萌出《ほうしゅつ》〔生えてくること〕する相対的時期の問題である。こうした情報から、いろいろな成長段階の相対的な長さをしめす直接証拠を取り出すことができる。樹木の年齢を推定するのに毎年一すじの年輪が利用されるのと同じように、歯も、エナメル質に成長線が毎日一本できるため年齢査定に利用できる場合がある。成長線には約七日（七―九日）の周期が数えられることもあり、それに基づいて各個体の年齢がわかり、そこから萌出の時期が推論されることになる。

人類の進化を研究するための助けとして歯が他の何物にも劣らないのは、生活史のはっきりした標識を歯が提供し、それによりいろいろな発育段階を識別できるようになるからだ。それぞれの歯が萌出するときの齢を利用して、ヒト科動物（および全ての哺乳類）の生後成長は大きく幼年期、少年期、それから成年期という、三つの段階に分けることができる。これらはそれぞれ、永久歯の萌出の前、途中、後の各時期に相当する。ホリー・スミス〔ミシガン大学、アナーバー〕が強調したところでは、歯の萌出のタイミングは、食物を処理する能力とからだ全体の成長からみて、動物にとって決定的に重要である。それはまた、妊娠期間、性成熟開始のタイミング、寿命の長さなど、生活史の他の諸因子とも対応する。つまり、永久歯の萌出が遅ければ遅いほど、妊娠期間が長くて離乳が遅く、幼年期―少年期の親への依存期間が長く、性成熟開始が遅く、脳サイズや体サイズが大きく、そして、寿命が長い。確かにこのことのゆえに、化石ヒト科動物における歯の萌出する齢の解析はいずれも、これらすべての生活史要素に関する情報を提供してくれる点で非常に有用なものだ。歯の発育というものは、生活史の他の側面とは違い、変動する環境因子に比較的鈍感なのである。このことは、歯が性成熟のタイミングを査定するのに格好の代用物として役立つものであり、それによってヒト科各種の間でのヘテロクロニー的変化を解明することもできる、ということを意味している。★09

ある個体の実際の齢がわからなくても、その脳の重さがわかれば、第一大臼歯〔永久歯の一つ〕の萌出時期をかなり正確に推定することができる。これら二者の間には非常に高い相関関係があるからだ。これはすべての霊長類に当てはまることである。つまり、ホリー・スミスの指摘によると、脳重がわずかしかない小さな霊長類フトオビコビトレムール（*Cheirogaleus medius*）では、第一大臼歯の出現時期が全霊長類のなかで最も早い。そのことからこの動物では、成熟開始時期が最も早く、体サイズは最も小さく、そして寿命は最も短いということになる。物差しの他の端にあるのは全霊長類で最大の脳をもつヒト（*Homo sapiens*）で、そのことは成熟開始が最も遅く、第一大臼歯の萌出は最も遅く、体サイズが大きく、そして寿命が最も長いことに対応する。このような相関関係を用いて、絶滅したヒト科各種の生活史パタンを推定してみることができ、それによってヘテロクロニーのいろいろなパタンを説明することもできるようになる。

このような研究から、初期のアウストラロピテクス類では三歳ないし三歳半のときに第一大臼歯が萌出し、かれらは三五ないし四〇歳まで生存したと推定されている。これはチンパンジーとほぼ同じである。もっと後代のヒト科動物、ホモ・ハビリス（*Homo habilis*、約二〇〇万年前に出現）や約一〇〇万年前に生存していたホモ・エレクトゥス（*Homo erectus*）の初期型では、四歳ないし四歳半のとき第一大臼歯が萌出した。好適な条件のもとではこれらの種類は五〇歳ぐらいまで生存できただろう。もっと新しいホモ・エレクトゥス――だいたい一六〇万―二〇万年前に生存した種――ではおよそ五歳半のときに第一大臼歯が萌出したが、〝現生〟のヒト――近々一〇万年ほど前に現れたらしい種――では六年も経ってから第一大臼歯が萌出し、そして現今の我々は七〇年を

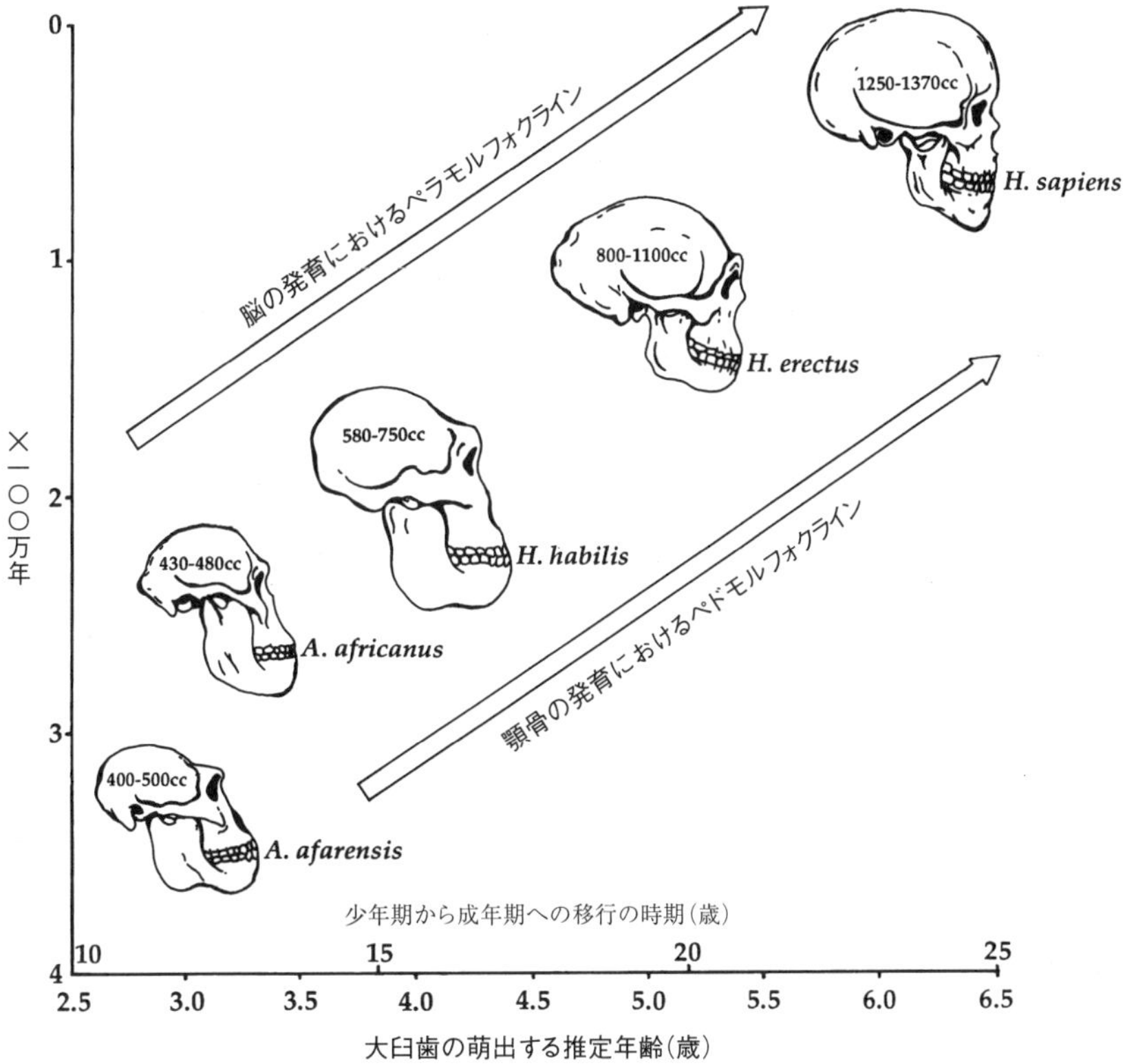

ヒト科動物の進化における頭骨形態の変化の概観。5種だけ選んである。成長段階が幼年期から少年期へ移行する時期（第一大臼歯の萌出時期で計ったもの）と少年期から成年期へ移行する時期が遅くなるにつれて、脳サイズはほぼ3倍に増大し、体サイズも同様に増大する。顔面の垂直化は、脳サイズが顕著に増大して頭骨全体を前方へ"押し"広げ、それといっしょに顔面を引きずった結果なのかもしれない。

超える寿命をもっている。
これらの推定値は上記のヒト科動物で推定される、しだいに大きくなった脳サイズ――アウストラロピテクス・アファレンシスの四〇〇―五〇〇 ccから後代のアウストラロピテクス・アフリカヌスの四三〇―四八〇 ccへ増大――に基づいたものだ。そこからホモ属の初期の種への飛躍は相当なもので、二〇〇万年ほど前、一つの進化的爆発でホモ・エルガステル（*Homo ergaster*）、ホモ・ルドルフェンシス（*Homo rudolfensis*）、ホモ・ハビリスなどが出現し、ホモ・エレクトゥスがアフリカ内部から壮大な広まりを始めたころ、からだ全体のサイズにかなりの増大を起こした。他方、脳容積はホモ・ハビリスの五八〇―七五〇 ccへ飛躍し、もっと後のホモ・エレクトゥスでは九〇〇―一一〇〇 ccへ増大、さらに現生（つまり約三万年前から現在に至る）のホモ・サピエンスでの一三七〇 ccにまで達した。★10
これらを前提とすれば、いわゆるネアンデルタール人――ホモ・サピエンスの亜種とみる人もあるが完全な別種ホモ・ネアンデルタレンシス（*H. neanderthalensis*）とみる人もある種類――について、生活史要素を推定してみることもできる。およそ二五万年前から三万五〇〇〇年前までの間に生存していたこの種類は、我々よりずっと大きい一七五〇 ccにも達する脳容積をもっていた。面白いことに、ヨーロッパにいた〝現生〟ヒトの最初のものも我々より大きな脳と体をもっていた。そこで、ネアンデルタール人は絶滅したのに現生ホモ・サピエンスが生き延びたのは何故か、という問題が少なからず興味をそそるようになる。生活史の進化におけるこうした全体的な傾向からみると、誰でもたしかに、サピエンスではなくネアンデルタレンシスが進化のレースに勝ったとみるのが順当だろう。もしヒト科の進化の特徴がこのように発育期間が延びたことにあるのなら、ネアンデルタール人は体サイズが我々より大きく、妊娠期間がより長く、幼年期から少年期への移行がより遅く、成熟開始時期がより遅く、その結果として、親による子の養育期間がより長かった、と推定するのが当たり前だろう。

人類学において人々を大へん悩ませていることの一つは、ネアンデルタール人が絶滅したのはなぜか、という問題だ。かれらが時間的にホモ・サピエンスと共存していたことは知られているものの、これら二つのタイプが同じ地域に住み、互いに接触をもっていたことを示す直接証拠はない。ナンシー・マイニュー＝パーヴィス〔ペンシルベニア医科大学〕が私に教えてくれたところによれば、ヨーロッパには、いくつかの遺跡でシャテルペロン文化とオーリニャック文化の道具製作が入り混じっていたことを示す証拠はあるが（前者はたぶんネアンデルタール人のもの）、誰が早期オーリニャック文化の道具を作ったのかは明らかでない。しかも、多分そのころのごく低い個体群密度から考えれば、そうした別々の個体群が現実に共存したのか、それとも時たま接触しただけなのかを問題にするのは不当なことではない。したがって、ヒトの進化においては生活史上の特色が非常に重要なものであるからには、ネアンデルタール人についてそれらを説明することが、かれらの消滅を理解する手がかりを提供してくれるかもしれない。

ネアンデルタール人（それに、現今より大きかった初期のホモ・サピエンスも）がもっていた大きな体は、それに活力を与えるのに今の我々より多量の食物を要しただろう。実際、大きな大脳皮質と洗練された認識力の発達は高水準のエネルギー入力を必要とするものだ。★11 ヒトでは胚発生の間に、脳の組織（特に皮質の組織）は多大な代謝エネルギーを消費する。だから大きな脳の進化は、高入力されたエネルギーと結びついた出費を利益が上回るときにのみ起こる。これに加えて、性成熟の開始が遅くなることやそれに伴う長い子供期間は、親によるいっそう長い養育を必要としただろう。

さきに第一一章で述べたことだが、動物の多くは〝追い越し車線〟の生活をしており、捕食圧の気まぐれを回避できるように幼体段階をなるべく速く駆け抜けようとする。危険の多い幼体期間が長びけば、それと結びついてかならず出費がある。現生のヒトに複雑な社会システムが進化したのは、いくらかは、この問題を最小に抑え、捕食圧などの諸因子——他種からだけでなく同種内からもくる圧迫——に対処する手段として発達したのかもしれない。ネアンデルタール人の場合、かれらが一〇万―三万五〇〇〇年前にホモ・サピエンスと共存していた期間中に、長くなった幼少年期があまりに長くなるような要因が存在し、そのため幼体死亡率が許容不能にまで高まったという可能性もある。

幼年期から少年期への移行の変動するタイミングを解釈するというこの間接的方法を基にして、ヒト科動物の進化における優勢な傾向は継起的《シクエンシャル》ハイパモルフォーシスの一つ――すべての成長段階が延びること――であると理解することもできる。性成熟の開始もだんだん遅くなったという査定は、終末《ターミナル》ハイパモルフォーシスもやはり作用していたことを意味する。これは、ヤツメウナギ類の進化（第一〇章）――幼体から成体への最後の移行に付随する遅れがなく、ある前幼体段階から次の段階への移行の遅れだけがある――とは違うのである。ヒト科に生じた結果は、ある構造物（主として頭骨と脳、下肢、足の諸骨、それに全身的な体サイズ）における胚期、幼年期、および少年期の高い成長速度が延長したことだった。しかし、頭骨の発育が、顎、上肢、それに下肢の足指と別のものになったことは、いくつかのペドモルフ型特徴の進化をもたらした。他の多くの動物種と同じようにホモ・サピエンスもいろいろな形質のカクテルを示しており、なかには祖先におけるより発達のよいものもあれば、発達のわるいものもある。発育上のトレードオフは圧倒的にペラモルフ型形質に有利にはたらいてきた。

むろん、この前提全体が脳サイズと他の諸特徴との関係――直接証拠さえあれば精密な調査を妨げないはずのもの――に関する幾つもの推定に基づいたものだ、と主張することもできよう。が、前にふれたように、化石哺乳類の標本について実際の齢を査定する技術がある。とりわけヒト科動物の歯の発育に関連して近年かなり普及してきた技術は、歯の薄切標本を作って断面で成長線を数えるものだ。もう一つ、非破壊の方法は、エナメル質の周波条（保存のよい歯の表面に現れた成長線）を数えるものである。こうした方法を使うことにより、第一大臼歯が萌出中だったときに死んだ、三体の若いアウストラロピテクス類の死亡時の齢を突きとめることができた。その解析でこの個体は三・二―三・三歳で死んだことがわかったが、これは脳容積からなされた見積もりに基づく推測とぴったり一致した。[★12]

ヒト科の進化のもう一つの側面は、かれらの食性が、アウストラロピテクス類の完全な植食性からホモ属各種の雑食性――かなりの割合で動物質をふくむ――へはっきり変わったことである。この変化さえもが、ヒト科の進化を駆動した継起的ハイパモルフォーシスに根源をもつのかもしれない。さきに触れたとおり、成長中の脳の組織は代謝的には非常に出費の多い活動をするものだ。脳は体重全体のわずか約二パーセントの重さしかないのに、全身のエネルギーの約一七パーセントを費やす。ヒト科の進化の大きな特徴は、四〇〇万年あまり(地質学的・進化学的に見ればたいして長い期間ではない)の間に脳容積が三倍以上に増えたことであり、そのため、それに比例していっそう多くの脳組織を造るのに要するエネルギーはいろいろな仕方で確保されねばならなかった。エネルギー入力の単純な増加もあっただろう。これは同じ型の食物をいっそう多く消費する、つまり大量の植物の葉や根をむさぼることを必要としただろう。それともこれは、もっと高品質の食餌に替えることによって生じたかもしれない。

いま一つの可能性は、ある発育上のトレードオフ――私の考えでは進化の大きな部分で重要な特性をなすもの――があったということだ。ヒト科動物の場合には、ある種の構造物にかなりの退化が起こったのに違いない、ということになる。ヒト科における脳サイズのこうした意味深い増大(体サイズの増大といっしょになったもの)については、もう一つの選択肢のほうがいっそう可能性がある。増大したエネルギー入力と発育上のトレードオフとの結合である。

レスリー・エイエロ〔ユニヴァーシティ・コレッジ、ロンドン〕とピーター・ホイーラー〔リヴァプール・ジョン・ムアーズ大学、イングランド〕が提出した興味ある説は、ヒト科の進化におけるこうした発育上のトレードオフは増大した脳サイズと縮小した消化管サイズの間に起こった、というものだ。身体の代謝的に出費の多い器官には、脳のほか、いわゆる〝内蔵諸器官《スプランクニック》〟（肝臓と胃腸系）がある。簡単に言えば、他種の霊長類に比べると、ヒトは胃腸を十分にもっていない。体サイズの関数としてはヒトの消化管はいたって短小で、体サイズからみた場合にヒトがもっているはずのものの六〇パーセントしかない。これは大きな脳を発達させることには逆効果的のようにみえるが、エイエロとホイーラーは、消化管のサイズは食餌と高い相関関係をもつと指摘している。概して、短小な消化管は、消化しやすい高品質の食物（高蛋白で低脂肪の動物性食餌）に対してよく機能するのに対し、長大な消化管は低栄養の植物性物質を大量に処理するのに必要なものだ。エイエロとホイーラーは彼らの〝高出費組織説〟において、ヒト科動物で脳サイズが急速に進化したわけは我々が食べる食物にあるのだろうと、強く主張している。なぜなら、大きな脳をもつ霊長類であるヒトでは意外なことに代謝速度が相対的に低いからである。★13

かりに淘汰選択がヒトの大きな脳をそれほど有利にしたのだとすれば、発育上のトレードオフの一つは消化器に関係していた可能性がある。が、それが機能してこのように大きな脳を生育させるのに必要なエネルギーを生みだすには、消費される食物のタイプに重大な変化がなければならなかっただろう。アウストラロピテクス類の歯に見られる磨耗のパタンは、かれらが木の葉や多肉質果実を常食にして暮らしていたことを暗示している。しかし一方、ホモ属は初期の諸種でさえ、食餌の一部として肉類を消費していたとみられている。そのことの証拠は、道具にかけた磨きとか、食事後のものらしい動物骨に見られる切り跡などから得られてくる。習性では、ホモ・エレクトゥスは概してホモ属の最初期の種よりも捕食性が強く、肉類をもっと食べていたと考えられている。★14

ヒト科の進化過程で消化管が退縮したという見方を裏付ける証拠が、変わりゆく骨格形態からも得られている。アウストラロピテクス・アファレンシスの胸郭を復元すると、長大な消化管を収容するように上部より下部のほうが広がった漏斗《ろうと》形をしている点で、チンパンジーの胸郭によく似ている。チンパンジーはほとんど（完全にではないが）植食性である。また、これら二種はともにホモ属の後代の種類に見られるものよりも幅広い骨盤をもっている。ホモ・エルガステルは比較的せまい骨盤と樽形《たる》の胸郭をもつようになった最初のヒト科動物で、これらは消化管がやや短小だったことと食餌が変化したことを暗示している。

こうした常食物の変化を考えれば、初めはたぶん、だいたいは他の動物を屠殺《とさつ》するのに使われたと思われる道具の使用の発達を理解することもできる。複雑化したそうした行動の現れ――道具使用やおそらくは食物を獲得する込みいった方法をふくむもの――はすべて、大きな脳の発達の一部であった。ヒトの生理の進化はたしかに、きわめて複雑なプロセスだったのである。ペラモルフ型の脳とペドモルフ型の消化管との発育上のトレードオフは、ヒトの進化史を制御する最も意味深い諸要因の一つ（唯一最高ではない）たる、発育のタイミングの変化ということの圧倒的な重要性を象徴している。そして、大きな脳が進化して初めて、さらにいっそう複雑な諸行動が進化したのである。

なんと錯綜した網をヒトの脳は編んできたことか

「幼少時の無防備と依存の期間が長くなることは一般に、幼児を危険にさらすとともに親に負担を強いるがゆえに、それだけで当の種にとって不利なものである。けれども、発育が遅いことは、ヒトでは他のいかなる動物よりも広範かつ重要である学習と訓練のための時間を提供するがゆえに、ヒトにとっては大きな助けになるのである」。セオドシアス・ドブジャンスキー〔アメリカの遺伝学者、故人〕は一九六二年にその著書『人類は進化する』のなかでこう書いていた（五八ページ）。後年になってキャスリーン・ギブソンは、成長のある段階から次の段階への移行――胎児から幼年へ、次いで少年へ、青年へ、成年へ――の継起的な遅れが、ヒトの大きくて複雑な脳の進化――対応する多様な行動を伴うもの――をもたらした、と主張している。多分それよりもっと意味深いのは、その遅れが、大脳皮質――意識的思考、記憶、知性、および言語能力の中心――のさらに大きな成長の基になったことだ。つまり、脳のこの部分が発育する時間が長ければ長いほど、その認識能力はいっそう複雑なのである。とくに胚期からの成長の停止の遅れが決定的なのだが、それは、皮質の脳細胞の多くが発育過程のこの早い段階で形成されるからだ（脳重量は、出生時には成熟時の二五パーセントしかないが、五歳までに九〇パーセント、一〇歳で九五パーセントにも増大する）[★15]。

幼年期から少年期へ移行する間にいっそう複雑な脳ができてくるのは、この期間中にニューロンの樹状突起の成長が起こるからである。その結果、ヒトはすべての霊長類のなかで抜群最高に数の多い、つながりあったニューロンをもつことになる。また、この長くなった成長のため、シナプスの形成、髄鞘《ずいしょう》の形成、血液供給の成長などにいっそう長い時間がかけられる[★16]。絶滅と現存とを問わず他のすべての霊長類に比べると、成長の各段階の末の時点でヒトの脳はより大きく、より複雑になっている。髄鞘形成とシナプスの高度の発達は、記憶や知性や言語能力を成熟させることに関して決定的である[★17]。髄鞘形成は、霊長類でもその他の哺乳類でもしっかり決まった順序に従って進むのだが、そのタイミングは種ごとに違う。例えばアカゲザルでは、髄鞘形成はおよそ三歳半になるまで進んでから停止するのに対し、ヒトではそれは青年期まで十分持続する[★18]。樹状突起の成長の停止はヒトでは他の霊長類でよりも遅れ、二〇歳ごろまで成長がつづく。ギブソンの記述によると、神経学的にはヒト成体の脳をめぐってペドモルフ型の要素は一つもない。あらゆる面で、ヒトの脳は他のすべての霊長類の脳を大きく超えて、ハイパモルフォーシス的に発達してきたのである。

子供時代がより長くなることは、脳における上記のような物質的設備の組み合わせと一緒になって起こる。学習が最も速やかになされるのはこの期間中のことだ。ある段階から次の段階への移行のこのような継起的な遅れがもつ意義には、これまで誤まった説明がされてきた。それはヒトが他の霊長類より〝緩慢〟に成長するという見方につながり、それは、だからヒトはペドモルフ型（ネオテニー型）であるのにちがいない、ということを意味する。これはペドモルフォーシスとは何かに関する根本的な誤解である。本来のペドモルフォーシスでは、子孫動物の成体は祖先動物の幼少状態にとどまるものだからだ。ところが我々ヒトは、特に脳のサイズと複雑さに関して、祖先の成体の状態を超えて発育する。その結果、ヒトは認識能力において他の霊長類を〝超えて〟進んでいく。ヒトの大きな、より複雑に繋がりあった新皮質は、より多量の情報をたくわえ、より複雑な心的構成機能――複雑な一つの言語を処理して表現し、精妙な道具を造りだし、そして複雑な社会的発展に参加するなど――を引き受ける能力をもっている。

ヒトの認識能力は、大脳皮質のサイズと神経接合部の数に直接関係をもっていることが一般に認められている。というのも、より複雑な心的構成はこのことによって、言葉、物の概念、および考えの創出や操作にも関わっていると理解できるからだ。ヒトの認識能力の進化に関するこのペラモルフ的（〝過剰発達的〟）な見方の主な提唱者の一人は、スー・パーカー〔ソノーマ州立大学、カリフォルニア州〕である。彼女は十九世紀後期にアメリカの心理学者ジェームズ・ボールドウィンが表現した諸概念を復活させた。ボールドウィンは、ヒトの精神的発達の諸段階はヒトと他の霊長類の進化の諸段階を要約反復すると述べていたのだ。しかし、ヘッケル流の要約反復の概念が忘れられていく知的環境のなかで彼がこうした考えを追究したことの意味は、一九二〇年代までに反復説が見放されていただけでなく、心理学的進化、もしくはどんな形であれ心の進化の観念に関する着想もみな同様だった、ということである。パーカーの指摘によると、遅れて進化してきたヒト科動物はそれより前の霊長類の諸行動を〝過剰発達〟させ、あるいは〝要約反復〟したと推測する近年の試みは、いくらかの軽蔑と冷笑をもって扱われる傾向にあった。[★19] 多くの人類学者にとって、ヒトが「若者の遊び好きの心」を明らかに維持していることはヒトのペドモルフ的〔ネオテニー的〕性格をしめす証拠だとする考え方（アシュレー・モンタギュが唱えた説など）に従うほうが、ずっと受け入れやすい。しかし、パーカーが強調したところでは、ボールドウィンの考え方を、かりに異端説のようにみえても、ヒトを含むかなり多くの霊長類について近年行われた認識の発達に関するはるかに詳しい解析を基にして検討し、ヘテロクロニーという眼鏡を通して見直してみると、心性《メンタリティ》の進化をもっと客観的に解析することができる。
いま我々がもっている発達心理学の骨組みは、スイス／フランスの心理学者、ジャン・ピアジェが五〇年にもわたって続けた研究に基礎をおいている。ピアジェとその協力者たちははじめ彼自身の子供たち、後年にはジュネーヴのジャン＝ジャック・ルソー研究所で子供らの観察を行い、幼年期と少年期の各発育段階の分類方法を案出した。

ピアジェは、認識能力の個体発生を科学の歴史に結びつけようとした発達心理学者だった。彼は、認識の発達は後成的《エピジェネティック》なもの、つまり、各発育段階は随伴的であり、それぞれの前の段階の分化と統合の上に成り立つものだということを認めた。そして彼は、ヒトの発育過程に認識上のいくつかの個体発生的段階を区別した。第一期は出生から二年目までで、〝感覚運動的知能段階〞と呼ばれる。次いで二年目から六年目までの〝前操作的知能段階〞、さらに六歳から一二歳までの〝具体的操作段階〞が続く。最後に、一二歳から成人にいたる〝形式的操作段階〞がくる。これらそれぞれの時期の間に、物、空間、時間、因果関係、模倣などをふくむ一群の認識能力と交差して一連の心的事象がおこる。ピアジェは感覚運動段階以後の時期に、分類、数、幾何学的図形の認知、および偶然性《チャンス》の理解などの諸側面をもふくめた。★20 ヒト科動物の進化過程での継起的ハイパモルフォーシスの重要性を重視する立場からみれば、最初の感覚運動的知能段階がおそらく最も光明を与えるものだ。

ヒトでは、この時期には生涯最初の二年間——子供たちが自分の周りの世界について、また、物、空間、時間、および（多少は）因果関係のそれぞれの特性について、実用的な発見を経験する期間——が含まれる。彼らは物と物との関係を発見し、新しい情報を自分のものにする一手段たる模倣を通じて、新しい概念を学び取るのだ。この期間中の学習のつながりは、六つのシリーズまたは領域にある六つの段階——感覚運動的知能、空間、時間、因果関係、模倣、および物の概念——に分けることができる。たとえば、生後二—四か月の幼児には親指しゃぶりのような反復行動をとる特徴がある。三—八か月には幼児は反復行動をしようとするが、それは「がらがらを振ると音が出る」といった何らかの反応を偶然に生ずる行動だ。もっと後の一二―一八か月ごろの段階では、反復行動はさらに複雑になる。そこには、幼児用食事椅子から食べ物をどれほど遠くまで投げられるかやってみようといった、行動の主題に関する変異に随伴するものが含まれる。

これらのシリーズはさらに、それぞれ六段階の連続体へ亜区分することができる。前操作段階（二―六歳）は感覚運動段階と操作段階の知能からみれば中間の時期だ。ここで模倣行動はもっと複雑になり、絵描き、しゃべり、精神的心像などの模倣とならんで象徴的遊びへ発展する。それに続く具体的操作段階には、六―一二歳の子供はとりわけ、量、重さ、および体積の保持の概念を発達させる（きょう、私の七歳の息子が食器洗いを手伝ってくれていたとき、洗い桶に皿などを入れると水かさが上がるわけを自分で考えついた）。象徴的遊びはルールをもつゲームになる。そして、目にみえない媒介力への理解が発展する。最後の形式的操作段階では、さまざまな諸側面のなかでも特に、仮説演繹的システムや対立仮説の創り出しかたが形成されてくる。

ピアジェの図式の正しさについては、その始めから発達心理学者の間で多くの議論があったが、それでもこれは、ヒトの認識発達のパタンを理解するのに最も有効であることがわかっている。しかもその図式は、後年における発育研究のための基礎を提供した。さらにまた、個体発生の諸段階を特徴づける具体的な細部は、それが霊長類の認識進化のいろいろなパタンにおける変異を説明するためのすぐれた骨組みになることを意味している。

霊長類の行動は、とりわけ類人猿類、ヒヒ類、何種かのマカーク類〔マカカ属のサル類〕などについて詳しく研究されている。これらの研究は、とくに各発育段階に費やされる時間の長さや通過する段階の数に関連して、類似性と不同性の諸パタンを明るみに出した。一般的に言えば、他の霊長類をヒトと比べると、かれらも同じ六つの行動シリーズをつぎつぎに通過することがわかるが、通常それぞれのなかであまり大きく発展しない。パーカーの指摘では、類人猿の成体はヒトの二―四歳児に見られるのと同様の一群の認識能力をしめし、オマキザル類の成体はヒトの二歳児と同程度の認識能力を発達させている。マカーク類の成体はヒトの一歳児と同じくらいの認識能力をもち、通過する発育段階はさらに少ない。ヒトは他の霊長類と同じ発育段階を通過するのだが、より速く通過するだけでなく各段階により長くとどまり、そして他の霊長類を〝超えて〟もっと先へ進むのである。

現生霊長類のなかで、進化的に最初期に放散したものの子孫であるロリス類やレムール〔キツネザル〕類は、反射的把握や簡単な手操作の能力——感覚運動的知能期の最初の二段階と一致するもの——を備えているけれども、次の段階へは進まない。普通のサル類のもつ能力は、これらより大きいが類人猿よりは小さい。その一種、ベニガオザルは物体概念シリーズの第五段階（隠れていたものを見つけ出す）を完成することができ、感覚運動シリーズの第四段階（離れて置かれているものをヒモで引きよせる）に達する。が、このサルは道具使用や模倣行動といった次の段階へは進展しない。ところが、類人猿類はこの時期を超えて、前操作〔予想による準備〕という象徴的亜段階へ進む。大形類人猿はいずれも道具を使うが、これまでに知られているかぎり、野生状態ではチンパンジーとオランウータンだけである。

大形類人猿の成体には、ヒトの二—三歳児と同様の認識能力をもつものがいる。かれらは道具使用ができ、それを使うことの効果を理解する。また、新しい行動を模倣することができ、絵描きや象徴的遊びにおける象徴的意味についての基本的理解をもち、さらに分類や数を理解する。それに対してマカーク類はこうした特色をひとつも示さない。類人猿類のなかでも、これらのいろいろな能力の発達程度には明らかに違いがある。チンパンジーには野生状態で道具を使う個体のいることが知られているが、ゴリラは道具を使わない。

ヒトの祖先におけるこのような行動の進化を解明するのは、確かにきわめて難しい課題である。が、ヒト科動物の行動の進化過程における優勢な傾向は認識発達の継起的ハイパモルフォーシスの一種であった、という見方を支える間接的証拠を、考古学上の証拠物が提供してくれる。体が小さく脳も小さかった、アウストラロピテクス類に属した祖先動物に比べて、ホモ・ハビリスなど、約二〇〇万年前に生存していたホモ属の初期メンバーは簡単な石器を造っていたことが知られている。かれらは多分、チンパンジーが引き出し採餌の時にしているのと同じように道具を用いていたのだろうが、これら初期のヒト科動物は他の動物を屠殺するのにも道具を使っていたのではないかと推測される。

最初期のヒト科動物がどのように生活していたのかは、ほとんどわかっていない。石器が存在しないことから、かれらはもっぱら採集者だったのだろうと推定されてきた。そうした小さい霊長類は、後代のもっと大きいヒト科動物よりずっと、とりわけ大形ネコ類によって捕食されやすかったに違いない。初期のヒト科動物の腕が、相対的に短かった脚とはちがって相対的に長かったことは、かれらはたぶん随意的に二足歩行ができた――地上でいくらかの時間を過ごしたが樹上に登る能力ももっていた――ことを物語っている。それに、相対的にさらにもっと長い腕をもっていた子供はおそらく、現今の大形類人猿の幼体がするのと同じように母親にしがみついていたのだろう。

形態上、また確かに行動上もだが、ヒト科動物の進化過程での重要な移行は二〇〇万年ほど前に、ホモ属そのものの出現とともに起こった。それらの種類はたぶんもう完全に二足歩行性になっていた。それについては、初期ヒト科動物の分布状況から間接的証拠が得られる。一九〇万年前より前のものでは唯一の遺物がアフリカで発見されている。ところが、中国の揚子峡谷の近くで近年発見された同時代のホモ・エレクトゥスの遺物は、ヒト科動物がすでに長大な距離を移動できるようになっていたことを示している。[★21] 認識の発達段階に関するピアジェの図式にそってその後のヒト科動物の前進を解明しうる一つの道は、誰でも予感するとおり、石器の発達に関する研究であろう。表面上、これは認識発達の程度を見積もる既製品の道具(いわば)だといえる。が、石器の複雑さの程度はほぼ二〇〇万年間もほとんど停止状態にあった。ホモ・エレクトゥスが初期のホモ・サピエンスに道を譲った約一二万五〇〇〇年前、旧石器時代中期が始まったころに複雑さの著しい増大があったけれども、複雑さの大きな段階的高まりは実は、各地域ごとに道具の分化が確立するに至った旧石器時代後期になって初めて起こったのである。これは三万―三万五〇〇〇年ほど前、近代的なホモ・サピエンスの美術や複雑な文化様式が開花したときと一致する。

パーカーの示唆によると、もし我々がピアジェの形式的操作段階――認識発達の基本的な四段階の最後のもの――を認め、またもしヒト科の進化の他の一端で、大形類人猿の発育と比較して発育のレベルを解釈しうるとすれば、認識発達上の中間的な種々のレベルを挙げることができるはずだ、という。つまり、例えばパーカーやギブソンは具体的操作段階前期の諸概念を、アシュール文化期の両面打ちかきの握斧《あくふ》を造っていたホモ・エレクトゥスに帰している。彼らの考えでは、アウストラロピテクス類の成体はやっと前操作段階前期（ヒトの二―三歳児に相当）に達していたにすぎず、ホモ・ハビリスなど初期のホモ属は前操作段階後期（ヒトの五―六歳児と同様）、ホモ・エレクトゥスは上記のように具体的操作段階前期（ヒトの六―八歳児に相当）、初期のホモ・サピエンス（ハイデルベルク人とかネアンデルタール人とも呼ばれるもの）は具体的操作段階後期（ヒトの一〇―一二歳児に相当）まで、それぞれ発達していた。[★22]

体サイズ、脳重量、歯の萌出タイミング、成熟時期などから得られる徴候はすべて、ヒト科動物での認識能力の進化が、身体的発達とならんで心的ないし知的な諸能力の着実な伸長の一つであることを指し示している。ホモ・ハビリスは食物を得るのに簡単な割り石を使っていただけだが、ホモ・エレクトゥスはもう少し複雑に手を加えた石を使っていた。初期のホモ・サピエンスはもっと精巧な石器や骨器を製作した。後代のホモ・サピエンスである私は、コンピューターのもつ複雑さを、間接的に食物を自分へ供給する道具として利用しているわけである。

他のすべての動物と同じく、ヒトの進化は、大きな遺伝子的な高まりによってではなく発育プログラムの微妙な変化――こちらではある成長段階が延び、あちらでもある成長段階が延び、ある構造物はちょっと多く成長し、別の構造物はちょっと少なく成長するといった変化――によって、起こったものだ。地質学的時間の膨大な広がりにわたり、これが複合してきわめて意味深い解剖学的な、また生活史上の、そして行動上の諸変化を生じてきた。わずか四〇〇万年あまりの間にこれが、チンパンジーほどのサイズの小さい霊長類――小群をつくって地上を周期的に歩き回り、捕食されるのを避けつつ食物を探しながら暮らしていた霊長類――から、現在の我々という超類人猿《スーパーエイプ》につながったのである。ヒトの進化は気候、食物、捕食者、他の生物との相互関係など、もろもろの外的影響により方向づけられ、ヘテロクロニーによって活力を補給されてきた。発育上のさまざまな可能性のなかから選ばれたのは、ヒトの各発育段階を伸ばすことだった。こうした発育過程の変化の根本にあるのは確かに、発育の遺伝的制御、とりわけヒトの成長や成熟を制御するいろいろなホルモンの調節ということである。

ヘテロクロニー――われわれの受胎の瞬間から作用しはじめ、成長のすべての段階へ影響を及ぼしうる発育プログラムの変化――は長らく、進化の研究における〝欠けた鎖環《リンク》〟だった。が、それが十分に考慮に入れられれば、われわれヒトの進化史は他のすべての動物のそれと同様、三つの要素で編成されてきたことが分かるようになろう。進化は遺伝と自然淘汰をめぐるものだけではないのだ。まさに決定的なのは、三つの要素――遺伝、ヘテロクロニー、および自然淘汰――が互いに依存しあう進化的な三者組みになった、発育のタイミングと速度の変化なのである。

エピローグ

やはり雨が降っていた。が、それは二五年経った一九九四年のことだ。そして、雨にぬれた丘陵は地球の反対側、中国南部の貴州省にあった。私はその日の朝早く、同学者たち――チョウ・チーイー、チャオ・ユワンロン、イン・コンチョン、およびユワン・ウェンウェイ――といっしょに小さいツーユンの町から出発していた。論文で見て、化石三葉虫における継起的ヘテロクロニーの絶好例のように思われたものを直接調べるためである。私たちの目的地であるパーランの村は、ツーユンの北方二〇キロの所にあった。化石発掘地点にいたる道は急峻な峡谷の片面を取り巻いていて、その下の斜面にはきれいな茶畑の列が並び、上の斜面は雲にすっぽり覆われていた。峡谷はだんだん狭くなり、道は一車線にせばまった。最後の曲がりを脱けると谷あいが開け、道は海のような水田のなかへ消えていた。降る雨を透かして、遠い谷の斜面にパーランの草ぶきの民家が見えた。車軸が泥に埋まる前に、私たちはやっとのことで目的地に到着した。

さて、何が期待できるのか、よくわかっていなかった。その前の年、私は三葉虫が専門の古生物学者、同学者たるチョウ・チーイー〔南京地質学古生物学研究所〕から、彼の学生の一人、ユー・フォンが書いた論文原稿を受け取り、共同研究を頼まれていた。ユーが連続した地層――もとはスコットランド北西部をも覆っていたのと同じカンブリア紀前期の海底で泥として堆積したもの――の中で発見したのは、オリクトケファルス科の三葉虫類のすばらしい連続体だった。これらは、岩石のいくつもの層のだんだんと高いところに順に現れた多くの種に属する完全な標本で、卵から孵化したばかりの小さな幼生から幼体をへて成体にまでわたっていた。それは、どこかで発見できたらと誰もが願うような、極上の個体発生的および進化的な連続体だったのである。

私たちは村から出て、隣の峡谷にいたる道路にそって進んだ。白ツバキの木々が覆う丘の斜面に切り通された道の近くに、緩やかに傾斜した頁岩《けつがん》——三葉虫化石が潜んでいるところ——があった。そこでなすべきことは、頁岩をハンマーで穏やかに割り、それから、あたかも非常に古い貴重な書物を開くときのようにきわめて慎重に石の層をばらばらに分ける、ということだけである。雨が降りつづくなかで、五億年以上も前、かれらを覆う水をありがたいと最後に感じただろう三葉虫が、完璧な姿で明るみに出てきた。その道にそって採集を続けたとき、私たちはカンブリア紀前期の二〇〇万年分ほどの厚みを数時間で通過したことになる。ほどなく、大昔にこれらの三葉虫にはたらいていた進化の諸過程は、私が予感していたとおり、五億年以上も後にかれらを採集しているヒト科動物の進化を推し進めた諸過程とほとんど同じだ、ということが明らかになった。ヒト自身の進化と同じように、三葉虫の後代の若い種ほど発育過程がだんだん長くなっていたのである。

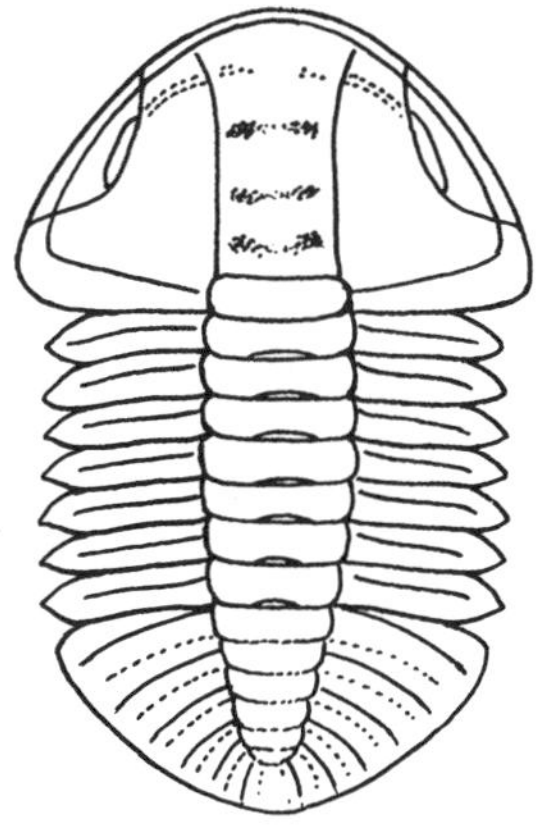

ヒトにおけるのと同様に、継起的ハイパモルフォーシスがカンブリア紀前期の中国産のこの三葉虫、アリトロケファルス・バリンゲンシス（*Arithrocephalus balingensis*）の進化をもたらした。（図はユー・フォンによる）

これらの三葉虫は大昔に絶滅したが、ヒトの運命も間違いなく、将来いつか同じようになる。古生物学者としては、ローマ神話の神ヤーヌスのように過去だけではなく未来も、そしてヒトの進化的宿命にもときどき目をやってみるのは魅惑的なことだ。占いの水晶球を見つめて、仮にヒトの進化史を特徴づけてきた全般的な諸傾向が未来にも続くとすれば、今から四〇〇万年たったとき我々の子孫がどんなものになっているか、一度だけでも想像してみてよいのではないか？　要するに、我々はたまたま、地質学的時間のこの特定の瞬間に生きているだけなのである。三葉虫という系統での最初の四種の出現を見ることができたなら、最後の種がどんなものになるか予知するのはさほど難しくはなかっただろう。もちろん、このような予知的進化解析を企てるのには、自分たちの生存環境を急激に変えていく性質をもつヒトという特異な種は、今日それが到達した点まで駆り立ててきた内的な力へ反対方向に影響を及ぼすことはなかろう、ということが前提となる。

ところで、誰にわかるだろうか？　おそらく、仮に読者が四〇〇万年後に再来することができたとして、またわれわれの子孫が十分に高エネルギーの脳用食物をうまく見つけることができた（消化管をあまり失わずに）とすれば、読者は、ひどく退化した顎や歯とともに、現代人より三倍ほども大きい脳をおさめた巨大な頭部をもつ人々に出会う、という可能性がある。（退化した歯のために補償をする必要もあり、こうした脳を維持するのに十分なエネルギーを得るべく、彼らはもっぱら血液を常食にして生きるように退化しているのではないかとも思われる！）背丈がゆうに二メートル半はあり、頑丈な脚、比率的に現今より大きな足、しかし小さな足指をそなえたこれらの人々は、二〇歳代まで子供時代を続けるだろう。そしてもちろん、こうした諸変化に伴って、生命界の永遠の希求の一つ――どうすれば長生きできるか――が達成されるだろう。このホモ・〝ギガンテウス〟（巨大人）は、彼も彼女も一五〇歳ぐらいまで生きると予想してよい。

もっとも、このような乱暴な憶測がまさに現実のものになるほど生存を続けられる地球を、現生のヒト科動物が後世に残すことになるかどうかは、時だけが教えてくれるだろう。

in K. R. Gibson and A. C. Petersen, eds., *Brain Maturation and Cognitive Development* (New York: De Gruyter, 1991).

19. S. T. Parker, "Using Cladisitic Analysis of Comparative Data to Reconstruct the Evolution of Cognitive Development in Hominids," paper presented at the Animal Behavior Society Meetings Symposium on Phylogenetic Comparative Methods, Seattle, Wash., July 1994.

20. J. Piaget, *Play, Dreams, and Imitation in Childhood* (New York: Norton, 1962).

21. W. Huang, R. Ciochon, Y. Gu, R. Larick, Q. Fang, H. Schwarcz, C. Yonge, J. de Vos, and W. Rink, "Early *Homo* and Associated Artefacts from Asia," *Nature* 378 (1995): 275–78.

22. S. T. Parker and K. R. Gibson, "A Developmental Model for the Evolution of Language and Intelligence in Early Hominids," *Behavioral and Brain Science* 2 (1979): 367–408.

306–12.

8. H. M. McHenry, "Body Size and Proportions in Early Hominids," *American Journal of Physical Anthropology* 87 (1992): 407–31.

9. B. H. Smith, "Dental Development and the Evolution of Life History in Hominidae," *American Journal of Physical Anthropology* 86 (1991): 157–74.

10. S. Hartwig-Scherer, "Body Weight Prediction in Early Fossil Hominids: Towards a Taxon-'independent' Approach," *American Journal of Physical Anthropology* 92 (1993): 17–36.

11. S. T. Parker, "Why Big Brains Are So Rare: Energy Costs of Intelligence and Brain Size in Anthropoid Primates," in S. T. Parker and K. R. Gibson, eds., *"Language" and Intelligence in Monkeys and Apes* (Cambridge: Cambridge University Press, 1990).

12. T. G. Bromage and M. C. Dean, "Re-evaluation of the Age at Death of Immature Fossil Hominids," *Nature* 317 (1985): 525–27.

13. L. C. Aiello and P. Wheeler, "The Expensive-Tissue Hypothesis," *Current Anthropology* 36 (1995): 199–221.

14. P. Shipman and A. Walker, "The Costs of Becoming a Predator," *Journal of Human Evolution* 18 (1989): 373–92.

15. J. M. Tanner, "Human Growth and Development," in S. Jones, R. Martin, and D. Pilbeam, eds., *The Cambridge Encyclopedia of Human Evolution* (Cambridge: Cambridge University Press, 1992).

16. "シナプス"(synapse) とは，二つのニューロン〔神経単位〕の接合部のことで，ここで一方のニューロンが他方のニューロンの樹状突起へインパルスを伝える．また"髄鞘形成"(myelination) とは，軸索(神経細胞体から伸びてインパルスを伝達する細長い糸状の突起)を管状に取り巻いて，脂質にとむ髄鞘〔ミエリン鞘〕が形成されることを指す．髄鞘のできたニューロンは，髄鞘のできていないニューロンより20倍も速く情報を伝達する．そのため，一つの神経インパルスはヒトの脊髄を経由して足指の先端まで25ミリセカンド以内に達することができる．

17. K. R. Gibson, "New Perspectives on Instincts and Intelligence: Brain Size and the Emergence of Hierarchical Mental Construction Skills," in S. T. Parker and K. R. Gibson, eds., *"Language" and Intelligence in Monkeys and Apes* (Cambridge: Cambridge University Press, 1990).

18. K. R. Gibson, "Myelination and Behavioral Development: A Comparative Perspective on Questions of Neoteny, Altriciality, and Intelligence,"

7. J. G. Wilson, "Resource Partitioning and Predation as a Limit to Size in *Nucula turgida* (Leckenby & Marshall)," *Functional Ecology* 2 (1988): 63–66.

8. M. T. Edley and R. Law, "Evolution of Life Histories and Yields in Experimental Populations of *Daphnia magna*," *Biological Journal of the Linnaean Society* 34 (1988): 309–26.

9. T. A. Crowl and A. P. Covich, "Predator-induced Life-History Shifts in a Freshwater Snail," *Science* 247 (1990): 949–51.

10. K. J. McNamara, "Progenesis in Trilobites," in D. E. G. Briggs and P. D. Lane, eds., *Trilobites and Other Early Arthropods: Papers in Honour of Professor H. B. Whittington, F.R.S.*, Special Papers in Palaeontology, no. 30 (1983): 59–68.

11. S. Conway Morris, "Late Precambrian and Cambrian Soft-bodied Faunas," *Annual Review of Earth and Planetary Sciences* 18 (1990): 101–22.

12 幼児の顔をした超類人猿

1. S. J. Gould, *Ontogeny and Phylogeny* (Cambridge, Mass.: Harvard University Press, Belknap Press, 1977). 邦訳：スティーヴン・J・グールド著（仁木帝都・渡辺政隆訳）『個体発生と系統発生』．工作舎，東京，1987.

2. E. D. Cope, *The Primary Factors of Organic Evolution* (Chicago: Open Court, 1896).

3. L. Bolk, *Das Problem der Menschwerdung* (Jena: Gustav Fischer, 1926). 邦訳： L. ボルク著（田隅本生訳）「人類生成の問題」，DOLMEN 2（1990）：73-118. ヴィジュアル・フォークロア，東京.

4. A. Montagu, *Growing Young* (New York: McGraw-Hill, 1981). 邦訳：アシュレイ・モンターギュ著（尾本恵市・越智典子訳）『ネオテニー　新しい人間進化論』．どうぶつ社，東京，1986.

5. B. T. Shea, "Heterochrony in Human Evolution: The Case for Human Neoteny," *Yearbook of Physical Anthropology* 32 (1989): 69–101.

6. T. G. Bromage, "Ontogeny and Phylogeny of the Human Face," in J. Derousseau, ed., *Primate Life History and Evolution*, Wenner-Gren Foundation, Conference no. 104 (New York: Alan R. Liss, 1989).

7. T. D. White, G. Suwa, and B. Asfaw, "*Australopithecus ramidus*, a New Species of Early Hominid from Aramis, Ethiopia," *Nature* 371 (1994):

mental Zoology 1 (1910): 171–233.

16. I. G. Jamieson, "Behavioral Heterochrony and the Evolution of Birds' Helping at the Nest: An Unselected Consequence of Communal Breeding?" *American Naturalist* 133 (1989): 394–406.

17. I. Rowley, *Bird Life* (Sydney: Collins, 1975).

18. H. A. Ford, *Ecology of Birds—an Australian Perspective* (Chipping Norton, NSW: Surrey Beatty and Sons, 1989).

19. M. K. Tarburton and E. O. Minot, "A Novel Strategy of Incubation in Birds," *Animal Behaviour* 35 (1987): 1898–99.

20. R. E. Irwin, "The Evolutionary Importance of Behavioural Development: The Ontogeny and Phylogeny of Bird Song," *Animal Behaviour* 36 (1988): 814–24.

21. D. Maurer and C. Maurer, *The World of the Newborn* (New York: Basic Books, 1988).

11 生物学的軍拡競争に活力を

1. K. J. McNamara, "The Significance of Gastropod Predation to Patterns of Evolution and Extinction in Australian Tertiary Echinoids," in B. David, A. Guille, J. P. Firal, and M. Roux, eds., *Echinoderms through Time (Echinoderms Dijon)* (Rotterdam: Balkema, 1994), 785–93.

2. D. Jablonski and D. J. Bottjer, "Onshore-Offshore Evolutionary Patterns in Post-Palaeozoic Echinoderms: A Preliminary Analysis," in R. D. Burke, P. V. Mladenov, P. Lambert, and R. L. Parsley, eds., *Echinoderm Biology* (Rotterdam: Balkema, 1988), 81–90.

3. M. A. Bell, "Stickleback Fishes: Bridging the Gap between Population Biology and Paleobiology," *Trends in Ecology and Evolution* 3 (1988): 320–25.

4. E. E. Werner and D. J. Hall, "Ontogenetic Habitat Shifts in Bluegill: The Foraging Rate–Predation Risk Trade-Off," *Ecology* 69 (1988): 1352–66.

5. B. W. Sweeney and R. L. Vannote, "Population Synchrony in Mayflies: A Predator Satiation Hypothesis," *Evolution* 36 (1982): 810–21.

6. A. Sih, "Predators and Prey Lifestyles: An Evolutionary and Ecological Overview," in W. C. Kerfoot and A. Sih, eds., *Predation—Direct and Indirect Impacts on Aquatic Communities* (Hanover, N.H.: University Press of New England, 1987).

2. M. Caron and P. Homewood, "Evolution of Early Planktic Formanifers," *Marine Micropalaeontology* 7 (1983): 453–62.

3. J. R. Bryan, "Life History and Development of Oligocene Larger Benthic Foraminifera: A Test of the Environmental Control on Heterochrony," *Tulane Studies in Geology and Paleontology* 27 (1995): 101–18.

4. M. L. McKinney and J. L. Gittleman, "Ontogeny and Phylogeny: Tinkering with Covariation in Life History, Morphology, and Behaviour," in K. J. McNamara, ed., *Evolutionary Change and Heterochrony* (Chichester and New York: Wiley, 1995), 21–47.

5. M. L. McKinney, "Allometry and Heterochrony in an Eocene Echinoid Lineage: Morphological Change as a Byproduct of Size Selection," *Paleobiology* 10 (1984): 407–19.

6. G. Wray, "Causes and Consequences of Heterochrony in Early Echinoderm Development," in K. J. McNamara, ed., *Evolutionary Change and Heterochrony* (Chichester and New York: Wiley, 1995), 197–223.

7. K. J. McNamara, "Palaeodiversity of Cenozoic Marsupiate Echinoids as a Palaeoenvironmental Indicator," *Lethaia* 27 (1994): 257–68.

8. Anon., *Receipts and Relishes, being a Vade Mecum for the Epicure in the British Isles* (London: Whitbread and Co., 1950).

9. J. C. Hafner and M. S. Hafner, "Heterochrony in Rodents," in M. L. McKinney, ed., *Heterochrony in Evolution: a Multidisciplinary Approach* (New York: Plenum, 1988), 217–35.

10. D. F. Morey, "The Early Evolution of the Domestic Dog," *American Scientist* 82 (1994): 336–47.

11. J. P. Scott, "Critical Periods for the Development of Social Behavior in Dogs," in J. P. Scott, ed., *Critical Periods* (Stroudsburg, Pa.: Dowden, Hutchinson, and Ross, 1978).

12. D. K. Belyaev, "Destabilizing Selection as a Factor in Domestication," *Journal of Heredity* 70 (1979): 301–8.

13. B. Cole, "Size and Behavior in Ants: Constraints on Complexity," *Proceedings of the National Academy of Sciences* 82 (1985): 8548–51.

14. H. Friedmann, *The Cowbirds: A Study in the Biology of Social Parasitism* (Springfield, Ill.: Charles C. Thomas, 1929).

15. F. H. Herrick, "Life and Behaviour of the Cuckoo," *Journal of Experi-*

genetic, and Ecological Associations," *American Naturalist* 127 (1986): 744–71.

11. R. A. Martin, "Energy, Ecology, and Cotton Rat Evolution," *Paleobiology* 12 (1986): 370–82.

12. J. B. Graham, R. Dudley, N. M. Aguilar, and C. Gans, "Implications of the Late Palaeozoic Oxygen Pulse for Physiology and Evolution," *Nature* 375 (1995): 117–20.

13. A. M. Lister, "The Evolution of the Giant Deer, *Megaloceros giganteus* (Blumenbach)," *Zoological Journal of the Linnean Society* 112 (1994): 65–100.

14. M. L. McKinney and R. M. Schoch, "Titanothere Allometry, Heterochrony, and Biomechanics: Revisiting an Evolutionary Classic," *Evolution* 39 (1985): 1352–63.

15. K. Tschanz, "Allometry and Heterochrony in the Growth of the Neck of Triassic Prolacertiform Reptiles," *Palaeontology* 31 (1988): 997–1011.

16. E. O. Guerrant, "Heterochrony in Plants: The Intersection of Evolution, Ecology, and Ontogeny," in M. L. McKinney, ed., *Heterochrony in Evolution: A Multidisciplinary Approach* (New York: Plenum, 1988), 111–33.

17. R. B. Primack, "Relationships among Flowers, Fruits, and Seeds," *Annual Review of Ecology and Systematics* 18 (1987): 409–30.

18. R. A. Adams and S. C. Pedersen, "Wings on Their Fingers," *Natural History* 103, no. 1 (1994): 49–55.

19. R. L. Carroll, *Vertebrate Paleontology and Evolution* (New York: W. H. Freeman, 1988).

20. M. B. Fenton, D. Audet, M. K. Obrist, and J. Rydell, "Signal Strength, Timing, and Self-Deafening: The Evolution of Echolocation in Bats," *Paleobiology* 21 (1995): 229–42.

21. S. C. Bennett, "A Statistical Study of *Rhamphorhynchus* from the Solnhofen Limestone of Germany: Year-Classes of a Single Large Species," *Journal of Paleontology* 69 (1995): 569–80; S. C. Bennett, "The Ontogeny of *Pteranodon* and Other Pterosaurs," *Paleobiology* 19 (1993): 92–106.

10 生活の仕方を進化させる

1. K.-Y. Wei, "Allometric Heterochrony in the Pliocene-Pleistocene Planktic Foraminiferal Clade *Globoconella*," *Paleobiology* 20 (1994): 66–84.

678–81.
13. M. Lee, "The Turtle's Long-Lost Relatives," *Natural History* 103, no. 6 (1994): 63–65.
14. K. J. McNamara, "Paedomorphosis in Middle Cambrian Xystridurine Trilobites from Northern Australia," *Alcheringa* 5 (1981): 209–24.

9 形をさらに進化させる

1. A. Hallam, "Evolutionary Size Increase and Longevity in Jurassic Bivalves and Ammonites," *Nature* 258 (1975): 493–97.
2. R. D. Stevenson, M. F. Hill, and P. J. Bryant, "Organ and Cell Allometry in Hawaiian *Drosophila:* How to Make a Big Fly," *Proceedings of the Royal Society of London* B259 (1995): 105–10.
3. R. A. Coria and L. Salgado, "A New Giant Carnivorous Dinosaur from the Cretaceous of Patagonia," *Nature* 377 (1995): 224–26.
4. J. A. Long and K. J. McNamara, "Heterochrony in Dinosaur Evolution," in K. J. McNamara, ed., *Evolutionary Change and Heterochrony* (Chichester and New York: Wiley, 1995), 151–68.
5. D. J. Varricchio, "Bone Microstructure of the Upper Cretaceous Theropod *Troodon formosus,*" *Journal of Vertebrate Paleontology* 13 (1993): 99–104.
6. R. T. Bakker, M. Williams, and P. Currie, "*Nanotyrannus,* a New Genus of Pygmy Tyrannosaur, from the Latest Cretaceous of Montana," *Hunteria* 1, no. 5 (1988): 1–30.
7. J. R. Horner and P. J. Currie, "Embryonic and Neonatal Morphology and Ontogeny of a New Species of *Hypacrosaurus* (Ornithischia, Lambeosauridae) from Montana and Alberta," in K. Carpenter, K. F. Hirsch, and J. Horner, eds., *Dinosaur Eggs and Babies* (Cambridge: Cambridge University Press, 1994), 312–36.
8. B. J. MacFadden, "Fossil Horses from '*Eohippus*' (*Hyracotherium*) to *Equus:* Scaling, Cope's Law, and the Evolution of Body Size," *Paleobiology* 12 (1986): 355–69.
9. B. T. Shea, "Allometry and Heterochrony in the African Apes," *American Journal of Physical Anthropology* 62 (1983): 275–89.
10. J. L. Gittleman, "Carnivore Life History Patterns: Allometric, Phylo-

8 過去の姿、未来の形

1. G. de Beer, "The Evolution of Ratites," *Bulletin of the British Museum (Natural History), Zoology* 4 (1956): 59–70.

2. B. C. Livezey, "Heterochrony and the Evolution of Avian Flightlessness," in K. J. McNamara, ed., *Evolutionary Change and Heterochrony* (Chichester and New York: Wiley, 1995), 169–93.

3. B. C. Livezey, "Flightlessness in the Galápagos Cormorant (*Compsohalieus* [*Nannopterum*] *harrisi*): Heterochrony, Giantism, and Specialization," *Zoological Journal of the Linnean Society* 105 (1992): 155–224.

4. H. E. Strickland and A. G. Melville, *The Dodo and Its Kindred; or, The History, Affinities, and Osteology of the Dodo, Solitaire, and Other Extinct Birds of the Islands Mauritius, Rodriguez, and Bourbon* (London: Reeve, Banham and Reeve, 1848).

5. R. A. Thulborn, "Birds as Neotenous Dinosaurs," *Records of the New Zealand Geological Survey* 9 (1985): 90–92.

6. M. A. Norell, J. M. Clark, D. Demberelyin, B. Rhinchen, L. M. Chiappe, A. R. Davidson, M. C. McKenna, P. Altangerel, and M. J. Novacek, "A Theropod Dinosaur Embryo and the Affinities of the Flaming Cliffs Dinosaur Eggs," *Science* 266 (1994): 779–82.

7. L. D. Martin, "Mesozoic Birds and the Origin of Birds," in H.-P. Schultze and L. Trueb, eds., *Origins of the Higher Groups of Tetrapods* (Ithaca: Cornell University Press, 1991), 485–540.

8. A. J. Jeram, P. A. Selden, and D. Edwards, "Land Animals in the Silurian: Arachnids and Myriapods from Shropshire, England," *Science* 250 (1990): 658–61.

9. M. M. Coates and J. A. Clack, "Polydactyly in the Earliest Known Tetrapod Limbs," *Nature* 347 (1990): 66–69.

10. J. A. Long, *The Rise of Fishes: 500 Million Years of Evolution* (Baltimore: Johns Hopkins University Press, 1995).

11. N. Shubin and P. Alberch, "A Morphogenetic Approach to the Origin and Basic Organization of the Tetrapod Limb," *Evolutionary Biology* 20 (1986): 319–87.

12. P. Sordino, F. van der Hoeven, and D. Duboule, "*Hox* Gene Expression in Teleost Fins and the Origin of Vertebrate Digits," *Nature* 375 (1995):

Cell Science 63 (1983): 135–46.
8. J. A. Long, *The Rise of Fishes: 500 Million Years of Evolution* (Baltimore: Johns Hopkins University Press, 1995).
9. W. E. Bemis, "Paedomorphosis and the Evolution of the Dipnoi," *Paleobiology* 10 (1984): 293–307.
10. K. S. Thomson, "Estimation of Cell Size and DNA Content in Fossil Fishes and Amphibians," *Journal of Experimental Zoology* 205 (1972): 315–20.
11. R. W. Williams, C. Cavada, and F. Reinoso-Suárez, "Rapid Evolution of the Visual System: A Cellular Assay of the Retina and Dorsal Lateral Geniculate Nucleus of the Spanish Wildcat and Domestic Cat," *Journal of Neuroscience* 13 (1993): 208–28.
12. S. Conway Morris and J. S. Peel, "Articulated Halkieriids from the Lower Cambrian of North Greenland and Their Role in Early Protostome Evolution," *Philosophical Transactions of the Royal Society of London* B 347 (1995): 305–58.
13. K. J. McNamara and N. H. Trewin, "A Euthycarcinoid Arthropod from the Silurian of Western Australia," *Palaeontology* 36 (1993): 319–35.
14. B. Swedmark, "The Interstitial Fauna of Marine Sand," *Biological Reviews* 39 (1964): 1–42.
15. E. A. Mancini, "Origin of Micromorph Faunas in the Geologic Record," *Journal of Paleontology* 52 (1978): 311–22.
16. F. Surlyk, "Morphological Adaptations and Population Structures of the Danish Chalk Brachiopods (Maastrichtian, Upper Cretaceous)," *Biologiske Skrifter, Det Kongelige Danske Videnskabernes Selskab* 19 (1972): 1–57.
17. D. Korn, "Impact of Environmental Perturbations on Heterochronic Development in Palaeozoic Ammonoids," in K. J. McNamara, ed., *Evolutionary Change and Heterochrony* (Chichester and New York: Wiley, 1995), 245–60.
18. F. G. Howarth, "High-stress Subterranean Habitats and Evolutionary Change in Cave-inhabiting Arthropods," *American Naturalist* 142, Suppl. (1993): S65–S77.
19. S. Conway Morris and D. W. T. Crompton, "The Origins and Evolution of the Acanthocephala," *Biological Reviews* 57 (1982): 85–115.

6　鳥類、腕足類、およびブッシュバック

1. A. Moorehead, *Darwin and the Beagle* (London: Hamish Hamilton, 1969).

2. H. L. Gibbs and P. R. Grant, "Oscillating Selection on Darwin's Finches," *Nature* 327 (1987): 511–13.

3. P. T. Boag, "The Heritability of External Morphology in Darwin's Ground Finches (*Geospiza*) on Isla Daphne Major, Galápagos," *Evolution* 37 (1983): 877–94.

4. 読者が同じことを想像されるまでもなく，化石はウェスタンオーストラリア州の法律により保護されているので許可なしに採集することはできない．

5. K. J. McNamara, "The Earliest *Tegulorhynchia* (Brachiopoda: Rhynchonellida) and Its Evolutionary Significance," *Journal of Paleontology* 57 (1983): 461–73.

6. J. Kingdon, *East African Mammals—An Atlas of Evolution in Africa*, vol. 3, pt. C (*Bovids*) (Chicago: University of Chicago Press, 1982).

7　ピーター・パン症候群

1. G. de Beer, *Embryos and Ancestors* (Oxford: Clarendon, 1958).

2. K. J. McNamara, "The Abundance of Heterochrony in the Fossil Record," in M. L. McKinney, ed., *Heterochrony in Evolution: A Multidisciplinary Approach* (New York: Plenum, 1988), 287–325.

3. D. J. Varricchio, "Bone Microstructure of the Upper Cretaceous Theropod *Troodon formosus*," *Journal of Vertebrate Paleontology* 13 (1993): 99–104.

4. T. Cavalier-Smith, "Nuclear Volume Control by Nucleoskeletal DNA, Selection for Cell Volume and Cell Growth Rate, and the Solution of the DNA C-value Paradox," *Journal of Cell Science* 34 (1978): 247–78.

5. S. K. Sessions and A. Larson, "Developmental Correlates of Genome Size in Plethodontid Salamanders and Their Implications for Genome Evolution," *Evolution* 41 (1987): 1239–51.

6. A. Morescalchi and V. Serra, "DNA Renaturation Kinetics in Some Paedogenetic Urodeles," *Experientia* 30 (1974): 487–89.

7. H. A. Horner and H. C. Macgregor, "C-value and Cell-volume: Their Significance in the Evolution and Development of Amphibians," *Journal of*

13. B. T. Shea, "Allometry and Heterochrony in the African Apes," *American Journal of Physical Anthropology* 62 (1983): 275–89.

14. R. Z. German, D. W. Hertweck, J. E. Sirianni, and D. R. Swindler, "Heterochrony and Sexual Dimorphism in the Pigtailed Macaque (*Macaca nemestrina*)," *American Journal of Physical Anthropology* 93 (1994): 373–80.

15. J. M. Cheverud, P. Wilson, and W. P. J. Dittus, "Primate Population Studies at Polonnaruwa: III. Somatometric Growth in a Natural Population of Toque Macaques (*Macaca sinica*)," *Journal of Human Evolution* 23 (1992): 51–77.

16. S. R. Leigh, "Patterns of Variation in the Ontogeny of Primate Body Size Dimorphism," *Journal of Human Evolution* 23 (1992): 27–50.

17. J. Lützen, "Unisexuality in the Parasitic Family Entoconchidae (Gastropoda: Prosobranchia)," *Malacologia* 7 (1968): 7–15.

18. P. J. Gullan and A. Cockburn, "Sexual Dichroism and Intersexual Phoresy in Gall-forming Coccoids," *Oecologia* (Berlin) 68 (1986): 632–34.

19. A. Meyer, J. M. Morrissey, and M. Schartl, "Recurrent Origin of a Sexually Selected Trait in *Xiphophorus* Fishes Inferred from Molecular Phylogeny," *Nature* 368 (1994): 539–42.

20. J. B. Hutchins, "Sexual Dimorphism in the Osteology and Myology of Monacanthid Fishes," *Records of the Western Australian Museum* 15 (1992): 739–47.

21. F. Vollrath and G. A. Parker, "Sexual Dimorphism and Distorted Sex Ratios," *Nature* 360 (1992): 156–59.

22. D. Cook, "Sexual Selection in Dung Beetles: I. A Multivariate Study of the Morphological Variation in Two Species of *Onthophagus* (Scarabaeidae: Onthophagini)," *Australian Journal of Zoology* 35 (1987): 123–32.

23. L. Brown and L. L. Rockwood, "On the Dilemma of Horns," *Natural History* 95, no. 7 (1986): 54–61.

24. K. J. McNamara, "Sexual Dimorphism: The Role of Heterochrony," in K. J. McNamara, ed., *Evolutionary Change and Heterochrony* (Chichester and New York: Wiley, 1995).

5　雌雄性にかかった時間

1. J. Hunter, "Account of an Extraordinary Pheasant," *Philosophical Transactions of the Royal Society* 70 (1780): 527–35; I. P. F. Owens and R. V. Short, "Hormonal Basis of Sexual Dimorphism in Birds: Implications for New Theories of Sexual Selection," *Trends in Ecology and Evolution* 10 (1995): 44–47.

2. R. Holmes, "Still Life in Mouldy Bread," *New Scientist*, 26 March 1994, 39–41.

3. J. W. Schopf, "Microfossils of the Early Archean Apex Chert: New Evidence of the Antiquity of Life," *Science* 260 (1993): 640–46.

4. D. Sagan and L. Margulis, "Bacterial Bedfellows," *Natural History* 3 (1987): 26–33.

5. T.-M. Han and B. Runnegar, "Megascopic Eukaryotic Algae from the 2.1-billion-year-old Negaunee Iron-Formation, Michigan," *Science* 257 (1992): 232–35.

6. L. Margulis and D. Sagan, *Origins of Sex: Three Billion Years of Genetic Recombination* (New Haven: Yale University Press, 1986).

7. "減数分裂"(meiosis)とは，一定の細胞が2回連続して分裂する結果，染色体数が半減して配偶子，つまり卵子または精子になる細胞核の仕組みをさす.

8. L. R. Cleveland, "The Origin and Evolution of Meiosis," *Science* 105 (1947): 287–88. "セントロメア"(centromere)とは，細胞の有糸分裂のさいに各染色体が分かれた1対の染色分体がくびれ，互いに繋がりあう特定の部域のこと.〔動原体と訳されることもあるが，これはセントロメアの中心構造をさす.〕

9. D. Joly, C. Bressac, and D. Lachaise, "Disentangling Giant Sperm," *Nature* 377 (1995): 202.

10. U. Mittwoch, A. M. C. Burgess, and P. J. Baker, "Male Sexual Development in 'a Sea of Oestrogen,'" *The Lancet* 342 (1993): 123–24.

11. U. Mittwoch, "Blastocysts Prepare for the Race to Be Male," *Human Reproduction* 8 (1993): 1550–55.

12. P. Jarman, "Mating System and Sexual Dimorphism in Large, Terrestrial, Mammalian Herbivores," *Biological Reviews* 58 (1983): 485–520. "ウシ科動物"(bovids)とは，偶蹄類のなかでウシ・ヤギュウ類，ヒツジ・ヤギ類，およびレイヨウ類からなる1グループ．かれら(多くは雌雄とも)は角質組織の外被〔角鞘〕と骨性の中核〔角芯〕でできた，枝分かれのない単純な形の角〔洞角〕をもっている．これは終生一度も脱落，生えかわりをしない.

2. D. I. Perrett, K. A. May, and S. Yoshikawa, "Facial Shape and Judgements of Female Attractiveness," *Nature* 368 (1994): 239–42.

3. R. K. Wayne, "Cranial Morphology of Domestic and Wild Canids: The Influence of Development on Morphological Change," *Evolution* 40 (1986): 243–61.

4. B. T. Shea, "Dynamic Morphology: Growth, Life History, and Ecology in Primate Evolution," in C. J. DeRousseau, ed., *Primate Life History and Evolution* (New York: Wiley-Liss, 1990), 325–52.

5. G. K. Creighton and R. E. Strauss, "Comparative Patterns of Growth and Development in Cricetine Rodents and the Evolution of Ontogeny," *Evolution* 40 (1986): 94–106.

6. D. C. Smith, "Heritable Divergence of *Rhagoletis pomonella* Host Races by Seasonal Asynchrony," *Nature* 336 (1988): 66–67; J. L. Feder, C. A. Chilcore, and G. L. Bush, "Genetic Differentiation between Sympatric Host Races of the Apple Maggot Fly, *Rhagoletis pomonella*," *Nature* 336 (1988): 61–64.

7. E. A. Bernays, "Diet-induced Head Allometry among Foliage-chewing Insects and Its Importance for Graminovores," *Science* 231 (1986): 495–97.

8. R. F. Leclerc and J. C. Regier, "Heterochrony in Insect Development and Evolution," *Developmental Biology* 1 (1990): 271–79.

9. M. Ashburner, "Chromosomal Action of Ecdysone," *Nature* 285 (1980): 435–36.

10. D. E. Wheeler and H. F. Nijhout, "Soldier Determination in Ants: New Role for Juvenile Hormone," *Science* 213 (1981): 361–63; Y. Roisin, "Morphology, Development, and Evolutionary Significance of the Working Stages in the Caste System of *Prorhinotermes* (Insecta, Isoptera)," *Zoomorphology* 107 (1988): 339–47.

11. R. N. Harris, "Density-dependent Paedomorphosis in the Salamander *Notophthalmus viridescens dorsalis*," *Ecology* 68 (1987): 705–12.

12. J. P. Collins and J. E. Cheek, "Effect of Food and Density on Development of Typical and Cannibalistic Salamander Larvae in *Ambystoma tigrinum nebulosum*," *American Zoology* 23 (1983): 77–84.

13. P. Alberch, "Possible Dogs," *Natural History* 95, no. 12 (1986): 4–8.

1992, 38–42.
6. B. K. Hall, *Evolutionary Developmental Biology* (London: Chapman and Hall, 1992).
7. J. J. Henry and R. M. Grainger, "Early Tissue Interactions Leading to Embryonic Lens Formation in *Xenopus laevis*," *Developmental Biology* 141 (1990): 149–63.
8. J. A. Long, *The Rise of Fishes: 500 Million Years of Evolution* (Baltimore: Johns Hopkins University Press, 1995).
9. M. M. Smith, "Heterochrony in the Evolution of Enamel in Vertebrates," in K. J. McNamara, ed., *Evolutionary Change and Heterochrony* (Chichester and New York: Wiley, 1995), 125–50.
10. J. H. Marden and M. G. Kramer, "Surface-skimming Stoneflies: A Possible Intermediate Stage in Insect Flight Evolution," *Science* 266 (1994): 427–30.
11. S. B. Carroll, S. D. Weatherbee, and J. A. Langeland, "Homeotic Genes and the Regulation and Evolution of Insect Wing Number," *Nature* 375 (1995): 58–61.
12. K. Basler and G. Struhl, "Compartment Boundaries and the Control of *Drosophila* Limb Pattern by *hedgehog* Protein," *Nature* 368 (1994): 208–14.
13. B. Shea, R. E. Hammer, R. L. Brinster, and M. J. Ravosa, "Relative Growth of the Skull and Postcranium in Giant Transgenic Mice," *Genetics Research* 56 (1990): 21–34.
14. A. Ishikawa and T. Namikawa, "Postnatal Growth and Development in Laboratory Strains of Large and Small Musk Shrews (*Suncusmurinus*)," *Journal of Mammalogy* 68 (1987): 766–74.
15. J. F. Fallon and J. Cameron, "Interdigital Cell Death during Limb Development of the Turtle with an Interpretation of Evolutionary Significance," *Journal of Embryological Experimental Morphology* 40 (1977): 285–89.

4　ある犬の一生

1. S. J. Gould, "A Biological Homage to Mickey Mouse," *Natural History* 88, no. 5 (1979): 30–36. 邦訳: スティーヴン J. グールド著　(桜町翠軒訳)　『パンダの親指』第 9 章「ミッキーマウスに生物学的敬意を」. 早川書房，東京，1986/1996 .

6. W. Garstang, "The Morphology of the Tunicata, and Its Bearing on the Phylogeny of the Chordata," *Quarterly Journal of Microscopical Science* 75 (1928): 51–187; W. Garstang, "The Theory of Recapitulation: A Critical Restatement of the Biogenetic Law," *Journal of the Linnaean Society* 35 (1922): 81–101.

7. 今でもまだ多くの生物学者や古生物学者が「ネオテニー」(幼形成熟)と「ペドモルフォーシス」(幼形進化)の両語を混同して使っている. が, スティーヴン・グールドが1977年に初めて明らかにしたとおり, これらの2語はまったく別の事柄を意味しているのだ. ネオテニーは成長速度を低下させる過程のことであり, そのネオテニーの効果がペドモルフォーシスを生ずるのである.

8. "アンモシーテス"(ammocoetes)とは, "原始的"な脊椎動物ヤツメウナギ類の眼も歯もない, 長く続く幼生をさす.

9. "保鰓性《ほさい》"(perennibranchiate)とは, 幼体－成体の全期間を通じて鰓《えら》を持ちつづける性質をさす〔日本語では"永生有鰓性"と訳されることもある〕.

10. "脊索《せきさく》"(notochord)とは, すべての脊椎動物の胚において, 胴の中心を前後にのびる神経索の腹側に形成される, ムチ状で弾力ある細胞性の中軸的支持構造物. ほとんどの脊椎動物では, 発育が進むにつれて脊索は椎骨に取り囲まれ, 置き換えられるようになる.

11. P. Alberch, S. J. Gould, G. F. Oster, and D. B. Wake, "Size and Shape in Ontogeny and Phylogeny," *Paleobiology* 5 (1979): 296–317.

3 来たるべきものの形

1. L. Wolpert, "Pattern Formation in Biological Development," *Scientific American* 239, no. 4 (1978): 124–37; L. Wolpert, "Pattern Formation and Change," in J. T. Bonner, ed., *Evolution and Development* (Berlin: Springer-Verlag, 1982); L. Wolpert, *The Triumph of the Embryo* (New York: Oxford University Press, 1991).

2. S. B. Carroll, "Homeotic Genes and the Evolution of Arthropods and Chordates," *Nature* 376 (1995): 479–85.

3. K. J. McNamara, "The Role of Heterochrony in the Evolution of Cambrian Trilobites," *Biological Reviews* 61 (1986): 121–56.

4. N. P. Patel, B. G. Condron, and K. Zinn, "Pair-Rule Expression Patterns of *Even-skipped* Are Found in Both Short- and Long-germ Beetles," *Nature* 367 (1994): 429–34.

5. L. Wolpert, "The Shape of Things to Come," *New Scientist*, 27 June

文献と原注

1　進化する胚

1. S. J. Gould, *Ontogeny and Phylogeny* (Cambridge, Mass.: Harvard University Press, Belknap Press, 1977); Albrecht von Haller, *Hermanni Boerhaave praelectiones academicae*, vol. 5, pt. 2, trans. H. B. Adelmann in *Marcello Malpighi and the Evolution of Embryology*, 5 vols. (Ithaca: Cornell University Press, 1966). S. J. Gouldの本の邦訳: スティーヴン・J・グールド著(仁木帝都・渡辺政隆訳)『個体発生と系統発生』. 工作舎, 東京, 1987.

2. J. D. Y. Peel, *Herbert Spencer: the Evolution of a Sociologist* (London: Heinemann, 1971).

3. P. J. Bowler, "The Changing Meaning of 'Evolution,'" *Journal of the History of Ideas* 36 (1975): 95–114; Gould, *Ontogeny and Phylogeny*. 邦訳: グールド『個体発生と系統発生』.

4. "系統発生" (phylogeny)とは, ある生物種の発展系統の進化的歴史と定義することができる.

5. E. Szathmáry and J. Maynard Smith, "The Major Evolutionary Transitions," *Nature* 374 (1995): 227–32.

6. D. W. McShea, "Evolutionary Change in the Morphological Complexity of the Mammalian Vertebral Column," *Evolution* 47 (1993): 730–40.

7. G. Boyajian and T. Lutz, "Evolution of Biological Complexity and Its Relation to Taxonomic Longevity in the Ammonoidea," *Geology* 20 (1992): 983–86.

2　ヘッケルとガースタングの逆さまの世界

1. H. F. Osborn, *From the Greeks to Darwin* (New York: Scribner, 1929).

2. S. J. Gould, *Ontogeny and Phylogeny* (Cambridge, Mass.: Harvard University Press, Belknap Press, 1977). 邦訳: スティーヴン・J・グールド著(仁木帝都・渡辺政隆訳)『個体発生と系統発生』. 工作舎, 東京, 1987.

3. Lorenz Oken, *Lehrbuch der Naturphilosophie*, 3 vols. (Jena: F. Frommand, 1809–11).

4. M. L. McKinney and K. J. McNamara, *Heterochrony: The Evolution of Ontogeny* (New York: Plenum Press, 1991).

5. D. T. Donovan, "The Influence of Theoretical Ideas on Ammonite

brian metazoan *Wiwaxia corrugata* (Matthew) from the Burgess Shale and Ogygopsis Shale, British Columbia, Canada," *Philosophical Transactions of the Royal Society of London* B 307 (1985): 507–586 and S. Conway Morris and J. S. Peel, "Articulated Halkieriids from the Lower Cambrian of North Greenland and Their Role in Early Protostome Evolution," *Philosophical Transactions of the Royal Society of London* B 347 (1995): 305–358.

P. 345 : adapted from J. Verhulst, "Louis Bolk Revisited: II. Retardation, Hypermorphosis, and Body Proportions of Humans," *Medical Hypotheses* 41 (1993): 100–114, Fig. 2.

P. 211 : redrawn from B. Swedmark, "The Interstitial Fauna of Marine Sand," *Biological Reviews* 39 (1964): 1–42. © 1964; reprinted with permission of Cambridge University Press.

P. 215 : reproduced, with permission of the artist, from D. Korn, "Impact of Environmental Perturbations on Heterochronic Development in Palaeozoic Ammonoids," in K. J. McNamara, ed., *Evolutionary Change and Heterochrony* (Chichester and New York: Wiley, 1995).

P. 229 : redrawn by permission of Blackwell Science Pty. Ltd. from Andrew Cockburn, *An Introduction to Evolutionary Biology* (Oxford: Blackwell Scientific Publications, 1992). © 1992, Blackwell Science Pty. Ltd.

P. 243 : redrawn by permission from *Nature* 375 (1995): 678–81, P. Sordino et al., "*Hox* Gene Expression in Teleost Fins and the Origin of Vertebrate Digits," © 1995, Macmillan Magazines Ltd.

P. 259 : based on paintings by John Gurche in John Reader, *The Rise of Life* (London: Collins, 1986).

P. 261 : redrawn by permission of the Paleontological Society from B. J. MacFadden, "Fossil Horses from '*Eohippus*' (*Hyracotherium*) to *Equus:* Scaling, Cope's Law, and the Evolution of Body Size," *Paleobiology* 12 (1986): 355–69.

P. 271 : redrawn from K. Tschanz, "Allometry and Heterochrony in the Growth of the Neck of Triassic Prolacertiform Reptiles," *Palaeontology* 31 (1988): 997–1011, by permission of the Palaeontological Association.

P. 275 : redrawn from G. L. Jepson, "Bat Origins and Evolution," in W. A. Wimsatt, ed., Biology of Bats, vol. 1 (New York: Academic Press, 1970).

P. 295 : reproduced by permission from M. L. McKinney and K. J. McNamara, *Heterochrony: The Evolution of Ontogeny* (New York: Plenum, 1991). © 1991, Plenum Publishing Corp.

P. 299 : based on data and photographs in D. F. Morey, "The Early Evolution of the Domestic Dog," *American Scientist* 82 (1994): 336–47.

P. 321 : redrawn from an original by Joe Ghiold.

P. 323 : adapted by J. Ruse from M. A. Bell, "Stickleback Fishes: Bridging the Gap between Population Biology and Paleobiology," *Trends in Ecology and Evolution* 3 (1988): 320–25.

P. 333 : adapted from drawings by S. Conway Morris, "The Middle Cam-

挿図の出典と謝辞

本書の挿図のうち下記は、各著者個人と出版社等の許可を得て収載されたものである。(訳者注記：記述のなかで、“adapted from ...” は「... を改作」、“based on ...” は「... に基づいて作成」、“redrawn from ...” は「... を改写」、“reproduced from ...” は「... から転載」を意味する。)

P. 14 : reproduced from K. J. McNamara, “Paedomorphosis in Scottish Olenellid Trilobites (Early Cambrian),” *Palaeontology* 21 (1978): 635–55, by permission of the Palaeontological Association.

P. 71, P. 73: redrawn by permission from *Nature* 376 (1995): 479–85, S. B. Carroll, “Homeotic Genes and the Evolution of Arthropods and Chordates,” © 1995, Macmillan Magazines Ltd.

P. 105 : redrawn by permission from R. K. Wayne, “Cranial Morphology of Domestic and Wild Canids: The Influence of Development on Morphological Change,” *Evolution* 40 (1986): 243–61.

P. 143 : redrawn by permission from M. L. McKinney and K. J. McNamara, *Heterochrony: The Evolution of Ontogeny* (New York: Plenum, 1991). © 1991, Plenum Publishing Corp.

P. 144 : redrawn by permission of Blackwell Science Pty. Ltd. from Andrew Cockburn, *An Introduction to Evolutionary Biology* (Oxford: Blackwell Scientific Publications, 1992). © 1992, Blackwell Science Pty. Ltd.

P. 145 : redrawn by permission from M. L. McKinney and K. J. McNamara, *Heterochrony: The Evolution of Ontogeny* (New York: Plenum, 1991). © 1991, Plenum Publishing Corp.

P. 147 : redrawn by permission of the Trustees of the Western Australian Museum from paintings by Martin Thompson in Barry Hutchins and Martin Thompson, *The Marine and Estuarine Fishes of South-western Australia* (Perth: Western Australian Museum, 1995).

P. 151 : redrawn from K. J. McNamara, “Sexual Dimorphism: The Role of Heterochrony,” in K. J. McNamara, ed., *Evolutionary Change and Heterochrony* (Chichester and New York: Wiley, 1995).

P. 183 : redrawn by permission from Jonathan Kingdon, *East African Mammals*, vol. IIIC, *Bovids* (Chicago: University of Chicago Press, 1982).

訳者の後記

個体発生も歴史性をもち、それはじつに見事に系統発生を反映した過程である。しかし、それは系統発生そのものではない。……ヘッケルの誤りは、歴史性を歴史そのものと読み違えた点にあると言えよう。

徳田御稔《みとし》『改稿 進化論』（一九五七）

わが国はもちろん世界的にも類例の稀な、いっぷう変わった生物学書をご覧に入れる。

地球上にこれほども多彩多様な生物がいま生存しているのはどういうわけかという疑問は、おそらく人類が理性を持つようになって以来感じはじめた最大の謎の一つであろう。それについて人類は『旧約聖書』創世記に基づく〝創造説〟をはじめ幾つかの説明を考え出したが、十九世紀に入って進化論、とくにその後半にダーウィン流〝自然淘汰説〟が現れ、これが大体において理論上の決定打のようになった。こうした話は、今日では万人の常識だと言えようが、実はこれが人類の意識、自然認識の歴史における最大の革新の一つであった。

十九世紀の後期、ダーウィン流進化論がひとまず確立して旧来の博物学が科学へ脱皮し変質するにつれて、それに合わせて解明されるべきもの、もしくは進化生物学を有機的に構成する要素として数知れない問題が現れてくる。生物分類のしかたの〝科学化〟や、遺伝の仕組みの解明などはその最も重要なものであった。

他方、系統関係が遠い種類の間はもちろん、関係が近いとみられる種類の間でも、異種であることの第一の目印になる「形やサイズの違い」はどのようにして起こるのか、という問題がある。類縁の近い複数種の動物を比べるとき、成熟体の形が違うのは卵に始まる発生発育のしかたが異なるからにほかならない。もし発育過程がまったく同じであれば成熟体の形は同じになり、これは〝同種〟であることを意味するが、同種であっても個体によって形は多少とも変異する。つまり、悠久の進化の歴史において相異《あい》なるおびただしい種を造りだしてきた系統の分岐は、取りもなおさず個体発生〔卵の受精から老死までの全過程〕が何らかの原因で、微妙に、果てしなく分化してきた結果なのにちがいない。

ところが、現存動物の発育過程は具体的に知ることができるし、また遠い過去の化石動物の発育を知ることも断片的にはできても、系統発生〔個々の進化系統の発展過程〕を再現することは、可能だとしても大筋でしかできない。そこで、複数の現存種の個体発生を調べ、比較することによって具体的な系統発生を推定することができないか、個体発生と大まかに推定される系統発生との間に形態変化を支配する法則的関係があるのではないか、という期待が生じてくる。そこで創案された仮説的な概念が本書の主題「ヘテロクロニー」〔異時性〕である。この言葉はE・ヘッケルが一八六六年『有機体の一般形態学』で〝反復説〟〔生物発生原則〕を提唱した後、大著『人類発生論』〔一八七四年初版〕でその説を修正補足するために対語の「ヘテロトピー」〔異座性〕とともに造ったものだ。その概念を要約すれば、「ある生物の祖先から子孫にいたる系統発生の途上において、個体発生の過程で、からだ全体の成熟の時期、ある器官や構造物が形成される時期、それらの形成順序などに、時間的な変化がおこること」であり、さらにこの語は、そうした変化が遺伝的に定着することが形態的進化の主因なのに違いないという考えを含んでいる。別の角度からみれば、ヘテロクロニーは「明瞭な事実たる個体発生と不明瞭な事実たる系統発生の間の関係を説明するための作業仮説」だということになろうか。

この概念には、著者も指摘しているとおり古くからさまざまな仮説的様式が区別され、それぞれに古典語から造った難解で紛らわしい呼称が与えられてきた。そのなかで「ネオテニー」〔幼形成熟〕は比較的ひろく知られているが、これは元来、個体発生上のある現象を指した言葉が系統発生論上の仮説的用語として奇妙に転用され、定着したものだ。

本書で画期的名著としてしばしば引き合いに出されるS・J・グールドの『個体発生と系統発生』〔一九七七年初刊、訳者注1〕によれば、〝個体発生と系統発生の関係〟に関する人間の関心の起源はヨーロッパにおいて遠い昔にさかのぼる。しかし、それが具体的に問題視されるようになったのは十九世紀に入ってからであり、さらに進化論にのっとって明確に意識されるのは同世紀の後半、上にもふれた〝反復説〟が現れてからのことである。それから一世紀ほどの間に、本書でも長く論じられているとおり、〝個体発生—系統発生関係論〟(わが国では〝発生変異論〟とも呼ばれた)には反復説の興隆と衰退を中心にして大きな変遷があった。しかしそれは、哲学や心理学との関係は別として、生物学の世界ではおもに古生物学—動物形態学の世界におきた変化だった。グールドの上記著書でもヘテロクロニー論議のほとんどは形態学(と生態学)の範囲内で行われている。実際の研究がそれらの枠の中にとどまるかぎり〝因果関係〟の解明には限界がある。

ところが近年、ヘテロクロニー研究には生態—行動学も参入するようになり、さらに分子生物学的アプローチも関係をもつにいたった。その状況は、本書と相前後して同じ著者や同学の研究者たちによって出された書物〔訳者注2—6〕にうかがうことができる。かつて形態学的な個体発生—系統発生関係論で確固たる地位をしめていた反復説——元来はヘッケルの哲学的世界観〝一元論〟に組み込まれていたもの——は二十世紀中期までに説得力を失い、代わってかつては反復説の付随的要素だったヘテロクロニー論が、それだけでこの関係論を構成する結果となった。そして、それは学際的な注目のなかで新たな進展を見せるようになったのである。かつての個体発生—系統発生関係論は古い自然哲学的な臭いを残していたが、現代のそれは事柄の生物学的核心を現実的に捉えた「ヘテロクロニー学」の様相を示しはじめている。問題は、観念上のいじくりや用語のもてあそびではなく、偏見なく研究を進めることである。著者はこれまで多数の著作で、生物学のもろもろの領域にまたがるそうした近年の状況を広く展望し、整理することに力を尽くしてきた。そして、長らく顧みる人の少なかったヘテロクロニーが生物界の形の多様性を因果的に説明する原理であり、進化生物学で軽視することが許されない現象であることを力説する。

ついでに触れるなら、いつまでも大人になろうとしないピーター・パンがときおり登場することにうかがわれるように、二十世紀後期から世界に広まっているらしい人類の〞精神的幼児化〟を見つめるメッセージを本書に感じ取ることもできる。むしろそれが、この本の暗黙の主題であるのかもしれない。——もう半世紀以上も前、日本を支配していた連合国占領軍最高司令官が「日本人の精神年齢は十二歳だ」といみじくも喝破したことがある。ヒトの形態現象と精神現象とは、A・モンターギュ〔文献8〕が主張したような同日の論ではないが、我々がそれらの〞並行性〟に注目するのは無意味ではない。

著者マクナマラ氏はイングランド出身、スコットランドのアバディーン大学で地学・古生物学を修め、ケンブリッジ大学で学位を取得した進化生物学者である。同氏は三葉虫や化石ウニ類の研究を専門とし、現在はオーストラリア南西海岸、州都パース市にあるウェスタンオーストラリア博物館の地球惑星部門で古無脊椎動物担当の上級監理官を務め、これまでに進化に関する数冊の著書や編著を公刊している。

この本の原書が一九九七年に出版された後、英米系のいくつもの雑誌に書評の記事が現れた。そこでは、さまざまな弱点——不確かな仮定や空論が非常に多いこと、同じく重要な〞ヘテロトピー〟が無視されていること、あまりに手を広げすぎること、動物の形に関する図解が少なすぎること等々——が批判された。それらは確かに当たっているが、短所を補って余りある有意義さを本書はもっていると、私は考えている。手厳しい書評でも、文章、とくに具体的事実の描写の躍如さには一様に賛辞が呈されていた。

ちなみに個人的事情にふれれば、〃個体発生―系統発生関係論〃は私の四〇年以上前からの関心事なのだが、非力にして何もできないまま長年を過ごしてきた。そのことが本書をこの国の読書界へ紹介するもう一つの理由である。

この本はだいたいは一般読者を対象とした一種の啓蒙書だと言えようが、高度に専門的な論議も多く、生物学や古生物学の研究者に強く訴える要素を併せもっている。わが国では、近隣分野で出された書籍といえば、上記のグールドの本のほかに一般むけのものがやっと四点〔訳者注7―10〕ほどしかない。こうした貧しい現況のなかで、本書がこの領域への注目をすこしでも喚起できれば訳者の意図は達せられることになる。

訳文の適切さについては、当然の義務として原文に忠実であることと、日本語として読みやすいことという両立させ難い二つの条件をできるだけ満たすように心がけた。しかし巻頭の「凡例」で示したとおり、肝要な用語には、以前からある語とは異なる訳語やカタカナ化した言葉を当てたものがある（理由については下記の「付記」を参照していただきたい）。また特殊な言葉などには訳注を付けるべきところだが、あまりに多数にのぼるので断念し、最小限度の問題箇所に〔　〕で囲んで小さい補注を入れるにとどめた。
この本の原書名は *Shapes of Time ── The Evolution of Growth and Development* という。主書名は「ヘテロクロニー」を言い換えたものだが、適切な日本語に移すのは至難であるため、訳書名は平凡ながらご覧のようなものにした。本訳書はむろん全訳なのだが、挿図のうち、有名な漫画の動物キャラクターを転載した二点（第四章）は、版権の問題を伴ううえ本旨にとって不可欠とは思えないので、収載を省くことにした。なお原書の本文は、数行におよぶ長文が毎ページに頻出するやや特異な文体で、しかも節の段落が異例に少ない。訳書では、読みやすさのため改行をいくらか多くした。

この本は専門書ではないものの、これほど広い領域にわたる論議を浅学の者が独力で正しく和訳するのは不可能に近い。そこで幾人もの方々に教示をお願いしたところ、いずれの方からも懇切なお答えをいただくことができた——荒谷邦雄（昆虫類）、太田邦昌（文献資料）、奥野繁夫（心理学）、神谷英利（古生物）、倉谷滋（動物形態学・発生学）、小林一雄（英語）、武内信子（心理学）、田隅恒生（英語）、疋田努（中国語）、松井正文（両生類）の諸氏〔敬称略〕。また工作舎編集部の米沢敬氏には、煩雑な編集作業のほか岩石の名についても点検をしていただいた。末筆ながら、以上の皆さんへ厚く御礼を申し上げる。

付記——訳語の取扱いについて

1　本訳書で特に気をつけたのは、原書で頻繁にでてくるselect／selectionという単語の取り扱いである。これらは生物学用語として「淘汰（する）」もしくは「選択（する）」と訳され、進化論上もっとも基本的なキーワード訳語が困ったことに二通りに分裂しているのである（文部省『学術用語集　動物学編』〔一九八八〕では「選択」、岩波『生物学辞典』〔一九九八〕では「淘汰」）。昔からある「淘汰」は常用漢字に無いからかどうかは不明だが、「選択」のほうが多く使われるようになっている。ところが実は、両訳語とも意味のうえで一長一短なので、厳密な使い方をしたいときには具合がわるいのである。

「淘汰」は元来「（玉石混淆《こんこう》の素材から）不適不要のものを（水中で）振るい落として除去する」ことを意味する言葉である。それゆえ、名詞の selection に対してはこれを使っても大きな支障はない。その上やや特殊な語なので、一定の内容をもつ明治以来の進化論用語であることが分かる。しかし、「良いものを選り抜く」という意味の他動詞 select (-ed) の訳語に「淘汰する（される）」を使うと、逆の意味になってしまう。それとは対照的に、「選択」のほうは平凡な日常用語であるゆえに、choose／choice（好きなものを一つ選び取ること）の〃選択〃と紛らわしいという難点がある。意味の上では「選抜」が適しているが、これもしごく普通の言葉である。

ダーウィンが select の語を初めて特定の意味内容で用いたときには、その行為者としておそらく〝自然〟または〝造物主〟を仮定していたのだろう。その用法が伝統的に現代でも続けられているのである。それに比べて、日本語進化論用語の「淘汰」は主体がなく、自然現象を客観的に表すだけのものだ。だから実は、これのほうが科学の理にかなっているとも言える。しかし、動詞 select（-ed）の語が頻出する本書の邦訳に当たっては、二種の訳語のもつ長所を採り、「振るい落としと（誰かが何かを）選り抜くことを表すとともに特定の進化現象をはっきり指し示す」言葉、つまり「淘汰的な選択（をする）」を表現する特殊な言葉を見つける必要があった。

そのような理由で、この訳書では select (-ion) には仮の用語としてだが「淘汰選択」という訳語を当てることにした。ただし、自然淘汰、人為淘汰、淘汰圧など、古くから定着していて意味の上でも問題はないと思われる名詞は、そのまま使った。

2　原書に頻出する accelerate／acceleration と、retard／retardation は従来それぞれ「促進」「遅滞」と訳されている。しかし、これらの英語はそれぞれ成長速度を〝上げる〟ことと〝下げる〟ことを意味しており、在来の訳語はこれらにうまくそぐわない。そのため、物理用語にあるのと同じように本訳書ではそれぞれに「加速」「減速」の訳語を当てた。

3　同じく頻出する paedomorphosis、hypermorphosis、neoteny などは従来それぞれ「幼形進化」「過形成」「幼形成熟」と訳されてきた。新しい専門用語である peramorphosis は、あえて訳せば「過成進化」といったところだろうか。しかし、これらの漢字訳語は原語におとらず紛らわしいうえ馴染みにくいと思われるので、言葉の特殊性を強調する意味もこめてただカタカナ化するにとどめた（巻頭の「凡例」を参照）。ただし、各カタカナ語の原義と内容をよく理解していただくことが大切である。

訳者注——文献（1—6／7—10 出版年順）

1 スティーヴン・J・グールド著『個体発生と系統発生』（仁木帝都・渡辺政隆訳、工作舎、東京、一九八七——「文献と著者注」を参照）

2 Michael L. McKinney, ed., Heterochrony in Evolution — A Multidisciplinary Approach. *Topics in Geobiology*, Vol. 7 (New York: Plenum Press, 1988)

3 Kenneth J. McNamara, ed., *Evolutionary Trends*. (Tucson: The University of Arizona Press, 1990)

4 M. L. McKinney and K. J. McNamara, *Heterochrony—The Evolution of Ontogeny*. (New York: Plenum Press, 1991)

5 Kenneth J. McNamara, ed., *Evolutionary Change and Heterochrony*. (Chichester: John Wiley and Sons, 1995)

6 Ken McNamara and John Long, *The Evolution Revolution*. (Chichester: John Wiley and Sons, 1998)

7 高野信夫著『黒人→白人→黄色人』（三一書房、東京、一九七七）

8 アシュレイ・モンターギュ著『ネオテニー　新しい人間進化論』（尾本恵市・越智典子訳、どうぶつ社、東京、一九八六）

9 L・ボルク著『人類生成の問題』（田隅本生訳、DOLMEN第二号〈付〉L・ボルクの胎児化説について、一九九〇）

10 井尻正二著『胎児化の話』（築地書館、東京、一九九〇）

二〇〇〇年十二月

訳　者

学名索引

ら行

わ行

ま行

や行

は行

な行

た行

さ行

か行

一般事項・人名 索引

一般事項のうち、学名の原つづりはここでは省略し、代わりに「属」の字を付ける。それらについては「学名索引」を参照されたい。人名についてはここで原つづりを示す。配列は五十音順であるが、主事項中の副事項の配列は順不同。

著者紹介

ケネス・J・マクナマラ　Kenneth J. McNamara

進化生物学者。イングランド出身。スコットランドのアバディーン大学で地学、古生物学などを修め、ケンブリッジ大学で学位を取得。専門は三葉虫や化石ウニ類の研究。現在、オーストラリア南西海岸、パース市にあるウェスタンオーストラリア博物館の地球惑星部門で古無脊椎動物担当の上級監理官を務める。これまでに *Heterochrony: The Evolution of Ontogeny*（1991）や *Evolutionary Change and Heterochrony*（1995）など、進化に関する数冊の著書や編著書を公刊している。

訳者紹介

田隅本生（たすみ もとお）

一九三四年生まれ。京都大学理学部動物学科を卒業、同大学院博士課程、東京医科歯科大学助手、東北大学助教授、日本モンキーセンター研究員、京都大学助教授をへて、進化形態学研究室を主宰。脊椎動物学、進化形態学を専攻。著書に『講座　進化 4』（分担執筆、東大出版会）、訳書にS・J・グールド著『パンダの親指』（筆名で、早川書房）、E・H・コルバート／M・モラレス共著『脊椎動物の進化』（監訳、築地書館）などがある。

動物の発育と進化——時間がつくる生命の形

Shapes of Time——The Evolution of Growth and Development by Kenneth J. McNAMARA

発行日 ……………………………二〇〇一年五月一日
著者 ……………………………ケネス・J・マクナマラ
訳者 ……………………………田隅本生
編集 ……………………………米澤 敬
エディトリアル・デザイン ……増住一郎
印刷・製本……………………株式会社 精興社
発行者 ……………………………中上千里夫

発行 工作舎 editorial corporation for human becoming
〒150-0046 東京都渋谷区松濤 2-21-3 phone:03-3465-5251 fax: 03-3465-5254
URL http://www.kousakusha.co.jp e-mail: saturn@kousakusha.co.jp
ISBN4-87502-350-2

好評発売中　工作舎の本

個体発生と系統発生◎スティーヴン・J・グールド　仁木帝都＋渡辺政隆＝訳

科学史から進化論、生物学、生態学、地質学にわたる該博な知識と洞察を駆使して、進化をめぐるドラマと大進化の謎を解く。『パンダの親指』の著者が6年をかけて書き下ろした大著。●A5判上製●656頁●定価 本体5500円＋税

時間の矢・時間の環◎スティーヴン・J・グールド　渡辺政隆＝訳

時は「めぐる」か、「過ぎ去る」か。地質学の基礎を築いたバーネット、ハットン、ライエルのテキストを読みこなし、そこに隠されていた時間をめぐる葛藤の歴史を解き明かす。●A5判上製●280頁●定価 本体2524円＋税

性選択と利他行動◎ヘレナ・クローニン　長谷川真理子＝訳

クジャクのオスはなぜ派手なのか？ アリはなぜ自分を犠牲にして働くのか？ ダーウィニズムを脅かしてきた最大の難問に挑む。ドーキンスらの新しい進化論の系譜を継ぐ刺激的論考。●A5判上製●640頁●定価 本体6500円＋税

選択なしの進化◎リマ＝デ＝ファリア　池田清彦＝監訳　池田正子＋法橋 登＝訳

種ではなく形態と機能の起源を進化の中心的問題とし、自然による淘汰＝選択説のネオ・ダーウィニズムを批判。素粒子から鉱物、生命体、社会構造まで、形態による進化を豊富な実例で展開。●A5判上製●472頁●定価 本体5500円＋税

三つの脳の進化◎ポール・D・マクリーン　法橋 登＝編訳・解説

人間の脳は、ヒト、ワニ、ウマの脳が共存するという、長い生物進化の歴史を内蔵している。現代思想家たちに多大な影響を与えた「三位一体脳モデル」の全貌が、一般向け編訳で初登場。●四六判上製●316頁●定価 本体3400円＋税

動物たちの生きる知恵◎ヘルムート・トリブッチ　渡辺 正＝訳

ロータリーエンジンの考案者バクテリア、ハキリバチが作るモルタルの育児室、白蟻の空調システムつきの砦など、生き物たちの暮らしぶりが語る、環境にやさしい先端技術へのヒント。●四六判上製●322頁●定価 本体2600円＋税

ダーウィン ◎A・デズモンド＋J・ムーア　**渡辺政隆＝訳**
世界を震撼させた進化論はいかにして生まれたのか？ 激動する時代背景とともに、思考プロセスを活写する、ダーウィン伝記決定版。英米伊の数々の科学史賞を受賞した話題作。
●A5判上製/函入 ●1048頁（2分冊）●定価 本体18000円＋税

ダーウィンと謎のX氏 ◎ローレン・アイズリー　**垂水雄二＝訳**
被告はダーウィン、容疑は自然淘汰に関するE・ブライスのアイデアの無断借用。ラマルク、ウォレス、ブライスなど、進化論をめぐる19世紀の自然学界の興奮が新たな視点を得て蘇る。●四六判上製 ●400頁 ●定価 本体2816円＋税

ダーウィンの花園 ◎ミア・アレン　**羽田節子＋鵜浦 裕＝訳**
進化論のダーウィンが生涯を通じて植物を愛し、その研究に多くの時間を費やしたことは意外に知られていない。植物と家族と友人との愛に恵まれた新しい素顔が見えてくる。●A5判上製 ●392頁 ●定価 本体4500円＋税

ダーウィンの衝撃 ◎ジリアン・ビア　**富山太佳夫＝解題　渡部ちあき＋松井優子＝訳**
『種の起源』は発表当時、一種の文学的テクストとして読まれた！ ダーウィンが用いた隠喩、プロットを詳細に分析し、19世紀末英文学に与えた影響を克明に探る。●四六判上製 ●500頁 ●定価 本体4800円＋税

エラズマス・ダーウィン ◎デズモンド・キング＝ヘレ　**和田芳久＝訳**
医者、18世紀英国科学界の中心人物、先駆的発明家、女子教育改革家、英国ロマン派に影響を与えた詩人……進化論のC・ダーウィンの祖父の多彩な業績が初めて明かされる。●A5判上製 ●552頁 ●定価 本体6500円＋税

ロシアの博物学者たち ◎ダニエル・P・トーデス　**垂水雄二＝訳**
生命の進化のカギは、闘争よりも協調にあると考えた博物学者たち。植物学者ベケトフ、生理学者メチニコフ、魚類学者ケッスラーなど革命前夜の誇り高きロシア科学精神が蘇る。●A5判上製 ●412頁 ●定価 本体3800円＋税